# できる

## Access
パーフェクトブック
困った！& 便利ワザ大全 2016/2013 対応

きたみあきこ・国本温子 & できるシリーズ編集部

インプレス

# ご購入・ご利用の前に必ずお読みください

本書は、2016年11月現在の情報をもとに「Microsoft® Access 2016」「Microsoft® Access 2013」の操作方法について解説しています。本書の発行後に「Microsoft® Access 2016」の機能や操作方法、画面などが変更された場合、本書の掲載内容通りに操作できなくなる可能性があります。本書発行後の情報については、弊社のWebページ（https://book.impress.co.jp/）などで可能な限りお知らせいたしますが、すべての情報の即時掲載ならびに、確実な解決をお約束することはできかねます。また本書の運用により生じる、直接的、または間接的な損害について、著者ならびに弊社では一切の責任を負いかねます。あらかじめご理解、ご了承ください。

本書で紹介している内容のご質問につきましては、巻末をご参照のうえ、メールまたは封書にてお問い合わせください。電話やFAX等でのご質問には対応しておりません。また、本書の発行後に発生した利用手順やサービスの変更に関しては、お答えしかねる場合があることをご了承ください。

## ●用語の使い方

本文中では、「Microsoft® Windows® 10」のことを「Windows 10」または「Windows」、「Microsoft® Windows® 8.1」のことを「Windows 8.1」または「Windows」、「Microsoft® Windows® 8」のことを「Windows 8」または「Windows」、「Microsoft® Windows® 7」のことを「Windows 7」または「Windows」と記述しています。また、「Microsoft® Office」（バージョン2016）のことを「Office 2016」または「Office」、「Microsoft® Office」（バージョン2013）のことを「Office 2013」、「Microsoft® Access 2016」のことを「Access 2016」または「Access」、「Microsoft® Access 2013」のことを「Access 2013」または「Access」、「Microsoft® Office Access 2010」のことを「Access 2010」、「Microsoft® Office Access 2007」のことを「Access 2007」と記述しています。また、本文中で使用している用語は、基本的に実際の画面に表示される名称に則っています。

## ●本書の前提

本書では、「Windows 10」と「Office 2016」がインストールされているパソコンで、インターネットに常時接続されている環境を前提に画面を再現しています。画面解像度の違い、種類の違い（Office Premium、Office 365 Soloなど）により、操作方法は異なる場合があります。

「できる」「できるシリーズ」は、株式会社インプレスの登録商標です。
Microsoft、Windows 10は、米国Microsoft Corporationの米国およびその他の国における登録商標または商標です。
そのほか、本書に記載されている会社名、製品名、サービス名は、一般に各開発メーカーおよびサービス提供元の登録商標または商標です。
なお、本文中には™および®マークは明記していません。

Copyright © 2016 Akiko Kitami, Atsuko Kunimoto and Impress Corporation. All rights reserved.
本書の内容はすべて、著作権法によって保護されています。著者および発行者の許可を得ず、転載、複写、複製等の利用はできません。

# まえがき

　本書を手にされたみなさんは、Accessの業務に携わっている、またはこれから携わる方でしょう。WordやExcelであれば、起動してすぐに入力を開始できますし、これまでの経験による勘で、ある程度の文書が作れます。リボンのボタンを見ればどのような機能があるのか見当が付くので、使いながらステップアップも図れるでしょう。

　しかし、Accessの場合、ほかのアプリの使用経験だけでは太刀打ちできない難しさを抱えているように思えます。また、多くの機能がリボンのボタン以外の場所に隠れているので、Accessの持つさまざまな便利機能に気付かないまま、日々の作業に追われているケースもあるでしょう。

　そこで、Accessの業務に携わるあらゆる方に活用していただくべく、さまざまなワザをギュッと詰め込んだ一冊を制作しました。初心者向けの基本ワザから、Accessをより便利に使うための応用ワザ、裏ワザ、定番テクニックまで、業務に役立つ盛りだくさんのワザを紹介しています。また、トラブルに見舞われたときに、どの設定をチェックし、どのように対処すればいいのかを画面や図解で分かりやすく解説しています。もちろん、データベースを構築するための基礎となる考え方も丁寧に説明しています。

　Accessを使うシーン別に章立てをしているので、知りたいことをすぐに探していただけます。さらに、関数によるデータの加工方法、ほかのアプリとの連携、データベースのセキュリティ、日常業務を自動化するためのマクロについても、章を設けて事例を充実させました。本書の対応バージョンはAccess 2016/2013の2バージョンですが、旧バージョンのデータベースを新しいAccessで利用する方法も紹介しているので、職場で古くから使用しているデータベースを継続して利用したい方にもお役立ていただけます。

　本書をパソコンの傍らに置いて、業務の相棒としてご活用いただければ幸いです。

　末筆になりますが、本書を執筆するにあたりご尽力いただいた編集部の山田貞幸さまと、ご協力いただいたすべての方々に心からお礼申し上げます。

2016年11月

きたみあきこ　国本温子

# できるAccess パーフェクトブック 困った！＆便利ワザ大全について

本書では、Access 2016/2013を使いこなすためのテクニックのほか、よくある疑問について解説しています。カテゴリーやジャンル別にワザを掲載しているので、目的から知りたいワザを探せます。関連ワザや用語集を参照すれば、関連知識がもれなく身に付きます。

# 本書の使い方

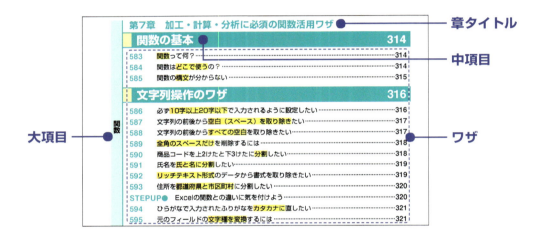

## ●知りたい情報の探し方

**大項目からワザを探す**

目次では、各章で取り上げているワザをテーマごとに色分けして、大項目に分類しています。大まかなテーマからワザを探すときに利用してください。

**中項目からワザを探す**

中項目では、目的や機能別にワザを紹介しています。知りたいジャンルから該当するワザを探してください。

**索引からワザを探す**

巻末の索引にはパソコンの機能名やキーワードを掲載しています。知りたいキーワードから該当するワザを探せます。

# 本書の読み方

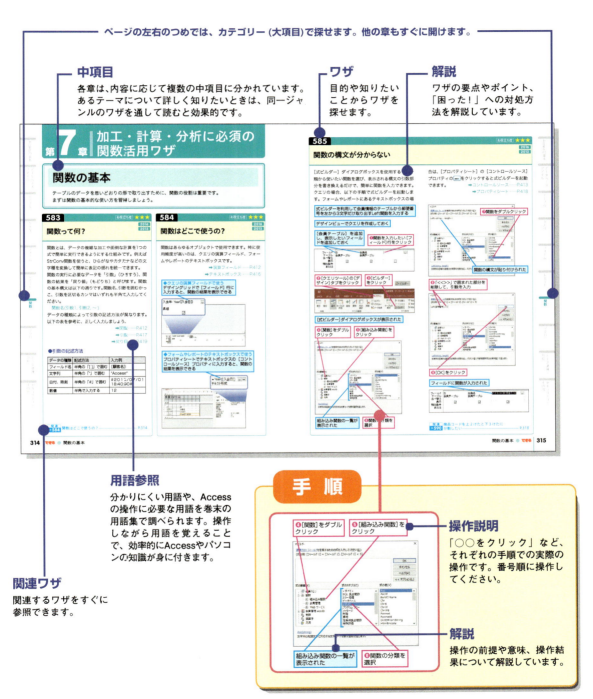

※ここで紹介している紙面はイメージです。本書の内容と異なります。

> 読むべきページがすぐに分かる

# スキル別・利用シーン別ナビ

Accessの機能は複雑で、業務での利用シーンも多岐にわたります。本書のどのページを見ればいいのか悩んだときは、このナビを参照すれば、あなたのスキルや今やるべき業務に合ったページが分かります。

## スキル別に探す

### ●初級：これから始める
➡第1章（32ページ）から

> Accessは初めて！

これからAccessを始める人は、まず画面構成と用語を覚えましょう。「オブジェクト」「ビュー」などのキーワードを覚えると、本書の解説がよく理解できるようになります。その後は利用シーン別のナビを参照して、必要なものから読みましょう。

### ●中級：多少の利用経験あり
➡第3章（64ページ）から

> データの入力はできます！

Accessの主要な機能は4つ、データを入力・管理する第3章の「テーブル」、抽出や集計を行う第4章の「クエリ」、入力や表示を助ける第5章の「フォーム」、書類を作成する第6章の「レポート」です。今の業務に必要なところから、各章の内容をしっかりと理解しましょう。

### ●上級：日常の業務は十分にこなせる
➡第7章（314ページ）から

> クエリやフォームも使えます！

本書の第7章からは、応用編といえる高度な内容を扱っています。第7章の「関数」や第8章の「マクロ」は作業の効率化に役立ち、第9章で解説するデータ連携や、第10章のセキュリティなどのワザは活用の幅を広げます。

## 利用シーン別に探す

### ●Accessを業務に導入したい
➡第2章（46ページ）

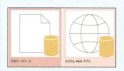

データベースの基本を理解し、ゼロから作成しましょう。

### ●データの入力や整理を任された
➡第3章（64ページ）

「テーブル」のデータ入力や編集をマスターしましょう。

### ●データを抽出・集計したい
➡第4章（134ページ）

蓄積したデータは「クエリ」で抽出や集計などをして活用します。

### ●他の人に作業を依頼したい
➡第5章（198ページ）

他の人がデータを入力・確認しやすい画面を「フォーム」で作ります。

### ●書類を作り、印刷したい
➡第6章（264ページ）

「レポート」で見積書や宛名リストなどの書類を作成します。

### ●データの操作を効率化したい
➡第7章（314ページ）

手間のかかる計算やデータの加工を「関数」で効率化できます。

### ●いつもの作業を自動化したい
➡第8章（314ページ）

何度も行う操作は「マクロ」で自動化できます。

### ●Excelからデータを取り込みたい
➡第9章（370ページ）

ExcelやWordなど、他のアプリとの連携でデータ活用の幅が広がります。

### ●データの安全性を高めたい
➡第10章（394ページ）

セキュリティのワザで安全な管理方法を身に付けましょう。

# 目次

| | | | |
|---|---|---|---|
| まえがき | 3 | 本書の読み方 | 5 |
| 本書の使い方 | 4 | スキル別、利用シーン別ナビ | 6 |

## 第1章　Accessの基本ワザ

### Accessの基礎知識　　32

| | | |
|---|---|---|
| 001 | Accessって何？ | 32 |
| 002 | リレーショナルデータベースって何？ | 33 |
| 003 | Accessを入手するにはどうすればいい？ | 33 |
| 004 | AccessとExcelはどう使い分ければいい？ | 33 |
| 005 | Accessにデータを入力する方法は？ | 34 |
| 006 | Acceessのデータはどのように使える？ | 34 |
| 007 | Accessで扱えるデータベースの容量はどのくらい？ | 35 |
| 008 | データベースを構成する「データベースオブジェクト」の役割を知りたい | 35 |
| 009 | 「テーブル」の役割、できることは？ | 36 |
| 010 | 「クエリ」の役割、できることは？ | 36 |
| 011 | 「フォーム」の役割、できることは？ | 37 |
| 012 | 「レポート」の役割、できることは？ | 37 |
| 013 | 「マクロ」の役割、できることは？ | 37 |
| 014 | 「モジュール」とは | 37 |
| 015 | 「Access Webアプリ」とは | 38 |
| 016 | わからないことをオンラインヘルプで調べるには | 38 |
| 017 | やりたいことに最適な機能を探すには | 38 |

### Accessの起動と終了　　39

| | | |
|---|---|---|
| 018 | Windows10/7でAccessを起動するには | 39 |
| 019 | Windows 8.1/8でAccessを起動するには | 39 |
| 020 | デスクトップから簡単に起動できるようにするには | 40 |
| 021 | タスクバーから簡単にAccessを起動したい | 40 |
| 022 | 起動後に表示される画面は何？ | 40 |
| 023 | Accessを終了するには | 41 |
| 024 | Accessを常に最新の状態で使うには | 41 |
| 025 | サインインしないといけないの？ | 41 |

### Accessの画面と操作の基本　　42

| | | |
|---|---|---|
| 026 | Accessの画面構成を知りたい | 42 |

**8** できる ● 目次

| 027 | リボンの構成を知りたい | 42 |
| 028 | ドキュメントウィンドウの「ビュー」とは | 43 |
| 029 | 表示されているボタンの機能を確かめるには | 44 |
| 030 | リボンに表示されるボタンの表示が変わってしまった | 44 |
| 031 | リボンの表示を小さくして作業領域を広くするには | 44 |
| 032 | Access全体の設定を変更するには | 45 |
| 033 | タブをクリックしていちいち切り替えるのが面倒 | 45 |

## 第2章　データベース作成と管理のワザ

### データベースを作成する　46

| 034 | データベースを作成したい | 46 |
| 035 | テンプレートで何を選んだらいいの？ | 47 |
| 036 | 一覧にないテンプレートを探すには | 47 |
| STEPUP● | Webアプリとは | 47 |
| 037 | ファイル形式で何が違うの？ | 48 |
| 038 | バージョンを指定してデータベースを作成できるの？ | 48 |
| 039 | データベースファイルはどこに保存したらいいの？ | 48 |

### データベースを開く　49

| 040 | データベースを開くには | 49 |
| 041 | 複数のデータベースを同時に開きたい | 50 |
| 042 | 開きたいデータベースが見つからない | 50 |
| 043 | 最近使用したデータベースが開けない | 50 |
| 044 | 削除・移動したデータベースをファイルの一覧から削除したい | 51 |
| 045 | 特定のデータベースをいつでも開けるようにしたい | 51 |
| 046 | データベースを開いたら［セキュリティの警告］が表示された | 52 |
| 047 | 無効モードを解除しないとどうなるの？ | 53 |
| 048 | データベースを開くときの既定のフォルダーを変更したい | 53 |
| 049 | 最近使用したデータベースを見られたくない | 53 |
| 050 | データベースを閉じるには | 54 |
| 051 | データベースを開くときパスワードを求められた | 54 |
| 052 | ［このファイルは使用されています］というメッセージが表示された | 54 |

### ナビゲーションの操作　55

| 053 | ナビゲーションウィンドウが表示されない | 55 |
| 054 | ナビゲーションウィンドウでオブジェクトの表示方法を変更したい | 55 |
| 055 | ナビゲーションウィンドウで目的のオブジェクトをすばやく見つけたい | 56 |

| 056 | ナビゲーションウィンドウに一部のオブジェクトしか表示されない | 56 |
| 057 | ナビゲーションウィンドウを一時的に消して画面を広く使いたい | 56 |
| 058 | 存在するはずのテーブルが表示されない | 57 |

## データベースオブジェクトの操作　58

| 059 | オブジェクトを開きたい | 58 |
| 060 | オブジェクトを閉じたい | 58 |
| 061 | 開いている複数のオブジェクトをまとめて閉じたい | 58 |
| 062 | 表示するオブジェクトを切り替えたい | 59 |
| 063 | オブジェクトのビューを切り替えたい | 59 |
| 064 | オブジェクトを開くときにビューを指定できないの？ | 60 |
| 065 | オブジェクトを開くときのウィンドウ形式を指定したい | 60 |
| 066 | オブジェクトを画面いっぱいに広げたい | 61 |
| 067 | オブジェクトの名前を変更したい | 61 |
| 068 | オブジェクトを削除したい | 61 |
| 069 | オブジェクトをコピーしたい | 62 |
| 070 | オブジェクトを印刷したい | 63 |
| STEPUP● | データベースファイルの基本操作を身に付けよう | 63 |

### 第3章　データの操作を身に付けるテーブルのワザ

## テーブルの基本機能　64

| 071 | テーブルにはどんなビューがあるの？ | 64 |
| 072 | テーブルにはどんな種類があるの？ | 64 |
| 073 | テーブルを閉じるときに保存を確認されるのはどのような場合？ | 65 |
| 074 | ビューを切り替えるときに保存しないといけないの？ | 65 |
| 075 | テーブルの名前を変更していいか分からない | 65 |
| 076 | テーブルを削除していいか分からない | 66 |
| 077 | 「リレーションシップの削除」とは？ | 66 |
| 078 | レコードの左端に表示される＋は何？ | 66 |

## データ入力の基本操作　67

| 079 | データシートビューの画面構成を知りたい | 67 |
| 080 | レコードセレクターに表示される記号は何？ | 67 |
| 081 | カレントレコードって何？ | 68 |
| 082 | レコードを選択するには | 68 |
| 083 | すべてのレコードを選択するには | 68 |
| 084 | フィールドを選択するには | 68 |

| 085 | セルを選択するには | 69 |
| 086 | 現在のレコードを切り替えたい | 69 |
| 087 | 新規レコードを入力したい | 69 |
| 088 | レコードを保存したい | 70 |
| 089 | 保存していないのにレコードが保存されてしまった | 70 |
| 090 | レコードの保存を取り消したい | 70 |
| 091 | データの入力や編集を取り消したい | 70 |
| 092 | Excelのように Enter キーで真下のセルに移動したい | 71 |
| 093 | すぐ上のレコードと同じデータを入力したい | 71 |
| 094 | レコードを削除したい | 71 |
| 095 | コピーを利用して効率よく入力したい | 72 |
| 096 | レコードのコピーや貼り付けがうまくいかない | 72 |
| 097 | 特定のフィールドにすべて同じデータを入力したい | 72 |
| 098 | 特定のフィールドのデータをすべて変更・削除したい | 72 |
| 099 | 列の幅や行の高さを変更するには | 73 |
| 100 | 列の幅を自動調整するには | 73 |
| 101 | 列の幅や行の高さを数値で指定するには | 73 |
| 102 | 列の幅や行の高さを標準に戻すには | 73 |

## テーブル作成の基礎　　74

| 103 | デザインビューの画面構成を知りたい | 74 |
| 104 | テーブルの作成はどのビューで行えばいい？ | 74 |
| STEPUP● | 用途を明確にするテーブルの命名法 | 74 |
| 105 | データシートビューでテーブルを作成するには | 75 |
| 106 | デザインビューでテーブルを作成するには | 76 |
| 107 | フィールドを追加するには | 77 |
| 108 | フィールドを削除するには | 77 |
| 109 | フィールドを移動するには | 77 |
| 110 | データ型にはどんな種類があるの？ | 78 |
| 111 | フィールドプロパティって何？ | 78 |
| 112 | 主キーって何？ | 78 |
| 113 | テーブルに主キーを設定するには | 79 |
| 114 | 主キーは絶対に必要なの？ | 79 |
| 115 | 主キーを解除するには | 79 |
| 116 | 複数のフィールドを組み合わせて主キーを設定したい | 80 |

## データ型の設定とデータ型に応じた入力　81

| | | |
|---|---|---|
| 117 | フィールドサイズって何？ | 81 |
| 118 | 数値を保存するフィールドはどのデータ型にすればいいの？ | 82 |
| 119 | オートナンバー型って何に使うの？ | 82 |
| 120 | 文字データを保存するフィールドはどのデータ型にすればいいの？ | 82 |
| 121 | 日付/時刻型のフィールドには日付も時刻も入れられるの？ | 83 |
| 122 | 日付データを簡単に入力したい | 83 |
| 123 | 日付/時刻型のフィールドに日付選択カレンダーが表示されない | 83 |
| 124 | 数値や日付の代わりに「####」が表示されてしまう | 83 |
| 125 | Yes/No型って何に使うの？ | 83 |
| 126 | ハイパーリンク型って何に使うの？ | 84 |
| 127 | ハイパーリンク型のフィールドを選択したい | 84 |
| 128 | ハイパーリンク型のデータを編集したい | 84 |
| 129 | 画像を保存するフィールドはどのデータ型にすればいいの？ | 85 |
| 130 | OLEオブジェクト型のフィールドに画像を保存したい | 85 |
| 131 | 添付ファイル型のフィールドにファイルを保存したい | 86 |
| 132 | 添付ファイル型のフィールドにフィールド名を表示したい | 86 |
| 133 | 集計フィールドを作成したい | 87 |
| 134 | ドロップダウンリストを使ってデータを一覧から入力したい | 88 |
| 135 | キー列は表示した方がいいの？　隠した方がいいの？ | 89 |
| 136 | ルックアップウィザードで設定したフィールドのデータ型はどうなるの？ | 89 |
| 137 | ドロップダウンリストのサイズを変更したい | 90 |
| 138 | 一覧に表示するデータを直接指定したい | 90 |
| 139 | 1つのフィールドに複数のデータを入力したい | 91 |
| 140 | ルックアップフィールドを解除したい | 91 |

## フィールドの設定　92

| | | |
|---|---|---|
| 141 | 先頭に「0」を補完して「0001」と表示したい | 92 |
| 142 | マイナスの数値を赤で表示したい | 92 |
| 143 | 小数のけた数が設定したとおりにならない | 93 |
| 144 | 日付の表示方法を指定するには | 93 |
| 145 | 郵便番号の入力パターンを設定したい | 94 |
| 146 | [定型入力] プロパティの設定値の意味が分からない | 95 |
| 147 | とりあえず分かる部分だけ入力できるようにしたい | 95 |
| 148 | 和暦で入力したのに西暦で表示されてしまう | 95 |
| 149 | アルファベットの大文字だけで入力させたい | 96 |

テーブル

| 150 | 新規レコードに今日の日付を自動で入力したい | 96 |
|---|---|---|
| 151 | 数値型のフィールドに自動表示される「0」が煩わしい | 96 |
| 152 | フィールドに入力するデータを制限したい | 97 |
| 153 | [出席者数] フィールドに [定員] 以下の数値しか入力できないようにしたい | 97 |
| 154 | フィールドの入力漏れを防ぎたい | 98 |
| 155 | インデックスって何？ | 98 |
| 156 | インデックスを作成したい | 98 |
| 157 | 電話番号のインデックスが勝手に作成されて困る | 99 |
| 158 | 重複データの入力を禁止したい | 99 |
| 159 | 設定済みのインデックスを確認したい | 99 |
| 160 | 文字の入力モードを自動で切り替えたい | 100 |
| 161 | [IME入力モード] の [オフ] と [使用不可] の違いは何？ | 100 |
| 162 | いつの間にか入力モードが [カタカナ] に変わってしまった | 100 |
| STEPUP● | テーブルとフォームに共通するプロパティ | 100 |
| 163 | ふりがなを自動入力したい | 101 |
| 164 | ふりがなが間違っているので修正したい | 101 |
| 165 | 文字単位で書式を設定したい | 101 |
| 166 | 住所を簡単に入力したい | 102 |
| 167 | フィールドプロパティは後から変更してもいいの？ | 103 |
| 168 | データシートでテーブルのデザインが変更されるのを防ぎたい | 103 |

## レコード操作の便利ワザ　　104

| 169 | 「鈴木」という名字の会員を検索したい | 104 |
|---|---|---|
| 170 | 「○○で終わる文字列」という条件で検索したい | 105 |
| 171 | より素早く検索や置換を実行するには | 105 |
| 172 | データが存在するのに検索されない | 105 |
| 173 | データを置換したい | 106 |
| 174 | レコードを集計したい | 106 |
| 175 | レコードを並べ替えたい | 107 |
| 176 | 並べ替えを解除したい | 107 |
| 177 | 氏名による並べ替えが五十音順にならない | 107 |
| 178 | 複数のフィールドを基準に並べ替えたい | 108 |
| 179 | レコードの並び順が知らない間に変わっているのはなぜ？ | 108 |
| 180 | 「東京都」で始まるデータをフィルターで抽出したい | 109 |
| 181 | フィルターを解除したい | 109 |
| 182 | フィルターを完全に解除したい | 109 |
| 183 | 「A会員またはB会員」という条件で抽出したい | 110 |

| 184 | 抽出結果をさらに別の条件で絞り込みたい | 110 |
| 185 | 条件をまとめて指定して抽出するには | 111 |
| 186 | 並べ替えやフィルターの条件を保存するには | 112 |
| STEPUP● | 本格的な並べ替えや抽出にはクエリを利用しよう | 112 |

## データシートの表示設定　　113

| 187 | 横にスクロールすると左にあるフィールドが見えなくなって不便 | 113 |
| 188 | 列の固定を解除したい | 113 |
| 189 | 特定のフィールドを非表示にしたい | 114 |
| 190 | [クリックして追加] 列が邪魔 | 114 |
| 191 | フィールドを再表示するには | 114 |
| 192 | データシートの既定の文字を大きくしたい | 115 |
| 193 | 特定のデータシートの文字を大きくしたい | 115 |
| 194 | 文字の配置を設定するには | 115 |

## テーブルの操作　　116

| 195 | リンクテーブルが開かない | 116 |
| 196 | ロックできないというエラーが表示されてテーブルが開かない | 116 |
| 197 | デザインビューで開いたら読み取り専用のメッセージが表示された | 116 |
| 198 | デザインビューで開いたらデザインの変更ができないと表示された | 117 |
| 199 | 「値が重複している」と表示されてレコードを保存できない | 117 |
| 200 | 「値を入力してください」と表示されてレコードを保存できない | 117 |
| 201 | エラーメッセージが表示されてレコードを保存できない | 118 |
| 202 | 新規入力行が表示されない | 118 |
| 203 | リレーションシップが原因でレコードを保存できない | 118 |
| 204 | 次のレコードに移動できない | 118 |
| 205 | データを編集できない | 119 |
| 206 | 次のフィールドに移動できない | 119 |
| STEPUP● | テーブルの使い勝手がよくなる設定の決め手 | 119 |
| 207 | レコードを削除できない | 120 |
| 208 | レコードに「#Deleted」が表示されてしまう | 120 |
| 209 | レコードの削除時に「削除や変更を行えない」と表示される | 120 |
| 210 | オートナンバー型が連番にならない | 120 |
| 211 | オートナンバー型のフィールドの欠番を詰めたい | 121 |
| 212 | オートナンバー型の数値を「1001」から始めたい | 122 |

## リレーションシップの設定 124

| | | |
|---|---|---|
| 213 | リレーションシップって何？ | 124 |
| 214 | 一対多リレーションシップって何？ | 124 |
| 215 | 一対一リレーションシップって何？ | 125 |
| 216 | 多対多リレーションシップって何？ | 125 |
| 217 | 複数のテーブルを設計するには | 126 |
| 218 | リレーションシップを作成したい | 127 |
| 219 | ［テーブルの表示］ダイアログボックスを表示するには | 128 |
| 220 | リレーションシップの設定を変更したい | 128 |
| 221 | リレーションシップを印刷するには | 128 |
| 222 | リレーションシップを解除したい | 129 |
| 223 | 作成したはずのリレーションシップが表示されない | 129 |
| 224 | テーブル間の関係を見やすく表示するには | 129 |
| 225 | フィールドをドラッグする方向に決まりはあるの？ | 130 |
| 226 | 参照整合性を設定できる条件は？ | 130 |
| 227 | 参照整合性を設定すると何ができるの？ | 131 |
| 228 | 「参照整合性を設定できません」というエラーが表示される | 131 |
| 229 | 連鎖更新って何？ | 132 |
| 230 | 「ロックできませんでした」というエラーが表示される | 132 |
| 231 | 連鎖削除って何？ | 133 |
| STEPUP● | 土台をしっかり作り込めば後の作業がラクになる | 133 |

### 第4章　データ抽出・集計を効率化するクエリ活用ワザ

## クエリの基本操作 134

| | | |
|---|---|---|
| 232 | クエリにはどんな種類があるの？ | 134 |
| 233 | クエリにはどんなビューがあるの？ | 135 |
| 234 | クエリのデザインビューの画面構成を知りたい | 135 |
| 235 | クエリとテーブルでデータシートビューに違いはあるの？ | 136 |
| 236 | クエリを削除していいか分からない | 136 |
| 237 | クエリにテーブルと同じ名前を付けたい | 136 |
| 238 | クエリの名前って変更してもいいの？ | 136 |
| 239 | 入力テーブルが見つからないというエラーが表示されてクエリが開かない | 137 |
| 240 | 操作できないというエラーが表示されてクエリが開かない | 137 |
| 241 | 実行確認が表示されてクエリが開かない | 137 |

テーブル

クエリ

## 選択クエリの作成と実行　　　　　　　　　　　　138

| 242 | 選択クエリを作成したい | 138 |
| 243 | デザインビューからクエリを実行したい | 139 |
| 244 | ［表示］と［実行］の機能って何が違うの？ | 139 |
| 245 | 閉じているクエリを実行したい | 139 |
| 246 | 時間がかかるクエリの実行を途中でやめたい | 139 |
| 247 | フィールドリストを移動・サイズ変更・削除するには | 140 |
| 248 | クエリを基にクエリを作成したい | 140 |
| 249 | 後からフィールドリストを追加できないの？ | 140 |
| 250 | クエリに追加したフィールドを変更するには | 140 |
| 251 | フィールドリストの先頭にある「*」って何？ | 141 |
| 252 | 全フィールドをまとめて追加するには | 141 |
| 253 | フィールドの順序を入れ替えるには | 141 |
| 254 | 追加したフィールドを削除するには | 141 |
| 255 | いつの間にかフィールドリストが空になってしまった | 142 |
| 256 | デザインビューの文字が見えづらい | 142 |
| 257 | 複数の値を別のレコードとして表示するには | 142 |
| 258 | 特定のフィールドでデータの入力や編集ができない | 143 |
| 259 | クエリのデータシートビューでデータを入力・編集できない | 143 |
| 260 | 選択クエリのデータシートビューでデータの入力・編集を禁止したい | 143 |
| 261 | 入力モードが自動で切り替わらない | 144 |
| 262 | 重複するデータは表示されないようにしたい | 144 |

## フィールドの計算　　　　　　　　　　　　　　　145

| 263 | クエリで計算したい | 145 |
| 264 | 演算フィールドの式には何が使えるの？ | 145 |
| 265 | 長い式を見やすく入力するには | 145 |
| 266 | 演算フィールドに基のフィールド名を付けたい | 146 |
| 267 | 計算結果に「¥」記号を付けて通貨表示にしたい | 146 |
| 268 | 「閉じかっこがありません」というエラーで式を確定できない | 147 |
| 269 | 「不適切な値が含まれている」というエラーで式を確定できない | 147 |
| 270 | 「引数の数が一致しない」というエラーで式を確定できない | 147 |
| 271 | 「構文が正しくない」というエラーで式を確定できない | 147 |
| 272 | 「未定義関数」のエラーが出てデータシートを表示できない | 147 |
| 273 | 「循環参照」のエラーでデータシートを表示できない | 148 |
| 274 | 計算結果に「#エラー」と表示されてしまう | 148 |

クエリ

| 275 | 計算結果に何も表示されない | 148 |
| 276 | 計算結果に誤差が出てしまう | 148 |

## レコードの並べ替え 149

| 277 | 並べ替えを設定したい | 149 |
| 278 | レコードが五十音順に並ばない | 149 |
| 279 | 入力した順序で並べ替えたい | 149 |
| 280 | 右に表示する列の並べ替えを優先したい | 150 |
| 281 | レコードが数値順に並ばない | 150 |
| 282 | 「株式会社」を省いた会社名で並べ替えたい | 151 |
| 283 | 任意の順序で並べ替えたい | 151 |
| 284 | 多数の項目を任意の順序で並べ替えたい | 152 |
| 285 | 未入力のデータが先頭に並ぶのが煩わしい | 153 |
| 286 | 得点を基準に順位を表示したい | 153 |
| 287 | 成績ベスト5を表示したい | 154 |
| 288 | ベスト5の抽出を解除してすべてのレコードを表示したい | 154 |
| 289 | 売り上げの累計を計算したい | 155 |
| STEPUP● | データ型を操る2つのワザ | 155 |

## レコードの抽出 156

| 290 | 指定した条件を満たすレコードを抽出したい | 156 |
| 291 | データシートのフィルターとクエリはどう使い分けたらいい？ | 156 |
| 292 | 複数の条件をすべて満たすレコードを抽出したい | 157 |
| 293 | 複数のうちいずれかの条件を満たすレコードを抽出したい | 157 |
| 294 | 「○以上」や「○より大きい」という条件で抽出したい | 158 |
| 295 | 「○○でない」という条件で抽出したい | 158 |
| 296 | 「○以上○以下」という条件で抽出したい | 158 |
| 297 | クエリの長い式を入力しやすくしたい | 159 |
| 298 | 長さ0の文字列を抽出したい | 159 |
| 299 | 未入力のデータだけを抽出したい | 159 |
| 300 | 「*」や「?」を抽出したい | 159 |
| 301 | 「○○で始まる」という条件で抽出したい | 160 |
| 302 | カ行のデータだけを抽出したい | 160 |
| 303 | 複数のデータが入力されたフィールドを抽出したい | 161 |
| 304 | 複数のデータが入力されたフィールドで1項目ずつ抽出したい | 161 |
| 305 | 平均以上のデータを抽出したい | 162 |
| 306 | 抽出条件をその都度指定したい | 162 |

| 307 | 条件が入力されないときはすべてのレコードを表示したい | 163 |
|---|---|---|
| 308 | あいまいな条件のパラメータークエリを作成したい | 163 |
| 309 | 複数のパラメーターの入力順を指定したい | 164 |
| 310 | パラメータークエリでYes/No型のフィールドを抽出できない | 165 |
| 311 | パラメータークエリで「Yes」や「No」と入力して抽出したい | 165 |
| 312 | 設定していないのにパラメーターの入力を要求されてしまう | 165 |
| 313 | テーブル内にある重複したデータを抽出したい | 166 |
| 314 | 抽出条件でデータ型が一致しないというエラーが表示される | 167 |
| 315 | 存在するはずの日付や数値が抽出されない | 168 |
| 316 | ルックアップフィールドに存在するはずのデータが抽出されない | 168 |
| 317 | 存在するはずのデータが抽出されない | 168 |
| 318 | 存在するはずの未入力のデータが抽出されない | 168 |

## 複数のテーブルを基にしたクエリ　169

| 319 | 複数のテーブルに保存されたデータを1つの表にまとめたい | 169 |
|---|---|---|
| 320 | クエリで複数のテーブルを利用したい | 169 |
| 321 | オートルックアップクエリって何？ | 170 |
| 322 | データを編集したら他のレコードも変わってしまった | 170 |
| 323 | レコードの並び順がおかしい | 171 |
| 324 | 同じデータが何度も表示されてしまう | 171 |
| 325 | オートルックアップクエリで一側テーブルのデータが自動表示されない | 171 |
| 326 | オートルックアップクエリに新規レコードを入力できない | 171 |
| 327 | オートルックアップクエリで新規レコードを保存できない | 171 |
| 328 | 結合線が重なって見づらい | 172 |
| 329 | 統合したらデータが表示されなくなった | 172 |
| 330 | 外部結合にはどのような種類があるの？ | 173 |
| 331 | 同じ名前のフィールドを計算式に使うにはどうすればいい？ | 174 |
| 332 | 2つのテーブルのうち、一方にしかないデータを抽出したい | 174 |

## データの集計　176

| 333 | グループごとに集計したい | 176 |
|---|---|---|
| 334 | 集計結果のフィールドに名前を設定したい | 177 |
| 335 | 計算結果を集計したい | 177 |
| 336 | レコード数を正しくカウントできない | 177 |
| 337 | 2段階のグループ化を行いたい | 178 |
| 338 | 日付のフィールドを月ごとにグループ化して集計したい | 178 |
| 339 | 数値のフィールドを一定の幅で区切って集計したい | 179 |

| 340 | グループ化した数値を見やすく表示したい | 179 |
|---|---|---|
| 341 | 集計結果を抽出したい | 179 |
| 342 | 抽出結果を集計したい | 180 |
| 343 | クロス集計クエリを作成したい | 180 |
| 344 | クロス集計クエリの合計値を各行の右端に表示したい | 182 |
| 345 | クロス集計クエリを手動で作成したい | 182 |
| 346 | 手動で作成したクロス集計クエリに合計列を追加したい | 183 |
| 347 | クロス集計クエリの列見出しに「<>」が表示される | 183 |
| 348 | クロス集計クエリの列見出しの順序を変えたい | 184 |
| 349 | クロス集計クエリの見出しのデータを絞り込みたい | 184 |
| 350 | クロス集計クエリの行ごとの合計が合わない | 184 |
| 351 | 集計結果の空欄に「0」を表示したい | 185 |
| 352 | クロス集計クエリのパラメーターの設定がうまくいかない | 185 |
| 353 | 列見出しに見覚えのないデータが表示されてしまう | 185 |
| STEPUP● | ピボットテーブルやピボットグラフを作成したい | 185 |

## アクションクエリの作成と実行　　　　186

| 354 | アクションクエリって何？ | 186 |
|---|---|---|
| 355 | アクションクエリを実行できないときは | 186 |
| 356 | アクションクエリを実行したい | 186 |
| 357 | テーブル作成クエリを作成したい | 187 |
| 358 | 作成されたテーブルの設定がおかしい | 188 |
| 359 | 新しく作成するテーブルの名前を変更したい | 188 |
| 360 | 複数の値を扱うアクションクエリを作成したい | 188 |
| 361 | 追加クエリを作成したい | 189 |
| 362 | [レコードの追加]行にフィールド名が自動表示されない | 190 |
| 363 | 追加クエリでレコードを追加できない | 190 |
| 364 | 追加先のレコードに特定の値や計算結果を表示したい | 190 |
| 365 | 更新クエリを作成したい | 191 |
| 366 | 更新クエリの計算式の結果は確認できないの？ | 192 |
| 367 | 特定のフィールドを同じ値で書き換えたい | 192 |
| 368 | 特定のフィールドのデータをすべて削除したい | 192 |
| 369 | 別のテーブルのデータを基にテーブルを更新したい | 193 |
| 370 | 更新クエリでレコードを更新できない | 193 |
| 371 | 削除クエリを作成したい | 194 |
| 372 | アクションクエリの対象のデータを事前に確認したい | 195 |
| 373 | 削除クエリでレコードを削除できない | 195 |

**374** 指定外のデータまで削除されてしまった ·············195

## SQLクエリの作成と実行　196

**375** SQLステートメントって何？ ·············196
**376** SQLクエリでできることは？ ·············196
**377** SQLステートメントでユニオンクエリを定義するには ·············197
**378** ユニオンクエリを作成したい ·············197

### 第5章　データ入力を助けるフォームのワザ

## フォームの基本操作　198

**379** フォームでは何ができるの？ ·············198
**380** フォームにはどんなビューがあるの？ ·············199
**381** フォームの構成を知りたい ·············200
**382** コントロールって何？ ·············201
**383** フォームやコントロールはどこで設定するの？ ·············202
**384** フォームビューを開けない ·············203
**385** データシートビューを利用したい ·············203

## フォームの入力　204

**386** 前後のレコードを表示するには ·············204
**387** 新しくレコードを追加したい ·············204
**388** 入力を取り消すには ·············204
**389** フィールド間を移動するには ·············205
**390** 直前に入力したレコードがいちばん後ろに表示されない ·············205
**391** レコードが保存されるタイミングはいつ？ ·············205
**392** 既存のレコードを選択したい ·············205
**393** 既存のレコードを変更するには ·············206
**394** 既存のレコードを削除したい ·············206
**395** データを効率よく入力できる機能を知りたい ·············207
**396** データを順序よく入力したい ·············207
**397** Tab キーのカーソル移動を現在のレコードの中だけにしたい ·············208
**398** 入力しないテキストボックスにカーソルが移動して面倒 ·············208
**399** 特定のフィールドのデータを変更されないようにしたい ·············208
**400** テキストボックスにデータを入力できない ·············209
**401** フォームからのレコードの追加や更新、削除を禁止したい ·············209
**402** フォームからのレコードの追加と削除を禁止したい ·············209
**403** OLEオブジェクト型のフィールドに画像を追加したい ·············210

**20** できる ● 目次

| 404 | 画像が枠内に表示しきれない | 210 |
|---|---|---|
| 405 | 添付ファイル型のフィールドにデータを追加するにはどうすればいいの？ | 211 |
| 406 | ハイパーリンク型のフィールドにデータを追加するには | 212 |
| 407 | ハイパーリンクのデータを修正したい | 212 |

## フォームの表示    213

| 408 | フォームに既存のレコードが表示されない | 213 |
|---|---|---|
| 409 | フォームに写真が表示されない | 213 |
| 410 | フォームにレコードが1件しか表示されない | 214 |
| 411 | 1行おきの色を解除するには | 214 |
| 412 | 表形式のフォームにExcelの表のような罫線を引きたい | 215 |
| 413 | テキストボックスに「#Name」と表示される | 215 |
| 414 | データを検索するには | 216 |
| 415 | 特定の文字列を別の文字列に置き換えたい | 216 |
| 416 | 「東京都」のレコードだけを表示したい | 217 |
| 417 | フォームの画面に条件を入力したい | 217 |
| 418 | レコードを並べ替えたい | 218 |
| 419 | 金額順に並べ替えができない | 218 |
| 420 | 並べ替え後、フォームを開き直しても並べ変わったままになってしまう | 219 |
| 421 | 並べ替えや抽出をもっと簡単に実行するには | 219 |

## フォームの作成    220

| 422 | フォームを作成したい | 220 |
|---|---|---|
| 423 | フォームをワンクリックで自動作成したい | 221 |
| 424 | 不要なサブフォームが作成されてしまった | 222 |
| 425 | テキストボックスに不要なスクロールバーが表示される | 222 |
| 426 | 自由なレイアウトでフォームを作成したい | 223 |
| 427 | デザインビューでフィールドを追加するには | 223 |
| 428 | コントロールをきれいに整列しながらフォームを作成できないの？ | 224 |
| 429 | 添付ファイル型のフィールドで表示されるFileData、FileName、FileTypeって何？ | 224 |
| 430 | レイアウトビューでフィールドを追加するには？ | 225 |
| 431 | メイン／サブフォームって何？ | 225 |
| 432 | メイン／サブフォームを作成するには | 226 |

## フォームの設定    227

| 433 | タブやタイトルバーに表示される文字列を変更したい | 227 |
|---|---|---|
| 434 | フォームの色を変えたい | 227 |

| 435 | フォームのデザインをまとめて変更したい | 228 |
|---|---|---|
| 436 | フォームヘッダー／フッターを表示するには | 228 |
| 437 | フォームをウィンドウで表示するには | 229 |
| 438 | デザインビューでフォームのサイズを変更できない | 229 |
| 439 | フォームビューでフォームのサイズを変更できないようにしたい | 230 |
| 440 | レコードセレクター、移動ボタン、スクロールバーを表示したくない | 230 |
| 441 | [最小化][最大化][閉じる]ボタンを表示したくない | 231 |
| 442 | 開いているフォーム以外の操作ができない | 231 |
| 443 | 分割フォームのデータシートの位置を変えるには | 232 |
| 444 | 分割フォームのデータシートからはデータを変更できないようにしたい | 232 |
| 445 | フォームに表示するデータを別のテーブルに変更できるの？ | 233 |
| 446 | 特定のフォームでレイアウトビューを表示できないようにしたい | 233 |
| 447 | すべてのフォームでレイアウトビューを表示できないようにしたい | 233 |

## フォームのレイアウト調整 234

| 448 | コントロールのレイアウトは自動調整できる？ | 234 |
|---|---|---|
| 449 | デザインビューでコントロールのサイズを変更するには | 235 |
| 450 | デザインビューでラベルとコントロールを同時に移動するには | 235 |
| 451 | デザインビューでラベルとコントロールを別々に移動するには | 236 |
| 452 | コントロールのサイズや位置に端数がついてしまう | 236 |
| 453 | コントロールの位置を微調整したい | 236 |
| 454 | 複数のコントロールを選択するには | 237 |
| 455 | 複数のコントロールの配置をそろえたい | 237 |
| 456 | 複数のコントロールのサイズを自動でそろえたい | 238 |
| 457 | 複数のコントロールのサイズを数値でそろえたい | 238 |
| 458 | 複数のコントロールの間隔を均等にそろえたい | 238 |
| 459 | レイアウトビューでコントロールのサイズを変更するには | 239 |
| 460 | レイアウトビューでコントロールを移動するには | 239 |
| 461 | コントロールを表のように整列してまとめたい | 240 |
| 462 | コントロールの間隔を全体的に狭くしたい | 240 |
| 463 | データを一覧で表示できるようにしたい | 241 |
| 464 | 集合形式のレイアウトを2列にしたい | 242 |
| 465 | コントロールのサイズ変更や移動は個別にできないの？ | 242 |
| 466 | 集合形式のレイアウトで画像のコントロールだけ横に移動したい | 243 |
| 467 | ウィンドウに合わせてテキストボックスの大きさを自動調整したい | 243 |

## コントロールの設定 　　244

**フォーム**

| | | |
|---|---|---|
| 468 | テーブルとフォームに共通するプロパティはどこで設定するの？ | 244 |
| 469 | コントロールに表示される緑の三角形は何？ | 244 |
| 470 | フォーム上にロゴを入れたい | 245 |
| 471 | 任意の文字列をタイトルとしてフォームヘッダーに追加したい | 245 |
| 472 | フォーム上に日付と時刻を表示したい | 246 |
| 473 | フォーム上の任意の場所に文字列を表示したい | 246 |
| 474 | 日付や数値などの表示形式を変更したい | 247 |
| 475 | 文字に書式を設定したい | 247 |
| 476 | コントロールの書式を別のコントロールでも利用したい | 248 |
| 477 | デザインビューにコントロールがあるのにフォームビューで表示されない | 248 |
| 478 | コントロールの書式を別のコントロールでも常に利用したい | 249 |
| 479 | 条件を満たすデータを目立たせたい | 249 |
| 480 | 別のテーブルの値を一覧から選択したい | 250 |
| 481 | 一覧から選択した値でレコードを検索したい | 252 |
| 482 | タブを使った画面をフォーム上に追加したい | 253 |
| 483 | コンボボックスウィザードで検索用の選択肢が表示されない | 254 |
| 484 | コンボボックスで一覧以外のデータの入力を禁止したい | 254 |
| 485 | コンボボックスの2列目の値もフォームに表示したい | 255 |
| 486 | 複数の値を持つフィールドで選択できる一覧を常に表示したい | 255 |
| 487 | オプションボタンを使ってデータを入力したい | 256 |
| 488 | 添付ファイル型フィールドのデータ数をひと目で知りたい | 257 |
| 489 | メニュー用のフォームを作成したい | 258 |
| 490 | ボタンのクリックをキー操作で行いたい | 259 |
| 491 | 日付をカレンダーから選択したい | 260 |
| 492 | 日付入力用のカレンダーが表示されない | 260 |
| 493 | ボタンが急に動作しなくなった | 261 |
| 494 | フィールドの値を使った演算結果をテキストボックスに表示したい | 261 |
| 495 | テキストボックスに金額の合計を表示したい | 262 |
| 496 | サブフォームのデザインビューが単票形式になっている | 262 |
| 497 | メインフォームにサブフォームの合計を表示したい | 263 |

## 第6章　データを明解に見せるレポート作成のワザ

**レポート**

## レポートの基本操作 　　264

| | | |
|---|---|---|
| 498 | どんなレポートを作成できるの？ | 264 |
| 499 | レポートにはどんなビューがあるの？ | 264 |

| 500 | レポートの構成を知りたい | 265 |
|---|---|---|
| 501 | ダブルクリックで印刷プレビューを開きたい | 266 |
| 502 | レポートを開くとパラメーターの入力画面が表示されるのはなぜ？ | 266 |
| 503 | 印刷プレビューで複数ページを一度に表示したい | 267 |
| 504 | 表形式のレポートってどんなものが作れるの？ | 267 |
| 505 | レポートを開けない | 267 |

## レポートの作成 268

| 506 | レポートをすばやく作成したい | 268 |
|---|---|---|
| 507 | 自由なレイアウトでレポートを作成するには | 268 |
| 508 | デザインビューでフィールドを追加するには | 269 |
| 509 | レイアウトビューからレポートを作成したい | 269 |
| 510 | レイアウトビューでフィールドを追加するには | 270 |
| 511 | いろいろなレポートを作成したい | 270 |
| 512 | レポートウィザードでグループ化の単位を指定したい | 272 |
| 513 | レポートウィザードで集計しながらレポートを作成したい | 272 |
| 514 | 添付ファイル型のフィールドを追加する方法が分からない | 273 |
| 515 | メイン／サブレポートの仕組みは？ | 274 |
| 516 | メイン／サブレポートを作成するには | 274 |
| 517 | サブレポートの項目名がメインレポートに表示されない | 275 |

## レポートの編集 276

| 518 | レポートヘッダー／フッターはどうやって表示するの? | 276 |
|---|---|---|
| 519 | レポートを選択するには | 276 |
| 520 | セクションを選択するには | 277 |
| 521 | セクションの高さを変更するには | 277 |
| 522 | ヘッダーやフッターのどちらか一方を非表示にしたい | 277 |
| 523 | コントロールを選択するには | 278 |
| 524 | 複数のコントロールを選択するには | 278 |
| 525 | デザインビューでコントロールのサイズを変更するには | 279 |
| 526 | レイアウトビューでコントロールのサイズを変更するには | 279 |
| 527 | レポートウィザードで作成したレポートのレイアウトを調整しやすくしたい | 280 |
| 528 | デザインビューでコントロールを移動するには | 280 |
| 529 | レイアウトビューでコントロールを移動するには | 281 |
| 530 | コントロールを削除するには | 281 |
| 531 | レポートヘッダーにタイトルを表示したい | 282 |
| 532 | 任意の位置に文字列を表示するには | 282 |

| 533 | レポートセレクターに表示される緑の三角形は何？ | 283 |
| 534 | 数値や日付が正しく表示されない | 283 |
| 535 | 文字列が途中で切れてしまう | 284 |
| 536 | レイアウトビューでコントロールの高さを変更できない | 284 |
| 537 | 重複するデータを表示したくない | 284 |
| 538 | コントロールサイズの端数をなくしてぴったりの数値で指定したい | 285 |
| 539 | 条件に一致したレコードを目立たせたい | 286 |
| 540 | 先頭ページと2ページ以降で印刷するタイトルを変更したい | 287 |
| 541 | レポートのタイトルはどのセクションに配置したらいいの？ | 287 |
| 542 | 表の列見出しはどのセクションに配置したらいいの？ | 288 |
| 543 | レポートの1行おきの色を解除したい | 288 |
| 544 | レポートヘッダーやページヘッダーに色を付けたい | 289 |
| 545 | グループヘッダーに設定した色が表示されないところがある | 289 |
| 546 | コントロールの枠線を表示したくない | 289 |
| 547 | 2つのクエリを1枚のレポートで印刷したい | 290 |

## レポートの印刷　　　　291

| 548 | レポートを印刷するには | 291 |
| 549 | レポート以外は印刷できないの？ | 291 |
| 550 | 余分な白紙のページが印刷されてしまう | 291 |
| 551 | 用紙の余白を変更したい | 292 |
| 552 | 設定した余白のサイズが反映されない | 292 |
| 553 | 用紙の向きやサイズを変更するには | 292 |
| 554 | 特定のレポートだけ別のプリンターで印刷したい | 293 |
| 555 | レコードを並べ替えて印刷できないの？ | 293 |
| 556 | フィールドごとにグループ化して印刷したい | 294 |
| 557 | グループごとに連番を振り直して印刷したい | 295 |
| 558 | グループごとに金額の合計を印刷したい | 296 |
| 559 | グループごとに金額の累計を印刷したい | 297 |
| 560 | レポート全体の累計を印刷したい | 297 |
| 561 | 商品名を五十音順でグループ化したい | 298 |
| 562 | 日付を月単位でグループ化したい | 298 |
| 563 | レコードを1件ごとに印刷したい | 299 |
| 564 | グループ単位で改ページしたい | 299 |
| 565 | 表を2列で印刷したい | 300 |
| 566 | グループごとに列を変えたい | 300 |
| 567 | ページ番号を印刷したい | 301 |

| 568 | 印刷時の日付や時刻を印刷したい | 301 |
| 569 | 「社外秘」などの透かし文字を印刷したい | 302 |
| 570 | 印刷イメージを別ファイルとして保存できないの？ | 302 |
| 571 | いつも同じ設定でレポートを作成したい | 303 |
| 572 | 印刷するレコードをその都度指定したい | 304 |
| 573 | 1ページに2ページ分のレポートを印刷したい | 305 |

## はがきやラベルの印刷 　306

| 574 | 伝票用の用紙に印刷する設定を知りたい | 306 |
| 575 | 定型の伝票に印刷したい | 307 |
| 576 | データベースを基にはがきの宛名を印刷したい | 308 |
| 577 | はがきウィザードで作成したレポートの用紙サイズが大きい | 310 |
| 578 | 大量のはがきを安価で発送できるよう印刷したい | 310 |
| 579 | 宛先に応じて「様」と「御中」を切り替えたい | 311 |
| 580 | 差出人住所の数字が横向きになってしまう | 311 |
| 581 | 住所を宛名ラベルに印刷したい | 312 |
| 582 | 郵便番号を「〒000-0000」の形式で印刷したい | 313 |

## 第7章　加工・計算・分析に必須の関数活用ワザ

## 関数の基本 　314

| 583 | 関数って何？ | 314 |
| 584 | 関数はどこで使うの？ | 314 |
| 585 | 関数の入力方法が分からない | 315 |

## 文字列操作のワザ 　316

| 586 | 必ず10字以上20字以下で入力されるように設定したい | 316 |
| 587 | 文字列の前後から空白（スペース）を取り除きたい | 317 |
| 588 | 文字列からすべての空白を取り除きたい | 317 |
| 589 | 全角のスペースだけを削除するには | 318 |
| 590 | 商品コードを上2けたと下3けたに分割したい | 318 |
| 591 | 氏名を氏と名に分割したい | 319 |
| 592 | リッチテキスト形式のデータから書式を取り除きたい | 319 |
| 593 | 住所を都道府県と市区町村に分割したい | 320 |
| STEPUP● | Excelの関数との違いに気を付けよう | 320 |
| 594 | ひらがなで入力されたふりがなをカタカナに直したい | 321 |
| 595 | 元のフィールドの文字種を変換するには | 321 |
| 596 | データを指定した表示形式に変換するには | 322 |

## 数値計算と集計のワザ　　323

| | | |
|---|---|---|
| 597 | 小数の端数を切り捨てたい | 323 |
| 598 | 消費税の切り捨てにはInt関数とFix関数のどちらを使えばいいの？ | 323 |
| 599 | 数値を四捨五入したい | 324 |
| 600 | 数値をJIS丸めしたい | 324 |
| 601 | 条件に合うレコードだけを集計したい | 325 |
| 602 | DSum関数とSum関数は何が違うの？ | 326 |
| 603 | 定義域集計関数にはどんな種類がある？ | 326 |
| 604 | 全レコード数を求めたい | 326 |

## 日付と時刻の操作ワザ　　327

| | | |
|---|---|---|
| 605 | 今月が誕生月の顧客データを取り出したい | 327 |
| 606 | 受注日を基準に月末日を求めたい | 327 |
| 607 | 20日締め翌月10日の支払日を求めたい | 328 |
| 608 | 日付から曜日を求めたい | 328 |
| 609 | 8けたの数字から日付データを作成したい | 329 |
| 610 | 週ごとや四半期ごとに集計したい | 329 |
| 611 | 見積日から2週間後を見積有効期限としたい | 330 |
| 612 | 生年月日から年齢を求めたい | 330 |

## データの変換ワザ　　331

| | | |
|---|---|---|
| 613 | Null値を別の値に変換したい | 331 |
| 614 | 数字を数値に変換したい | 331 |
| 615 | フィールドの値に応じて表示する値を切り替えたい | 332 |
| STEPUP● | CLng関数で日付のシリアル値が分かる | 332 |
| 616 | 数値を通貨型に変換したい | 332 |
| 617 | テキストボックスが未入力かどうかで表示する値を切り替えたい | 333 |

### 第8章　作業を高速化・自動化するマクロのワザ

## マクロの基本　　334

| | | |
|---|---|---|
| 618 | マクロで何ができるの？ | 334 |
| 619 | マクロでできないことは？ | 335 |
| 620 | Excelのマクロのようにマクロを自動記録したい | 335 |
| 621 | マクロにはどんな種類があるの？ | 335 |
| 622 | マクロを新規で作成するには？ | 336 |
| 623 | マクロを編集するには | 337 |

| | | |
|---|---|---|
| 624 | マクロビルダーの画面構成を知りたい | 337 |
| 625 | アクションって何 | 338 |
| 626 | イベントって何？ | 338 |
| 627 | マクロを実行するには | 339 |
| 628 | キーワードを使ってアクションをすばやく選択したい | 340 |
| 629 | アクションカタログからアクションを選択したい | 340 |
| 630 | 実行できないアクションがある | 341 |
| 631 | 選択したいアクションが一覧にない | 341 |
| 632 | ボタンにマクロを割り当てて実行するには | 342 |
| 633 | アクションを削除したい | 343 |
| 634 | 実行するアクションの順番を入れ替えたい | 343 |
| 635 | イベントからマクロを新規に作成するには | 343 |
| 636 | コントロールを追加するときにマクロを自動作成するには | 344 |
| 637 | 条件を満たすときだけ処理を実行するには | 346 |
| 638 | 条件を満たすときと満たさないときで異なる処理を実行したい | 347 |
| 639 | 条件を満たさなかったときに別の条件を設定するには | 347 |
| 640 | メッセージボックスで［はい］がクリックされたときにアクションを実行するには | 348 |

## フォーム関連のマクロ 350

| | | |
|---|---|---|
| 641 | ボタンのクリックでフォームを開くには | 350 |
| 642 | フォームを読み取り専用で開くには | 351 |
| 643 | 新規レコードの入力画面を開くには | 351 |
| 644 | フォームを開いて複数の条件に合うレコードを表示するには | 352 |
| 645 | 現在のレコードの詳細画面を開くには | 354 |
| 646 | レコードの変更が開いたフォームに反映されない | 355 |
| 647 | ボタンのクリックでフォームを閉じるには | 355 |
| 648 | フォームを閉じるボタンを効率よく作成するには | 356 |
| 649 | フォームを開いたあとで自分自身のフォームを閉じるには | 356 |
| 650 | フォームを閉じたときにメインメニューが開くようにしたい | 356 |
| 651 | テキストボックスに条件を入力して抽出したい | 357 |
| 652 | 抽出解除用のボタンを作成したい | 357 |
| 653 | 2つのコンボボックスを連動させるには | 358 |
| 654 | 選択肢がないコンボボックスを無効化するには | 359 |
| 655 | 並べ替え用のボタンを作成したい | 360 |
| 656 | 並べ替えの解除ボタンを作成したい | 360 |

## レポート関連のマクロ 361

| 657 | ボタンのクリックでレポートを開くには | 361 |
| 658 | フォームに表示中のレコードだけを印刷するには | 362 |
| 659 | 複数の条件に合うレコードを印刷するには | 363 |
| 660 | 印刷するデータがない場合に印刷を中止するには | 363 |

## データ処理やその他のマクロ 364

| 661 | Accessのデータを外部ファイルに自動で出力したい | 364 |
| 662 | 外部データをAccessのテーブルに自動で取り込みたい | 365 |
| 663 | インポートする前に古いテーブルを削除したい | 366 |
| 664 | 想定されるマクロのエラーをスキップしたい | 366 |
| 665 | ボタンのクリックでレコードを削除するには | 367 |
| 666 | 条件に一致するレコードを別のテーブルに移動したい | 368 |
| 667 | Accessからの確認メッセージを非表示にするには | 369 |
| 668 | データベースを開くときにマクロを自動実行したい | 369 |

### 第9章　活用の幅を広げるデータ連携・共有のワザ

## 連携の基本 370

| 669 | 他のファイルからデータを取り込みたい | 370 |
| 670 | 他のファイルにデータを出力したい | 371 |
| 671 | 他のファイルに接続してデータを利用したい | 371 |

## Accessデータベース間の連携 372

| 672 | 他のAccessデータベースのデータを取り込みたい | 372 |
| 673 | 他のAccessデータベースにデータを出力したい | 373 |
| 674 | 他のデータベースに接続してデータを利用したい | 374 |
| 675 | インポートやエクスポートで毎回ウィザードを起動するのが面倒 | 374 |
| 676 | 保存したインポートやエクスポートの操作はどうやって使用するの？ | 375 |
| 677 | リンクテーブルを通常のテーブルに変更したい | 375 |
| 678 | リンクテーブルに接続できない | 376 |

## テキストファイルとの連携 377

| 679 | Accessのデータをテキストファイルに出力したい | 377 |
| 680 | テキストファイルをAccessのデータベースに取り込みたい | 378 |
| 681 | 異なるテキストファイルを常に同じ設定で取り込みたい | 379 |
| 682 | 保存したインポートの定義を利用するにはどうするの？ | 380 |

**683** テキストファイルの形式にはどんなものがあるの？ ………………………………………………… 380

## Excelとの連携 381

**684** Excelの表をAccessに取り込みやすくするには ……………………………………… 381
**685** Excelの計算式は取り込めないの？ ……………………………………………………… 381
**686** Excelの表をテーブルとして取り込みたい ……………………………………………… 382
**687** Excelの表をAccessにコピーしたい ……………………………………………………… 383
**688** テーブルやクエリの表をExcelファイルに出力したい ……………………………… 384
**689** テーブルやクエリの表を既存のExcelファイルにコピーしたい …………………… 384

## Wordやその他のファイルとの連携 385

**690** AccessのデータをWordファイルに出力したい ……………………………………… 385
**691** テーブルやクエリの表を既存のWordファイルにコピーしたい …………………… 385
**692** Accessのデータを使ってWordで差し込み印刷をするには ………………………… 386
**693** HTML形式のデータをデータベースに取り込みたい ………………………………… 388
**694** XML形式のデータをデータベースに取り込みたい …………………………………… 389
**695** Outlookのアドレス帳をデータベースに取り込みたい ……………………………… 390
**696** AccessのデータをHTML形式で出力したい …………………………………………… 391
**697** AccessのデータをXML形式で出力したい ……………………………………………… 392
**698** AccessのデータをPDF形式で出力したい ……………………………………………… 393
**STEPUP●** Access以外のソフトウェアのデータを有効活用しよう …………………………… 393

## 第10章 その他のワザとセキュリティのワザ

## バージョン間の互換性 394

**699** バージョンとファイル形式にはどんな関係があるの？ ……………………………… 394
**700** ファイル形式によって利用できる機能は変わるの？ ………………………………… 394
**701** データベースのファイル形式が分からない …………………………………………… 395
**702** 以前のファイル形式のデータベースで新バージョンの機能は使えるの？ ………… 395
**STEPUP●** ファイルの拡張子を表示するには …………………………………………………… 395
**703** 現在のバージョンとは異なるファイル形式のデータベースを開きたい …………… 396
**704** ACCDBファイルをMDBファイルに変換したい ……………………………………… 396
**705** MDBファイルをACCDBファイルに変換したい ……………………………………… 396
**706** Access 97以前のファイル形式は扱えるの？ ………………………………………… 397
**707** Access 2016/2013で作成したファイルをAccess 2010/2007で使用できる？ … 397
**708** リボンに表示されるボタンがいつもと違う ……………………………………………… 397

## データベースの仕上げ　398

| 709 | 起動時にメニューフォームを表示するには | 398 |
| 710 | 起動時にナビゲーションウィンドウを非表示にするには | 398 |
| 711 | リボンに最小限のタブしか表示されないようにするには | 398 |
| 712 | 起動時の設定を無視してデータベースを開くには | 399 |
| 713 | データベースのデザインを変更できないようにしたい | 399 |

## データベースの管理　400

| 714 | データベースのファイルサイズがどんどん大きくなってしまう | 400 |
| 715 | データベースが破損してしまった | 400 |
| 716 | ファイルを閉じるときに自動で最適化したい | 400 |
| 717 | データベースをバックアップしたい | 401 |
| 718 | オブジェクト同士の関係を調べたい | 401 |
| 719 | オブジェクトの依存関係を調べられない | 402 |
| 720 | オブジェクトの処理効率を上げたい | 402 |
| 721 | オブジェクトの設定情報を調べたい | 403 |

## データベースの共有　404

| 722 | 自分だけがデータベースを使用したい | 404 |
| 723 | 誰がデータベースを開いているか知りたい | 404 |
| 724 | 複数のユーザーが同じレコードを同時に編集したら困る | 405 |
| 725 | 特定のクエリやフォームのレコードをロックしたい | 405 |
| 726 | 他のユーザーと同じレコードを同時に編集するとどうなるの？ | 405 |
| 727 | データベースを分割して共有したい | 406 |

## データベースのセキュリティ　407

| 728 | データベースの安全性が心配 | 407 |
| 729 | 起動時に［セキュリティの警告］を解除するのが面倒 | 408 |
| 730 | ［信頼できる場所］を解除するには | 408 |
| 731 | データベースにパスワードを設定したい | 409 |
| 732 | データベースのパスワードを解除するには | 409 |
| STEPUP● | セキュリティに対する意識を高く持とう | 409 |

用語集　410
付録1 Office 2016 の種類と入手方法　421
付録2 関数インデックス　423
索引　425

セキュリティ・その他

# 第1章 Accessの基本ワザ

## Accessの基礎知識

Accessを使いこなすには、Access特有の用語など基礎知識の理解が不可欠です。ここでは、Accessの基本を理解しましょう。

### 001 Accessって何?

お役立ち度 ★★★
2016 / 2013

Accessとは、マイクロソフトが提供するデータベースソフトの1つです。データベースとは、必要なデータをすぐに取り出せるよう大量のデータを整理して蓄積、管理するシステムのことをいいます。例えば、取引先の情報を管理する場合、会社名、住所、メールアドレス、担当者のような必要な項目を用意して、データベースを作成しておけば、「会社別の担当者とメールアドレスの一覧が欲しい」「新規取引先の宛名ラベルを印刷したい」といった作業が簡単に行えます。Accessでは、データの集まりを表（テーブル）として管理していて、「商品」「顧客」「売り上げ」などテーマごとに複数の表を管理することもできます。このようなデータベースを「リレーショナルデータベース」といいます。Accessの用途について詳しくは、ワザ005、ワザ006も参照してください。

→リレーショナルデータベース……P.420

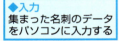
◆入力
集まった名刺のデータをパソコンに入力する

◆抽出
条件を指定して必要なデータを抽出できる

| 株式会社電報堂 | |
|---|---|
| 氏名 | メールアドレス |
| 荒井夏雄 | arai-n@xxx.xx.jp |
| 九原丈直 | kyu-t@xxx.xx.jp |
| 鈴木功 | suzuki-i@xxx.xx.jp |
| 井上明 | inoue-a@xxx.xx.jp |
| ⋮ | |

◆印刷
データの一部または全部をさまざまな形式で印刷できる

関連 ≫002 リレーショナルデータベースって何？……P.33

## 002 リレーショナルデータベースって何？

お役立ち度 ★★★
2016 / 2013

データベースにはいくつかの種類がありますが、現在もっとも利用されているのが「リレーショナルデータベース」です。

リレーショナルデータベースは顧客情報や売上情報、商品情報など特定のテーマごとに分類してデータを蓄積し、複数のデータの集合を関連付けて利用できるデータベースです。別々に集めたデータを組み合わせることで、データを有効に活用できます。

➡ リレーショナルデータベース……P.420

例えば、[受注テーブル]と[顧客テーブル]を関連付けると、2つのテーブルの項目を組み合わせた表が作成できる

受注テーブル　関連付け　顧客テーブル

リレーショナルデータベースでは、いろいろな種類のデータを互いに結び付けて活用できる

関連 ≫001　Access って何？ …………………………… P.32

## 003 Accessを入手するにはどうすればいい？

お役立ち度 ★★☆
2016 / 2013

Accessの最新バージョンである「Access 2016」を新しく入手する方法は、支払い方法の違いにより主に2通りあります。1つは、プリインストール版の「Office Premium」により購入時に代金を支払う方法。もう1つは月や年単位で使用料金を支払う定額制サービス（サブスクリプション版）を利用する方法です。Office Premiumには複数のラインアップがありますが、Accessを利用するにはOffice Professionalを選択してください。定額制サービスでは、個人向けのOffice 365 Solo、法人向けのOffice 365 ProPlus/Enterprise E3/Enterprise E5から選択します。製品に関する詳細な情報や購入方法については、421ページも参照してください。

▼Office 365
https://products.office.com/ja-jp/business/office

◆Office 365 SoloのPOSAカード

Accessを含むすべてのOfficeアプリを利用できる

関連 ≫004　Access と Excel はどう使い分ければいい？ …… P.33

## 004 AccessとExcelはどう使い分ければいい？

お役立ち度 ★★☆
2016 / 2013

大量のデータと複数の表を扱うのであればAccessの使用をおすすめします。Accessは大量のデータを効率よく集めることができ、複数の表を関連付けてデータを有効利用できます。さらに、データを活用するためのいろいろな機能が用意されています。そのため、本格的なデータベース処理ができるというメリットがあります。Excelでもデータベース処理を行うことはできますが、大量のデータ管理には向きません。データ量が少なく、並べ替えや簡単な抽出をする程度であれば、Excelのデータベース機能を使用する方が手軽でいいでしょう。

関連 ≫003　Access を入手するにはどうすればいい？ ……… P.33

## 005

お役立ち度 ★★★
2016 / 2013

# Accessにデータを入力する方法は？

Accessのデータベースにデータを入力するには、次の3つの方法があります。1つ目は、Accessのデータベースに直接データを入力する方法です。Accessではデータを表（テーブル）形式で管理しています。そのため、Excelの表に入力するのと同じ感覚でデータを入力できます。

2つ目は、「フォーム」と呼ばれる入力用の画面をデザインし、それを使って入力する方法です。Accessには、郵便番号で7桁の数字を入れれば「000-0000」に自動的に形式を整える機能や、郵便番号から住所を自動入力する機能など、入力を支援する多くの機能があり、これらを見やすく配置することで入力の効率を上げることができ、他の人にデータの入力を依頼することも容易になります。

3つ目は、他のソフトで作成された既存のデータを取り込む「インポート」です。例えば、Excelで管理していたデータはAccessのデータベースへ簡単に取り込めます。最初から入力し直す必要がないため、Accessへの移行がスムーズに行えます。

　　　　　　　　　➡インポート……P.411
　　　　　　　　　➡テーブル……P.416
　　　　　　　　　➡フォーム……P.418

## 006

お役立ち度 ★★★
2016 / 2013

# Accessのデータはどのように使える？

Accessは、入力したデータを活用する機能も豊富です。データの並べ替え機能や抽出機能、集計機能などにより、大量のデータから必要な情報を必要な形で取り出し、そのデータを基に「レポート」として見栄えのいい帳票を作成し、印刷する機能も用意されています。

例えば、商品の表を五十音順やカテゴリー別に並べ替えて別々の商品カタログを作成したりもできます。リレーショナルデータベースの特徴を生かして、売り上げ、顧客、商品関連の表（テーブル）を組み合わせてデータを取り出し、請求書や納品書などの印刷物を作成することもできます。集計機能を使えば月別や商品別の売上集計など、必要な形にデータを集計することも簡単です。さらに、商品別かつ支店別の売上集計のような二次元集計もできます。

これらの機能を使えば、営業活動、販売促進などビジネスの場面ですぐに役立つ情報をすばやく得ることができ、時間のかかっていた作業の効率が大幅にアップすることでしょう。

　　　　　　　　　➡抽出……P.415
　　　➡リレーショナルデータベース……P.420
　　　　　　　　　➡レポート……P.420

●Accessを使った作業の例

[データを入力する]
・売り上げのデータを直接入力
・他の担当者がフォームから顧客データを入力
・既存の商品データをインポート

◆Accessデータベース

[データをさまざまな形で利用する]
・月別、商品別の売上レポートを作成
・請求書、納品書を作成
・商品カタログを作成

## 007 Accessで扱えるデータベースの容量はどのくらい？

お役立ち度 ★★☆
2016 / 2013

Accessデータベースの最大サイズは2GBです。実際にデータとして格納できる容量は、2GBからシステムオブジェクトで使用する容量を引いたサイズになります。システムオブジェクトとは、Access自身がデータベースを管理するために使用するオブジェクトです。格納できるデータの量を超えてしまいそうな場合は、SQLサーバーなどの、より本格的なデータベースシステムの構築を検討した方がいいでしょう。

| 関連 ≫004 | Access と Excel はどう使い分ければいい？ …… P.33 |
| 関連 ≫714 | データベースのファイルサイズがどんどん大きくなってしまう ………………… P.400 |
| 関連 ≫717 | データベースをバックアップしたい ……………… P.401 |

## 008 データベースを構成する「データベースオブジェクト」の役割を知りたい

お役立ち度 ★★★
2016 / 2013

Accessのデータベースは、データを蓄えるための「テーブル」、抽出や集計をするための「クエリ」、入力や表示のための「フォーム」、印刷のための「レポート」といった「データベースオブジェクト」と呼ばれる専用の機能を持つ要素によって構成されます。これらを作成し、お互いに連携することで、より簡単かつ効率的にデータを活用できるデータベースを作成できます。なお、データベースオブジェクトはこれ以外に、マクロ、モジュールがあります。データベースオブジェクトのことを単に「オブジェクト」と呼ぶこともあります。本書でも以降、明確に他のオブジェクトと区別する必要がある場合を除いて「オブジェクト」と呼びます。

➡データベースオブジェクト……P.416
➡モジュール……P.419

### ●データベースオブジェクトの関係

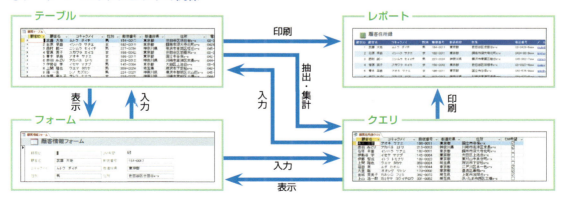

| 関連 ≫009 | 「テーブル」の役割、できることは？ …………… P.36 |
| 関連 ≫010 | 「クエリ」の役割、できることは？ ……………… P.36 |
| 関連 ≫011 | 「フォーム」の役割、できることは？ …………… P.37 |
| 関連 ≫012 | 「レポート」の役割、できることは？ …………… P.37 |

## 009 「テーブル」の役割、できることは？

お役立ち度 ★★★
2016 / 2013

テーブルはデータを格納する入れ物です。データは行と列からなる表形式で管理され、列方向の「フィールド」と行方向の「レコード」で構成されています。Accessは、このテーブルを基にクエリやフォームなどのオブジェクトを作成します。そのためテーブルは、最も重要なオブジェクトといえます。テーブルについての詳細は、第3章を参照してください。

→テーブル……P.416

◆テーブル
Accessで最初に作成するオブジェクト

◆フィールド
同じ属性を持つデータの集まり

◆レコード
1つのデータのまとまり

関連 ≫008 データベースを構成する「データベースオブジェクト」の役割を知りたい……P.35

## 010 「クエリ」の役割、できることは？

お役立ち度 ★★★
2016 / 2013

クエリは、主にテーブルからデータを抽出したり、集計したりするときに使用します。集めたデータを活用するのにクエリは重要な役目を持っています。クエリの中には、テーブル内のデータの削除や更新など、データを操作するものもあります。クエリをうまく活用することで、データをより有効に利用することができるようになります。クエリについての詳細は、第4章を参照してください。

→クエリ……P.413

●クエリの概念

関連 ≫008 データベースを構成する「データベースオブジェクト」の役割を知りたい……P.35
関連 ≫232 クエリにはどんな種類があるの？……P.134

## 011 「フォーム」の役割、できることは？

お役立ち度 ★★★
2016 / 2013

フォームは、データを見やすく表示したり、入力したりするために使用します。フォームには、1つの画面にテーブルやクエリのデータを自由に配置できます。そのため、入力者や閲覧者にとって見やすく、作業しやすい環境を提供できます。フォームについての詳細は、第5章を参照してください。

→フォーム……P.418

◆フォーム
データを見やすく表示したり、入力しやすくするために使用する

関連 ≫379 フォームにはどんな種類があるの？ …… P.198

## 012 「レポート」の役割、できることは？

お役立ち度 ★★★
2016 / 2013

レポートはテーブルやクエリのデータを印刷するために使用します。一覧表、はがき、宛名ラベル、伝票など、いろいろなレイアウトの印刷物を作成できます。並べ替えや集計しながら印刷することもできるため、目的に合わせた印刷物を作成するのに役立ちます。レポートについての詳細は、第6章を参照してください。

◆レポート
目的に応じたレイアウトで作成し、印刷できる

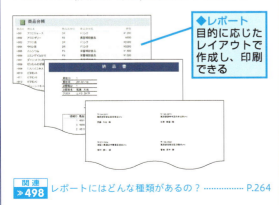

関連 ≫498 レポートにはどんな種類があるの？ …… P.264

## 013 「マクロ」の役割、できることは？

お役立ち度 ★★★
2016 / 2013

マクロは、Accessの操作を自動化するために使用します。「マクロビルダー」を利用してAccessに用意された「アクション」と呼ばれる命令を組み合わせることで、プログラミングの知識がなくても、さまざまな操作を簡単に自動化できます。マクロについての詳細は、第8章を参照してください。 →マクロ……P.418

◆マクロビルダー

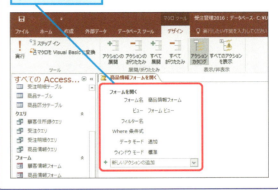

## 014 「モジュール」とは

お役立ち度 ★★★
2016 / 2013

モジュールは、VBA（Visual Basic for Applications）というプログラミング言語を記述してAccessの操作を自動化するときに使用します。マクロに比べて複雑な処理ができますが、プログラミングの知識が必要になります。本書ではモジュールについては扱っていません。　→VBA……P.411

◆VBAの編集画面
記述した内容がモジュールになる

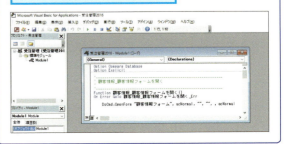

Accessの基礎知識

## 015 「Access Webアプリ」とは

お役立ち度 ★★★　2016 / 2013

Access Webアプリとは、Webブラウザー上で開いて共有して使用できるデータベースです。そのため、Accessがインストールされていなくても、データベースを閲覧したり、データを入力したりできます。Access Webアプリを作成するには、サーバーやネットワーク環境が整っている必要があります。詳しくは47ページのSTEP UP!も参考にしてください。

Access Webアプリを新規作成するには、[ファイル]タブの[新規]をクリックし、地球儀のアイコンの付いた[カスタムWebアプリ]というテンプレートを選択します。データベース作成時に、保存場所となるサイトのURLの入力を要求されます。本書ではAccess Webアプリについては扱っていません。

➡Webアプリ……P.411

## 016 わからないことをオンラインヘルプで調べるには

お役立ち度 ★★★　2016 / 2013

Accessで作業しているときにわからないことを調べるためにオンラインヘルプが用意されています。画面の右上にある[?]をクリックすると、[Accessヘルプ]画面が表示されます。項目をクリックして展開し、調べたい内容をクリックしましょう。[検索]欄に調べたい内容を直接入力して Enter キーを押せば、その内容に関連する項目が表示されます。

また、テーブルやフォームのデザインビューで調べたい項目にカーソルがある状態で F1 キーを押すと、MicrosoftのWebサイトでその項目を説明するページが表示されます。

● [?] をクリックして調べる場合

[?]をクリック

[Access 2016ヘルプ]（Access 2013では[Accessヘルプ]）が表示される

● F1 キーを押して調べる場合

デザインビューでオブジェクトを表示しておく

❶調べたい項目をクリック　❷ F1 キーを押す

Webブラウザーの画面が開き、オンラインヘルプが表示される

## 017 やりたいことに最適な機能を探すには

お役立ち度 ★★★　2016 / 2013

やりたい作業の機能がわからないとき、Access 2016で追加された[操作アシスト]を使いましょう。[実行したい作業を入力してください]と表示されている欄にやりたいことに関するキーワードを入力すると、キーワードに関連する機能の一覧が表示されます。一覧の中から目的の機能をクリックすればその機能が実行されます。また、一覧の一番下の[(キーワード)のヘルプを参照]をクリックすると、キーワードに関するヘルプ画面を表示できます。

「クエリ」について調べる　ここに「クエリ」と入力　結果が表示された

[クライアントクエリ]や[クエリデザイン]をクリックすると機能を利用できる

["クエリ"のヘルプを参照]をクリックするとヘルプを表示できる

# Accessの起動と終了

Accessを起動・終了する方法やプログラムの更新、Microsoftアカウントでのサインインなど、Accessを初めて使用するときに役立つワザを紹介します。

## 018  お役立ち度 ★★★  2016 2013

### Windows 10/7でAccessを起動するには

Windows 10/7では、[スタート]メニューからAccessを起動します。

❶[スタート]をクリック

Windows 7の場合は[すべてのプログラム]にマウスポインターを合わせる

❷[Access 2016]をクリック

Accessが起動する

Access 2013の場合は[Microsoft Office 2013] - [Access 2013]の順にクリックする

## 019  お役立ち度 ★★☆  2016 2013

### Windows 8.1/8でAccessを起動するには

Windows 8.1/8では、スタート画面からアプリ画面を開き、Accessを起動します。

スタート画面を表示しておく

❶ここをクリック

アプリ画面が表示された

❷[Access 2016]をクリック

Access 2013の場合は[Access 2013]をクリックする

Accessが起動する

## 020 デスクトップから簡単に起動できるようにするには

お役立ち度 ★★☆
2016 / 2013

Accessを頻繁に使用する場合、毎回[スタート]メニューから起動するのは面倒です。デスクトップにショートカットアイコンを作成すると、アイコンをダブルクリックするだけでAccessをすばやく起動できるので便利です。

[スタート]メニューのAccessのアイコンを表示しておく

Windows 8.1/8の場合はアプリ画面を表示しておく

❶[Access 2016]を右クリック　❷[その他]をクリック　❸[ファイルの場所を開く]をクリック

❹[Access 2016]を右クリック

❺[送る]にマウスポインターを合わせる
❻[デスクトップ(ショートカットを作成)]をクリック

デスクトップにショートカットのアイコンが表示された

次回からはアイコンをダブルクリックするだけでAccessを起動できる

## 021 タスクバーから簡単にAccessを起動したい

お役立ち度 ★★★
2016 / 2013

Accessの起動中は、タスクバーにAccessのアイコンが表示されます。このアイコンは通常、Accessを終了すると消えてしまいますが、以下の手順のようにアイコンをピン留めすることで、終了してもアイコンが常に表示されるようになり、クリックするだけでAccessを簡単に起動できるようになります。

Accessを起動しておく

❶タスクバーのAccessのアイコンを右クリック　❷[タスクバーにピン留めする]をクリック

Windows 7の場合は[タスクバーにこのプログラムを表示する]をクリックする

## 022 起動後に表示される画面は何？

お役立ち度 ★★★
2016 / 2013

Accessの起動直後はデータを入力するための作業画面は表示されません。Accessは保存されているデータベースファイルに対してデータを蓄積していきます。そのため、Accessを起動したら、既存のデータベースファイルを開くか、新規作成するかのどちらかの作業を行うための画面が表示されます。まずは、データベースファイルを表示する必要があります。

Accessを起動しておく

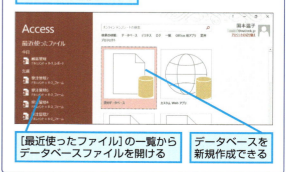

[最近使ったファイル]の一覧からデータベースファイルを開ける
データベースを新規作成できる

40　できる　● Accessの起動と終了

## 023 Accessを終了するには

お役立ち度 ★★★
2016 / 2013

Accessを終了するには、タイトルバーの右端にある[閉じる]ボタンをクリックします。作業途中で保存をしていないテーブルなどのデータベースオブジェクトが開かれていると、保存するか確認するダイアログボックスが表示されます。

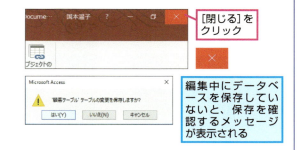

[閉じる]をクリック

編集中にデータベースを保存していないと、保存を確認するメッセージが表示される

関連 ≫073 テーブルを閉じるときに保存を確認される場合とされない場合がある……P.65

---

## 024 Accessを常に最新の状態で使うには

お役立ち度 ★★★
2016 / 2013

AccessやOffice製品の問題点や安全性を改善するためにマイクロソフトから更新プログラムが提供されることがあります。より快適にAccessを使用するためには、更新プログラムをインストールしてAccessをアップデートし、最新の状態にしておきましょう。初期設定ではOfficeの更新プログラムにより自動でアップデートされますが、手動でアップデートする場合は、以下の手順の操作をします。

[ファイル]タブ-[アカウント]の順にクリックして[アカウント]画面を表示しておく

❶ [更新オプション]をクリック

❷ [今すぐ更新]をクリック

更新プログラムのチェックが行われる

関連 ≫046 データベースを開いたら[セキュリティの警告]が表示された……P.52

---

## 025 サインインしないといけないの？

お役立ち度 ★★★
2016 / 2013

Accessの画面右上には[サインイン]という文字が表示されます。ここをクリックしてMicrosoftアカウントでサインインすると、「OneDrive」というマイクロソフトが提供しているインターネット上の保存場所にファイルを保存できるようになります。OneDriveにデータベースを保存しておけば、外出先のパソコンでデータベースを開いたり、複数の人でデータベースを共有したりできます。また、異なるパソコンを使用する場合でも、同じアカウントでサインインすれば個人設定が引き継がれ、同じ環境で使用することができるため、違和感なく作業できます。このような機能を活用したい場合は、サインインするといいでしょう。なお、サインインしなくても、問題なくAccessを使えます。

●サインインしていない状態

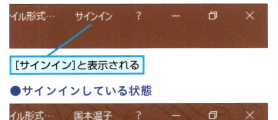

[サインイン]と表示される

●サインインしている状態

アカウント名が表示される

---

Accessの起動と終了　41

# Accessの画面と操作の基本

Accessを使用するには、画面構成を理解し、リボンやツールバーなどの操作方法を覚えておく必要があります。ここでは、基本操作に関するワザを確認しましょう。

## 026 Accessの画面構成を知りたい

お役立ち度 ★★★　2016 / 2013

Accessの画面は、次の5つの要素から構成されています。いずれもAccessで作業するうえで重要な役割を果たします。

### ●画面の構成

| | 名称 | 機能 |
|---|---|---|
| ❶ | クイックアクセスツールバー | よく使う機能のボタンを自由に配置できる |
| ❷ | リボン | Accessを操作するためのボタンが機能ごとにまとめられている。タブをクリックすると表示されるボタンが切り替わる |
| ❸ | ナビゲーションウィンドウ | データベースに含まれるテーブルやクエリなどオブジェクトの一覧が表示される |
| ❹ | ドキュメントウィンドウ | オブジェクトを開いて、データの表示やデザインを編集する |
| ❺ | ステータスバー | 作業中のデータベースの状態や操作に関する情報が表示される |

関連 ≫028 ドキュメントウィンドウの「ビュー」とは……P.43
関連 ≫030 リボンに表示されるボタンの表示が変わってしまった……P.44

## 027 リボンの構成を知りたい

お役立ち度 ★★★　2016 / 2013

リボンには、標準で［ファイル］タブから［データベースツール］タブまでの5つのタブが表示されます。この他、開いているオブジェクトや表示しているビューによって、それに対応するタブが自動で追加表示されます。

→ ビュー……P.417
→ リボン……P.420

### ●タブの主な機能

| 名称 | 機能 |
|---|---|
| ファイル | データベースファイルの新規作成、開く、保存、印刷などファイルに関する操作や、Access全般の設定を行う機能がある |
| ホーム | ビューの切り替えやコピー／貼り付け、書式設定などの基本的な編集機能と、レコードの操作、並べ替えや抽出など、データを操作する機能がある |
| 作成 | テーブル、クエリ、フォーム、レポート、マクロなどのデータベースオブジェクトを作成する機能がある |
| 外部データ | Access以外の外部データを取り込んだり、Accessのデータを他のファイル形式で出力したりするための機能がある |
| データベースツール | テーブル同士を関連付けるリレーションシップの設定や、データベースの最適化、解析などデータベースを操作する機能などがある |

関連 ≫024 Accessを常に最新の状態で使うには……P.41

# 028 ドキュメントウィンドウの「ビュー」とは

お役立ち度 ★★★
2016
2013

Accessでは、ドキュメントウィンドウでテーブル、クエリ、フォーム、レポート、マクロの各オブジェクトを開き、データの入力や表示、編集などの作業を行います。
このとき、Accessでは作業内容によって画面を切り替えるのが特徴的です。Excelでは同じ画面でデータの入力やデザインの変更などすべての作業を行いますが、Accessの場合は、作業によって「ビュー」と呼ばれる表示方法を切り替えます。
ビューはオブジェクトの種類によって異なります。例えば、テーブルの場合、データを表示・入力するには「データシートビュー」で表示し、データ形式やデザインを決めるなど、テーブルの設計をするには「デザインビュー」で表示します。
ビューは、[ホーム] タブの [表示] ボタンで切り替えることができます。また、表示しているビューに対応して、その作業に必要なタブが自動的に表示されます。

➡オブジェクト……P.412
➡テーブル……P.416
➡ビュー……P.417
➡リボン……P.420

### ●ビューを切り替える

❶[ホーム]タブをクリック　❷[表示]をクリック

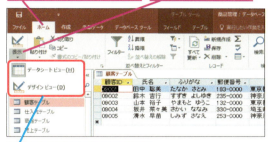

利用したいビューを選択する

### ●テーブルのデータシートビュー

データの入力や表示に利用する

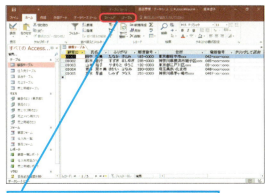

[フィールド][テーブル]タブが表示される

### ●テーブルのデザインビュー

テーブルを設計するのに利用する

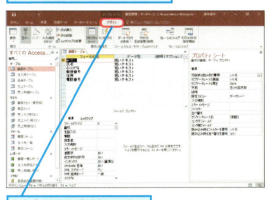

[デザイン]タブが表示される

関連 ≫026　Accessの画面構成を知りたい……P.42

Accessの画面と操作の基本　43

## 029 表示されているボタンの機能を確かめるには

お役立ち度 ★★★　2016 2013

ボタンの機能がわからない場合は、ボタンにマウスポインターを合わせてみましょう。ポインターを合わせたときに表示されるポップヒントで、ボタン名と機能の説明を確認できます。

機能がわからないボタンにマウスポインターを合わせる

ボタン名と機能の説明が表示された

◆ポップヒント
ボタンにマウスポインターを合わせると、機能の内容が表示される

## 030 リボンに表示されるボタンの表示が変わってしまった

お役立ち度 ★★★　2016 2013

ディスプレイの解像度の変更は、画面の表示サイズに影響します。例えば、解像度を小さくすると、表示できる領域が小さくなります。このとき、自動的にリボンのボタンがまとめられ、一部のボタンが非表示になることもあります。ボタンが非表示になっている場合は▼が表示され、クリックすれば非表示になっているボタンを表示できます。

●解像度が「1280×768」の画面

ボタンに文字が表示されている

●解像度が「1024×768」の画面

ボタンの文字が表示されなくなった

関連 ≫026　Accessの画面構成を知りたい……P.42

## 031 リボンの表示を小さくして作業領域を広くするには

お役立ち度 ★★★　2016 2013

リボンの［ファイル］タブ以外のタブをダブルクリックすると、タブだけを残してリボンが非表示になります。これにより作業領域が広くなり、より多くの情報を画面に表示できるようになります。タブをクリックすると一時的にリボンを表示してボタンを使用できます。タブをダブルクリックするとリボンが再表示され、最初の状態に戻ります。

タブをダブルクリック

リボンが最小化された

もう一度タブをダブルクリックするとリボンの最小化を解除できる

## 032 Access全体の設定を変更するには

お役立ち度 ★★★　2016 / 2013

Access全体の設定や現在開いているデータベース全体の設定は、[Accessのオプション] ダイアログボックスで行います。このダイアログボックスを表示するには、[ファイル] タブの [オプション] をクリックします。

❶ [ファイル]タブをクリック

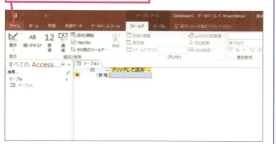

❷ [オプション]をクリック

[Accessのオプション] ダイアログボックスが表示された

Access全体や現在開いているデータベース全体の設定ができる

画面左にある項目をクリックして設定する内容を表示する

## 033 タブをクリックしていちいち切り替えるのが面倒

お役立ち度 ★★　2016 / 2013

Accessで機能を実行するには、タブをクリックして切り替え、表示されたボタンの中から目的のボタンをクリックします。しかし、よく使うボタンは、いちいちタブを切り替えて操作するのが面倒に思うこともあります。そのような場合は、画面左上に常に表示されているクイックアクセスツールバーによく使用するボタンを追加すると便利です。ワザ032を参考に [Accessのオプション] ダイアログボックスを表示し、以下の手順で追加したい機能を選択すれば、ボタンを表示できます。

[デザインビュー] ボタンをクイックアクセスツールバーに追加する

[Accessのオプション] ダイアログボックスを表示しておく

❶ [クイックアクセスツールバー] をクリック
❷ ここをクリックして [基本的なコマンド] を選択

❸ [デザインビュー] をクリック
❹ [追加] をクリック
❺ [OK] をクリック

クイックアクセスツールバーに [デザインビュー] ボタンが追加された

ボタンを右クリックして [クイックアクセスツールバーから削除] を選択すると、クイックアクセスツールバーから削除できる

Accessの画面と操作の基本　できる　45

# 第2章 データベース作成と管理のワザ

## データベースを作成する

Accessを使うには、まずデータベースファイルを作成することから始めます。ここでは、データベースファイルの基本と作り方を解説します。

### 034 データベースを作成したい

お役立ち度 ★★★
2016
2013

Accessでデータベースを利用するには、最初に空のデータベースファイルを作成し、保存する必要があります。ExcelやWordと異なり、データを入力してから保存することはできないので注意してください。データベースファイルを作成したら、その中にデータベースオブジェクトを追加していきます。

Accessを起動しておく

❶[空のデータベース]をクリック

Access 2013では[空のデスクトップデータベース]をクリックする

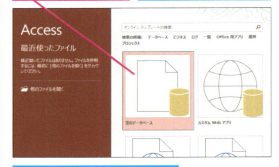

[空のデータベース]が表示された

❷[データベースの保存先を指定します]をクリック

[新しいデータベース]ダイアログボックスが表示された

❸データベースファイルの保存先を選択

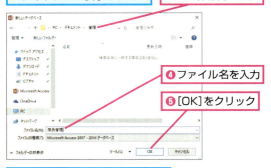

❹ファイル名を入力

❺[OK]をクリック

[ファイル名]に操作4で入力したファイル名が表示された

❻[作成]をクリック

作成したデータベースファイルが表示された

46　できる　● データベースを作成する

## 035 テンプレートで何を選んだらいいの？

お役立ち度 ★★☆
2016 / 2013

データベースを新規で作成するときは、基とするテンプレートを選択します。通常は［空のデータベース］を選択します。テンプレートには地球儀のアイコンが付いているものと付いていないものがあり、パソコン上で作業するデータベースファイルを作成する場合は、地球儀のアイコンが付いていないものを選択してください。地球儀のアイコンが付いているものは、Webアプリのためのテンプレートです。

地球儀のアイコンが付いていないテンプレートがデスクトップ用のデータベースになる

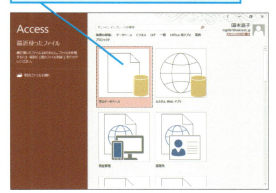

関連
≫034 データベースを作成したい ……………… P.46

## 036 一覧にないテンプレートを探すには

お役立ち度 ★☆☆
2016 / 2013

Accessでは、「取引先住所」や「資産管理」など典型的な種類のデータベースのひな型が、テンプレートとして提供されています。テンプレートの一覧に目的に合うものがない場合は、検索ボックスにキーワードを入力して検索することも可能です。

Accessを起動しておく

❶キーワードを入力　　❷ここをクリック

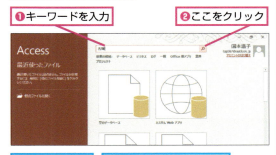

テンプレートが表示された　使いたいテンプレートをクリックする

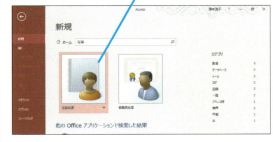

---

### STEP UP! Webアプリとは

Webアプリとは、Webブラウザー上で使用するデータベースです。WebアプリはAccess 2013以降で利用できる機能で、設計や変更はAccess 2016/2013を使って行いますが、データベースファイルはネットワーク上のサーバーに保存して利用します。
Webアプリを閲覧、運用、管理するには、サーバーとして使える企業向けの「SharePointサイト」や「Office 365サイト」が必要になるので、個人的な利用ではなく、会社やグループで組織的に利用する場合に適しています。Webアプリを作成する場合は、新規作成のテンプレート一覧から地球儀のアイコンが付いているものを選択します。「カスタムWebアプリ」のようなWebアプリ用のテンプレートを選択すると、アプリ名とWebアプリを作成するネットワーク上の場所（URL）を指定する画面が表示されます。

## 037 ファイル形式で何が違うの？

★★★ 2016 2013

Accessのファイル形式には、Access 2007以降の「.accdb」形式、Access 2003以前の「.mdb」形式の2種類があります。Access 2003以前からデータベースを使用している場合は、「.mdb」形式のファイルが残っているかもしれません。Access 2016/2013でもMDBファイルを開くことはできますが、Access 2007以降の新機能が使えないことと、Access 2003以前のサポートが終了していることから、ACCDBファイルに移行することを考えましょう。

➡ACCDBファイル……P.410
➡MDBファイル……P.410

関連 ≫705 MDBファイルをACCDBファイルに変換したい……P.396

●Access 2016/2013/2010/2007のファイル
（左：拡張子なし／右：拡張子あり）

Database1　　Database1.accdb

●Access 2003/2002のファイル
（左：拡張子なし／右：拡張子あり）

Database2　　Database2.mdb

## 038 バージョンを指定してデータベースを作成できるの？

★★☆ 2016 2013

データベース作成時にバージョンを指定することはできず、標準で「Access 2007-2016形式」（ACCDBファイル）で作成されます。ただし、作成後にMDBファイルとして保存することは可能です。
なお、ワザ032を参考に［Accessのオプション］ダイアログボックスを表示して、以下の手順を参考に操作すると、データベース作成時の既定のバージョンを変更できます。しかし、特別な理由がなければ、「Access 2007-2016形式」にしておきましょう。

［Accessのオプション］を表示しておく

［空のデータベースの既定のファイル形式］で作成するデータベースの形式を変更できる

## 039 データベースファイルはどこに保存したらいいの？

★★☆ 2016 2013

データベースファイルを複数のユーザーと共有する場合は、ネットワーク経由でアクセスできる共有フォルダーにデータベースファイルを保存しておく必要があります。自分が使用するだけであれば、［ドキュメント］フォルダーなど、自分のパソコン内の任意のフォルダーに保存するといいでしょう。

保存先にファイルサーバーなどを選択する

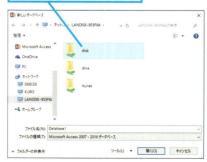

関連 ≫040 データベースを開くには……P.49

# データベースを開く

「データベースが開けない」「フォルダーの切り替えが面倒」といった問題が発生することがあります。ここでは、データベースファイルを開くときに起こる問題の対処方法を取り上げます。

## 040

お役立ち度 ★★★
2016
2013

### データベースを開くには

既存のデータベースファイルを開くには、［ファイルを開く］ダイアログボックスで開きたいデータベースファイルが保存されている場所とファイル名を指定します。また、最近使ったデータベースファイルの履歴の一覧からファイル名をクリックして開くこともでき ます。ファイルを開くと、［セキュリティの警告］メッセージバーが表示されます。セキュリティに問題なければ［コンテンツの有効化］ボタンをクリックしてセキュリティの警告を解除します。

➡無効モード……P.419

Accessを起動しておく

❶［他のファイルを開く］をクリック

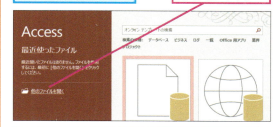

別のデータベースファイルを開いている場合は［ファイル］タブをクリックして［開く］をクリックする

❷［参照］をクリック

| 関連 |
|---|
| ≫043 最近使用したデータベースが開けない …… P.50 |
| ≫046 データベースを開いたら セキュリティーの警告が表示された …… P.52 |
| ≫050 データベースを閉じるには …… P.54 |

［ファイルを開く］ダイアログボックスが表示された

❸データベースファイルの保存先を選択

❹ファイルを選択

❺［開く］をクリック

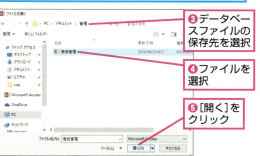

データベースファイルが表示された

セキュリティの警告を解除する

❻［コンテンツの有効化］をクリック

セキュリティの警告が非表示になった

データベースを開く できる **49**

# 041 複数のデータベースを同時に開きたい

お役立ち度 ★★★
2016 / 2013

Accessでデータベースファイルを開いているときに［ファイル］タブの［開く］をクリックして別のデータベースファイルを開くと、それまで開いていたデータベースは自動的に閉じられます。複数のデータベースを同時に開きたいときは、エクスプローラー上でデータベースファイルをダブルクリックして開きましょう。もう1つのAccessが起動してデータベースが開くため、同時に複数のデータベースを操作できます。

［開く］画面から開くと、現在開いている
データベースは自動で閉じられる

データベースファイルをダブルクリックして開くと、
同時に複数のデータベースを開ける

| 関連 ≫040 | データベースを開くには ……………………………… P.49 |
| --- | --- |
| 関連 ≫050 | データベースを閉じるには ……………………………… P.54 |

# 042 開きたいデータベースが見つからない

お役立ち度 ★★☆
2016 / 2013

開きたいデータベースファイルが見つからないときは、さまざまな原因が考えられます。「削除してしまった」「ファイル名を変更して忘れた」といった単純なミスの他、「USBメモリーなどに保存して、取りはずしたままだった」「ネットワーク上に保存したが、現在そのネットワークにつながっていない」といった場合もあります。
このようなことがないように、いつも使うデータベースファイルや重要なデータベースファイルは決まったフォルダーに保存し、保存場所とファイル名をメモしておきましょう。必要なときにファイルが見つからなくて慌てることがなくなります。

# 043 最近使用したデータベースが開けない

お役立ち度 ★★☆
2016 / 2013

Access起動時の画面や［開く］画面の［最近使ったファイル］には、開いたデータベースファイルの履歴が一覧表示されます。一覧の中のファイル名をクリックしたときに「見つかりません」という内容のダイアログボックスが表示され、ファイルが開けないことがあります。これは、ファイルの削除、移動、名前の変更のいずれかを行ったため、指定したファイルが存在しない場合に起こります。なお、データベースファイルがネットワーク上にあるときは、ネットワークのトラブルも考えられます。

Access起動時の画面を
表示しておく

❶［最近使ったファイル］
からファイル名を選択

ファイルの削除、移動、名前の変更を行っている
と以下のようなダイアログボックスが表示される

❷［OK］を
クリック

［ファイルを開く］ダイアログボックスを
利用して、正しい場所・名前のデータベー
スファイルを開く

| 関連 ≫040 | データベースを開くには ……………………………… P.49 |
| --- | --- |
| 関連 ≫042 | 開きたいデータベースが見つからない ………… P.50 |
| 関連 ≫046 | データベースを開いたら［セキュリティーの警告］が表示された ………… P.52 |

## 044 削除・移動したデータベースをファイルの一覧から削除したい

お役立ち度 ★★★　2016 / 2013

Accessでは同じデータベースを長い期間利用することが多いので、［最近使ったファイル］を使う機会がよくあります。［最近使ったファイル］は、ワザ032で解説したAccess起動時の画面のほか、［開く］画面にも表示されます。削除・移動したデータベースファイルの名前が［最近使ったファイル］に残っているときは、一覧から削除しておきましょう。

❶［ファイル］タブをクリック

❷［開く］をクリック
❸ 削除したいデータベースファイルを右クリック

❹［一覧から削除］をクリック

一覧からデータベースファイルが削除された

関連 ≫040 データベースを開くには ……… P.49

## 045 特定のデータベースをいつでも開けるようにしたい

お役立ち度 ★★★　2016 / 2013

［最近使ったファイル］の一覧は新しいファイルを開くたびに更新されます。いつも使用するデータベースファイルをすぐに開けるようにするには、［最近使ったファイル］の一覧に、そのファイルを固定すると便利です。データベースファイルの名前にマウスポインターを合わせて、右端に表示される横向きのピンをクリックすると、ピンが縦向きになって固定されます。

［開く］画面を表示しておく

❶ 固定したいデータベースファイルにマウスポインターを合わせる

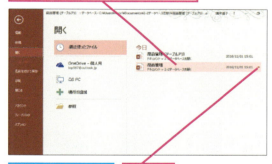

ファイル名の右端にピンが表示された
❷ ピンをクリック

［固定］にデータベースファイルが表示された
ピンが縦向きになった

ピンをクリックすると固定を解除できる
Access起動時の画面から固定されたデータベースファイルを簡単に開ける

関連 ≫040 データベースを開くには ……… P.49
関連 ≫044 削除・移動したデータベースをファイルの一覧から削除したい ……… P.51

# 046 データベースを開いたら［セキュリティの警告］が表示された

Accessではパソコンの安全性を確保するため、データベースファイルを開いた直後は一部の機能が無効にされた「無効モード」の状態になり、［セキュリティの警告］メッセージバーが表示されます。無効になっている機能を有効にするには、メッセージバーの［コンテンツの有効化］ボタンをクリックします。
いちど有効化すると、以降、同じファイルは常にコンテンツが有効の状態で開かれるようになります。また、以下の「［コンテンツの有効化］で一時的に有効化する場合」を参考に操作して、ファイルを開いている間だけ一時的にコンテンツを有効にすることも可能です。

→無効モード……P.419

● ［セキュリティの警告］メッセージバーから機能を有効化する方法

［セキュリティの警告］メッセージバーが表示された

［コンテンツの有効化］をクリック

次にファイルを開いたときも機能が有効化される

● ［コンテンツの有効化］で一時的に有効化する方法

❶［ファイル］タブをクリック

❷［コンテンツの有効化］をクリック　❸［詳細オプション］をクリック

［セキュリティの警告］ダイアログボックスが表示された　❹［このセッションのコンテンツを有効にする］をクリック

❺［OK］をクリック

ファイルを開いている間だけ機能が有効化される

関連 ≫040 データベースを開くには……P.49
関連 ≫047 無効モードを解除しないとどうなるの？……P.53

# 047

**お役立ち度 ★★☆**

2016 / 2013

## 無効モードを解除しないとどうなるの?

データベースファイルを開いたときに表示される［セキュリティの警告］メッセージバーで［セキュリティの警告］をそのままにして、無効モードを解除せずに使用した場合は、アクションクエリやActiveXコントロール、マクロ、VBAなど一部の機能が使用できない状態になります。データの入力や表示だけであれば、無効モードを解除しないまま使用を続けても問題はありませんが、データベースが信頼できるものであれば、コンテンツの有効化をクリックして解除にしておきましょう。

→ VBA……P.411
→ アクションクエリ……P.411
→ 選択クエリ……P.415
→ 無効モード……P.419

**関連 ≫040** データベースを開くには …………………………………P.49

**関連 ≫046** データベースを開いたら［セキュリティの警告］が表示された …………P.52

---

# 048

**お役立ち度 ★★★**

2016 / 2013

## データベースを開くときの既定のフォルダーを変更したい

［既定のデータベースフォルダー］を変更すると、［ファイルを開く］ダイアログボックスを開いたときに表示されるフォルダーを変更できます。データベースファイルを保存するフォルダーが決まっている場合は、既定のフォルダーに設定しておくと便利です。

［Accessのオプション］ダイアログボックスを表示しておく

❶［基本設定］をクリック
❷［既定のデータベースフォルダー］で保存先のフォルダーを設定

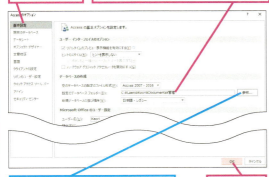

［参照］をクリックしてフォルダーを選択してもいい

❸［OK］をクリック

設定したフォルダーが既定のフォルダーになった

**関連 ≫040** データベースを開くには …………………………………P.49

---

# 049

**お役立ち度 ★★★**

2016 / 2013

## 最近使用したデータベースを見られたくない

最近使用したデータベースファイルの履歴を他のユーザーに見られたくない場合は、履歴が非表示になるよう設定します。以下の手順で設定すればデータベースファイルの［最近使ったファイル］にファイル名が表示されなくなります。

［Accessのオプション］ダイアログボックスを表示しておく

❶［クライアントの設定］をクリック
❷［最近使ったデータベースの一覧に表示するデータベースの数］に「0」と入力

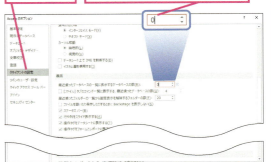

❸［OK］をクリック

**関連 ≫040** データベースを開くには …………………………………P.49

**関連 ≫043** 最近使用したデータベースが開けない …………P.50

## 050 データベースを閉じるには

お役立ち度 ★★★
2016 / 2013

開いているデータベースを閉じるには、[ファイル]タブをクリックして表示された[情報]画面のメニューで[閉じる]をクリックします。このとき、編集途中のオブジェクトが開いている場合は保存を確認するメッセージが表示されます。保存が必要な場合は[はい]をクリックして、保存後に閉じるようにしてください。

➡オブジェクト……P.412

❶[ファイル]タブをクリック

❷[閉じる]をクリック

## 051 データベースを開くときパスワードを求められた

お役立ち度 ★★★
2016 / 2013

データベースファイルにパスワードが設定されていると、データベースファイルを開くときに[データベースパスワードの入力]ダイアログボックスが表示され、パスワードの入力を求められます。パスワードを正しく入力しないとデータベースを開けません。なお、Access 2007以降で使われるACCDBファイルは、データベースファイルのパスワード設定と同時に暗号化も行われ、それ以前のMDBファイルよりもセキュリティが強化されています。

データベースファイルにパスワードが設定されていると[データベースパスワードの入力]ダイアログボックスが表示される

❶パスワードを入力　❷[OK]をクリック

データベースが表示される

関連 ≫040 データベースを開くには ……… P.49
関連 ≫731 データベースにパスワードを設定したい ……… P.409

## 052 [このファイルは使用されています]というメッセージが表示された

お役立ち度 ★★★
2016 / 2013

他のユーザーがデータベースファイルを[排他モード]で開いているときにデータベースを開こうとすると、「データベースが使用中で開けない」という内容のダイアログボックスが表示されます。このようなときは[OK]をクリックしてダイアログボックスを閉じ、[排他モード]で開いているユーザーの使用が終わるまで待ってください。

他のユーザーがデータベースを排他モードで開いている場合、以下のようなダイアログボックスが表示される

[OK]をクリック

関連 ≫722 自分だけがデータベースを使用したい ……… P.404
関連 ≫723 誰がデータベースを開いているかを知りたい ……… P.404

# ナビゲーションの操作

ナビゲーションウィンドウやデータベースウィンドウは、データベースを開いたとき最初に表示されます。ここでは、Accessの利用に欠かせないウィンドウの操作を解説します。

## 053 ナビゲーションウィンドウが表示されない

お役立ち度 ★★★　2016 / 2013

データベースファイルを開いたときにナビゲーションウィンドウが表示されないときは、まず [F11] キーを押します。それでも表示されない場合は、以下の手順を参考に操作した後でデータベースファイルを開き直すと、ナビゲーションウィンドウが表示されます。

→ナビゲーションウィンドウ……P.417

[Accessのオプション] ダイアログボックスを表示しておく

❶ [現在のデータベース] をクリック

❷ [ショートカットキーを有効にする] をクリックしてチェックマークを付ける

❸ [ナビゲーションウィンドウを表示する] をクリックしてチェックマークを付ける

❹ [OK] をクリック

次回起動時からナビゲーションウィンドウが表示されるようになる

| 関連 |
|---|
| ≫032　Access 全体の設定を変更するには ……P.45 |

## 054 ナビゲーションウィンドウでオブジェクトの表示方法を変更したい

お役立ち度 ★★★　2016 / 2013

ナビゲーションウィンドウは、通常だとオブジェクトが種類別に表示されています。しかし、設定を変更して、関連するテーブル別や作成日別などに変更できます。例えばテーブルの設定を変更したときには、テーブル別にオブジェクトを表示すれば修正や確認をするのに便利です。

→オブジェクト……P.412
→ナビゲーションウィンドウ……P.417

オブジェクトを関連するテーブルごとの表示にする

❶ ナビゲーションウィンドウのタイトルバーをクリック

❷ [テーブルと関連ビュー] をクリック

オブジェクトが関連するテーブルごとに表示される

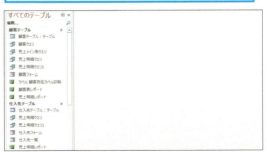

操作2で [オブジェクトの種類] をクリックすると元の状態に戻せる

| 関連 |
|---|
| ≫056　ナビゲーションウィンドウに一部のオブジェクトしか表示されない ……P.56 |

## 055 ナビゲーションウィンドウで目的のオブジェクトをすばやく見つけたい

お役立ち度 ★★★　2016 / 2013

データベース内に多くのオブジェクトが作成されている場合、目的のオブジェクトを探すのに時間がかかることがあります。ナビゲーションウィンドウにある検索バーを使って検索すれば、目的のオブジェクトを名前からすばやく見つけられます。

ナビゲーションウィンドウの検索バーに、オブジェクト名を先頭から入力

入力した文字列に一致するオブジェクトが表示された

ここをクリックすると検索モードが解除される

## 056 ナビゲーションウィンドウに一部のオブジェクトしか表示されない

お役立ち度 ★★☆　2016 / 2013

フォームやレポートなど、作成したはずのオブジェクトが表示されていないときは、ナビゲーションウィンドウの表示方法を確認してください。表示方法を［すべてのAccessオブジェクト］に変更すれば、データベースに含まれるオブジェクトがすべて表示されるようになります。

→オブジェクト……P.412
→ナビゲーションウィンドウ……P.417

ナビゲーションウィンドウにテーブルだけが表示されているので、すべてのオブジェクトを表示させたい

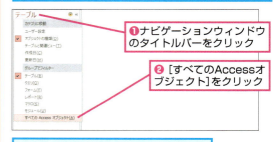

❶ナビゲーションウィンドウのタイトルバーをクリック

❷［すべてのAccessオブジェクト］をクリック

データベースに保存されているすべてのオブジェクトが表示された

## 057 ナビゲーションウィンドウを一時的に消して画面を広く使いたい

お役立ち度 ★★☆　2016 / 2013

Accessでは、画面の左側に常にナビゲーションウィンドウが表示されています。フィールド数の多いテーブルやクエリを操作する場合など、より広く画面を使用したいときには邪魔に思うこともあるでしょう。そのようなときには、ナビゲーションウィンドウを折り畳みます。　→ナビゲーションウィンドウ……P.417

［シャッターバーを開く/閉じる］をクリック

ナビゲーションウィンドウが折り畳まれた

もう一度クリックすると、ナビゲーションウィンドウが表示される

関連 ≫053 ナビゲーションウィンドウが表示されない……P.55

# 058 存在するはずのテーブルが表示されない

お役立ち度 ★★☆
2016 / 2013

データが更新されることのないテーブルは［隠しオブジェクト］に設定されていることがあります。テーブルを隠しオブジェクトに設定するとナビゲーションウィンドウで非表示にできます。非表示になっている［隠しオブジェクト］の設定を解除するには、まずナビゲーションウィンドウで隠しオブジェクトが表示されるように設定してから、目的のテーブルの隠しオブジェクトの設定を解除します。

→オブジェクト……P.412
→ナビゲーションウィンドウ……P.417

❶ナビゲーションウィンドウのタイトルバーを右クリック

❷［ナビゲーションオプション］をクリック

［ナビゲーションオプション］ダイアログボックスが表示された

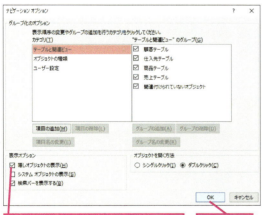

❸［隠しオブジェクトの表示］をクリックしてチェックマークを付ける

❹［OK］をクリック

非表示になっていたオブジェクトが淡色で表示された

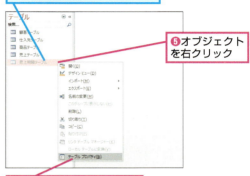

❺オブジェクトを右クリック

❻［テーブルプロパティ］をクリック

［(オブジェクト名)のプロパティ］ダイアログボックスが表示された

❼［隠しオブジェクト］をクリックしてチェックマークをはずす

❽［OK］をクリック

非表示になっていたオブジェクトが表示される

［隠しオブジェクト］のままにしておきたいオブジェクトがある場合は、操作1〜3を参考に［隠しオブジェクトの表示］をクリックしてチェックマークをはずしておく

| 関連 ≫054 | ナビゲーションウィンドウでオブジェクトの表示方法を変更したい ……P.55 |
| 関連 ≫056 | ナビゲーションウィンドウに一部のオブジェクトしか表示されない ……P.56 |

ナビゲーションの操作

# データベースオブジェクトの操作

データベースオブジェクトは単に「オブジェクト」とも呼ばれます。ここでは、オブジェクトの基本的な操作を理解しましょう。

## 059 オブジェクトを開きたい

お役立ち度 ★★★
2016 / 2013

オブジェクトを開くには、ナビゲーションウィンドウでオブジェクトをダブルクリックするか、オブジェクトを選択してEnterキーを押します。例えば、テーブルを開くと、データを一覧表示する表形式のウィンドウが表示されます。　→オブジェクト……P.412

開きたいオブジェクトをダブルクリック　　オブジェクトが開いた

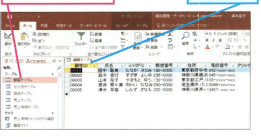

| 関連 ≫065 | オブジェクトを開くときのウィンドウ形式を指定したい ……………… P.60 |

## 060 オブジェクトを閉じたい

お役立ち度 ★★★
2016 / 2013

オブジェクトを閉じるには、開いているオブジェクトの右上端にある[ '（オブジェクト名）'を閉じる]ボタンをクリックします。最前面に表示されているウィンドウだけが閉じます。　→オブジェクト……P.412
→ナビゲーションウィンドウ……P.417

[ '（オブジェクト名）'を閉じる]をクリック　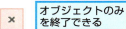　オブジェクトのみを終了できる

| 関連 ≫059 | オブジェクトを開きたい ……………………………………………… P.58 |

## 061 開いている複数のオブジェクトをまとめて閉じたい

お役立ち度 ★★★
2016 / 2013

複数のオブジェクトを開いているとき、1つずつ閉じていくのは面倒です。オブジェクトのタブを右クリックして［すべて閉じる］をクリックすると、開いている複数のオブジェクトをまとめて閉じることができます。このとき、編集を保存していないオブジェクトがある場合は、保存するか確認するメッセージが1つずつ表示されます。　→オブジェクト……P.412

複数のオブジェクトを開いておく

❶いずれかのオブジェクトのタブを右クリック

❷[すべて閉じる]をクリック

オブジェクトがまとめて閉じる

# 062 表示するオブジェクトを切り替えたい

お役立ち度 ★★★
2016
2013

オブジェクトを開くと、リボンの下にオブジェクトごとのタブが表示され、タブをクリックしてオブジェクトを切り替えられます。なお、ワザ065を参考にオブジェクトのウィンドウ形式を変更してオブジェクトをウィンドウで表示した場合は、［ホーム］タブの［ウィンドウ］グループにある［ウィンドウの切り替え］ボタンを使って切り替えます。

➡オブジェクト……P.412

タブをクリックしてオブジェクトを切り替えられる

# 063 オブジェクトのビューを切り替えたい

お役立ち度 ★★★
2016
2013

表示しているオブジェクトのビューを切り替えるには、［表示］ボタンを使用します。［表示］ボタンの下にある［▼］をクリックして表示されたビューの一覧から、切り替えたいビューを選択します。なお、オブジェクトの種類によって切り替えられるビューの種類は異なります。

➡オブジェクト……P.412
➡ビュー……P.417

● ［ホーム］タブの［表示］で切り替える方法

❶［ホーム］タブをクリック
❷［表示］のここをクリック

❸開きたいビューを選択

オブジェクトが選択したビューで表示された

| 関連 |
|---|
| ≫064 開くときにビューを指定できないの？ …………P.60 |

● ステータスバーで切り替える方法

ステータスバーにあるビューの切り換えボタンをクリック

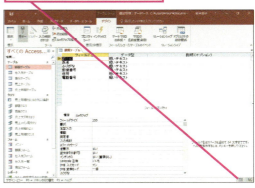

ビューが切り替わった

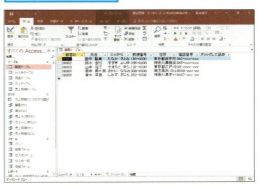

データベースオブジェクトの操作 ● できる 59

# 064 オブジェクトを開くときにビューを指定できないの？

お役立ち度 ★★★
2016 / 2013

ビューを指定してオブジェクトを開きたいときは、ナビゲーションウィンドウでオブジェクトを右クリックして、表示されるショートカットメニューの中から表示したいビューを選択します。

➡オブジェクト……P.412
➡ビュー……P.417

開きたいオブジェクトを右クリック

[デザインビュー]をクリックするとデザインビューで開ける

関連 ≫059 オブジェクトを開きたい…………………………P.58
関連 ≫063 オブジェクトのビューを切り替えたい…………P.59

# 065 オブジェクトを開くときのウィンドウ形式を指定したい

お役立ち度 ★★★
2016 / 2013

オブジェクトを開くと、通常は[タブ付きドキュメント]で表示されますが、ウィンドウで表示されるように設定を変更できます。オブジェクトを開いたときに、タブ付きドキュメントで表示するか、ウィンドウとして表示するかは、以下の手順のように[Accessのオプ

ション]ダイアログボックスの[ドキュメントウィンドウオプション]で設定でき、次回以降にデータベースファイルを開いたときに有効になります。

➡オブジェクト……P.412

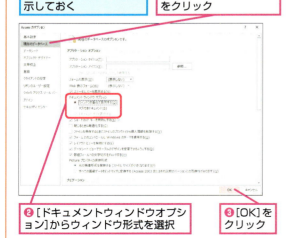

[Accessのオプション]ダイアログボックスを表示しておく

❶[現在のデータベース]をクリック

❷[ドキュメントウィンドウオプション]からウィンドウ形式を選択

❸[OK]をクリック

◆[タブ付きドキュメント]を選択した場合

◆[ウィンドウを重ねて表示する]を選択した場合

## 066 オブジェクトを画面いっぱいに広げたい

お役立ち度 ★☆☆　2016 / 2013

ウィンドウ表示で開いているオブジェクトを画面いっぱいに広げるには、タイトルバーの右側にある［最大化］ボタンをクリックします。画面を最大化すると、それ以降はすべてのオブジェクトが最大化の状態で開くようになります。　→オブジェクト……P.412

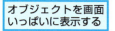

オブジェクトを画面いっぱいに表示する　　　［最大化］をクリック

オブジェクトが画面いっぱいに表示された　　　［ウィンドウを元のサイズに戻す］をクリックすると、オブジェクトの大きさを元に戻すことができる

関連 ≫057　ナビゲーションウィンドウを一時的に消して画面を広く使いたい……P.56

## 067 オブジェクトの名前を変更したい

お役立ち度 ★★★　2016 / 2013

作成したオブジェクトの名前を後から変更するには、オブジェクトを選択して、[F2]キーを押します。名前を編集できる状態になるので、修正して、[Enter]キーで確定します。なお、オブジェクトが開いていると名前を変更できないので、あらかじめ閉じておきましょう。　→オブジェクト……P.412

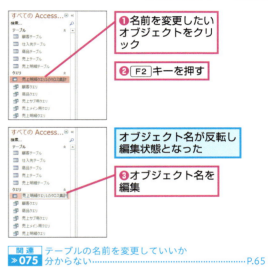

❶名前を変更したいオブジェクトをクリック
❷[F2]キーを押す
オブジェクト名が反転し編集状態となった
❸オブジェクト名を編集

関連 ≫075　テーブルの名前を変更していいか分からない……P.65

## 068 オブジェクトを削除したい

お役立ち度 ★★★　2016 / 2013

不要なオブジェクトを削除するには、オブジェクトが開いていないことを確認し、ナビゲーションウィンドウで選択して[Delete]キーを押します。削除しようとしたテーブルにリレーションシップが設定してあると「リレーションシップが解除される」という内容のダイアログボックスが表示されます。リレーションシップを解除してもいい場合は、［はい］をクリックします。リレーションシップの解除とともにテーブルが削除されます。なお、フォーム、レポート、モジュールは削除すると元に戻せません。
→オブジェクト……P.412
→リレーションシップ……P.420

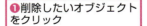

❶削除したいオブジェクトをクリック　❷[Delete]キーを押す

テーブルを削除するか確認するダイアログボックスが表示された

❸［はい］をクリック

# 069 オブジェクトをコピーしたい

オブジェクトをコピーするには、[コピー] ボタンと [貼り付け] ボタンを使用します。[貼り付け] ボタンをクリックすると、[貼り付け] ダイアログボックスが表示されるので、オブジェクトの名前を入力します。なお、テーブルの場合だけは [テーブルの貼り付け] ダイアログボックスが表示され、貼り付け方法を [テーブル構造のみ] [テーブル構造とデータ] [既存のテーブルにデータを追加] の中から選択できます。

➡オブジェクト……P.412

❶コピーしたいオブジェクトを選択

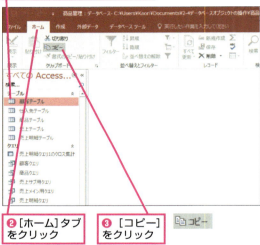

❷ [ホーム] タブをクリック　❸ [コピー] をクリック

❹ [貼り付け] をクリック

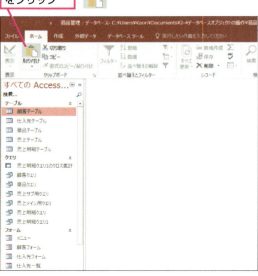

[テーブルの貼り付け] ダイアログボックスが表示された

❺テーブル名を入力

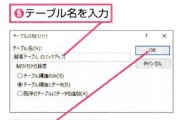

❻ [OK] をクリック

コピーされたオブジェクトが表示された

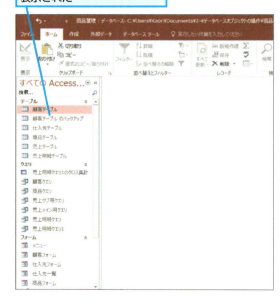

| 関連 ≫677 | リンクテーブルを通常のテーブルに変更したい …………………………… P.375 |
| 関連 ≫689 | テーブルやクエリの表を既存のExcel ファイルにコピーしたい …………… P.384 |

# 070 オブジェクトを印刷したい

お役立ち度 ★★☆
2016 / 2013

テーブル、クエリ、フォーム、レポートの各オブジェクトは印刷できます。オブジェクトを開き、印刷プレビューで印刷イメージを確認し、用紙の向きや余白など必要な設定をしてから、印刷を実行します。ただし、この場合、細かい設定ができません。分類・集計したり、きれいにレイアウトしたりしてから印刷したい場合は、レポートを作成します。詳しくは、第6章を参照してください。

➡ オブジェクト……P.412

印刷したいオブジェクトを表示しておく

❶ [ファイル]タブをクリック

❷ [印刷]をクリック　❸ [印刷プレビュー]をクリック

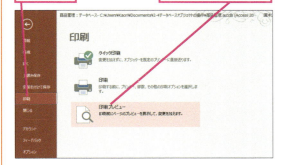

印刷プレビューの画面が表示された

❹ [印刷]をクリック

[印刷]ダイアログボックスが表示された

❺ [OK]をクリック

[印刷プレビューを閉じる]をクリックして印刷プレビューの画面を閉じておく

| 関連 ≫549 | レポート以外は印刷できないの？ …… P.292 |

---

## STEP UP! データベースファイルの基本操作を身に付けよう

データベースファイルを開くとナビゲーションウィンドウが表示され、その中に作成されたテーブル、クエリ、フォーム、レポートなどのデータベースオブジェクトが表示されます。これらの画面やデータベースオブジェクトの操作は、Accessを使用する上での出発点です。

この章では、データベースファイルの扱い方や、ナビゲーションウィンドウおよびデータベースオブジェクトの基本操作を解説しました。1つ1つの用語と操作方法を身に付けることが、スムーズなAccessの操作につながります。

# 第3章 データの操作を身に付ける テーブルのワザ

## テーブルの基本機能

データベースの構築は、データを蓄積するところから始まります。ここではその中心的な役割を担う、テーブルの基本操作を取り上げます。

---

### 071 テーブルにはどんなビューがあるの？

お役立ち度 ★★★　2016 / 2013

テーブルには2つのビューがあります。データを表形式で表示し、入力や編集を行うのがデータシートビュー、テーブルの設計やフィールドの詳細設定を行えるのがデザインビューです。

◆データシートビュー
テーブルに格納されているデータが表形式で表示される画面。データの表示と入力ができる

◆デザインビュー
テーブルを設計できる画面。データを入力しやすくする入力規則などの設定もこのビューで行える

| 関連 ≫009 | 「テーブル」の役割、できることは？ ………… P.36 |
| 関連 ≫079 | データシートビューの画面構成を知りたい ……… P.67 |
| 関連 ≫103 | デザインビューの画面構成を知りたい ………… P.74 |

---

### 072 テーブルにはどんな種類があるの？

お役立ち度 ★★★　2016 / 2013

テーブルには、データベースファイル内に保存された通常のテーブルとリンクテーブルがあります。リンクテーブルは、他のデータベースに保存されたテーブルのデータを、現在のデータベースファイルから読み書きできるようにしたものです。リンクテーブルには、オブジェクトのアイコンに矢印（→）が表示されます。

→マクロ……P.418
→リンク……P.420

◆データベース内のテーブル
　部署テーブル

◆リンクテーブル
　支店テーブル

リンクテーブルは矢印付きのアイコンで表示される

| 関連 ≫195 | リンクテーブルが開かない …………………… P.116 |
| 関連 ≫671 | 他のファイルに接続してデータを利用したい ……… P.371 |
| 関連 ≫674 | 他のデータベースに接続してデータを利用したい ……… P.374 |
| 関連 ≫677 | リンクテーブルを通常のテーブルに変更したい ……… P.375 |

## 073 テーブルを閉じるときに保存を確認されるのはどのような場合？

お役立ち度 ★★★
2016 / 2013

データシートビューで列の幅やフォントサイズなど、データシートの見た目に関する設定の変更を行った場合、テーブルを保存せずに閉じると変更を保存するかを確認するダイアログボックスが表示されます。また、デザインビューでテーブルのデザインの変更を行った場合も、同様にテーブルの保存を確認するダイアログボックスが表示されます。データシートビューでデータの追加、更新、削除だけを行った場合は、自動的に保存されるので、保存を確認するダイアログボックスは表示されません。

データシートの変更を行ったときは、レイアウトの保存を確認するダイアログボックスが表示される

デザインの変更を行ったときは、テーブルの変更の保存を確認するダイアログボックスが表示される

関連 ≫060 オブジェクトを閉じたい ……………………… P.58

---

## 074 ビューを切り替えるときに保存しないといけないの？

お役立ち度 ★★★
2016 / 2013

テーブルのデザインビューで操作した設定内容を保存しないと、データシートビューに切り替えることができません。他のデータベースオブジェクト（クエリ、フォーム、レポート）は、デザインビューでの設定を保存しなくても、他のビューに切り替えられます。テーブルだけは異なることに注意しましょう。

変更した設定を保存するか確認するダイアログボックスが表示された

［はい］をクリックすると変更が保存され、ビューが切り替わる

［いいえ］をクリックすると変更が保存されず、ビューも切り替えられない

関連 ≫063 オブジェクトのビューを切り替えたい …………… P.59

---

## 075 テーブルの名前を変更していいか分からない

お役立ち度 ★★★
2016 / 2013

Accessの既定の設定では、テーブル名を変更すると、そのテーブルを基に作成したクエリやフォームにテーブル名の変更が自動で反映されるので、エラーの心配はありません。ただし、DCount関数などの定義域集計関数の引数や、マクロのアクションの引数には、テーブル名の変更が反映されないことがあるので、手動で修正しましょう。なお、テーブル名の変更がクエリやフォームに反映されない場合は、ワザ032を参考に［Accessのオプション］ダイアログボックスを表示して［現在のデータベース］を選択し、名前の自動修正オプションの設定を確認しましょう。

➡関数 …… P.412
➡マクロ …… P.418

［名前の自動修正情報をトラックする］と［名前の自動修正を行う］にチェックマークを付ける

関連 ≫067 オブジェクトの名前を変更したい …………… P.61

## 076 テーブルを削除していいか分からない

お役立ち度 ★★☆
2016 / 2013

テーブルを削除すると、そのテーブルを基に作成したクエリ、フォーム、レポートのデザインビューとSQLビュー以外のビューが開けなくなります。そのため、他のオブジェクトの基になっているテーブルを、むやみに削除するのは避けるべきです。
ワザ718を参考に［オブジェクトの依存関係］を実行して、そのテーブルを基にするオブジェクトがないことを確認してから削除するといいでしょう。そのとき、ワザ717を参考にファイルをバックアップしてからテーブルを削除すれば、削除した後に復旧できるようになるので安心です。
→オブジェクト……P.412

関連 ≫717 データベースをバックアップしたい……P.401
関連 ≫718 オブジェクト同士の関係を調べたい……P.401

## 077 「リレーションシップの削除」とは？

お役立ち度 ★★★
2016 / 2013

リレーションシップが設定されているテーブルを削除しようとすると、「リレーションシップを削除しますか？」という内容のダイアログボックスが表示されます。リレーションシップが設定されているということは、そのテーブルのレコードが他のテーブルのレコードと結合しているということなので、慎重を期すべきです。
データベース全体の構造を把握したうえで、テーブルを削除してもいいと判断できる場合は、［はい］をクリックしてリレーションシップを解除し、テーブルを削除します。全体の構造がよく分からない場合は［いいえ］をクリックして、リレーションシップの解除とテーブルの削除をキャンセルする方が無難です。
→リレーションシップ……P.420

関連 ≫213 リレーションシップって何？……P.124

## 078 レコードの左端に表示される ⊞ は何？

お役立ち度 ★★★
2016 / 2013

テーブルが一対多のリレーションシップの一側テーブルに当たる場合、データシートビューの各レコードの左端に⊞のマークが表示されます。このマークは「展開インジケーター」と呼ばれ、クリックするとサブデータシートに多側テーブルのレコードが表示されます。テーブルが一側テーブルでない場合や、テーブルプロパティの［サブデータシート名］プロパティに［なし］が設定されている場合は、⊞のマークは表示されません。
→サブデータシート……P.414
→リレーションシップ……P.420

関連 ≫214 一対多リレーションシップって何？……P.124

# データ入力の基本操作

ここでは、テーブルのデータシートビューでデータを入力するための基本操作を紹介します。また、入力に関連する便利ワザも紹介します。

## 079 データシートビューの画面構成を知りたい

お役立ち度 ★★★
2016 / 2013

テーブルのデータシートビューは、テーブルに保存されたレコードを表示したり、新しいレコードの入力や既存レコードの編集を行ったりするための画面です。基本的な画面構成を把握しておきましょう。

→レコード……P.420

### ●データシートビュー各部の説明

| | 名称 | 機能 |
|---|---|---|
| ❶ | レコードセレクター | レコードの状態がアイコンで表示される。レコードを選択するときに利用する |
| ❷ | フィールドセレクター | フィールド名が表示される。フィールドを選択するときに利用する |
| ❸ | 移動ボタン | 現在のレコードを切り替えるときに利用する |

関連 ≫063 オブジェクトのビューを切り替えたい……P.59
関連 ≫071 テーブルにはどんなビューがある？……P.64
関連 ≫103 デザインビューの画面構成を知りたい……P.74

## 080 レコードセレクターに表示される記号は何？

お役立ち度 ★★★
2016 / 2013

編集中のレコードや新規入力用のレコード、ロックされているレコードでは、レコードセレクターに下の表のようなアイコンが表示されます。レコードの状態を把握できるように、アイコンの意味を覚えておくといいでしょう。

→レコードセレクター……P.420
→ロック……P.420

### ●レコードセレクターのアイコン

| アイコン | レコードの状態 |
|---|---|
| ✎ | 編集中のレコード |
| ✳ | 新規入力用のレコード |
| ⊘ | 他のユーザーによってロックされているレコード |

編集中のレコードにアイコンが表示される
最下段が新規入力用のレコードになる

他のユーザーが同じデータベースを編集中の場合、ロックされているレコードが表示されることがある

関連 ≫081 カレントレコードって何？……P.68
関連 ≫724 複数のユーザーが同じレコードを同時に編集したら困る……P.405

## 081 カレントレコードって何？

お役立ち度 ★★★
2016 / 2013

現在作業対象になっているレコードをカレントレコードと呼びます。テーブルのデータシートビューでは、カレントレコードはレコードセレクターの色が変わります。入力するデータは、カレントレコードの選択したフィールドに入力されます。　→レコード……P.420

関連 ≫080　レコードセレクターに表示される記号は何？……………………P.67

## 082 レコードを選択するには

お役立ち度 ★★★
2016 / 2013

レコードのコピーや削除をする場合は、以下のように操作して対象のレコードを選択しましょう。複数のレコードを選択する場合、選択できるのは隣り合うレコードだけで、離れた位置にある複数のレコードを選択することはできません。　→レコード……P.420
　→レコードセレクター……P.420

●1つのレコードを選択する場合

レコードセレクターをクリック

レコードを選択できた

●複数のレコードを選択する場合

複数のレコードセレクターをドラッグ

複数のレコードを選択できた

## 083 すべてのレコードを選択するには

お役立ち度 ★★★
2016 / 2013

データシートビューの左上端にあるボタンをクリックすると、全レコードを素早く選択できます。Ctrlキーを押しながらAキーを押しても、全レコードを選択できます。　→レコード……P.420

ここをクリック

すべてのレコードが選択できた

## 084 フィールドを選択するには

お役立ち度 ★★★
2016 / 2013

フィールドの設定を行うときなどにフィールドを選択するには、フィールドセレクターを使用します。クリックすると単一のフィールドが選択され、ドラッグするとドラッグした範囲の隣り合った複数フィールドが選択されます。

フィールドセレクターをクリック　　フィールドを選択できた

# 085

## セルを選択するには

お役立ち度 ★★★
2016 / 2013

データシートビューで特定のセルを選択するには、白い十字のマウスポインターでセルをクリック、または、ドラッグします。マウスポインターの形をよく見て操作しましょう。

●1つのセルを選択する方法

❶セルの境界にマウスポインターを合わせる

マウスポインターの形が変わった  ❷そのままクリック

セルを選択できた

●複数のセルを選択する方法

❶セルの境界にマウスポインターを合わせる

マウスポインターの形が変わった  ❷下方向へドラッグ

複数のセルを選択できた

# 086

## 現在のレコードを切り替えたい

お役立ち度 ★★★
2016 / 2013

目的のレコードを直接クリックすれば、即座にそのレコードに移動できます。以下で紹介している移動ボタンを使用すると、レコードを1件ずつ移動したり、先頭レコードや最終レコードに一気に移動したりできます。画面に表示されていないレコードに移動するときなど、レコード数が多いときに使うと便利です。

→レコード……P.420

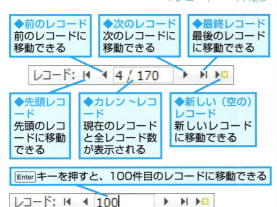

# 087

## 新規レコードを入力したい

お役立ち度 ★★★
2016 / 2013

新規レコードを入力するには、データシートの最下行をクリックして新規入力行に移動し、データを入力します。レコード数が多い場合など、最下行が画面に表示されていないときは、[新しい（空の）レコード]ボタン（▶*）をクリックすると、自動的にデータシートがスクロールして、素早く新規入力行に移動できます。

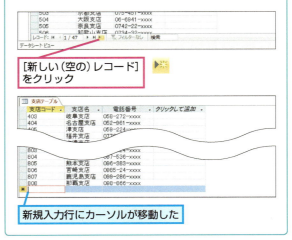

## 088 レコードを保存したい

お役立ち度 ★★★
2016 / 2013

入力の途中で他のレコードに移動すると、レコードの内容は自動的に保存されます。意識的にレコードを保存したいときは、レコードセレクターをクリックするか、Shift + Enter キーを押します。

→レコードセレクター……P.420

❶フィールドにデータを入力
レコードセレクターに編集中のアイコン（🖉）が表示される

❷レコードセレクターをクリック

レコードが保存された
レコードが保存されるとレコードセレクターのアイコン（🖉）が消える

関連 ≫089 保存していないのにレコードが保存されてしまった……P.70
関連 ≫090 レコードの保存を取り消したい……P.70

## 089 保存していないのにレコードが保存されてしまった

お役立ち度 ★★★
2016 / 2013

入力の途中で他のレコードに移動したり、テーブルを閉じたりすると、入力中の内容は自動的に保存されます。WordやExcelではデータの入力後、データを保存するかどうか選択できますが、Accessではそれができません。データシートであちこちのデータを変更してしまうと、取り返しがつかなくなるので注意しましょう。

関連 ≫088 レコードを保存したい……P.70

## 090 レコードの保存を取り消したい

お役立ち度 ★★☆
2016 / 2013

レコードを保存した直後なら、［元に戻す］ボタンを使用するとそのレコードの保存を取り消し、編集前の状態に戻せます。

［元に戻す］をクリック　レコードを元の状態に戻せる

関連 ≫089 保存していないのにレコードが保存されてしまった……P.70

## 091 データの入力や編集を取り消したい

お役立ち度 ★★★
2016 / 2013

レコードセレクターに編集中のアイコン（🖉）が表示されているときに Esc キーを1回押すと、現在カーソルがあるフィールドの入力や編集を取り消せます。連続してフィールドに値を入力したときなど、Esc キーを1回押した時点でまだレコードセレクターに編集中のアイコン（🖉）が表示されている場合は、もう1回 Esc キーを押すと、同じレコードのすべてのフィールドの入力や編集を取り消せます。

→レコードセレクター……P.420

間違えて入力してしまったので、入力する前の状態に戻したい　Esc キーを押す

フィールドを編集前の状態に戻せた

## 092 Excelのように Enter キーで真下のセルに移動したい

お役立ち度 ★★★
2016 / 2013

[Accessのオプション] ダイアログボックスで [Enterキー入力後の動作] の設定を [次のレコード] に変更すると、データシートでデータを入力後、Enterキーを押したときに真下のフィールドにカーソルを移動できます。「追加したフィールドに効率よくデータを入力したい」「特定のフィールドのデータだけまとめて修正したい」というときに便利です。初期設定は [次のフィールド] です。　　　　→フィールド……P.417

[Accessのオプション] ダイアログボックスを表示しておく

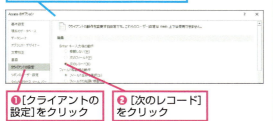

❶ [クライアントの設定] をクリック
❷ [次のレコード] をクリック
[次のフィールド] をクリックすると、Accessの初期設定に戻せる
❸ [OK] をクリック

## 093 すぐ上のレコードと同じデータを入力したい

お役立ち度 ★★☆
2016 / 2013

Ctrl + ' キーを押すと、現在のフィールドに、1つ上のレコードと同じ値を素早く入力できます。都道府県など、同一の内容を繰り返し入力したいときに便利です。
→フィールド……P.417
→レコード……P.420

上のフィールドと同じデータを入力したい
Ctrl + ' キーを押す

上のフィールドと同じデータが入力された

## 094 レコードを削除したい

お役立ち度 ★★★
2016 / 2013

レコードを削除するには、削除したいレコードを選択して Delete キーを押します。あらかじめ複数のレコードを選択しておくと、まとめて削除できます。削除したレコードは元に戻せないので、削除する前によく確認しておきましょう。なお、レコードを削除できない場合の対処方法は、ワザ207〜ワザ209を参照してください。　　　　→レコードセレクター……P.420

❶レコードセレクターのここにマウスポインターを合わせる
マウスポインターの形が変わった

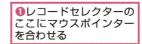

❷ここまでドラッグ
複数のレコードを選択できた
❸ Delete キーを押す

レコードを削除すると元に戻せないという内容のダイアログボックスが表示された
レコードを削除していいか確認しておく

❹ [はい] をクリック

選択したレコードが削除された

| 関連 ≫207 | レコードを削除できない …… P.120 |
| --- | --- |
| 関連 ≫208 | レコードに「#Deleted」が表示されてしまう …… P.120 |
| 関連 ≫209 | レコードの削除時に「削除や変更を行えない」と表示される …… P.120 |

データ入力の基本操作　71

## 095 コピーを利用して効率よく入力したい

お役立ち度 ★★★
2016 / 2013

既存のレコードに似ているデータを入力したいときは、[コピー]と[貼り付け]の機能を利用すると便利です。貼り付け後に、ワザ112で解説する「主キー」の値など、必要な部分だけを修正すれば、素早くレコードを作成できます。なお、貼り付けたレコードを保存できない場合は、ワザ199～ワザ202を参照してください。

➡主キー……P.414
➡レコード……P.420

❶コピーしたいレコードのここをクリックして選択

❷[ホーム]タブをクリック　❸[コピー]をクリック

❹新規入力行のここをクリック

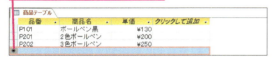

❺[貼り付け]をクリック

新規入力行にコピー元のデータが貼り付けられた　コピー元と異なる部分のデータは修正しておく

| 関連 ≫096 | レコードのコピーや貼り付けがうまくいかない …… P.72 |
| 関連 ≫199 | 「値が重複している」と表示されてレコードを保存できない …… P.117 |

## 096 レコードのコピーや貼り付けがうまくいかない

お役立ち度 ★★★
2016 / 2013

複数のレコードをコピーして同じテーブルに貼り付けた場合、[主キー]フィールドの値が重複するため、エラーが発生することがあります。その際、「貼り付けエラー」という名前のテーブルが作成され、貼り付けられなかったレコードがそのテーブルに保存されます。「貼り付けエラー」テーブルを開き、[主キー]フィールドの値を修正してからそのレコードをコピーし、コピー先のテーブルに貼り付け直しましょう。

➡主キー……P.414

## 097 特定のフィールドにすべて同じデータを入力したい

お役立ち度 ★★★
2016 / 2013

入力済みのレコードの特定のフィールドに同じ値を入力したいときは、更新クエリを利用しましょう。全レコードに一気に同じデータを入力できます。また、新規に入力するレコードの特定のフィールドに同じ値を入力したい場合は、[既定値]プロパティにあらかじめその値を設定しておきましょう。なお、更新クエリについてはワザ365、[既定値]プロパティについてはワザ150、ワザ151を参照してください。

| 関連 ≫199 | 「値が重複している」と表示されてレコードを保存できない …… P.117 |

## 098 特定のフィールドのデータをすべて変更・削除したい

お役立ち度 ★★☆
2016 / 2013

Yes/No型のフィールドのチェックボックスのチェックマークをまとめてはずしたいときなど、すべてのレコードの特定のフィールドのデータを同じ値に変更したいときは、更新クエリを利用しましょう。また、特定のフィールドに入力したデータを一気に削除したいときも、更新クエリを利用します。更新クエリについてはワザ365を参照してください。

➡チェックボックス……P.415
➡フィールド……P.417

# 099 列の幅や行の高さを変更するには

お役立ち度 ★★★
2016 2013

フィールドセレクターの右側の境界線をドラッグすると、列の幅を自由に変更できます。複数の列を選択しておけば、まとめて同じ幅に変更できます。なお、行の高さはすべての行で共通なので、いずれかの行のレコードセレクターの下の境界線をドラッグすると、すべての行が同じ高さに変更されます。

[シャインメイ]フィールドがすべて表示されていないことを確認しておく

❶ ここにマウスポインターを合わせる

マウスポインターの形が変わった

❷ ここまでドラッグ

[シャインメイ]フィールドの幅を変更できた

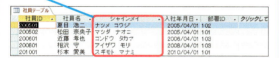

# 100 列の幅を自動調整するには

お役立ち度 ★★★
2016 2013

フィールドセレクターの右の境界線をダブルクリックすると、列内のデータのいちばん長い文字数に合わせて列の幅を自動調整できます。

[シャインメイ]フィールドの右の境界線をダブルクリック

マウスポインターの形が変わった

文字列に合わせて[シャインメイ]フィールドの幅を変更できた

# 101 列の幅や行の高さを数値で指定するには

お役立ち度 ★★☆
2016 2013

[列の幅]ダイアログボックスを使用すると、列の幅を数値で指定できます。離れた列に同じ幅を設定したいときなどに便利です。操作1のメニューから[行の高さ]を選べば、同様に[行の高さ]ダイアログボックスで行の高さを指定できます。

❶ [ホーム]タブをクリック

❷ [その他]をクリック

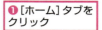
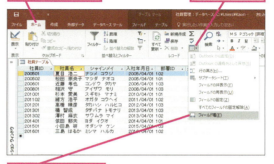

❸ [フィールド幅]をクリック

[列の幅]ダイアログボックスが表示された

❹ 列の幅を数値で入力

❺ [OK]をクリック

列の幅を数値で指定できた

# 102 列の幅や行の高さを標準に戻すには

お役立ち度 ★★★
2016 2013

ワザ101を参考に[列の幅]ダイアログボックスを表示し、[標準の幅]にチェックマークを付けると、列の幅を標準のサイズの「15.4111」に戻せます。[行の高さ]ダイアログボックスで[標準の高さ]にチェックマークを付けると、行の高さを標準のサイズの「12」に戻せます。

# テーブル作成の基礎

データベースを効率よく運用するには、土台となるテーブルをしっかり作り込むことが大切です。まずはテーブル作成に関する基本を身に付けましょう。

## 103 デザインビューの画面構成を知りたい

お役立ち度 ★★★
2016 / 2013

テーブルのデザインビューは、テーブルやフィールドの設定を行う画面です。それらの設定をスムーズに行うために、画面構成を把握しておきましょう。

●デザインビューの各部の名称

| | 名称 | 機能 |
|---|---|---|
| ① | 行セレクター | クリックするとフィールドを選択できる。主キーフィールドには主キーのアイコンが表示される |
| ② | フィールド名 | フィールドの名前を入力する。64文字まで指定できる |
| ③ | データ型 | フィールドのデータの種類を選択する |
| ④ | 説明 | フィールドの説明を入力する。入力した内容は、データを入力するときにステータスバーに表示される |
| ⑤ | フィールドプロパティ | 選択しているフィールドのプロパティが表示される。フィールドの属性が定義できる |

関連 ≫063 オブジェクトのビューを切り替えたい……P.59
関連 ≫071 テーブルにはどんなビューがあるの？……P.64
関連 ≫079 データシートビューの画面構成を知りたい……P.67

## 104 テーブルの作成はどのビューで行えばいい？

お役立ち度 ★★★
2016 / 2013

テーブルの作成方法は、ワザ105のようにデータシートビューで作成する方法と、ワザ106のようにデザインビューで作成する方法があります。データシートビューではデータを入力しながら設定を進められるので、テーブルの構造をイメージしやすいというメリットがあります。しかし、詳細な設定はデザインビューでないと行えないので、きっちりしたデータベースを構築したい場合はデザインビューでの作成方法を覚えることが重要です。どちらのビューでも行えるような設定項目は、設定を行うときに開いていたビューで行えばいいでしょう。

→フィールドプロパティ……P.418

関連 ≫071 テーブルにはどんなビューがあるの？……P.64
関連 ≫105 データシートビューでテーブルを作成するには……P.75
関連 ≫106 デザインビューでテーブルを作成するには……P.76

### STEP UP! 用途を明確にするテーブルの命名法

テーブルに名前を付けるときに、用途ごとに決まった「接頭語」や「接尾語」を付けるとテーブルの役割が把握しやすくなります。例えば、他のテーブルから参照される台帳的な役割のテーブル（マスターテーブル）は「MT_商品」「商品マスタ」、一時的に使用するテーブル（ワークテーブル）は「WT_追加商品」「追加商品ワークテーブル」、その他のテーブルは「TB_受注」「受注テーブル」など、自分なりのルールを決めて命名しましょう。

# 105 データシートビューでテーブルを作成するには

データシートビューでは、データを入力しながらテーブルを作成できます。入力したデータに応じてデータ型が自動的に設定されますが、[フィールド]タブを使用して目的のデータ型に変更することも可能で、主キーも自動で設定されます。データを見ながらの作業なので、初心者にも操作が容易です。また、デザインビューで作成したテーブルの場合でも、入力時に設定変更の必要が生じたときに、その場で修正できるので便利です。ただし、設定できる項目はデータ型や一部のフィールドプロパティに限定されています。詳細な設定を行うには、デザインビューに切り替える必要があります。

→主キー……P.414
→データ型……P.416
→フィールドプロパティ……P.418

テーブル作成の基礎

# 106 デザインビューでテーブルを作成するには

お役立ち度 ★★★
2016 / 2013

デザインビューでは、テーブルの構造に関するあらゆる設定を行えます。新たにテーブルを作成するには、フィールド名とデータ型を指定し、適宜主キーを設定します。作成したテーブルに名前を付けて保存すると、データシートビューに切り替えてデータを入力できる状態になります。主キーについては、ワザ113を参照してください。

➡ デザインビュー……P.416

❶ [作成] タブをクリック　❷ [テーブルデザイン] をクリック

新規テーブルがデザインビューで表示された

❸ フィールド名を入力　データ型を設定する　❹ [データ型] のここをクリック

❺ データ型を選択

❻ 必要に応じてフィールドプロパティを設定

同様に他のフィールドも設定しておく　必要に応じて主キーを設定しておく

❼ [上書き保存] をクリック

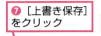

[名前を付けて保存] ダイアログボックスが表示された

❽ テーブル名を入力　❾ [OK] をクリック

テーブルを保存できた

❿ [表示] をクリック　⓫ [データシートビュー] をクリック

データシートビューで表示された

| 関連 »071 | テーブルにはどんなビューがあるの？ ……………P.64 |
| --- | --- |
| 関連 »104 | テーブルの作成はどのビューで行えばいい？ ……………P.74 |
| 関連 »110 | どんなデータ型があるの？ ……………P.78 |
| 関連 »113 | 主キーを設定するには ……………P.79 |

## 107 フィールドを追加するには

お役立ち度 ★★★
2016 / 2013

以下のように操作すると、デザインビューでは選択した行の上に、データシートビューでは選択した列の右に、新しいフィールドを追加できます。

●デザインビューの場合

❶行セレクターをクリック　❷[デザイン]タブをクリック

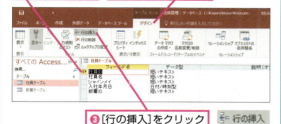

❸[行の挿入]をクリック

●データシートビューの場合

❶フィールドセレクターをクリック

❷[フィールド]タブをクリック

❸[追加と削除]のデータ型のいずれかをクリック

## 108 フィールドを削除するには

お役立ち度 ★★★
2016 / 2013

不要になったフィールドは削除できます。このとき、フィールドに入力されているデータも一緒に削除されます。デザインビューでは、上書き保存前ならクイックアクセスツールバーの[元に戻す]ボタンでデータを復活させられますが、データシートビューでは元に戻せないので慎重に操作しましょう。

●デザインビューの場合

❶行セレクターをクリック　❷[デザイン]タブをクリック

❸[行の削除]をクリック

❹フィールドを削除するか確認するダイアログボックスが表示されたら[はい]をクリック

●データシートビューの場合

❶フィールドセレクターをクリック　❷[フィールド]タブをクリック

❸[削除]をクリック

## 109 フィールドを移動するには

お役立ち度 ★★★
2016 / 2013

デザインビューで行セレクターをクリックしてからドラッグすると、フィールドを移動できます。データシートビューでもフィールドセレクターをクリックしてからドラッグすると移動できますが、その場合はデータシート上での表示順が入れ替わるだけで、テーブルの構造が変わるわけではないので、オートフォームなどで作成するフィールドの並び順は、テーブルのデータシート通りにはなりません。フィールドの順序を根本的に変更するには、デザインビューで操作しましょう。

➡デザインビュー……P.416

テーブル作成の基礎　できる　77

## 110 データ型にはどんな種類があるの？

お役立ち度 ★★★
2016 / 2013

データ型は、基本的にそのフィールドに格納するデータの種類やデータ量に合わせて決めます。例えば文字列データの場合、氏名のように文字数が255文字に収まるフィールドは短いテキスト、備考欄のように256文字以上の長いデータが入力される可能性があるフィールドは長いテキストにします。

➡データ型……P.416
➡フィールド……P.417

●データ型の種類

| データ型 | 格納するデータ |
|---|---|
| 短いテキスト | 氏名や部署名などの255文字以下の文字列。郵便番号や電話番号などの計算対象としない数字 |
| 長いテキスト | 備考や説明などの長い文字列 |
| 数値型 | 数量や重量などの数値 |
| 日付/時刻型 | 受注日や訪問日時などの日付や時刻 |
| 通貨型 | 単価や金額などの通貨データ。正確な計算が必要な実数 |
| オートナンバー型 | 自動的に割り振られる固有のデータ（編集不可） |
| Yes/No型 | 配偶者の有無や送付済みかなどの2者択一データ |
| OLEオブジェクト型 | 画像やExcel、Wordなどのデータ |
| ハイパーリンク型 | WebページのURLやメールアドレス、ファイルパス |
| 添付ファイル型 | 画像やExcel、Wordなどのファイル |
| 集計 | テーブル内のフィールドの値を使用して計算するフィールド |

## 111 フィールドプロパティって何？

お役立ち度 ★★★
2016 / 2013

フィールドプロパティとは、フィールドを詳細に設定するための設定項目で、データの表示方法や入力を効率よく行うための入力支援機能など、さまざまなものが用意されています。データ型によって設定できるフィールドプロパティの種類は変わり、データ型に合わせた適切な設定が行えるようになっています。
デザインビューでフィールドを選択すると、画面下部にフィールドプロパティの一覧が表示されます。各フィールドプロパティの設定欄をクリックすると、一覧の右側に説明が表示されるので、参考にするといいでしょう。データシートビューでも、[テーブルツール]の[フィールド]タブから一部のフィールドプロパティを設定できます。

選択中のフィールドのフィールドプロパティが画面下部に表示された

選択しているフィールドプロパティの項目の説明が表示された

## 112 主キーって何？

お役立ち度 ★★★
2016 / 2013

主キーとは、テーブル内のレコードを識別するためのフィールドです。以下の条件に当てはまるフィールドを主キーに選びます。

・テーブル内の他のレコードと値が重複しない
・必ず値が入力される

テーブルにこのようなフィールドが存在しない場合は、オートナンバー型のフィールドを設けると、自動的にレコード固有の値が割り振られます。

◆主キーのアイコン

主キーのフィールドにはレコード固有の値が入力されている

主キーには必ず値が入力されている

# 113 テーブルに主キーを設定するには

お役立ち度 ★★★
2016 2013

主キーの設定は、デザインビューで行います。主キーを設定したフィールドには、自動的にインデックスが作成されます。また、[値要求] プロパティが自動で [はい] に設定されるので、入力漏れの心配がありません。

➡インデックス……P.411

主キーを設定したいフィールドの行を選択する
❶ここにマウスポインターを合わせる

マウスポインターの形が変わった ➡ ❷そのままクリック

行が選択された

❸[テーブルツール]の[デザイン]タブをクリック

❹[主キー]をクリック

主キーが設定され、行セレクターに主キーのアイコンが表示された

主キーが設定された

| 関連 ≫063 | オブジェクトのビューを切り替えたい …………… P.59 |
| 関連 ≫106 | デザインビューでテーブルを作成するには ……… P.76 |
| 関連 ≫114 | 主キーは絶対に必要なの？ ………………………… P.79 |
| 関連 ≫116 | 複数のフィールドを組み合わせて主キーを設定したい ……………………………… P.80 |

# 114 主キーは絶対に必要なの？

お役立ち度 ★★☆
2016 2013

新しいテーブルに主キーを設定しないで保存しようとすると、「主キーが設定されていません。」という内容のダイアログボックスが表示されます。主キーを設定すると、並べ替えが高速になる、他のテーブルと連携できるというメリットがあります。複数のテーブルを連携させながら大量のデータを扱うAccessの特徴を生かすためにも、主キーを設定した方がいいでしょう。「主キーが設定されていません。」という内容のダイアログボックスで [はい] ボタンをクリックすると、「ID」という名前のオートナンバー型のフィールドが自動的に追加され、そのフィールドが主キーに設定されます。なお、テーブル内にすでにオートナンバー型のフィールドが存在する場合は、そのフィールドが主キーに設定されます。

➡主キー……P.414
➡フィールド……P.417

主キーを自動設定したい場合は、[はい]をクリックする

主キーを後から自分で設定したい場合や、主キーを設定しない場合は[いいえ]をクリックする

| 関連 ≫112 | 主キーって何？ ……………………………………… P.78 |

# 115 主キーを解除するには

お役立ち度 ★★★
2016 2013

デザインビューで主キーフィールドの行セレクターをクリックして、[テーブルツール] の [デザイン] タブにある [主キー] ボタンをクリックすると、主キーを解除できます。また、別のフィールドに主キーを設定することでも、元のフィールドの主キーを解除できます。主キーを解除しても、フィールドやそこに入力されたデータはそのまま残ります。

| 関連 ≫113 | テーブルに主キーを設定するには …………………… P.79 |

# 116 複数のフィールドを組み合わせて主キーを設定したい

お役立ち度 ★★★
2016 / 2013

主キーを設定するフィールドには、他のレコードと重複しない値が必ず入力される必要がありますが、テーブル内にそのようなフィールドがなくても、複数のフィールドを組み合わせることで主キーを設定できる場合があります。

例えば［販売ID］フィールドと［販売明細ID］フィールドのいずれにも重複データが入力されているとします。その場合、どちらのフィールドにも主キーを設定できません。しかし、この2つのフィールドの値の組み合わせが他のレコードと重複しない場合は、2つのフィールドを組み合わせて主キーを設定できます。

設定するとき、複数のフィールドを選択する必要がありますが、連続するフィールドの場合は行セレクターをドラッグすると選択できます。離れたフィールドの場合は、1つ目のフィールドを選択した後、Ctrlキーを押しながら2つ目のフィールドの行セレクターをクリックすると選択できます。

➡主キー……P.414
➡フィールド……P.417

［販売ID］は重複データが入力されているので主キーにできない

［販売明細ID］は重複データが入力されているので主キーにできない

| 販売ID | 販売明細ID |
|---|---|
| 001 | 1 |
| 001 | 2 |
| 002 | 1 |
| 002 | 2 |
| 002 | 3 |
| 003 | 1 |
| 003 | 2 |

2つのフィールドの値の組み合わせは重複しないので主キーに設定できる

［販売ID］と［販売明細ID］の2つのフィールドを組み合わせて主キーに設定する

デザインビューでテーブルを作成しておく

❶［販売ID］フィールドの行セレクターにマウスポインターを合わせる

マウスポインターの形が変わった ➡ ❷そのままクリック

行が選択された

❸ Ctrl キーを押しながら、［販売明細ID］フィールドの行セレクターをクリック

複数の行を選択できた

❹［テーブルツール］の［デザイン］タブをクリック

❺［主キー］をクリック

複数のフィールドを組み合わせて主キーを設定できた

主キーが設定されたフィールドの行セレクターには、主キーのアイコンが表示される

| 関連 ≫ 106 | デザインビューでテーブルを作成するには………P.76 |
| 関連 ≫ 112 | 主キーって何？………P.78 |
| 関連 ≫ 114 | 主キーは絶対に必要なの？………P.79 |

# データ型の設定とデータ型に応じた入力

テーブルを作成するときは、入力するデータの内容に合わせた適切なデータ型の設定が大切です。ここでは、各データ型の特徴と、データ型に応じた入力方法を紹介します。

## 117

**お役立ち度** ★★★

2016
2013

### フィールドサイズって何？

短いテキスト、数値型、オートナンバー型には、［フィールドサイズ］プロパティが用意されており、各フィールドに格納するデータの種類やデータ量を設定できます。例えば、短いテキストの場合、入力する文字数の上限を設定できます。また数値型の場合、整数・実数などのデータの種類と入力する数値の範囲を設定できます。必要最小限のフィールドサイズを設定することで、データベースのファイルサイズを抑えられます。ただし、テーブルにデータが入力されている状態で［フィールドサイズ］プロパティを変更するときは注意が必要です。数値型のフィールドで［長整数型］か

ら［バイト型］に変更したり、短いテキストのフィールドで「255」から「10」に変更するなど、［フィールドサイズ］プロパティの設定値を小さいサイズに変更すると、フィールドに入力済みのデータの一部、またはすべてが失われることになります。

➡フィールドサイズ……P.418

#### ●短いテキストの［フィールドサイズ］プロパティ

| フィールドサイズ | 設定可能な範囲 | サイズ |
|---|---|---|
| 0 ～ 255 | フィールドに格納するデータの最大文字数を指定 | 指定した文字数に応じたサイズ |

#### ●数値型の［フィールドサイズ］プロパティ

| フィールドサイズ | 設定可能な範囲 | サイズ |
|---|---|---|
| バイト型 | 0 ～ 255の整数 | 1バイト |
| 整数型 | -32,768 ～ 32,767の整数 | 2バイト |
| 長整数型（既定値） | -2,147,483,648 ～ 2,147,483,647 | 4バイト |
| 単精度浮動小数点型 | 最大有効けた数が7けたの実数 | 4バイト |
| 倍精度浮動小数点型 | 最大有効けた数が15けたの実数 | 8バイト |
| レプリケーションID型 | レプリケーションID型のオートナンバー型フィールドとリレーションシップを設定するときに使用 | 16バイト |
| 十進型 | $-9.999\cdots\times10^{27}$ ～ $9.999\cdots\times10^{27}$の数値 | 12バイト |

#### ●オートナンバー型の［フィールドサイズ］プロパティ

| フィールドサイズ | 設定可能な範囲 | サイズ |
|---|---|---|
| 長整数型（既定値） | 自動的に割り振られる数値 | 4バイト |
| レプリケーションID型 | 自動的に割り振られるコード | 16バイト |

**テーブルをデザインビューで表示しておく**

**❶ここをクリックしてフィールドを選択**

**❷［フィールドサイズ］プロパティをクリック**

**❸設定値を入力**

**入力した設定値によって入力できるデータが変更される**

**関連 ≫106** デザインビューでテーブルを作成するには……P.76

**関連 ≫110** データ型にはどんな種類があるの？……P.78

**関連 ≫118** 数値を保存するフィールドはどのデータ型にすればいいの？……P.82

データ型の設定とデータ型に応じた入力 ●できる **81**

## 118 数値を保存するフィールドはどのデータ型にすればいいの？

お役立ち度 ★★★　2016 2013

数値型と通貨型は、「¥」記号の有無の違いだけでなく、数値を扱う仕組みが異なります。数値型は2進数、通貨型は10進数で数値を扱います。ワザ236で解説するように2進数では数値の小数部分に誤差が生じる可能性があるので、正確な計算が必要になるデータは通貨型に設定します。通貨型の精度は、小数点の左側が15けた、右側が4けたになります。それ以外の数値は数値型にして、ワザ117を参考に整数・実数など入力するデータの種類に応じて［フィールドサイズ］プロパティを設定します。整数は長整数型、実数は倍精度浮動小数点型にするのが一般的です。なお、社員コードや郵便番号のように、計算に使用しない数値は短いテキストにします。　→データ型……P.416

フィールドサイズが単精度浮動小数点の場合、「1.1+3.2」のような単純な計算にも誤差が出る

正確に計算する場合はデータ型を通貨型に変更する

## 119 オートナンバー型って何に使うの？

お役立ち度 ★★★　2016 2013

オートナンバー型を設定したフィールドには自動的に固有の値が入力されるので、主キーに利用できます。テーブル内に主キーの条件に合うフィールドがない場合に、手軽に利用できるので便利です。初期設定では整数の連番が自動入力されます。ただし、レコードの入力の途中で入力を取り消すと、取り消した値が欠番になります。欠番が気になる場合は、数値型を設定して手動で連番を入力するか、ワザ211を参考に欠番を詰めましょう。

［会員ID］にオートナンバー型を設定した

会員のデータを入力すると自動的に連番の会員IDが振られる

関連 ≫211　オートナンバー型の欠番を詰めたい……………P.121

## 120 文字データを保存するフィールドはどのデータ型にすればいいの？

お役立ち度 ★★★　2016 2013

文字列を入力するデータ型には、短いテキストと長いテキストの2種類があります。氏名や部署名など、255文字以内に収まる文字列データは、データ型を短いテキストにするのが一般的です。それ以上の長い文字列の場合や、文字数が少なくても色や太字などの書式を設定したい場合は、データ型を長いテキストにします。長いテキストにしたうえでフィールドプロパティの［文字書式］プロパティを［リッチテキスト形式］にすると、次の手順のように文字に書式を設定できるようになります。　→フィールドプロパティ……P.418

長いテキストのフィールドの［文字書式］プロパティを［リッチテキスト形式］に設定しておく

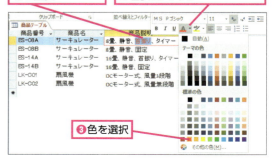

❶文字をドラッグして選択
❷ミニツールバーの［フォントの色］をクリック
❸色を選択

## 121 日付/時刻型のフィールドには日付も時刻も入れられるの？

お役立ち度 ★★★　2016 / 2013

日付/時刻型のフィールドには、日付や時刻を単独で入力したり、組み合わせて入力したりできます。ただし、フィールドには同じ形式のデータが入力されるのが望ましいので、フィールドプロパティの［定型入力］プロパティなどを利用して入力されるデータを統一するといいでしょう。

日付単独、時刻単独、日付と時刻を入力できる

## 122 日付データを簡単に入力したい

お役立ち度 ★★☆　2016 / 2013

日付/時刻型のフィールドにカーソルを移動すると、フィールドの右に 📅 が表示されます。これをクリックすると、カレンダーが表示され、日付をクリックするだけで簡単に日付データを入力できます。ただし、カレンダーには現在の月が表示されるので、数年前の日付を入力したいときは、直接入力した方が早いこともあります。　➡フィールド……P.417

❶［日付/時刻型］のフィールドをクリック　❷ここをクリック

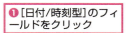  

カレンダーが表示された　❸日付を選択　フィールドに日付を入力できた

関連 ≫123　日付/時刻型のフィールドに日付選択カレンダーが表示されない ……P.83

## 123 日付/時刻型のフィールドに日付選択カレンダーが表示されない

お役立ち度 ★★☆　2016 / 2013

日付/時刻型のフィールドの［日付選択カレンダーの表示］プロパティに［なし］が設定されている場合や、［定型入力］プロパティに何らかの設定がある場合、📅 は表示されず、カレンダーからの入力は行えません。

## 124 数値や日付の代わりに「####」が表示されてしまう

お役立ち度 ★★★　2016 / 2013

列の幅が狭いとフィールドの数値や日付が「####」と表示されるので、幅を広げましょう。

「####」と表示された

❶列の境界線にマウスポインターを合わせる

マウスポインターの形が変わった　❷文字が見えるまでドラッグ

## 125 Yes/No型って何に使うの？

お役立ち度 ★★★　2016 / 2013

Yes/No型は、「DM希望」「入金済み」など、「はい」か「いいえ」で表現できるデータに使用します。
　➡チェックボックス……P.415

クリックしてチェックマークのオン／オフを切り替えられる

## 126 ハイパーリンク型って何に使うの？

お役立ち度 ★★★　2016 / 2013

ハイパーリンク型は、WebページのURLやメールアドレス、ファイルパスなどの入力に使用します。データを入力すると、自動的にハイパーリンクが設定されます。
→フィールド……P.417

●ハイパーリンクの入力例

| 種類 | 入力例 |
|---|---|
| URL | www.impress.co.jp |
| メールアドレス | ○○@example.co.jp |
| ファイルのパス | C:¥DATA¥Readme.txt、¥¥コンピューター名¥共有フォルダー名¥ファイル名など |

関連 »127 ハイパーリンク型のフィールドを選択したい……P.84

関連 »128 ハイパーリンク型のデータを編集したい……P.84

## 127 ハイパーリンク型のフィールドを選択したい

お役立ち度 ★☆☆　2016 / 2013

入力済みのハイパーリンク型のフィールドをクリックすると、リンク先にジャンプしてしまいます。フィールドを選択したいときは、Tabキーや方向キーを押して、隣のフィールドから移動します。
→フィールド……P.417

❶左隣のフィールドを選択

❷→キーを押す

ハイパーリンク型のフィールドを選択できた

関連 »126 ハイパーリンク型って何に使うの？……P.84

関連 »128 ハイパーリンク型のデータを編集したい……P.84

## 128 ハイパーリンク型のデータを編集したい

お役立ち度 ★★☆　2016 / 2013

ハイパーリンク型のフィールドのデータを編集するには、データの上で右クリックして、ショートカットメニューから［ハイパーリンク］-［ハイパーリンクの編集］の順に選択します。すると［ハイパーリンクの編集］ダイアログボックスが表示されるので、そこでデータを編集します。
→フィールド……P.417

デザインビューでテーブルを表示しておく

❶ハイパーリンク型のフィールドを右クリック

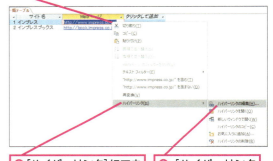

❷［ハイパーリンク］にマウスポインターを合わせる

❸［ハイパーリンクの編集］をクリック

［ハイパーリンクの編集］ダイアログボックスが表示された

表示する文字列を変更することもできる

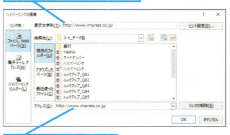

リンク先のアドレスはここで編集する

関連 »126 ハイパーリンク型って何に使うの？……P.84

関連 »127 ハイパーリンク型のフィールドを選択したい……P.84

## 129 画像を保存するフィールドはどのデータ型にすればいいの？

お役立ち度 ★★★  
2016 / 2013

画像を保存できるデータ型には、OLEオブジェクト型と添付ファイル型があります。OLEオブジェクト型は古いバージョンの時代からあるデータ型で、ファイルサイズが大きくなる、パソコンの環境によってはフォームで画像を表示できない、などの欠点がありま

す。添付ファイル型は、それらの欠点を克服した新しいデータ型です。新規に作成するデータベースでは、添付ファイル型を使用しましょう。

➡データ型……P.416

| 関連 ≫110 | データ型にはどんな種類があるの？……P.78 |

## 130 OLEオブジェクト型のフィールドに画像を保存したい

お役立ち度 ★☆☆  
2016 / 2013

OLEオブジェクト型のフィールドに画像を保存するには、以下の手順のように操作します。画像は、ビットマップ（BMP）形式に変換されて保存されます。テーブルのデータシートビューでは、画像の代わりに「Bitmap Image」や「パッケージ」などの文字列が表示され、文字列をダブルクリックすると、関連付けられたアプリが起動して画像が表示されます。なお、ワザ423～ワザ432を参考にフォームを作成しておくと、直接画像を表示できるので便利です。

➡フィールド……P.417

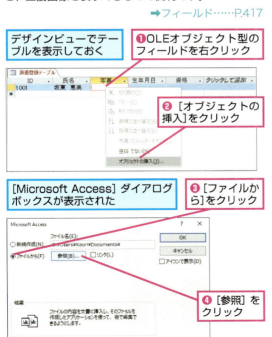
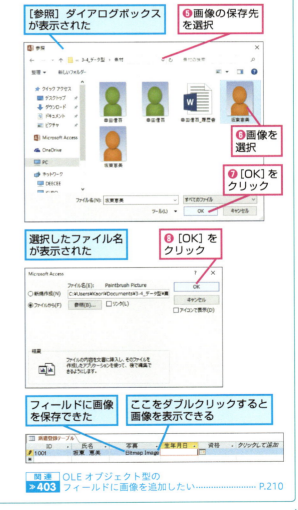

| 関連 ≫403 | OLE オブジェクト型のフィールドに画像を追加したい……P.210 |

## 131 添付ファイル型のフィールドにファイルを保存したい

お役立ち度 ★★★
2016 / 2013

添付ファイル型のフィールドには、画像ファイル、テキストファイル、WordやExcelのファイルなど、複数のファイルを保存できます。ファイルを保存するには、[添付ファイル] ダイアログボックスを使用します。ファイルを保存すると、クリップの形をしたマーク（⌀）の右にファイル数が表示されます。なお、フォームを作成しておくと、直接画像を表示できるので便利です。

データシートビューでテーブルを表示しておく

❶ここをダブルクリック

[添付ファイル] ダイアログボックスが表示された

❷[追加] をクリック

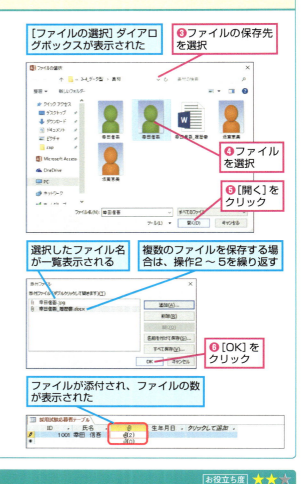

[ファイルの選択] ダイアログボックスが表示された

❸ファイルの保存先を選択

❹ファイルを選択

❺[開く] をクリック

選択したファイル名が一覧表示される

複数のファイルを保存する場合は、操作2～5を繰り返す

❻[OK] をクリック

ファイルが添付され、ファイルの数が表示された

| 関連 | 添付ファイル型のフィールドにデータを |
| ≫405 | 追加するにはどうすればいいの？……P.211 |

---

## 132 添付ファイル型のフィールドにフィールド名を表示したい

お役立ち度 ★★☆
2016 / 2013

データシートのフィールドセレクターには通常フィールド名が表示されますが、添付ファイル型の場合、クリップの形をしたマーク（⌀）が表示されてしまいます。フィールド名を表示したい場合は、デザインビューで添付ファイル型のフィールドプロパティの［標題］プロパティにフィールド名を設定します。

➡フィールドプロパティ……P.418

| 関連 | 添付ファイル型のフィールドに |
| ≫131 | ファイルを保存したい……P.86 |

デザインビューでテーブルを表示しておく

❶添付ファイル型のフィールドを選択

❷[標題]プロパティをクリック

❸フィールド名を入力

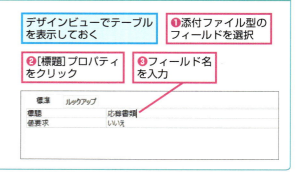

できる ● データ型の設定とデータ型に応じた入力

# 133 集計フィールドを作成したい

集計フィールドでは、テーブル内のフィールドを使った計算が行えます。ちょっとした計算をしたいときに、クエリを作成しなくても済むので便利です。計算式は[式ビルダー]ダイアログボックスで入力し、入力した式は[式]プロパティに設定されます。後から式を修正する必要が生じたときは、[式]プロパティで修正しましょう。計算結果のデータ型は、[結果の型]プロパティで指定します。

➡集計……P.414

デザインビューでテーブルを表示しておく

❶フィールド名を入力
❷ここをクリック
データ型が[短いテキスト]に設定された

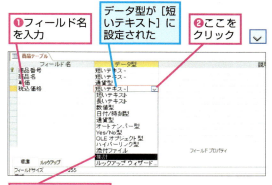

❸[集計]をクリック

[式ビルダー]ダイアログボックスが表示された

❹「INT(」と入力
❺[単価]をダブルクリック

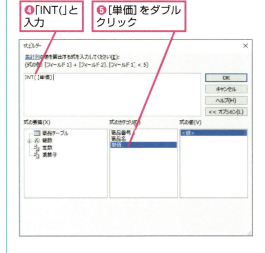

❻「*1.08)」と入力
❼[OK]をクリック

[式]に式が設定された
式を修正したい場合は、[式]欄で修正する

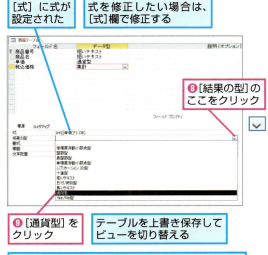

❽[結果の型]のここをクリック
❾[通貨型]をクリック
テーブルを上書き保存してビューを切り替える

[税込み]フィールドに税込みの単価が表示された

データ型の設定とデータ型に応じた入力 ● できる **87**

# 134

## ドロップダウンリストを使ってデータを一覧から入力したい

［部署］フィールドに部署名を入力する場合や、［都道府県］フィールドに都道府県を入力する場合など、フィールドに入力するデータの内容が限定される場合は、そのデータを一覧から選択して入力できるようにすると便利です。そのようなフィールドをルックアップフィールドと呼びます。ルックアップフィールドは、［ルックアップウィザード］を使用して簡単に設定できます。

ここでは例として、［部署テーブル］に入力されている部署名が、［社員テーブル］の［部署ID］フィールドの一覧に表示されるように設定します。常に［部署テーブル］の最新のデータが一覧に表示されます。なお、リレーションシップが設定されたフィールドでは、［ルックアップウィザード］を実行できません。

→ ウィザード……P.412
→ ルックアップ……P.420

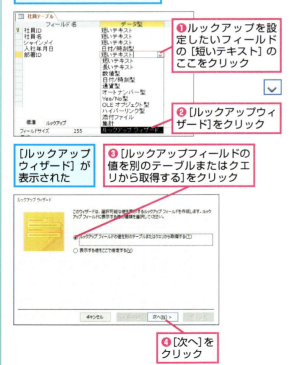

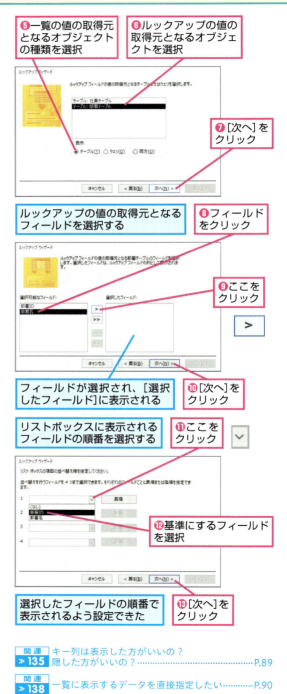

| 関連 ≫135 | キー列は表示した方がいいの？隠した方がいいの？……P.89 |
| 関連 ≫138 | 一覧に表示するデータを直接指定したい……P.90 |

88 できる ● データ型の設定とデータ型に応じた入力

ここをドラッグするとフィールドの幅を調整できる

⓮[キー列を表示しない]にチェックマークが付いていることを確認

⓯[次へ]をクリック

ルックアップ列に表示する名前を入力する

ここでは特に変更しない

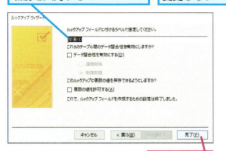

⓰[完了]をクリック

テーブルを保存するかどうか確認するダイアログボックスが表示された

⓱[はい]をクリック

データを一覧から選択できるように設定できた

| 関連 ≫139 | 1つのフィールドに複数のデータを入力したい ............ P.91 |
| 関連 ≫140 | ルックアップフィールドを解除したい ............ P.91 |

---

## 135 キー列は表示した方がいいの？隠した方がいいの？

お役立ち度 ★★☆
2016 / 2013

ワザ134の［ルックアップウィザード］の操作14の画面に、［キー列を表示しない］というチェックボックスがあります。「キー列」とは主キーのフィールドのことです。チェックマークを付けた場合は、ワザ134の手順の最後の画面のように、一覧に表示されるのは操作8、9で選択したフィールドだけになります。ただし、実際にテーブルに格納されるのは主キーのフィールドの値です。見えている値と実際に格納されている値が異なるため、クエリで抽出するときなどに注意が必要です。チェックマークをはずした場合は、ワザ134の操作15の次にテーブルに格納するデータを指定する画面が表示され、そこでテーブルに格納する値を選択できます。また、一覧には以下の画面のように主キーフィールドの値も表示されます。これらの違いを理解して、キー列を表示するかどうかを決めましょう。

➡主キー……P.414

［キー列を表示しない］のチェックマークをはずすとキー列のデータとキー列以外のデータが表示される

| 関連 ≫316 | ルックアップフィールドに存在するはずのデータが抽出されない ............ P.168 |

---

## 136 ルックアップウィザードで設定したフィールドのデータ型はどうなるの？

お役立ち度 ★★☆
2016 / 2013

ルックアップフィールドは、テーブルのデザインビューの［データ型］の一覧から設定しますが、ルックアップフィールド型というデータ型があるわけではありません。ルックアップウィザードの中で指定した、ルックアップの値の取得元となるフィールドと同じデータ型、同じフィールドサイズが自動的に設定されます。ただし、取得元がオートナンバー型の場合は、データ型に数値型、フィールドサイズに長整数型が設定されます。

| 関連 ≫110 | データ型にはどんな種類があるの？ ............ P.78 |

## 137 ドロップダウンリストのサイズを変更したい

ルックアップフィールドの値の取得元のデータが変更されたときなど、ドロップダウンリストのサイズを変更したくなることがあります。全体の幅は［リスト幅］プロパティ、複数列表示する場合の各列の幅は［列幅］プロパティで設定します。

デザインビューでルックアップフィールドを選択し、フィールドプロパティの［ルックアップ］タブを表示しておく

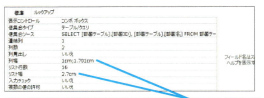

［リスト幅］［列幅］プロパティでサイズを変更できる

## 138 一覧に表示するデータを直接指定したい

ワザ134では、ルックアップフィールドの一覧に、他のテーブルに入力されているデータを表示しました。表示するデータを入力しているテーブルがない場合は、ワザ134を参考に［ルックアップウィザード］でデータを直接指定します。指定したデータは、フィールドプロパティのルックアップフィールドの［値集合ソース］プロパティに「"項目1";"項目2";…」の形式で設定されます。一覧に表示されるデータを後から変更したいときは、この［値集合ソース］プロパティを編集します。　　　　　　　➡ウィザード……P.412

●新規に設定する場合

［ルックアップウィザード］を表示しておく

❶［表示する値をここで指定する］をクリック

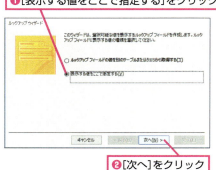

❷［次へ］をクリック

❸一覧に表示させたいデータを入力　　必要に応じてフィールドの幅を調整する

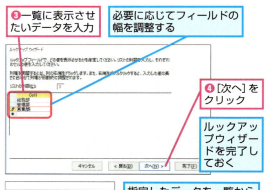

❹［次へ］をクリック

ルックアップウィザードを完了しておく

指定したデータを一覧から選択できるようになった

●後から設定変更する場合

デザインビューでテーブルを表示し、ルックアップを設定したフィールドを選択しておく

❶［フィールドプロパティ］の［ルックアップ］タブをクリック　　❷［値集合ソース］プロパティに一覧に表示させたいデータを入力

## 139 1つのフィールドに複数のデータを入力したい

お役立ち度 ★★★
2016 / 2013

[ルックアップウィザード]の最後の画面で[複数の値を許可する]にチェックマークを付けると、ルックアップフィールドに複数の値を入力できます。[社員テーブル]の[取得資格]フィールドに複数の資格を入力したい、というようなときに使用します。

➡フィールド……P.417

| ルックアップウィザードでルックアップフィールドを設定しておく | ❶[複数の値を許可する]にチェックマークを付ける |

| データシートビューに切り替えておく | [資格取得]フィールドの列の幅を広げておく |

❸[資格取得]のここをクリック

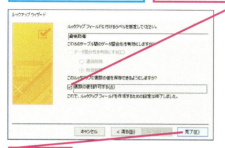

❷[完了]をクリック

❹複数の資格にチェックマークを付ける

❺[OK]をクリック

| 複数のデータを入力可能になった | テーブルを保存しておく |

チェックマークを付けた複数の資格が表示された

| 関連 ≫134 | ドロップダウンリストを使ってデータを一覧から入力したい ……P.88 |

---

## 140 ルックアップフィールドを解除したい

お役立ち度 ★★☆
2016 / 2013

ルックアップフィールドの設定を解除して、データシートに一覧が表示されないようにするには、ルックアップフィールドの[表示コントロール]プロパティで[テキストボックス]を選択します。

➡ルックアップ……P.420

デザインビューでテーブルを表示し、ルックアップフィールドを選択しておく

| ❶[ルックアップ]タブをクリック | ❷[表示コントロール]プロパティで[テキストボックス]を選択 |

ルックアップフィールドのプロパティが非表示になり、設定が解除される

| 関連 ≫134 | ドロップダウンリストを使ってデータを一覧から入力したい ……P.88 |
| 関連 ≫139 | 1つのフィールドに複数のデータを入力したい ……P.91 |

# フィールドの設定

フィールドにはそれぞれ詳細な規則や属性を設定できるフィールドプロパティが用意されています。それらをきちんと設定することで、データベースの使い勝手が向上します。

## 141 先頭に「0」を補完して「0001」と表示したい

お役立ち度 ★★★
2016 / 2013

数値型やオートナンバー型の数値の先頭に「0」を付けてけたをそろえるには、フィールドプロパティの[書式]プロパティにけた数分の「0」を設定します。例えば「0000」を設定すると、「1」と入力するだけで「0001」と4けたで表示できます。なお、短いテキストであれば、[書式]プロパティを設定しなくても、先頭に「0」を付けた数字をそのまま入力して確定できます。
→書式指定文字……P.414

### ●数値の主な書式指定文字

| 書式指定文字 | 意味 | 「123.4」を表現した例 |
|---|---|---|
| 0 | 数値1けたを必ず表示 | 0.00→123.40 |
| # | 数値1けたを表示 | 0.##→123.4 |
| % | 数値を100倍して「%」を付けて表示 | 0%→12340% |
| ¥ | 「¥」に続く文字をそのまま表示 | ¥¥0→¥123 |
| "" | 「"」で囲まれた文字をそのまま表示 | 0.0"cm"→123.4cm |
| [色] | 指定した色(黒、青、緑、水、赤、紫、黄、白)で表示 | 0.0[赤]→123.4 |

**デザインビューでテーブルを表示しておく**
**オートナンバー型もしくは数値型のフィールドを選択しておく**

**[書式]プロパティに「0000」と入力**

**データシートビューで表示しておく**
**先頭に「0」を補完して表示された**

## 142 マイナスの数値を赤で表示したい

お役立ち度 ★★☆
2016 / 2013

数値型のフィールドの[書式]プロパティは、以下のように、書式を半角の「;」(セミコロン)で区切って指定できます。

　正数の書式;負数の書式;0の書式
　正数と0の書式;負数の書式

3つに区切ったときは「正」と「負」と「0」の3通りの書式と見なされ、2つに区切ったときは「正と0」と「負」の2通りの書式と見なされます。負数(マイナスの数値)だけ赤で表示したければ、負数の書式に書式指定文字「[赤]」を指定します。ここではさらに「#,##0」も指定して、数値が4けた以上あるときに3けた区切りで表示します。
→書式指定文字……P.414

**デザインビューでテーブルを表示しておく**
**数値を格納したいフィールドを選択しておく**

**[書式]プロパティに「#,##0;#,##0[赤]」と入力**

**データシートビューで表示しておく**
**負数を赤で表示できた**

関連 ≫141 先頭に「0」を補完して「0001」と表示したい……P.92

## 143 小数のけた数が設定したとおりにならない

お役立ち度 ★★☆　2016 / 2013

フィールドサイズが浮動小数点型の数値型フィールドで［書式］プロパティが空白か［数値］に設定されていると、［小数点以下表示桁数］プロパティにけた数を設定しても小数のけた数はそろいません。［書式］プロパティの ▽ をクリックして、一覧から［固定］など［数値］以外の項目を選択すると、［小数点以下表示桁数］プロパティで指定したけた数で表示できます。

➡ フィールドサイズ……P.418

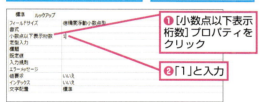

小数のけた数をそろえる

デザインビューでテーブルを表示しておく

小数のけた数を設定したいフィールドを選択しておく

❶［小数点以下表示桁数］プロパティをクリック

❷「1」と入力

❸［書式］プロパティで［固定］を選択

データシートビューで表示しておく

小数点以下の数が1けたにそろった

| 関連 ≫ 141 | 先頭に「0」を補完して「0001」と表示したい……P.92 |

## 144 日付の表示方法を指定するには

お役立ち度 ★★★　2016 / 2013

日付や時刻の表示は、パソコンの設定に依存します。例えば日付/時刻型のフィールドの［書式］プロパティで一覧から［日付］を選択しても、パソコンによって表示形式が異なることがあります。常に同じ表示にしたいときは、一覧から選択せずに書式指定文字を使用して独自の書式を設定します。

➡ 書式指定文字……P.414

### ●日付と時刻の主な書式指定文字

| 書式指定文字 | 意味 | 「2017/1/8 7:12:34」を表現した例 |
|---|---|---|
| yyyy | 4けたの西暦 | 2017 |
| yy | 2けたの西暦 | 17 |
| ggg | 漢字の年号 | 平成 |
| gg | 漢字1字の年号 | 平 |
| g | 年号の頭文字 | H |
| ee | 2けたの和暦 | 29 |
| e | 和暦 | 29 |
| mm | 2けたの月 | 01 |
| m | 月 | 1 |
| dd | 2けたの日 | 08 |
| d | 日 | 8 |
| aaa | 曜日1文字 | 日 |
| aaaa | 曜日 | 日曜日 |
| hh | 2けたの時 | 07 |
| h | 時 | 7 |
| nn | 2けたの分 | 12 |
| n | 分 | 12 |
| ss | 2けたの秒 | 34 |
| s | 秒 | 34 |

日付/時刻型のフィールドを選択しておく

［書式］プロパティに書式指定文字を入力

日付、時刻の表示が変わる

フィールドの設定　93

# 145

## 郵便番号の入力パターンを設定したい

［定型入力］プロパティを使用すると、短いテキスト、数値型、日付/時刻型のフィールドに入力パターンを設定できます。そのうち短いテキストと日付/時刻型では、［定型入力ウィザード］を使用して［電話番号］［郵便番号］［和暦日付］などの選択肢から選択するだけで、簡単に入力パターンを設定できます。

操作3の［定型入力ウィザード］の最初の画面では、電話番号や郵便番号など、定型入力の定義を指定します。操作5の画面では、データを入力する際に文字が入る部分に表示する代替文字を指定します。最初の画面で選択した形式によっては、次にリテラル表示文字を保存するかを指定する操作8の画面が表示されます。リテラル表示文字とは、郵便番号の「-」や電話番号の「()」などを指します。

例えば郵便番号の場合、リテラル表示文字を保存すると、画面表示される形式も実際に保存されるデータも「123-4567」になります。リテラル表示文字を保存しない場合は、「123-4567」の形式で表示されますが、データとして保存されるのは「1234567」です。ちなみにリテラル表示文字を保存するかどうかにより、必要になるフィールドサイズが「7」または「8」になります。

➡ウィザード……P.412
➡フィールドサイズ……P.418

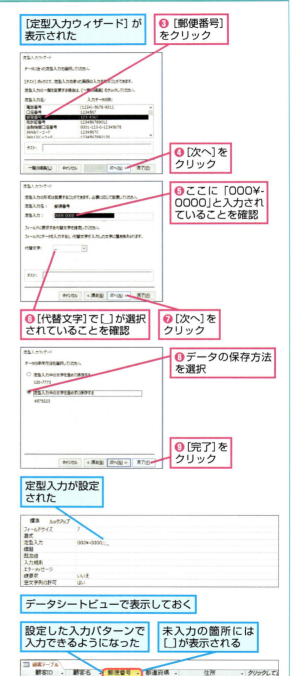

関連 ≫147 とりあえず分かる部分だけ入力できるようにしたい……P.95

# 146 ［定型入力］プロパティの設定値の意味が分からない

［定型入力ウィザード］の完了後、［定型入力］プロパティに「;」で区切られた3つのセクションからなる値が設定されます。

**定型入力の定義;リテラル表示文字の保存の有無;代替文字**

最初のセクションには、定型入力の定義が設定されます。第2セクションには、リテラル表示文字を保存するかどうかが設定されます。設定値が「0」の場合は保存され、「1」または省略されている場合は保存されません。第3セクションには代替文字が設定されます。代替文字とは、フィールドが未入力の状態で表示される文字のことです。例えばワザ145の場合の設定値は「000￥-0000;;_」です。　→ウィザード……P.412

**関連 ≫145** 郵便番号の入力パターンを設定したい ……………P.94

# 147 とりあえず分かる部分だけ入力できるようにしたい

ワザ145のように［定型入力ウィザード］で［郵便番号］を設定すると、「000￥-0000」という入力パターンが設定されます。「0」は数値1けたを入力するための定型入力文字ですが、入力の省略が許されません。そのため、7けたを入力しないと確定できません。郵便番号が3けたしか分からないとき、とりあえず3けただけを入力できるようにするには、入力を省略できる定型入力文字「9」を使用して、「000￥-9999」を設定します。　→ウィザード……P.412

- デザインビューでテーブルを表示しておく
- 郵便番号を保存するフィールドを選択しておく
- ［定型入力］プロパティに「000￥-9999;;_」と入力
- データシートビューで表示しておく
- ［郵便番号］フィールドに3けたの数字で確定できた

# 148 和暦で入力したのに西暦で表示されてしまう

日付/時刻型のフィールドに対して、ワザ145で解説した［定型入力ウィザード］で［和暦日付］を設定すると、「S46年4月1日」の形式で入力できます。しかし確定すると「1971/04/01」のような西暦の表示になってしまいます。和暦で入力して和暦で表示したい場合は、［書式］プロパティに和暦の書式を設定します。　→フィールド……P.417

- デザインビューでテーブルを表示しておく
- 日付/時刻型のフィールドを選択しておく

- ［書式］プロパティに「ge￥年m￥月d￥日」と入力
- データシートビューで表示しておく
- 和暦で入力して和暦で表示できるようになった

**関連 ≫150** 新規レコードに本日の日付を自動で入力したい ……………P.96

## 149 アルファベットの大文字だけで入力させたい

お役立ち度 ★★★
2016 / 2013

定型入力文字を使用して、手動でフィールドの定型入力を設定できます。例えば「>LLL」と設定すると大文字のアルファベット3文字の文字列、「>L<LL???」と設定すると3文字以上6文字以下の先頭文字のみ大文字の文字列を入力できます。

●主な定型入力文字

| 定型入力文字 | 意味 |
| --- | --- |
| 0 | 半角数字（省略不可） |
| 9 | 半角数字、半角スペース（省略可） |
| L | 半角アルファベット（省略不可） |
| ? | 半角アルファベット（省略可） |
| ! | 右詰め |
| < | 小文字に変換 |
| > | 大文字に変換 |

デザインビューでテーブルを表示しておく

定型入力を設定したいフィールドを選択しておく

[定型入力] プロパティに「>LLL」と入力

データシートビューで表示しておく

小文字で入力しても、自動的に大文字に変換されて入力されるようになった

| 関連 ≫145 | 郵便番号の入力パターンを設定したい …………… P.94 |
| 関連 ≫152 | フィールドに入力するデータを制限したい ………… P.97 |
| 関連 ≫153 | ［出席者数］フィールドに［定員］以下の数値しか入力できないようにしたい ………… P.97 |

## 150 新規レコードに今日の日付を自動で入力したい

お役立ち度 ★★★
2016 / 2013

フィールドプロパティの［既定値］プロパティを設定すると、設定した値が新規レコードに自動的に入力されます。日付/時刻型のフィールドの場合、［既定値］プロパティにDate関数を設定すると、新規レコードにその日の日付を自動で入力できます。［登録日］や［入力日］といったフィールドに設定しておくと便利です。なお、自動入力された日付は、必要に応じて手動で別の日付に入力し直すことも可能です。

→関数……P.412
→レコード……P.420

**Date()**
引数は必要ない

デザインビューでテーブルを表示しておく

日付/時刻型のフィールドを選択しておく

［既定値］プロパティに「Date()」と入力

新規レコードにその日の日付が自動的に入力されるよう設定できた

| 関連 ≫148 | 和暦で入力したのに西暦で表示されてしまう …………… P.95 |

## 151 数値型のフィールドに自動表示される「0」が煩わしい

お役立ち度 ★★☆
2016 / 2013

数値型のフィールドでは、［既定値］プロパティの初期値が「0」なので、新規レコードに最初から「0」が入力されます。値の入力時に「0」を削除するのが煩わしい場合や、入力するのを忘れないように最初は空欄にしておきたい場合は、［既定値］プロパティに設定されている「0」を削除し、新規レコードに何も表示されないようにするといいでしょう。

→フィールド……P.417

## 152 フィールドに入力するデータを制限したい

お役立ち度 ★★★
2016 / 2013

［入力規則］プロパティを使用すると、フィールドに設定した規則に違反するデータの入力を禁止できます。［入力規則］プロパティは、フィールドプロパティとテーブルプロパティの両方にありますが、特定のフィールドのデータを制限するにはフィールドの［入力規則］プロパティを使用します。例えば［発注数］フィールドに100以上の数値しか入力できないようにするには、［入力規則］プロパティに「>=100」を設定し、［エラーメッセージ］プロパティに規則違反のデータが入力されたときに表示するメッセージ文を指定します。

➡フィールド……P.417
➡フィールドプロパティ……P.418

デザインビューでテーブルを表示しておく／入力を制限したいフィールドを選択しておく

❶［入力規則］プロパティに「>=100」と入力

❷［エラーメッセージ］プロパティに「発注数は100個以上の数値で入力してください。」と入力

データシートビューで表示しておく

100より小さい数値を入力すると、エラーメッセージが表示される

関連 ≫153 ［出席者数］フィールドに［定員］以下の数値しか入力できないようにしたい……P.97

## 153 ［出席者数］フィールドに［定員］以下の数値しか入力できないようにしたい

お役立ち度 ★★★
2016 / 2013

複数のフィールドを関連付けた入力規則を設定したいときは、テーブルの［入力規則］プロパティを使用しましょう。例えば「[出席者数]<=[定員]」という規則を設定した場合、［出席者数］フィールドに［定員］フィールドより大きい数値を入力するとエラーになり、レコードを保存できなくなります。

➡フィールド……P.417

デザインビューでテーブルを表示しておく

❶［テーブルツール］の［デザイン］タブをクリック

❷［プロパティシート］をクリック

プロパティシートが表示された

❸［入力規則］プロパティに「[出席者数]<=[定員]」と入力

❹［エラーメッセージ］プロパティに「出席者数は定員以下で入力してください。」と入力

データシートビューを表示しておく

［出席者数］フィールドに［定員］より大きい数値を入力してレコードを保存すると、エラーメッセージが表示される

フィールドの設定 ● できる 97

## 154 フィールドの入力漏れを防ぎたい

お役立ち度 ★★☆
2016 / 2013

[値要求] プロパティで [はい] を設定したフィールドには、データを入力しなければレコードを保存できません。未入力を防ぎたいフィールドに設定すると効果的です。初期設定は [いいえ] です。なお、主キーに設定したフィールドは [値要求] プロパティが自動的に [はい] になります。　→フィールド……P.417

テーブルをデザインビューで表示し、入力を必須にしたいフィールドを選択しておく

[値要求] プロパティで [はい] を選択

[値要求] プロパティを [はい] にしたフィールドが未入力のまま次のレコードに移動しようとすると、入力を要求するダイアログボックスが表示される

## 155 インデックスって何？

お役立ち度 ★★★
2016 / 2013

インデックスとは、特定のフィールドのデータとそのレコード番号をデータ順に並べたレコードの索引のことです。インデックスを作成することで、そのフィールドを対象にしたレコードの検索や並べ替えを高速に実行できます。

例えば [コキャクメイ] フィールドのインデックスを作成すると、データベースの内部に [コキャクメイ] のデータとそのレコード番号を五十音順に並べた索引が作成されます。そして「ワタナベ」で検索を実行するとインデックスの「ワ」を含むデータが素早く検索され、早く結果が表示されます。レコードが大量にある場合、インデックスは検索や並べ替えの実行に非常に効果的です。

ただし、インデックスを作成すると、レコードの追加、削除、変更の際、インデックスの更新が行われるため時間がかかります。インデックスはむやみに作成せずに、検索や並べ替えを頻繁に行うフィールドだけに作成しましょう。　→インデックス……P.411

| 関連 ≫156 | インデックスを作成したい………………………P.98 |
| 関連 ≫157 | 電話番号のインデックスが勝手に作成されて困る………………………P.99 |

## 156 インデックスを作成したい

お役立ち度 ★★★
2016 / 2013

インデックスを作成するには、インデックスを作成したいフィールドの [インデックス] プロパティで [はい（重複あり）] または [はい（重複なし）] のどちらかを設定します。インデックスを作成すると、そのフィールドを対象にした検索や並べ替えを高速に実行できます。　→インデックス……P.411
　→フィールド……P.417

| 関連 ≫155 | インデックスって何？………………………P.98 |

テーブルをデザインビューで表示し、インデックスを作成したいフィールドを選択しておく

❶ [インデックス] プロパティをクリック
❷ ここをクリック

❸ [はい（重複あり）] を選択
データの重複があるインデックスが作成される

## 157 電話番号のインデックスが勝手に作成されて困る

お役立ち度 ★★★　2016 / 2013

Accessでは初期設定で、フィールド名の先頭または末尾に「ID」「キー」「番号」「コード」が付くフィールドには、自動的にインデックスを作成します。そのため「電話番号」や「郵便番号」をフィールド名にすると、自動的に［インデックス］プロパティに［はい（重複あり）］が設定されてしまいます。これを防ぐには、［ファイル］タブの［オプション］をクリックして［Accessのオプション］ダイアログボックスを表示し、以下のように操作します。なお、主キーに設定したフィールドには、必ずインデックスが作成されます。

→インデックス……P.411
→主キー……P.414

［Accessのオプション］ダイアログボックスを表示しておく

❶［オブジェクトデザイナー］をクリック
［インデックスを自動作成するフィールド］に［ID;キー;コード;番号］と入力されている

❷［;番号］を削除

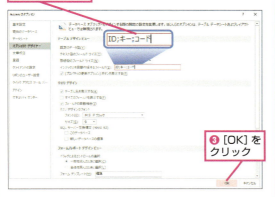

❸［OK］をクリック

関連 ≫155　インデックスって何？……P.98

## 158 重複データの入力を禁止したい

お役立ち度 ★★☆　2016 / 2013

［インデックス］プロパティに［はい（重複なし）］を設定したフィールドには、テーブル内の他のレコードと重複するデータを入力できません。例えば［会員登録］テーブルに同じメールアドレスの会員レコードが入力されるのを防ぐには、［メールアドレス］フィールドの［インデックス］プロパティに［はい（重複なし）］を設定します。

→インデックス……P.411
→レコード……P.420

関連 ≫155　インデックスって何？……P.98

## 159 設定済みのインデックスを確認したい

お役立ち度 ★★★　2016 / 2013

どのフィールドにインデックスが作成されているかを知りたいときに、フィールドの［インデックス］プロパティを1つ1つチェックするのは面倒です。［インデックス］ダイアログボックスを表示すれば、テーブル内のインデックスを一覧形式で確認できます。主キーには、「PrimaryKey」という名前のインデックスが自動で作成されます。

テーブルをデザインビューで開き、［デザイン］タブの［インデックス］ボタンをクリック

［インデックス］ダイアログボックスにインデックスの一覧が表示された

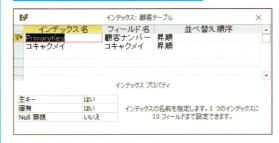

## 160 文字の入力モードを自動で切り替えたい

お役立ち度 ★★★
2016 / 2013

データを入力するとき、フィールドごとにIMEの入力モードを切り替えるのは面倒です。[IME入力モード]プロパティを設定すると、[社員番号]フィールドにカーソルを移動したときは[半角英数]、[社員名]フィールドにカーソルを移動したときは[ひらがな]というように、入力モードを自動的に切り替えることができて大変便利です。

デザインビューでテーブルを表示しておく

入力モードを設定したいフィールドを選択しておく

❶ [IME入力モード]プロパティで[ひらがな]を選択

データシートビューで表示しておく

❷ [IME入力モード]プロパティを設定したフィールドにカーソルを移動

入力モードが自動的に切り替わった

ここで設定したプロパティは、このテーブルを基に作成するフォームにも引き継がれる

関連 ≫161 [IME 入力モード]の[オフ]と[使用不可]の違いは何? ……………… P.100
関連 ≫162 いつの間にか入力モードが[カタカナ]に変わってしまった …………… P.100

## 161 [IME入力モード]の[オフ]と[使用不可]の違いは何?

お役立ち度 ★★☆
2016 / 2013

短いテキストのフィールドの[IME入力モード]プロパティで[オフ]を選択すると、そのフィールドにカーソルが移動したときに入力モードが自動で[半角英数]になりますが、[半角/全角]キーを押すなどして、手動で入力モードを切り替えられます。一方、[使用不可]を選択すると、入力モードを手動で切り替えられなくなります。
→フィールド……P.417

関連 ≫160 文字の入力モードを自動で切り替えたい ……… P.100
関連 ≫162 いつの間にか入力モードが[カタカナ]に変わってしまった ……………… P.100

## 162 いつの間にか入力モードが[カタカナ]に変わってしまった

お役立ち度 ★★☆
2016 / 2013

[IME入力モード]プロパティで[オン]を設定すると、そのフィールドにカーソルが移動したときに通常は入力モードが[ひらがな]になります。しかし、環境によっては[ひらがな]ではなく[全角カタカナ]など他の日本語入力モードになってしまうことがあります。入力モードを確実に[ひらがな]に変更したい場合は、[オン]ではなく[ひらがな]を設定しましょう。

関連 ≫161 [IME 入力モード]の[オフ]と[使用不可]の違いは何? ……………… P.100

### STEP UP! テーブルとフォームに共通するプロパティ

[IME入力モード]プロパティと[ふりがな]プロパティは、テーブルのフィールドプロパティの他に、フォームのテキストボックスのプロパティでも設定できます。これらのプロパティをテーブルで設定しておけば、そのテーブルから作成したすべてのフォームに引き継がれます。そのため、フォームで入力を行う場合でも、テーブル側で設定をしておいたほうがいいでしょう。

# 163

## ふりがなを自動入力したい

お役立ち度 ★★★
2016 / 2013

［ふりがな］プロパティを設定すると、フィールドに入力した文字の読みをふりがなとして、指定したフィールドに自動入力できます。ふりがなの入力先や、［全角カタカナ］［半角カタカナ］などの文字種は、［ふりがなウィザード］で指定します。指定した文字種は、ふりがなの入力先のフィールドの［IME入力モード］プロパティに設定されます。

→インデックス……P.411
→フィールド……P.417

［ふりがなウィザード］が表示された

❸［既存のフィールドを使用する］をクリック

❹ここをクリックしてふりがなを保存するフィールドを選択

デザインビューでテーブルを表示しておく

ふりがなの基になるフィールドを選択しておく

❶［ふりがな］プロパティをクリック

❷ここをクリック

❺ここをクリックしてふりがなの種類を選択

❻［完了］をクリック

❼フィールドのプロパティを変更するか確認する画面が表示されたら［OK］をクリック

データを入力すると、そのふりがなが操作4で指定したフィールドに自動的に入力される

関連 ≫164 ふりがなが間違っているので修正したい……… P.101

---

# 164

## ふりがなが間違っているので修正したい

お役立ち度 ★★☆
2016 / 2013

ふりがなとして自動入力されるのは、キーボードから入力した変換前の漢字の読みです。例えば「健」の本来のふりがなが「タケシ」でも、「ケン」という読みで入力した場合は「ケン」がふりがなと見なされます。本来とは異なる読みで漢字を入力した場合は、ふりがなのフィールドにカーソルを移動して、ふりがなを直接修正しましょう。
→フィールド……P.417

関連 ≫163 ふりがなを自動入力したい ……………… P.101

---

# 165

## 文字単位で書式を設定したい

お役立ち度 ★★☆
2016 / 2013

データ型として長いテキストを設定したフィールドには、［文字書式］というプロパティがあります。初期値は［テキスト形式］ですが、［リッチテキスト形式］を設定すると、ワザ120で紹介したようにフィールド内の一部の文字に太字や色などの書式を設定できるようになります。重要事項を強調した書式付きの文字列データを保存したい場合に使います。
→フィールド……P.417

関連 ≫592 リッチテキスト形式のデータから書式を取り除きたい……………… P.319

# 166 住所を簡単に入力したい

お役立ち度 ★★★
2016
2013

[住所入力支援] プロパティを設定すると、郵便番号を入力するだけで住所を自動入力できるため、大変便利です。郵便番号が分からないときには、住所を入力して郵便番号を自動入力することも可能です。設定は [住所入力支援ウィザード] で簡単に行えます。

→ウィザード……P.412

|デザインビューでテーブルを表示しておく|郵便番号が保存されているフィールドを選択しておく|
|---|---|

❶ここを下にドラッグしてスクロール

❷[住所入力支援] プロパティをクリック　　❸ここをクリック

|[住所入力支援ウィザード] が表示された|❹ここをクリックして郵便番号を入力するフィールドを選択|
|---|---|

❺[次へ] をクリック

|❻住所を入力するフィールドの構成を選択|❼ここをクリックして都道府県を入力するフィールドを選択|
|---|---|

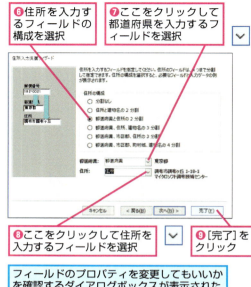

|❽ここをクリックして住所を入力するフィールドを選択|❾[完了] をクリック|
|---|---|

フィールドのプロパティを変更してもいいかを確認するダイアログボックスが表示された

❿[OK] をクリック

郵便番号が入力されたら住所が自動的に入力される

関連 ≫576 データベースを基にはがきの宛名を印刷したい …… P.308

関連 ≫582 住所を宛名ラベルに印刷したい …… P.312

## 167 フィールドプロパティは後から変更してもいいの？

お役立ち度 ★★☆
2016 / 2013

フィールドプロパティは、後から変更しても構いません。フィールドプロパティの中には、そのテーブルを基に作成したフォームやレポートに自動的に引き継がれるものがあります。そのようなフィールドプロパティを後から変更すると、［プロパティの更新オプション］スマートタグが表示され、作成済みのフォームやレポートにプロパティの変更を自動で反映させることができます。
→スマートタグ……P.415
→フィールドプロパティ……P.418

デザインビューでテーブルを表示しておく

日付/時刻型のフィールドの［書式］プロパティを変更する

日付/時刻型のフィールドを選択しておく

❶［書式］プロパティを変更

［プロパティの更新オプション］スマートタグが表示された

❷ここをクリック　　　◆［プロパティの更新オプション］スマートタグ

❸［(フィールド名)が使用されているすべての箇所で書式を更新します。］をクリック

［プロパティの更新］ダイアログボックスが表示された

❹プロパティを更新したいオブジェクトを選択

❺［はい］をクリック

選択したオブジェクトにフィールドプロパティの変更が反映される

## 168 データシートでテーブルのデザインが変更されるのを防ぎたい

お役立ち度 ★★★
2016 / 2013

データシートビューでは、［テーブルツール］の［フィールド］タブでフィールドの追加や削除、データ型の変更など、デザインの変更が行えます。データの入力中に、誤操作でテーブルの構造が変更されてしまっては大変です。データベースの設計が終わり運用段階に入ったら、データシートビューでのデザインの変更を禁止しましょう。
→データ型……P.416

［テーブルツール］の［フィールド］タブでの操作が行えないように設定する

［Accessのオプション］ダイアログボックスを表示しておく

❶［現在のデータベース］をクリック

❷［データシートビューでテーブルのデザインを変更できるようにする］のチェックマークをはずす

❸［OK］をクリック

データベースを一度閉じて開き直す

テーブルの構造を変更するボタンが無効になった

| 関連 ≫033 | タブをクリックしていちいち切り替えるのが面倒……P.45 |

フィールドの設定　●できる　103

# レコード操作の便利ワザ

データシートビューには、レコードの検索、置換、並べ替え、抽出などの機能があります。レコードを思い通りに操作できるように、これらの機能を覚えましょう。

## 169 「鈴木」という名字の会員を検索したい

お役立ち度 ★★★
2016 / 2013

「鈴木　正」や「鈴木　雅子」など、「鈴木」で始まるデータを検索したいときは、[検索と置換]ダイアログボックスの[検索する文字列]に「鈴木」と入力し、[検索条件]で[フィールドの先頭]を指定して検索を実行します。[検索条件]の選択肢には、この他に[フィールドの一部分][フィールド全体]がありますが、[フィールド全体]を指定すると「鈴木」に完全一致するデータしか検索できないので注意してください。

データシートビューでテーブルを表示しておく

❶検索したいフィールドの先頭レコードをクリック

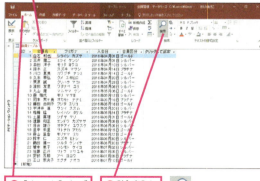

❷[ホーム]タブをクリック　❸[検索]をクリック

[検索と置換]ダイアログボックスが表示された

❹[検索する文字列]に「鈴木」と入力　❺[検索条件]のここをクリックして[フィールドの先頭]を選択

❻[検索方向]のここをクリックして[すべて]を選択　❼[次を検索]をクリック

「鈴木」で始まるデータが検索された

[次を検索]をクリックすると、次のデータが検索される

検索が終わったら[閉じる]をクリックして[検索と置換]ダイアログボックスを閉じておく

関連 ≫170 「○○で終わる文字列」という条件で検索したい .......... P.105

関連 ≫172 データが存在するのに検索されない .......... P.105

## 170 「○○で終わる文字列」という条件で検索したい

お役立ち度 ★★☆
2016 / 2013

「○○で終わる文字列」という条件で検索したいときは、0文字以上の任意の文字列を表す「*」または任意の1文字を表す「?」などの記号を使用します。これらの記号をワイルドカードと呼びます。例えば［検索する文字列］に「*正」、［検索条件］に［フィールド全体］を指定すると、「鈴木　正」のような「正」で終わるデータを検索できます。［検索条件］で［フィールドの一部分］を指定すると、「佐藤　正行」のような文字列の途中に「正」を含むデータも検索されてしまうので注意してください。

関連 ≫295　「○○でない」という条件で抽出したい……… P.158

## 171 より素早く検索や置換を実行するには

お役立ち度 ★★☆
2016 / 2013

Ctrl+Fキーで［検索と置換］ダイアログボックスの［検索］タブを、Ctrl+Hキーで［置換］タブを素早く表示できます。また、以下の手順のように先頭のレコードを選択して、データシートビューの下端にある［検索］ボックスにキーワードを入力しても、素早く検索を実行できます。Enterキーを押すごとに、次のデータが検索されます。

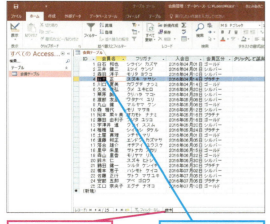

検索ボックスにキーワードを入力

キーワードが反転して表示された

## 172 データが存在するのに検索されない

お役立ち度 ★★★
2016 / 2013

データが存在するのに検索されない場合は、まず［検索と置換］ダイアログボックスの［探す場所］で正しいフィールドが設定されているか、［検索方向］で［すべて］が選択されているかなど、設定項目をよく確認しましょう。
［書式］プロパティや［定型入力］プロパティが設定されているフィールドを検索するときは、［表示書式で検索する］のオンとオフを切り替えると検索がうまくいくことがあります。例えば［書式］プロパティに「yyyy¥年mm¥月dd¥日」が設定されている日付/時刻型のフィールドを「2016/6/5」の形式で検索するには、［表示書式で検索する］のチェックマークをはずします。

［検索と置換］ダイアログボックスを表示しておく

❶［検索する文字列］に「2016/6/5」と入力

❷［表示書式で検索する］のチェックマークをはずす

❸［次を検索］をクリック

「2016年06月05日」が検索された

［次を検索］をクリックすると、次のデータが検索される

検索が終わったら［閉じる］をクリックして［検索と置換］ダイアログボックスを閉じておく

関連 ≫169　「鈴木」という名字の会員を検索したい……… P.104

## 173 データを置換したい

お役立ち度 ★★★
2016 / 2013

テーブルに入力された特定の文字列を別の文字列に置き換えるには、[検索と置換]ダイアログボックスの[置換]タブを使用します。[次を検索]ボタンと[置換]ボタンを使用すると、1件ずつデータを確認しながら置換できます。[すべて置換]ボタンを使用すると、該当するデータをまとめて置換できます。[すべて置換]ボタンで複数の置換を行うと、[元に戻す]ボタンをクリックしても、置換前と同じ状態に戻せないので注意してください。

- データシートビューでテーブルを表示しておく
- ❶置換したいフィールドの先頭レコードをクリック
- ❷[ホーム]タブをクリック
- ❸[置換]をクリック

[検索と置換]ダイアログボックスが表示された

「シルバー」を「一般」に置換する

- ❹[置換]タブをクリック
- ❺[検索する文字列]に「シルバー」と入力
- ❻[置換後の文字列]に「一般」と入力
- 必要に応じて[探す場所][検索条件][検索方向]を設定しておく
- ❼[すべて置換]をクリック

文字列をすべて置換するか確認する画面が表示された

- ❽[はい]をクリック

フィールドの「シルバー」がすべて「一般」に置換される

## 174 レコードを集計したい

お役立ち度 ★★★
2016 / 2013

集計機能を使用すると、集計の種類を選択するだけで簡単にレコードのデータを集計できます。選択できる集計の種類は、データ型によって変わります。数値型や通貨型の場合は、[なし][合計][平均][カウント][最大][最小]などを選べます。短いテキストの場合は、[なし][カウント]のみです。わざわざクエリを作成しなくても、手軽に集計を行えるので便利です。

➡集計……P.414

- データシートビューでテーブルを表示しておく
- ❶[ホーム]タブをクリック
- ❷[集計]をクリック

行のいちばん下に[集計]行が表示された

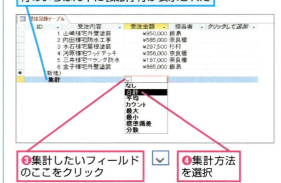

- ❸集計したいフィールドのここをクリック
- ❹集計方法を選択

集計が実行された

再度[集計]をクリックすると、[集計]行を非表示にできる

関連 »333 グループごとに集計したい……P.176

106 できる ● レコード操作の便利ワザ

## 175 レコードを並べ替えたい

お役立ち度 ★★★
2016 / 2013

テーブルのレコードは、標準では主キーのフィールドの昇順に表示されます。昇順とは、数値の小さい順、日付の古い順、アルファベット順、五十音順のことです。[ホーム]タブにある[昇順]ボタンや[降順]ボタンを使用すると、選択したフィールドを基準に、レコードの並び順を簡単に変更できます。降順とは、昇順の逆の順序のことです。並べ替えの基準としたフィールドでは、フィールドセレクターの ▼ が、昇順を表す ↑ や降順を表す ↓ に変わります。

→主キー……P.414

データシートビューでテーブルを表示しておく
❶並べ替えの対象となるフィールドを選択

❷[ホーム]タブをクリック

❸[昇順]をクリック

選択したフィールドが昇順に並べ替えられた

**関連 ≫179** レコードの並び順が知らない間に変わっているのはなぜ？ ……… P.108

---

## 176 並べ替えを解除したい

お役立ち度 ★★☆
2016 / 2013

並べ替えを実行した後で並べ替えを解除するには、[並べ替えの解除]ボタンを使用します。並べ替えが解除されると、レコードが主キーのフィールドの昇順に並べられます。

❶[ホーム]タブをクリック
❷[並べ替えの解除]をクリック

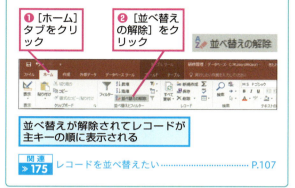

並べ替えが解除されてレコードが主キーの順に表示される

**関連 ≫175** レコードを並べ替えたい ……… P.107

---

## 177 氏名による並べ替えが五十音順にならない

お役立ち度 ★★☆
2016 / 2013

Accessでは、氏名が漢字で入力されたフィールドを基準に並べ替えを行っても、漢字の読みの五十音順になりません。これは、漢字に割り当てられているシフトJISコードが並べ替えの基準にされているためです。氏名を五十音順で並べ替える必要があるときは、テーブルにふりがなのフィールドを用意して、それを基準に並べ替えを行いましょう。 →フィールド……P.417

並べ替え用のふりがなのフィールドを用意しておく

**関連 ≫175** レコードを並べ替えたい ……… P.107

## 178 複数のフィールドを基準に並べ替えたい

お役立ち度 ★★★
2016 / 2013

複数のフィールドを基準に並べ替えを行うには、優先順位の低いフィールドから順に並べ替えを実行します。例えば、[入社年]フィールドで昇順に並べ替えてから[所属]フィールドで昇順に並べ替えると、レコードが所属順に並べられ、同じ所属の中では入社年順に並びます。

データシートビューでテーブルを表示しておく

❶[入社年]フィールドを選択

❷[ホーム]タブの[昇順]をクリック

入社年順に並べ替えられた

❸[所属]フィールドを選択

❹[ホーム]タブの[昇順]をクリック

所属順に並び、同じ所属の中では入社年順に並んだ

## 179 レコードの並び順が知らない間に変わっているのはなぜ？

お役立ち度 ★★☆
2016 / 2013

並べ替えを実行したままテーブルを上書き保存すると、標準の設定では、次にテーブルを開くときに並べ替えが実行された状態で開きます。一時的に並べ替えた設定は解除しておきましょう。並べ替えを解除してから上書き保存すれば、次回からテーブルを開くときにレコードが主キーの順に表示されます。

→主キー……P.414

並べ替えの基準としたフィールドには[▼]ボタンに[↓]のマークがつく

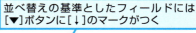

関連 ≫175 レコードを並べ替えたい……P.107

## 180 「東京都」で始まるデータをフィルターで抽出したい

お役立ち度 ★★★　2016 / 2013

テーブルから特定のデータを抽出したいときは通常クエリを使いますが、簡単な条件で一時的に抽出を行いたいときはテーブルのデータシートビューでも抽出を実行できます。ここでは「東京都」で始まるレコードの抽出を例に、手順を紹介します。
➡抽出……P.415
➡フィルター……P.418

「東京都」で始まるデータだけを表示させる

❶[住所]フィールドの中から「東京都」をドラッグして選択

❷[ホーム]タブをクリック　❸[選択]をクリック

❹["東京都"で始まる]をクリック

「東京都」で始まるレコードが抽出された

[フィルターの実行]が有効になる

関連 »181　フィルターを解除したい ………………………… P.109

---

## 181 フィルターを解除したい

お役立ち度 ★★☆　2016 / 2013

フィルターを解除してすべてのレコードを表示するには、[フィルターの実行]ボタンをオフにします。ただし、フィルターの条件はテーブルに保存されているため、再度[フィルターの実行]ボタンをオンにすれば、同じ条件でフィルターが実行されます。
➡フィルター……P.418

[フィルターの実行]をクリックしてオフにする

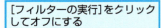

関連 »180　「東京都」で始まるデータを抽出したい ………… P.109
関連 »182　フィルターを完全に解除したい ………………… P.109

---

## 182 フィルターを完全に解除したい

お役立ち度 ★★☆　2016 / 2013

完全にフィルターを解除するには、以下のように操作します。テーブルに保存されているフィルターの条件は完全に消去されます。
➡フィルター……P.418

❶[ホーム]タブをクリック　❷[詳細設定]をクリック

❸[すべてのフィルターのクリア]をクリック

フィルターが解除される

関連 »181　フィルターを解除したい ………………………… P.109

## 183 「A会員またはB会員」という条件で抽出したい

お役立ち度 ★★★
2016 / 2013

フィールドセレクターに表示される▼をクリックすると、フィールドに入力されているデータが一覧表示されます。そこからデータを選択するだけで、簡単に抽出を行えます。初期状態ではすべてのデータにチェックマークが付いているので、除外するデータのチェックマークをはずすか、または［(すべて選択)］をクリックしてすべてのチェックマークをはずしてから、抽出するデータだけにチェックマークを付けるといいでしょう。

データシートビューでテーブルを表示しておく

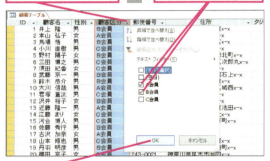

❶ ［顧客区分］フィールドのここをクリック
❷ ［A会員］と［B会員］にチェックマークを付ける
❸ ［OK］をクリック

［A会員］と［B会員］のレコードが抽出された

関連 ≫184 抽出結果をさらに別の条件で絞り込みたい …… P.110
関連 ≫185 条件をまとめて指定して抽出するには ………… P.111

## 184 抽出結果をさらに別の条件で絞り込みたい

お役立ち度 ★★★
2016 / 2013

抽出を行った後、別のフィールドで抽出を実行すると、最初の抽出結果からデータが絞り込まれます。例えば、ワザ183で［顧客区分］フィールドから「A会員またはB会員」を抽出した後で以下のように操作を行い、［性別］フィールドから［女］を抽出すると、「A会員またはB会員」のレコードから［女］のレコードが抽出されます。なお、顧客区分にかかわらず［女］だけを抽出したいときは、あらかじめワザ181を参考にフィルターを解除してから、［性別］フィールドで［女］を抽出しましょう。

［A会員］と［B会員］を抽出しておく

❶ ［性別］のここをクリック
❷ ［女］にチェックマークを付ける
❸ ［OK］をクリック

［女］のレコードが抽出された

「A会員またはB会員」で、なおかつ「女」を抽出できた

関連 ≫183 「A会員またはB会員」という条件で抽出したい ……………… P.110

# 185

## 条件をまとめて指定して抽出するには

お役立ち度 ★★★
2016 / 2013

［フォームフィルター］を使用すると、複数の抽出条件を組み合わせた複雑な抽出が行えます。指定したすべての条件に合致するレコードを抽出するAND条件や、指定した複数の条件のうちいずれかの条件に合致するレコードを抽出するOR条件、さらにAND条件とOR条件を組み合わせた条件も指定できます。ここでは、「女かつA会員、または、女かつB会員」という条件で抽出する例を紹介します。

→AND条件……P.410
→OR条件……P.410

データシートビューでテーブルを表示しておく

❶［ホーム］タブをクリック
❷［詳細設定(高度なフィルターオプション)］をクリック

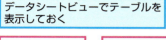

❸［フォームフィルター］をクリック

フォームフィルターが表示された

❹［性別］のここをクリック
❺［女］を選択

❻［顧客区分］のここをクリック
❼［A会員］をクリック

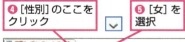

❽［または］をクリック

［または］タブが表示された

❾操作4～7を参考に［女］と［B会員］を選択
❿［フィルターの実行］をクリック

設定した条件でフィルターが実行され、［女］で［A会員］または［B会員］のデータが抽出された

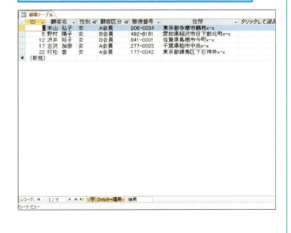

| 関連 | 「A会員またはB会員」という |
| --- | --- |
| ≫183 | 条件で抽出したい …………………… P.110 |

レコード操作の便利ワザ ● できる 111

# 186 並べ替えやフィルターの条件を保存するには

データシートビューで行った抽出の条件は、テーブルを保存すると一緒に保存されます。しかし、保存されるのは最後に実行した抽出の条件だけです。次に別の条件で抽出を行うと、前に行った条件は破棄されてしまいます。実行した条件を確実に残すには、クエリとして保存します。保存したクエリを実行すれば、いつでも最新のレコードから同じ条件で抽出を行えます。ここではワザ185の抽出を行ったあとで、クエリとして保存する手順を紹介します。　➡クエリ……P.413

フィルターを実行しておく

❶ [ホーム] タブをクリック
❷ [詳細設定（高度なフィルターオプション）] をクリック

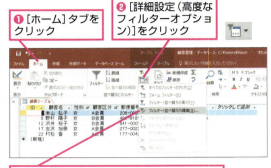

❸ [フィルター／並べ替えの編集] をクリック

クエリのデザインビューのような画面が表示された

❹ [ホーム] タブをクリック
❺ [詳細設定] をクリック

❻ [クエリとして保存] をクリック

[クエリとして保存] ダイアログボックスが表示された

❼ クエリの名前を入力

❽ [OK] をクリック

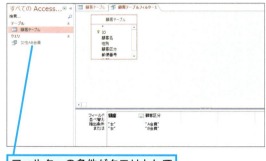

フィルターの条件がクエリとして保存された

関連 ≫010　「クエリ」の役割、できることは？ ……………… P.36

## STEP UP! 本格的な並べ替えや抽出にはクエリを利用しよう

テーブルでは、並べ替えや抽出はレコード単位でしか行えず、保存できる条件も最後に実行した条件だけです。常に同じ条件で並べ替えや抽出を行うには、第4章で紹介するクエリを利用しましょう。クエリでは不要なフィールドを省いて、必要なフィールドだけを見やすく表示できます。テーブルの並べ替えや抽出の機能は、その場で気になったデータを見るために利用するといいでしょう。

# データシートの表示設定

ここでは、データシートビューでデータを見やすく表示したり、検索や並べ替えを思い通りに実行するための操作を取り上げます。

## 187

お役立ち度 ★★★
2016 / 2013

### 横にスクロールすると左にあるフィールドが見えなくなって不便

多数のフィールドがあるデータシートを横にスクロールすると、レコードを区別するための氏名や商品名などのデータが見えなくなってしまい不便です。そのようなときは列を固定すると、その列を常にデータシートの左端に表示したままにできます。なお、左端以外の列を固定すると、その列はデータシートの左端に移動します。

→フィールド……P.417

❸ [ホーム] タブをクリック　❹ [その他] をクリック

❺ [フィールドの固定] をクリック

固定したい列を選択する
❶ ここにマウスポインターを合わせる

マウスポインターの形が変わった
❷ ここまでドラッグ

列が選択された

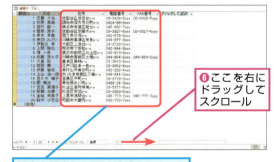

❻ ここを右にドラッグしてスクロール

固定を設定した列以外がスクロールされていることを確認しておく

| 関連 ≫057 | ナビゲーションウィンドウを一時的に消して画面を広く使いたい ……………… P.56 |
| 関連 ≫189 | 特定のフィールドを非表示にしたい ……………… P.114 |

## 188

お役立ち度 ★★☆
2016 / 2013

### 列の固定を解除したい

列の固定を解除するには、[ホーム] タブの [レコード] グループにある [その他] ボタンをクリックし、[すべてのフィールドの固定解除] をクリックします。データシートの左端以外の列を固定していた場合、固定を解除しても列は左端に移動したままなので、フィールドセレクターをドラッグして手動で元の位置に戻す必要があります。

## 189 特定のフィールドを非表示にしたい

お役立ち度 ★★☆
2016 / 2013

データシートビューでは、フィールドの表示／非表示を簡単に切り替えられます。不要なフィールドを一時的に非表示にしてテーブルを印刷したいときなどに便利です。

データシートビューでテーブルを表示し、非表示にしたいフィールドを選択しておく

❶[ホーム]タブをクリック
❷[その他]をクリック

❸[フィールドの非表示]をクリック

選択していたフィールドが非表示になった

## 190 [クリックして追加]列が邪魔

お役立ち度 ★☆☆
2016 / 2013

データシートの右端にある[クリックして追加]を非表示にすると、誤操作によるフィールドの追加を防げます。非表示にするには、[クリックして追加]の列内をクリックしてカーソルを表示しておき、[ホーム]タブの[レコード]グループにある[その他]をクリックして[フィールドの非表示]をクリックします。

関連 »191 フィールドを再表示するには ………… P.114

## 191 フィールドを再表示するには

お役立ち度 ★★★
2016 / 2013

存在するはずのフィールドがデータシートに表示されていない場合、そのフィールドが非表示に設定されています。[列の再表示]ダイアログボックスを開き、非表示になっているフィールドにチェックマークを付けると再表示できます。

非表示になっている列を表示させる

データシートビューでテーブルを表示しておく

❶[ホーム]タブをクリック
❷[その他]をクリック

❸[フィールドの再表示]をクリック

[列の再表示]ダイアログボックスが表示された

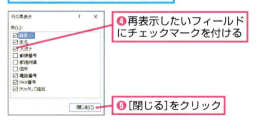

❹再表示したいフィールドにチェックマークを付ける
❺[閉じる]をクリック

チェックマークを付けたフィールドが再表示された

関連 »190 [クリックして追加]列が邪魔 ………… P.114

114 できる ● データシートの表示設定

## 192 データシートの既定の文字を大きくしたい

お役立ち度 ★★★
2016 / 2013

既存のテーブルや今後作成するテーブルのデータシートの文字のサイズをすべて変更するには、オプションの設定を変更します。この設定はクエリのデータシートにも有効です。なお、個別に文字のサイズを変更したテーブルやクエリは、オプションの設定が無効になります。

［Accessのオプション］ダイアログボックスを表示しておく

❶［データシート］をクリック

❷［サイズ］のここをクリックして文字のサイズを変更

❸［OK］をクリック

## 193 特定のデータシートの文字を大きくしたい

お役立ち度 ★★☆
2016 / 2013

特定のテーブルでフォントのサイズを変更したい場合は、データシートビューを開いて［フォントサイズ］を変更します。文字のサイズの変更時に長いテキストのフィールドの文字列が選択されていると、選択した文字列のフォントサイズが変わることがあるので、選択しないように注意してください。

➡フィールド……P.417

❶［ホーム］タブをクリック

❷［フォントサイズ］のここをクリック

❸文字のサイズを選択

文字のサイズが変更された

閉じるときにテーブルのレイアウトを保存するか確認する画面が表示されるので、保存する場合は［はい］をクリックする

## 194 文字の配置を設定するには

お役立ち度 ★★★
2016 / 2013

標準のデータの配置は、数値や日付／時刻が右揃え、文字列が左揃えになります。［ホーム］タブにある［左揃え］［中央揃え］［右揃え］ボタンを使用すると、フィールド単位で文字の配置を変更できます。

❶［顧客ID］フィールドを選択

❷［ホーム］タブの［中央揃え］をクリック

中央揃えになった

データシートの表示設定 ● できる 115

# テーブルの操作

Accessでは、データの整合性を保つために入力できるデータに制約が生じ、思い通りに作業が進まないことがあります。ここでは、そのような問題を解決しましょう。

## 195　リンクテーブルが開かない

お役立ち度 ★★★
2016 / 2013

リンクテーブルを開こうとしたときに「（データベースファイル名）が見つかりませんでした。」という内容のダイアログボックスが表示される場合は、リンク先のデータベースの場所やファイル名が変更されています。ワザ678を参考に、［リンクテーブルマネージャ］ダイアログボックスを表示して、リンク先を更新しましょう。なお、リンク先のデータベースが削除されている場合、リンクテーブルは開けません。

➡リンク……P.420

リンクが切れているときは以下のようなダイアログボックスが表示される

［OK］をクリック　リンク先を更新しておく

関連 ≫678　リンクテーブルに接続できない……P.376

## 196　ロックできないというエラーが表示されてテーブルが開かない

お役立ち度 ★★☆
2016 / 2013

複数のユーザーが、双方で同じテーブルをロックすることはできません。他のユーザーがロックしているテーブルは、参照するだけならワザ724を参考に［既定のレコードロック］を［すべてのレコード］以外に変更すると、すぐにテーブルを開けます。データを更新したい場合は、他のユーザーがテーブルを閉じるのを待ちましょう。

➡ロック……P.420

他のユーザーにテーブルがロックされている場合は以下のようなダイアログボックスが表示されることがある

［OK］をクリック　［既定のレコードロック］を変更するとテーブルを開ける

関連 ≫724　複数のユーザーが同じレコードを同時に編集したら困る……P.405

## 197　デザインビューで開いたら読み取り専用のメッセージが表示された

お役立ち度 ★★☆
2016 / 2013

テーブルをデザインビューで開こうとしたときに読み取り専用で開くことを促される場合は、そのテーブルのデータを表示するクエリやフォームが開いているか、他のユーザーがテーブルをロックするかしています。クエリやフォームを閉じてから開くか、他のユーザーがテーブルを閉じるのを待ってから開きましょう。

➡ロック……P.420

［はい］をクリックすると、読み取り専用でデザインビューが開くが、編集できない

［いいえ］をクリックすると、テーブルを開く操作がキャンセルされる

関連 ≫196　ロックできないというエラーが表示されてテーブルが開かない……P.116

# 198

## デザインビューで開いたらデザインの変更ができないと表示された

お役立ち度 ★★★
2016 / 2013

リンクテーブルでは、デザインの変更を行えません。データシートビューからデザインビューに切り替えると、読み取り専用になります。また、ナビゲーションウィンドウから直接デザインビューを開こうとすると、図のようなメッセージが表示されます。リンクテーブルのデザインを変更したい場合は、リンクテーブルの保存先のデータベースを開いて変更しましょう。

➡リンク……P.420

[はい]をクリックすると、読み取り専用でデザインビューが開くので、編集内容を保存できない

[いいえ]をクリックすると、テーブルのデザインビューを開く操作がキャンセルされる

関連 ≫072 テーブルにはどんな種類がある？……P.64

---

# 199

## 「値が重複している」と表示されてレコードを保存できない

お役立ち度 ★★★
2016 / 2013

レコードの保存時に「インデックス、主キー、またはリレーションシップで値が重複しているので、テーブルを変更できませんでした。」という内容のダイアログボックスが表示される場合があります。これは、[主キー]フィールドまたは[インデックス]プロパティに[はい（重複なし）]が設定されているフィールドに、同じテーブル内の他のレコードと重複する値を入力しているために、レコードを保存できない状態を表しています。[OK]をクリックしてダイアログボックスを閉じ、該当のフィールドに重複しないデータを入力し直しましょう。入力を取り消したい場合は Esc キーを押します。

➡インデックス……P.411

重複データを入力していてテーブルを変更できないというダイアログボックスが表示された

[OK]をクリック　重複しているフィールドを修正する

関連 ≫112 主キーって何？……P.78
関連 ≫158 重複データの入力を禁止したい……P.99

---

# 200

## 「値を入力してください」と表示されてレコードを保存できない

お役立ち度 ★★☆
2016 / 2013

レコードの保存時に「'(オブジェクト名)'フィールドに値を入力してください。」という内容のダイアログボックスが表示される場合は、そのフィールドの[値要求]プロパティに[はい]が設定されており、未入力のままではレコードを保存できません。[OK]をクリックしてダイアログボックスを閉じ、指定されたフィールドにデータを入力しましょう。入力を取り消したい場合は Esc キーを押します。

➡フィールド……P.417

[値要求]を設定しているフィールドに入力することを要求するダイアログボックスが表示された

[OK]をクリック　フィールドにデータを入力する

関連 ≫088 レコードを保存したい……P.70
関連 ≫154 入力漏れを防ぎたい……P.98
関連 ≫199 「値が重複している」と表示されてレコードを保存できない……P.117

## 201 エラーメッセージが表示されてレコードを保存できない

お役立ち度 ★★☆　2016/2013

テーブルの［入力規則］プロパティの設定に違反するデータを入力すると、レコードを保存できません。エラーメッセージをよく読み、適切なデータを入力し直しましょう。［入力規則］プロパティは、テーブルプロパティとフィールドプロパティの両方にありますが、レコードを保存できないときはテーブルプロパティの［入力規則］プロパティの設定に違反するデータを入力したことが原因です。

→フィールドプロパティ……P.418

エラーメッセージが表示された

［OK］をクリック　エラーメッセージの内容を確認してデータを入力し直す

関連 ≫152 フィールドに入力するデータを制限したい……P.97

## 202 新規入力行が表示されない

お役立ち度 ★★☆　2016/2013

全レコードをロックした状態でテーブルを開いているユーザーがいると、後からそのテーブルを開いたユーザーのデータシートビューに新規入力行が表示されず、［新しい（空の）レコード］ボタン（▶*）は無効になります。その場合、他のユーザーがテーブルを閉じれば、入力できる状態になります。

→ロック……P.420

他のユーザーがロックした状態の場合、新しいレコードが表示されない

関連 ≫087 新規レコードを入力したい……P.69

## 203 リレーションシップが原因でレコードを保存できない

お役立ち度 ★★☆　2016/2013

レコードの保存時に「テーブル'（オブジェクト名）'にリレーションシップが設定されたレコードが必要なので～」、または「リレーションシップが設定されたレコードが'（オブジェクト名）'にあるので～」という内容のダイアログボックスが表示されることがあります。
入力中のテーブルと「（オブジェクト名）」テーブルのリレーションシップで参照整合性が設定されているにもかかわらず、整合性を維持できないデータを入力していることが原因です。［OK］をクリックしてダイアログボックスを閉じ、結合フィールドに整合性を保てるようなデータを入力し直しましょう。整合性を保てるデータとは、お互いのテーブルに共通するデータのことです。

→参照整合性……P.414
→リレーションシップ……P.420

入力したデータが正しくないことを確認するダイアログボックスが表示された

［OK］をクリック　参照整合性を維持できるデータを入力し直す

関連 ≫213 リレーションシップって何？……P.124
関連 ≫227 参照整合性って何？……P.131

## 204 次のレコードに移動できない

お役立ち度 ★★☆　2016/2013

現在のレコードを保存できないと、次のレコードに移動できません。ワザ199～ワザ202を参考に、保存できない理由を確認しましょう。

→レコード……P.420

関連 ≫086 現在のレコードを切り替えたい……P.69

## 205 データを編集できない

お役立ち度 ★★☆
2016 / 2013

データを編集できない場合はいくつかの原因が考えられます。まず、特定のフィールドだけ編集できない場合は、編集不可のフィールドを編集しようとしています。例えば、オートナンバー型のフィールドは、手動で変更できません。編集しようとすると、ステータスバーに「編集できません。」と表示されます。

選択したレコードのすべてのフィールドが編集できない場合は、レコードセレクターを確認しましょう。レコードセレクターにロックのアイコン（ ）が表示されている場合は、そのレコードが他のユーザーによってロックされています。他のユーザーの編集が終わらないとそのレコードを編集できませんが、別のレコードは編集できます。

テーブル内のすべてのレコードが編集できず、新規入力行も表示されない場合は、他のユーザーによってテーブル自体がロックされています。他のユーザーがテーブルを閉じるのを待ちましょう。

➡レコードセレクター……P.420
➡ロック……P.420

オートナンバー型のデータを編集

編集できないというメッセージがここに表示される

## 206 次のフィールドに移動できない

お役立ち度 ★★☆
2016 / 2013

［定型入力］プロパティや［入力規則］プロパティの設定に従わないデータを入力すると、そのフィールドのデータを確定できないため、次のフィールドに移動できません。表示されるダイアログボックスを確認して、正しいデータを入力し直しましょう。正しいデータが分からない場合は、Escキーを押せば入力を取り消せます。

また、数値型のフィールドに文字列を入力したときなど、データ型に合わないデータを入力した場合も次のフィールドに移動できません。表示されるメニューから［新しい値を入力する］をクリックして、データを入力し直しましょう。

➡スマートタグ……P.415

データ型に合わないデータを入力するとスマートタグのメニューが表示される

［新しい値を入力する］を選択

データを入力し直す

関連 ≫204 次のレコードに移動できない ……………… P.118

---

### STEP UP! テーブルの使い勝手がよくなる設計の決め手

ユーザーにとって使いやすいテーブルとは、手間をかけずに正確にデータを入力できるテーブルです。そのようなテーブルを設計するには、入力するデータに応じて、適切なデータ型とフィールドプロパティを設定することが大切です。

データ型は、入力するデータを正確に格納できるものを選びましょう。例えば内線番号を格納するフィールドに、数値型ではなく短いテキストを設定すれば、「0123」のような「0」で始まるデータを「0」付きのまま格納できます。また、フィールドプロパティは、ユーザーの使いやすさを配慮して設定しましょう。［既定値］［IME入力モード］［ふりがな］［住所入力支援］など、ユーザーの入力作業を軽減する項目が豊富に用意されているので、これらを上手に利用しましょう。

## 207 レコードを削除できない

お役立ち度 ★★★
2016 / 2013

他のユーザーが全レコードをロックした状態でテーブルを開いていると、後からそのテーブルを開いたユーザーはレコードを削除できません。削除しようとすると、ステータスバーに「レコードは削除できません。データは読み取り専用です。」と表示されます。その場合、他のユーザーがテーブルを閉じれば、レコードを削除できるようになります。
レコードセレクターにロックのアイコン（ ⊘ ）が表示されているレコードは、他のユーザーにそのレコードがロックされているため、削除できません。削除しようとすると、「ロックされているので、更新できませんでした。」という内容のダイアログボックスが表示されます。その場合、他のユーザーがレコードの編集を終えれば削除できます。
➡ロック……P.420

関連 ≫094 レコードを削除したい……P.71

## 208 レコードに「#Deleted」が表示されてしまう

お役立ち度 ★☆☆
2016 / 2013

開いているテーブルのレコードを削除クエリで削除したときなどに、削除したレコードに「#Deleted」と表示されることがあります。テーブルをいったん閉じて、開き直すと「#Deleted」が表示されている行が消えます。
➡レコード……P.420

テーブルを開き直すと「#Deleted」の行は消える

関連 ≫534 数値や日付が正しく表示されない……P.283

## 209 レコードの削除時に「削除や変更を行えない」と表示される

お役立ち度 ★★☆
2016 / 2013

レコードを選択してDeleteキーを押すと、「リレーションシップが設定されたレコードがテーブル'（オブジェクト名）'にあるので、レコードの削除や変更を行うことはできません。」という内容のダイアログボックスが表示されることがあります。これは、レコードを削除すると別のテーブルにあるレコードとの整合性が維持できなくなるということを表しています。整合性を保つためには削除すべきではありませんが、どうしても削除したい場合は、参照整合性を解除するか、連鎖削除を設定します。
➡参照整合性……P.414

参照整合性が設定されているため、レコードを削除できなという内容のダイアログボックスが表示された

[OK]をクリック

削除する場合は、参照整合性を解除するか、連鎖削除を設定して、同様の操作を行う

関連 ≫203 リレーションシップが原因でレコードを保存できない……P.118

## 210 オートナンバー型が連番にならない

お役立ち度 ★★☆
2016 / 2013

既存のレコードを削除すると、そのレコードのオートナンバー型の番号は欠番になります。また、新しいレコードの入力の途中でEscキーを押して入力を取り消すと、新しいレコードに振られるはずだった番号も欠番になります。なお、オートナンバー型のフィールドの［新規レコードの値］プロパティに［ランダム］が設定されていたり、［フィールドサイズ］プロパティに［レプリケーションID型］が設定されている場合、そのフィールドは最初から連番になりません。
➡フィールド……P.417

# 211 オートナンバー型のフィールドの欠番を詰めたい

お役立ち度 ★★☆
2016 / 2013

テーブルのデザインビューでオートナンバー型のフィールドに対して、切り取りと貼り付けを実行すると、既存のレコードの連番を1から振り直し、欠番を詰められます。なお、テーブルのレコードをすべて削除した場合は、ワザ714を参考にデータベースの最適化を実行すると、新しいレコード番号を「1」から始められます。
→フィールド……P.417

オートナンバー型の連番に欠番があることを確認しておく

デザインビューでテーブルを表示しておく

❶オートナンバー型の行セレクターをクリック

❷[ホーム] タブをクリック　❸[切り取り]をクリック

フィールドを削除してもいいか確認するダイアログボックスが表示された

❹[はい]をクリック

主キーが削除されることを確認するダイアログボックスが表示された

❺[はい]をクリック

次の行のフィールドのフィールド名が選択されていることを確認する

❻[貼り付け]をクリック

切り取ったフィールドが貼り付けられた

❼貼り付けたフィールドを主キーに設定

主キーが設定され、行セレクターに主キーのアイコンが表示された

データシートビューで表示しておく

❽テーブルを保存するかどうか確認するダイアログボックスが表示されるので[はい]をクリック

オートナンバー型のフィールドの連番が振り直された

| 関連 »110 | データ型にはどんな種類があるの？……P.78 |
| --- | --- |
| 関連 »112 | 主キーって何？……P.78 |
| 関連 »714 | データベースのファイルサイズがどんどん大きくなってしまう……P.400 |

テーブルの操作 ● できる 121

## 212

# オートナンバー型の数値を「1001」から始めたい

「オートナンバー型の受注番号を1001から振り始めたい」というように、オートナンバー型の数値を特定の数値から始めたいことがあります。レコードが未入力のテーブルであれば、追加クエリを使用することで開始番号を指定できます。ここでは例として、[受注テーブル]の[受注番号]フィールドの開始番号を「1001」に設定します。クエリの操作はワザ242も参考にしてください。
➡レコード……P.420

### 1 追加クエリに使用する「1001」から始まるテーブルを作成する

[受注テーブル]にあるオートナンバー型の[受注番号]フィールドの開始番号を「1001」に設定する

あらかじめ[受注テーブル]を作成しておく

デザインビューでテーブルを作成しておく

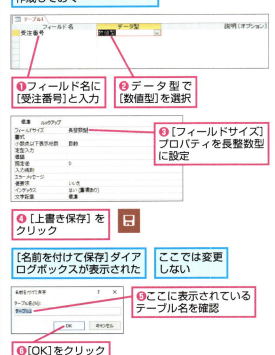

❶フィールド名に[受注番号]と入力

❷データ型で[数値型]を選択

❸[フィールドサイズ]プロパティを長整数型に設定

❹[上書き保存]をクリック

[名前を付けて保存]ダイアログボックスが表示された

ここでは変更しない

❺ここに表示されているテーブル名を確認

❻[OK]をクリック

主キーを設定するかを確認するダイアログボックスが表示された

一時テーブルに主キーを設定する必要はない

❼[いいえ]をクリック

データシートビューで表示しておく

❽オートナンバーの開始番号「1001」を入力

テーブルを閉じておく

### 2 追加クエリを作成する

データを追加するクエリを作成する

❶[作成]タブをクリック

❷[クエリデザイン]をクリック

新規クエリがデザインビューで表示された

[テーブルの表示]ダイアログボックスが表示されたら、❶で作成したテーブルを選択して[追加]をクリックし、追加しておく

[テーブルの表示]ダイアログボックスは閉じていい

❸[受注番号]にマウスポインターを合わせる

マウスポインターの形が変わった

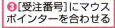 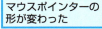

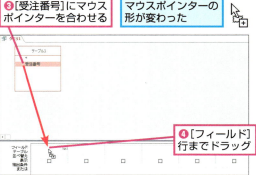

❹[フィールド]行までドラッグ

お役立ち度 ★★☆
2016
2013

[受注番号] フィールドを追加できた　　[レコードの追加] 行を表示する

❺ [クエリツール] の [デザイン] タブをクリック

❻ [追加] をクリック

[追加] ダイアログボックスが表示された

❼ [カレントデータベース] をクリック

❽ ここをクリックして [受注テーブル] を選択

❾ [OK] をクリック

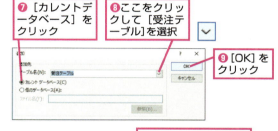

[レコードの追加] 行が表示された

❿ [レコードの追加] 行に [受注番号] と表示されていることを確認

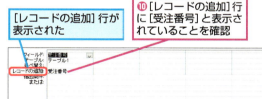

フィールド名が一致しないときは、[レコードの追加] 行をクリックして対応するフィールドを選択する

### ③ 追加クエリを実行して [受注テーブル] にデータを追加する

開始番号を設定するための追加クエリを作成できた

追加クエリを実行して、[受注テーブル] の [受注番号] フィールドに設定したい開始番号「1001」を追加する

❶ [実行] をクリックしてクエリを実行

レコードを追加することを確認するダイアログボックスが表示された

❷ [はい] をクリック

クエリを保存せずに閉じる

❸ ['クエリ1'を閉じる] をクリック

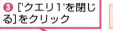

クエリを保存するかどうか確認するダイアログボックスが表示された

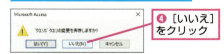

❹ [いいえ] をクリック

[受注テーブル] を開くと [受注番号] フィールドが「1001」から始まっていることが確認できる

今後、[受注テーブル] の [受注番号] フィールドの値が「1002、1003、……、」と振られる

| 関連 ≫106 | デザインビューでテーブルを作成するには ……… P.76 |
| 関連 ≫110 | データ型にはどんな種類があるの？ ……………… P.78 |
| 関連 ≫211 | オートナンバー型のフィールドの欠番を詰めたい ……………………………… P.121 |
| 関連 ≫361 | 追加クエリを作成したい ……………………………… P.189 |

テーブルの操作　できる　123

# リレーションシップの設定

複数のテーブルを組み合わせて使用するにはリレーションシップの知識が必須です。ここではリレーションシップに関する疑問を解決しましょう。

## 213 リレーションシップって何？

お役立ち度 ★★★
2016 / 2013

リレーションシップとは、テーブル同士の関連付けのことです。Accessのようなリレーショナルデータベースでは、データベース内に複数のテーブルを用意し、それらを連携させてデータを有効活用します。リレーションシップによって、テーブル同士をどのように結び付けるかを定義できます。
リレーションシップの種類には、「一対多リレーションシップ」「一対一リレーションシップ」「多対多リレーションシップ」などがあります。詳しくはワザ214〜ワザ216を参照してください。

→リレーションシップ……P.420

関連 ≫218 リレーションシップを作成したい………… P.127
関連 ≫222 リレーションシップを解除したい………… P.129

## 214 一対多リレーションシップって何？

お役立ち度 ★★★
2016 / 2013

一対多リレーションシップとは、一方のテーブルの1件のレコードが、他方のテーブルの複数のレコードと結合する関係で、もっとも一般的なリレーションシップです。前者のテーブルを一側テーブル、後者のテーブルを多側テーブルと呼びます。通常、一側テーブルの主キーのフィールドと、多側テーブルの主キーでないフィールドが結合します。これらのフィールドを「結合フィールド」と呼びます。
レコードの結合は親子関係に例えることができ、一側テーブルのレコードを親レコード、多側テーブルのレコードを子レコードと呼びます。

→結合フィールド……P.413
→主キー……P.414
→リレーションシップ……P.420
→レコード……P.420

●一対多リレーションシップの例

## 215 一対一リレーションシップって何？

一対一リレーションシップとは、一方のテーブルの1件のレコードが、他方のテーブルの1件のレコードと結合する関係です。特別な情報だけ別テーブルに切り分けて管理したいときなどに使用します。通常、双方の主キーのフィールド同士が「結合フィールド」となって結合します。

一対一の関係といっても2つのテーブルのレコードには親子関係が成立し、一方のレコードを「親レコード」、他方のレコードを「子レコード」と見なします。例えば社員レコードを一般情報と個人情報の2つのテーブルに分けて管理する場合、主となる一般情報のレコードを親、従となる個人情報のレコードを子と見なします。

●一対一リレーションシップの例

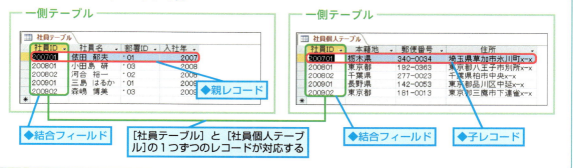

## 216 多対多リレーションシップって何？

多対多リレーションシップは、「結合テーブル」を介した2つのテーブルの関係です。2つが直接多対多の関係で結ばれるわけではありません。通常、2つのテーブルは結合テーブルと一対多の関係で結合しており、結合テーブルは一対多のうちの多側に当たります。

以下の例では、[受注テーブル]と[受注明細テーブル]、[商品テーブル]と[受注明細テーブル]が一対多の関係にあり、[受注明細テーブル]を結合テーブルとして、[受注テーブル]と[商品テーブル]が多対多の関係になります。

●多対多リレーションシップの例

# 217

お役立ち度 ★★★

2016
2013

# 複数のテーブルを設計するには

データベースを作成するときは、どのような項目を管理するのかを洗い出し、それらの項目からなる表をイメージします。そしてその表を、次のルールに従って整理します。

- ・計算で求められる項目は削除する
- ・繰り返し部分は別のテーブルに分割する

分割する際は、お互いのテーブルを結び付けるための共通のフィールドを用意します。それらのフィールドを結合フィールドとしてリレーションシップを設定することにより、分割したデータを結合して利用できます。

➡結合フィールド……P.413
➡リレーションシップ……P.420

## ●データベースで管理する項目を検討する

| 社員ID | 社員名 | 部署名 | 内線 | 生年月日 | 年齢 |
|---|---|---|---|---|---|
| 1 | 松井 | 総務部 | 1111 | 1970/5/17 | 46 |
| 2 | 南 | 営業部 | 3333 | 1978/5/12 | 38 |
| 3 | 坂上 | 管理部 | 2222 | 1982/8/10 | 34 |
| 4 | 小野田 | 総務部 | 1111 | 1986/6/25 | 30 |
| 5 | 佐藤 | 営業部 | 3333 | 1987/4/20 | 29 |

社員管理データベースで[社員ID][社員名][部署名][内線][生年月日][年齢]を管理したい

## ●計算で求められる項目は削除する

| 社員ID | 社員名 | 部署名 | 内線 | 生年月日 | 年齢 |
|---|---|---|---|---|---|
| 1 | 松井 | 総務部 | 1111 | 1970/5/17 | 46 |
| 2 | 南 | 営業部 | 3333 | 1978/5/12 | 38 |
| 3 | 坂上 | 管理部 | 2222 | 1982/8/10 | 34 |
| 4 | 小野田 | 総務部 | 1111 | 1986/6/25 | 30 |
| 5 | 佐藤 | 営業部 | 3333 | 1987/4/20 | 29 |

[年齢]は[生年月日]から計算で求められるので、フィールドは用意しない

## ●繰り返し入力されている項目を分割してリレーションシップで結ぶ

| 社員ID | 社員名 | 部署名 | 内線 | 生年月日 |
|---|---|---|---|---|
| 1 | 松井 | 総務部 | 1111 | 1970/5/17 |
| 2 | 南 | 営業部 | 3333 | 1978/5/12 |
| 3 | 坂上 | 管理部 | 2222 | 1982/8/10 |
| 4 | 小野田 | 総務部 | 1111 | 1986/6/25 |
| 5 | 佐藤 | 営業部 | 3333 | 1987/4/20 |

繰り返し入力されている[部署名][内線番号]は別のテーブルで管理する

### ◆社員テーブル

| 社員ID | 社員名 | 部署ID | 生年月日 |
|---|---|---|---|
| 1 | 松井 | B01 | 1970/5/17 |
| 2 | 南 | B03 | 1978/5/12 |
| 3 | 坂上 | B02 | 1982/8/10 |
| 4 | 小野田 | B01 | 1986/6/25 |
| 5 | 佐藤 | B03 | 1987/4/20 |

### ◆部署テーブル

| 部署ID | 部署名 | 内線 |
|---|---|---|
| B01 | 総務部 | 1111 |
| B02 | 管理部 | 2222 |
| B03 | 営業部 | 3333 |

リレーションシップ

2つのテーブルを結ぶために[部署ID]を両方に用意して、リレーションシップを作成する

**126** できる ● リレーションシップの設定

# 218

お役立ち度 ★★★

2016 / 2013

## リレーションシップを作成したい

リレーションシップを作成するには、[リレーションシップ]ウィンドウにテーブルを追加して結合フィールド同士を結合線で結びます。

→結合フィールド……P.413
→リレーションシップ……P.420

データベースファイルを開いておく

❶[データベースツール]タブをクリック

❷[リレーションシップ]をクリック

[リレーションシップ]ウィンドウが表示された

[テーブルの表示]ダイアログボックスが表示された

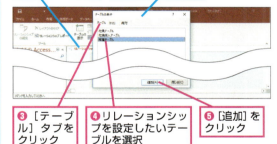

❸[テーブル]タブをクリック
❹リレーションシップを設定したいテーブルを選択
❺[追加]をクリック

リレーションシップウィンドウにテーブルが追加された

❻操作3〜5を参考にテーブルを追加

❼[閉じる]をクリック

❽[部署テーブル]の[部署ID]にマウスポインターを合わせる

マウスポインターの形が変わった

❾[社員テーブル]の[部署ID]までドラッグ

[リレーションシップ]ダイアログボックスが表示された

❿ここに[一対多]と表示されていることを確認

⓫[参照整合性]にチェックマークを付ける
⓬[作成]をクリック

一対多のリレーションシップが作成された

◆結合線

⓭[閉じる]をクリック

レイアウトの保存に関するダイアログが表示された

⓮[はい]をクリック

リレーションシップが保存される

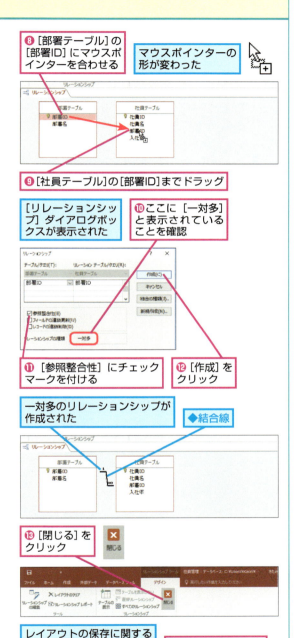

リレーションシップの設定

127

## 219 [テーブルの表示]ダイアログボックスを表示するには

お役立ち度 ★★★　2016 / 2013

現在のデータベースで初めてリレーションシップを作成する場合、[テーブルの表示]ダイアログボックスが自動で表示されますが、2回目以降の場合は手動で表示します。　→リレーションシップ……P.420

関連 ≫218　リレーションシップを作成したい……P.127

[リレーションシップ]ウィンドウを表示しておく

❶[リレーションシップツール]の[デザイン]タブをクリック

❷[テーブルの表示]をクリック

[テーブルの表示]ダイアログボックスが表示される

---

## 220 リレーションシップの設定を変更したい

お役立ち度 ★★　2016 / 2013

[リレーションシップ]ダイアログボックスには、[参照整合性]などのチェックボックスや[結合の種類]ボタンがあります。設定済みのリレーションシップでこれらの設定を変更したいときは、結合線をダブルクリックします。なお、結合フィールド自体を変更したい場合は、ワザ222を参考にいったんリレーションシップを解除してから、正しいフィールドでリレーションシップを作成し直しましょう。

→結合フィールド……P.413

[リレーションシップ]ウィンドウを表示しておく

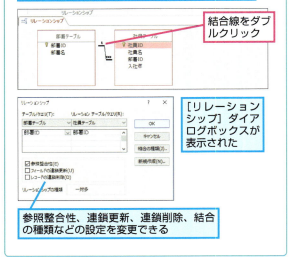

結合線をダブルクリック

[リレーションシップ]ダイアログボックスが表示された

参照整合性、連鎖更新、連鎖削除、結合の種類などの設定を変更できる

---

## 221 リレーションシップを印刷するには

お役立ち度 ★★★　2016 / 2013

[リレーションシップレポート]機能を使用すると、[リレーションシップ]ウィンドウに表示されている内容をレポートとして印刷できます。データベースの構造を文書にまとめたいときなどに便利です。

[リレーションシップ]ウィンドウを表示しておく

❶[リレーションシップツール]の[デザイン]タブをクリック

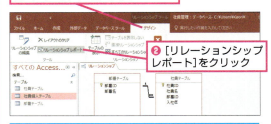

❷[リレーションシップレポート]をクリック

レポートが作成され、印刷プレビューが表示された

❸[印刷]をクリック

---

128　できる　●　リレーションシップの設定

## 222 リレーションシップを解除したい

お役立ち度 ★★☆
2016 / 2013

結合線を選択して Delete キーを押すと、結合線が削除され、リレーションシップが解除されます。[リレーションシップ] ウィンドウにテーブルが残りますが、そのままでも問題ありません。邪魔になるようならテーブルをクリックして Delete キーを押すとそのテーブルを非表示にできます。　→リレーションシップ……P.420

❶結合線をクリック　❷Delete キーを押す

リレーションシップを削除するか確認するダイアログボックスが表示された

❸[はい]をクリック

リレーションシップが解除され、結合線が非表示になった

テーブルをクリックして Delete キーを押すと、テーブルを非表示にできる

## 223 作成したはずのリレーションシップが表示されない

お役立ち度 ★★☆
2016 / 2013

作成したはずのリレーションシップが表示されていない理由は、[リレーションシップ] ウィンドウでテーブルが非表示になるように設定されているからです。以下のように操作すれば、非表示のテーブルとリレーションシップを再表示できます。再度テーブルを非表示にしたいときは、テーブルを選択して Delete キーを押します。　→リレーションシップ……P.420

リレーションシップが表示されていないことを確認しておく

❶[リレーションシップツール]の[デザイン]タブをクリック

❷[すべてのリレーションシップ]をクリック

すべてのリレーションシップが表示された

## 224 テーブル間の関係を見やすく表示するには

お役立ち度 ★★☆
2016 / 2013

複数のリレーションシップを設定したときに結合線が重なり合ってテーブル間の関係が分かりづらいときは、テーブルのタイトルバーをドラッグして、結合線が重ならない位置に移動しましょう。また、フィールド名が途中までしか表示されない場合や、スクロールさせないとすべてのフィールドが表示されない場合は、テーブルの境界線をドラッグしてサイズを変更しましょう。

## 225 フィールドをドラッグする方向に決まりはあるの？

一対多の関係のリレーションシップを作成するときは、どちらのテーブルからドラッグを開始した場合でも、一側テーブルが親、多側テーブルが子と判断されます。しかし、一対一の場合はテーブルの構造から親子関係を判断できないため、親側のテーブルから子側のテーブルに向かってドラッグすることで、親子関係を指定します。

例えば［社員テーブル］と［社員個人テーブル］のうち、［社員テーブル］のレコードを親レコードにしたいのであれば、［社員テーブル］から［社員個人テーブル］に向かってドラッグします。［リレーションシップ］ダイアログボックスでは、［テーブル/クエリ］欄に親側のテーブル、［リレーションシップテーブル/クエリ］欄に子側のテーブルが表示されます。

リレーションシップにはレコード間でデータの整合性を保つための「参照整合性」という設定がありますが、それを設定した場合、親レコードを入力しないと子レコードを入力できません。リレーションシップの作成時に親子関係を反対にしてしまうと、社員個人情報を入力してからでないと社員情報が入力できなくなり不便になるので、親子関係を意識してリレーションシップを作成しましょう。参照整合性について詳しくは、ワザ226、ワザ227も参考にしてください。

➡ 参照整合性……P.414

関連 ≫214 一対多リレーションシップって何？……P.124

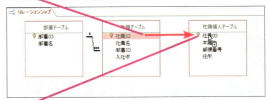

関連 ≫218 リレーションシップを作成したい……P.127

## 226 参照整合性を設定できる条件は？

［リレーションシップ］ダイアログボックスで参照整合性を設定するには、2つのテーブルの結合フィールドが次の条件を満たさなければなりません。
- 少なくとも一方に主キーか［インデックス］プロパティで［はい（重複なし）］が設定されている
- データ型が同じ
- 数値型の場合はフィールドサイズが同じ
- 2つのテーブルが同じデータベース内にある

なお、オートナンバー型のフィールドと数値型のフィールドを結合する場合は、互いのフィールドサイズを長整数型にすることで参照整合性を設定できます。

関連 ≫220 リレーションシップの設定を変更したい……P.128

関連 ≫227 参照整合性を設定すると何ができるの？……P.131

# 227

## 参照整合性を設定すると何ができるの？

参照整合性とは、リレーションシップを作成した2つのテーブル間で、レコードの整合性を保つための仕組みです。レコードの整合性が保たれているということは、すべての子レコードに対して親レコードが存在するということです。[リレーションシップ] ダイアログボックスで [参照整合性] をオンにしてリレーションシップを作成すると、レコードの整合性が保たれるように、Accessが次の3項目を自動管理してくれます。

➡参照整合性……P.414
➡リレーションシップ……P.420

### ●多側テーブルの入力の制限

多側テーブルの結合フィールドに、一側テーブルにないデータ入力すると、エラーとなり、親レコードのない子レコードが発生することを防げます。

一側の [部署テーブル] にない [部署ID] を入力するとエラーが表示される

### ●一側テーブルの更新の制限

多側テーブルと結合している一側テーブルの結合フィールドのデータを変更すると、エラーとなり、子レコードの親がなくなることを防げます。

「総務部」のレコードが [社員テーブル] に存在する場合、「総務部」の [部署ID] を変更するとエラーが表示される

### ●一側テーブルの削除の制限

多側テーブルと結合している一側テーブルのレコードを削除しようとすると、エラーとなり、子レコードの親がなくなることを防げます。

「総務部」のレコードが [社員テーブル] に存在する場合、「総務部」のレコードを削除するとエラーになる

| 関連 | リレーションシップの設定を |
| --- | --- |
| ≫220 | 変更したい……P.128 |

# 228

## 「参照整合性を設定できません」というエラーが表示される

「このリレーションシップを作成して、参照整合性を設定できません。」と表示される場合、多側テーブルの結合フィールドに、一側テーブルに存在しないデータが入力されている可能性があります。多側テーブルの結合フィールドをチェックし、該当のデータを入力し直すか、未入力の状態にすれば、参照整合性を設定できます。　➡参照整合性……P.414

既存のレコードに矛盾がある場合、以下のダイアログボックスが表示される

## 229 連鎖更新って何？

連鎖更新とは、一側テーブルの［主キー］フィールドの値を変更すると、多側テーブルの対応する値も自動的に変更される機能です。これによりテーブル間の参照整合性を保つことができます。参照整合性を設定すると、レコードの入力、更新、削除時にレコードの整合性が維持されるようにAccessが自動的に管理してくれるようになります。大変便利ですが、実務上困ることもあります。例えば、部署が増えたので［部署ID］を英字混じりにすることになった場合、参照整合性が設定されていると［部署ID］を変更できません。そのようなときは［連鎖更新］を設定すれば、一側の［部署テーブル］の［部署ID］を変更できるようになり、同時に対応する多側の［社員テーブル］の［部署ID］も自動的に更新できます。

ただし、連鎖更新を常に設定していると、意図せずに他のテーブルのデータが変わってしまう危険があります。連鎖更新は必要なときだけ一時的に設定するようにしましょう。

➡参照整合性……P.414

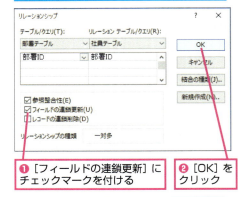

［リレーションシップ］ダイアログボックスを表示しておく

❶［フィールドの連鎖更新］にチェックマークを付ける
❷［OK］をクリック

❸一対多の一側のテーブルを表示
ここでは［部署ID］を変更する
❹［部署ID］のデータを変更

❺多側のテーブルを表示

［部署ID］のデータが自動的に更新された

| 関連 ≫218 | リレーションシップを作成したい……………… P.127 |
| 関連 ≫227 | 参照整合性を設定すると何ができるの？……… P.131 |

## 230 「ロックできませんでした」というエラーが表示される

テーブルが開いていると参照整合性の設定が行えず、「'テーブル'（テーブル名）'は…ロックできませんでした。」というエラーメッセージが表示されます。テーブルを閉じてから設定しましょう。テーブルが閉じているのにメッセージが表示される場合は、他のユーザーがテーブルをロックしている可能性があります。他のユーザーがテーブルを閉じるのを待ってから設定しましょう。

➡ロック……P.420

# 231 連鎖削除って何？

お役立ち度 ★★★
2016 / 2013

参照整合性の管理を緩和する仕組みとして、連鎖更新の他に連鎖削除があります。例えば、社員が退職するときに連鎖削除を設定すると、[社員テーブル]のレコードを削除できるようになり、同時に対応する[社員個人テーブル]の子レコードも自動削除できます。ただし、連鎖削除を常に設定していると、意図せずに他のテーブルのレコードを削除してしまう危険があります。必要なときだけ一時的に設定するようにしましょう。

➡参照整合性……P.414

[リレーションシップ]ダイアログボックスを表示しておく

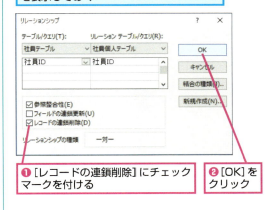

❶ [レコードの連鎖削除]にチェックマークを付ける
❷ [OK]をクリック

❸ 一対多の一側のテーブルを表示
[社員ID]が「200801」のレコードを選択して削除する

❹ 削除したい行を選択
❺ Delete キーを押す

レコードを削除してもいいか確認するダイアログボックスが表示された

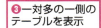

❻ [はい]をクリック

❼ 多側のテーブルを表示
[社員ID]が「200801」のレコードが自動的に削除された

| 関連 |  |  |
|---|---|---|
| ≫218 | リレーションシップを作成したい | P.127 |
| ≫220 | リレーションシップの設定を変更したい | P.128 |
| ≫227 | 参照整合性を設定すると何ができるの？ | P.131 |
| ≫229 | 連鎖更新って何？ | P.132 |

---

## STEP UP! 土台をしっかり作り込めば後の作業がラクになる

データベースの作成でもっとも大切なことは、テーブルをきちんと作り込むことです。フォームやレポートをどんなに飾っても、土台がもろければほころびが出るもの。思い通りのデータベースを作成するには、最初にじっくり時間をかけて、テーブルの設計やフィールドの設定を練りましょう。データベースを使うだけの立場のユーザーも、「自分には関係ない」と考えるのは早計です。テーブルの構造やフィールドプロパティの知識があれば、使い勝手を上げるための工夫を凝らせます。そして「困った！」に出会ったときに、落ち着いて対処できるはずです。

# 第4章 データ抽出・集計を効率化するクエリ活用ワザ

## クエリの基本操作

クエリをマスターすれば、データベースに蓄積したデータを自在に活用できます。ここではクエリの基本操作を取り上げます。

### 232

お役立ち度 ★★★

2016
2013

## クエリにはどんな種類があるの？

クエリとは、テーブルのデータを操作するオブジェクトです。クエリには、下の表のようにさまざまな種類があります。最も使用頻度が高いのは、レコードの抽出やグループ集計を行う「選択クエリ」です。他に、クロス集計を行う「クロス集計クエリ」、テーブルのレコードを一括更新する「アクションクエリ」、より高度な処理に使用する「SQLクエリ」があります。ク

エリの種類は、ナビゲーションウィンドウに表示されるアイコンで区別できます。また、クエリのデザインビューを表示しているときは、[クエリツール]の[デザイン]タブの[クエリの種類]グループにあるボタンから、クエリの種類を確認できます。

➡SQL……P.411
➡クエリ……P.413
➡ナビゲーションウィンドウ……P.417

### ●クエリの種類

| クエリの分類 | | アイコン | 説明 |
|---|---|---|---|
| 選択クエリ | | | テーブルのデータを表示する。集計クエリ、オートルックアップクエリ、パラメータークエリ、重複クエリ、不一致クエリも含まれる　（ワザ242を参照） |
| クロス集計クエリ | | | 2次元の縦横集計を実行する　（ワザ343を参照） |
| アクションクエリ | テーブル作成クエリ | | 抽出したレコードから新規テーブルを作成する　（ワザ357を参照） |
| | 更新クエリ | | 既存のテーブルのデータを更新する　（ワザ365を参照） |
| | 追加クエリ | | 既存のテーブルにレコードを追加する　（ワザ361を参照） |
| | 削除クエリ | | 既存のテーブルからレコードを削除する　（ワザ371を参照） |
| SQLクエリ | ユニオンクエリ | | 複数のテーブルのレコードを縦に連結する　（ワザ378を参照） |
| | パススルークエリ | | SQLサーバーなどのデータベースに接続してデータを取り出す |
| | データ定義クエリ | | SQLステートメントでテーブルの構造を定義する |

関連 ≫010　「クエリ」の役割、できることは？……………P.36

関連 ≫026　Accessの画面構成を知りたい……………P.42

**134** できる ● クエリの基本操作

## 233 クエリにはどんなビューがあるの？

お役立ち度 ★★★　2016 / 2013

クエリには、データシートビュー、デザインビュー、SQLビューの3つのビューが用意されています。1つ目のデータシートビューは、クエリのデータを表示する画面です。クエリの種類によっては、データシートビューからクエリの基になるテーブルにデータを入力することもできます。2つ目のデザインビューは、クエリの設計画面です。表示するフィールド、抽出条件、並べ替え条件、計算式、集計項目など、さまざまな設定を行えます。ほとんどのクエリは、上記2つのビューを使って作成・実行できます。3つ目のSQLビューは、「SQL」と呼ばれるデータベース用のプログラミング言語でクエリの定義を行います。　→SQL……P.411

◆データシートビュー
データの表示と入力ができる

◆デザインビュー
クエリを設計できる

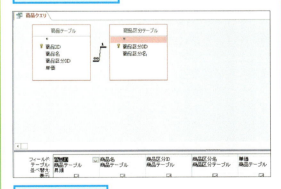

◆SQLビュー
SQLを入力できる

## 234 クエリのデザインビューの画面構成を知りたい

お役立ち度 ★★★　2016 / 2013

クエリのデザインビューは、クエリの設計画面です。選択クエリ、クロス集計クエリ、アクションクエリの設計に使用します。クエリの作成時に基になるテーブルやクエリを指定しますが、そのフィールドの一覧がフィールドリストに表示されます。デザイングリッドでは、クエリに表示するフィールドをフィールドリストから選択したり、並べ替えや抽出条件、計算式などを指定したりします。デザイングリッドで指定できる内容は、クエリの種類によって変わります。

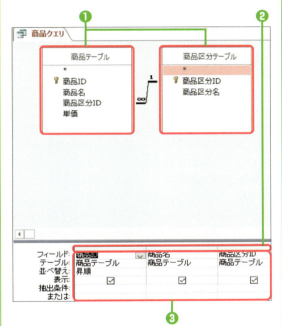

●デザインビューの各部の説明

| | 名称 | 機能 |
|---|---|---|
| ❶ | フィールドリスト | テーブルやクエリのフィールド一覧が表示される |
| ❷ | 列セレクター | デザイングリッドで列を選択するときに使用する |
| ❸ | デザイングリッド | クエリの実行結果に表示するフィールドや、並べ替え、抽出条件などの設定を行う |

関連 ≫233 クエリにはどんなビューがあるの？ …………… P.135
関連 ≫242 選択クエリを作成したい ………………………… P.138

## 235 クエリとテーブルでデータシートビューに違いはあるの？

お役立ち度 ★★★ 2016 2013

クエリもテーブルも、データシートビューでレコードの入力、検索、置換、抽出、並べ替えなどの操作ができます。ただし、クエリのフィールドプロパティはテーブルほど充実しておらず、IME入力モードなどを設定できないので、効率よく入力するには別途フォームを用意したほうがいいでしょう。また、クエリで抽出や並べ替えを行う場合、デザインビューで定義するのが本来のやり方です。

## 236 クエリを削除していいか分からない

お役立ち度 ★★★ 2016 2013

クエリを削除すると、そのクエリを基に作成したフォームやレポートのデザインビュー以外のビューが開けなくなるので、むやみに削除しないようにしましょう。ワザ718を参考に［オブジェクトの依存関係］を実行して、そのクエリを基にするオブジェクトがないことを確認してからクエリを削除するといいでしょう。その際、ワザ717を参考にファイルをバックアップしてから削除すれば、削除後に復旧できるので安心です。

→オブジェクト……P.412

［オブジェクトの依存関係］作業ウィンドウを表示しておく

［このオブジェクトに依存するオブジェクト］をクリック

クエリを基にしているオブジェクトを確認できる

関連 ≫718 オブジェクト同士の関係を調べたい……P.401

## 237 クエリにテーブルと同じ名前を付けたい

お役立ち度 ★★★ 2016 2013

フォームやレポートにはテーブルと同じ名前を設定できますが、クエリにはテーブルと同じ名前を付けられません。「商品テーブル」と「商品クエリ」、「T_商品」と「Q_商品」というように、クエリには「クエリ」や「Q_」などの文字を付けて、テーブルと区別するといいでしょう。

クエリにテーブルと同じ名前を付けようとすると、以下のようなダイアログボックスが表示される

［OK］をクリック　　クエリ名を入力し直す

関連 ≫067 オブジェクトの名前を変更したい……P.61
関連 ≫238 クエリの名前って変更してもいいの？……P.136

## 238 クエリの名前って変更してもいいの？

お役立ち度 ★★★ 2016 2013

クエリ名の変更は、通常そのクエリを基に作成したフォームやレポートに自動で反映されます。ただし、変更したクエリ名をDCount関数など定義域集計関数の引数やマクロのアクションの引数に指定している場合、関数やマクロにエラーが表示されることがあります。エラーが発生したときは、関数やマクロの引数のクエリ名を手動で修正しましょう。

→関数……P.412
→定義域集計関数……P.416
→引数……P.417

関連 ≫067 オブジェクトの名前を変更したい……P.61
関連 ≫236 クエリを削除していいか分からない……P.136
関連 ≫237 クエリにテーブルと同じ名前を付けたい……P.136
関連 ≫602 DSum関数とSum関数は何が違うの？……P.326

## 239 入力テーブルが見つからないというエラーが表示されてクエリが開かない

お役立ち度 ★★★
2016 / 2013

クエリを開こうとしたときに、「'入力テーブルまたはクエリ'（オブジェクト名）'が見つかりませんでした。」という内容のダイアログボックスが表示される場合は、そのクエリの基になるテーブルやクエリが削除されている可能性があります。その場合、クエリのデータシートビューを開けません。デザインビューで開くことはできるので、必要に応じて基になるテーブルやクエリを設定し直しましょう。

クエリの基になるデータが存在しないことを確認するダイアログボックスが表示される

[OK]をクリック

基になるテーブルやクエリが削除されていないか確認しておく

関連 ≫243 デザインビューからクエリを実行したい……… P.139

## 240 操作できないというエラーが表示されてクエリが開かない

お役立ち度 ★★★
2016 / 2013

クエリを開こうとしたときに、「テーブル'（オブジェクト名）'は他のユーザーが排他的に開いているか、すでにユーザーインターフェイスを介して……。」という内容のダイアログボックスが表示される場合は、クエリの基になるテーブルがデザインビューで開いていないか確認します。テーブルのデザインビューを閉じれば、クエリのデータシートビューを表示できます。テーブルのデザインビューを開いていない場合は、他のユーザーがそのテーブルのデザインビューを開いていることが考えられます。その場合、そのユーザーがテーブルを閉じるのを待ちましょう。

クエリの基になるテーブルのデザインビューが開いている場合、ダイアログボックスが表示される

[OK]をクリック　テーブルのデザインビューを閉じておく

関連 ≫060 オブジェクトを閉じたい ……………………… P.58

## 241 実行確認が表示されてクエリが開かない

お役立ち度 ★★★
2016 / 2013

標準の設定でアクションクエリを表示しようとすると、データシートビューが開かずに、アクションクエリの処理が実行されます。通常、実行確認のメッセージが表示されるので、クエリを実行しないときは［いいえ］をクリックします。［はい］をクリックすると、テーブルのデータが変更されてしまう可能性があるので注意してください。　→アクションクエリ……P.419

アクションクエリを実行しようとすると、クエリの基になるテーブルのデータを変更するか確認するダイアログボックスが表示される

アクションクエリを実行する場合は［はい］をクリックする

実行していいか分からない場合は［いいえ］をクリックして、デザインビューでクエリの内容を確認する

関連 ≫243 デザインビューからクエリを実行したい……… P.139
関連 ≫354 アクションクエリって何？ ……………………… P.186

# 選択クエリの作成と実行

クエリには複数の種類がありますが、ほとんどのクエリは選択クエリを基に作成します。選択クエリをマスターすることが、クエリのマスターにつながります。

## 242

### 選択クエリを作成したい

お役立ち度 ★★★
2016
2013

クエリにはたくさんの種類がありますが、選択クエリは最もよく使用されるクエリで、テーブルや他のクエリからフィールドを選択して表示する働きをします。選択クエリを作成するには、新しいクエリのデザインビューで、データの取得元となるテーブルまたはクエリと、フィールドを指定します。

→フィールド……P.417

❶[作成]タブをクリック
❷[クエリデザイン]をクリック

新規クエリのデザインビューが表示された
[テーブルの表示]ダイアログボックスが表示された
クエリを基にしてクエリを作成する場合は[クエリ]タブをクリックする

❸[テーブル]タブをクリック
❹追加したいテーブルをクリック

❺[追加]をクリック

| 関連 ≫232 | クエリにはどんな種類があるの？ …… P.134 |
| 関連 ≫249 | 後からフィールドリストを追加できないの？ …… P.140 |

フィールドリストがデザインビューに追加された
操作3〜5を繰り返せば複数のテーブルを追加できる

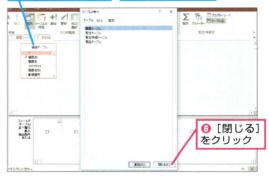

❻[閉じる]をクリック

❼追加したいフィールドにマウスポインターを合わせる
❽デザイングリッドにドラッグ

マウスポインターの形が変わった

フィールドが追加された
操作7〜8と同様に他のフィールドも追加しておく

クエリを保存する場合は、[クイックアクセスツールバー]にある[上書き保存]をクリックし、クエリに名前を付ける

## 243 デザインビューからクエリを実行したい
お役立ち度 ★★★　2016 2013

クエリのデザインビューが開いているときは、[実行]ボタンをクリックしてクエリを実行できます。

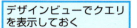

デザインビューでクエリを表示しておく　❶[クエリツール]の[デザイン]タブをクリック

❷[実行]をクリック

クエリが実行された

| 関連 ≫244 | [表示]と[実行]の機能って何が違うの？……P.139 |
| 関連 ≫245 | 閉じているクエリを実行したい……P.139 |

## 244 [表示]と[実行]の機能って何が違うの？
お役立ち度 ★★★　2016 2013

[クエリツール]の[デザイン]タブの[結果]グループには、[表示]ボタンと[実行]ボタンがあります。選択クエリでは、どちらをクリックしても、データシートビューにクエリの結果が表示されます。しかし、アクションクエリの場合は、[表示]ボタンで実行対象のデータの表示、[実行]ボタンでアクションクエリの実行となります。　➡アクションクエリ……P.411

| 関連 ≫243 | デザインビューからクエリを実行したい……P.139 |

## 245 閉じているクエリを実行したい
お役立ち度 ★★★　2016 2013

ナビゲーションウィンドウで実行したいクエリをダブルクリックすると、クエリが実行されます。選択クエリの場合は、実行するとデータシートビューが開いて、クエリの結果が表示されます。
　➡ナビゲーションウィンドウ……P.417

ナビゲーションウィンドウでクエリをダブルクリックすると実行できる

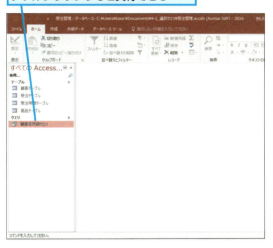

| 関連 ≫243 | デザインビューからクエリを実行したい……P.139 |

## 246 時間がかかるクエリの実行を途中でやめたい
お役立ち度 ★★☆　2016 2013

レコードが大量にある場合やテーブルがリンクテーブルの場合、[実行]ボタンをクリックしてから実行結果が表示されるまでに時間がかかることがあります。クエリの実行を途中で中止するには、Ctrl+Breakキーを押します。　➡リンク……P.420

| 関連 ≫243 | デザインビューからクエリを実行したい……P.139 |

選択クエリの作成と実行　139

## 247 フィールドリストを移動・サイズ変更・削除するには

お役立ち度 ★★☆
2016 / 2013

フィールド数が多い場合やフィールド名が長い場合は、フィールドリストの枠をドラッグしてサイズを拡大しましょう。複数のフィールドリストを使用する場合などは、タイトルバーをドラッグすると、見やすい位置に移動できます。フィールドリストが不要になったときは、タイトルバーをクリックして選択し、[Delete]キーを押して削除します。

➡ フィールドリスト……P.418

フィールドリストの周囲をドラッグしてサイズを変更できる

## 248 クエリを基にクエリを作成したい

お役立ち度 ★★★
2016 / 2013

クエリは、テーブルとクエリのどちらのオブジェクトからも作成できます。クエリから作成する場合は、[テーブルの表示] ダイアログボックスの [クエリ] タブからクエリを選択します。もしくは、[両方] タブを使用して、テーブルとクエリの一覧から基にするオブジェクトを選択してもいいでしょう。

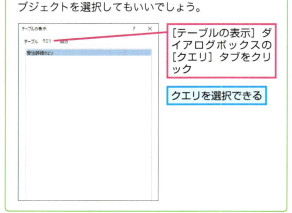

[テーブルの表示] ダイアログボックスの [クエリ] タブをクリック

クエリを選択できる

## 249 後からフィールドリストを追加できないの？

お役立ち度 ★★★
2016 / 2013

後からフィールドリストを追加するには、以下のように操作して [テーブルの表示] ダイアログボックスを表示し、必要なテーブルまたはクエリを指定します。

➡ フィールドリスト……P.418

デザインビューでクエリを表示しておく

❶ [クエリツール] の [デザイン]タブをクリック　❷ [テーブルの表示]をクリック

[テーブルの表示] ダイアログボックスが表示される

| 関連 ≫234 | クエリのデザインビューの画面構成を知りたい……P.135 |

## 250 クエリに追加したフィールドを変更するには

お役立ち度 ★★★
2016 / 2013

デザイングリッドにフィールドを配置すると、[テーブル] 行にテーブル名、[フィールド] 行にフィールド名が表示されます。配置したフィールドを変更するには、をクリックしてテーブル名やフィールド名を指定し直します。

ここをクリックしてフィールドを選択できる

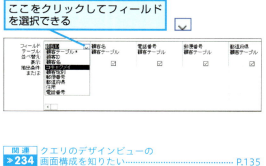

| 関連 ≫234 | クエリのデザインビューの画面構成を知りたい……P.135 |
| 関連 ≫242 | 選択クエリを作成したい……P.138 |

## 251 フィールドリストの先頭にある「*」って何？

お役立ち度 ★★★　2016 / 2013

デザイングリッドに「*」を追加すると、全フィールドを表示するクエリを簡単に作成できます。基のテーブルやクエリのフィールド構成を変更した場合でも、常に現在の全フィールドを表示できます。なお、通常「*」は抽出や並べ替えの設定と併せて使用します。その場合、抽出や並べ替え用のフィールドを別途追加して、そのフィールドがデータシートで重複表示されないように［表示］行のチェックマークをはずします。

→フィールド……P.417

［*］をデザイングリッドにドラッグすると、［フィールド］に［(テーブル名).*］と表示される

## 252 全フィールドをまとめて追加するには

お役立ち度 ★★★　2016 / 2013

フィールドリストのタイトルバーをダブルクリックすると、全フィールドを選択し、一気にデザイングリッドに追加できます。［*］をドラッグした場合と異なり、各フィールドが別々の列に追加されるので、列ごとに抽出や並べ替えの設定ができます。

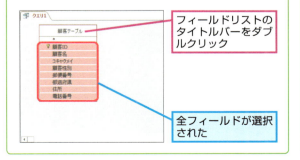

フィールドリストのタイトルバーをダブルクリック

全フィールドが選択された

## 253 フィールドの順序を入れ替えるには

お役立ち度 ★★★　2016 / 2013

デザイングリッドに配置したフィールドの順序は、そのクエリを基に作成するフォームやレポートのフィールドの並び順に影響します。順序を変えたいときは、デザインビューで列を移動しましょう。データシートビューでも列を移動できますが、データシート上のみの入れ替えとなり、クエリの定義としてのフィールドの順序は変わりません。

列セレクターをクリック

列のフィールドがすべて選択された

他の列と列の間にドラッグして入れ替えができる

## 254 追加したフィールドを削除するには

お役立ち度 ★★★　2016 / 2013

不要になったフィールドは、クエリから削除しましょう。クエリでフィールドを削除しても、基のテーブルのフィールドはそのまま残ります。

フィールドを選択しておく

Delete キーを押すと削除できる

選択クエリの作成と実行　141

## 255 いつの間にかフィールドリストが空になってしまった

お役立ち度 ★★☆
2016 / 2013

クエリの基になるテーブルやクエリを削除すると、フィールドリストが空になり、クエリを実行できなくなります。データベースファイルのバックアップがあれば、削除されたテーブルやクエリをバックアップしたデータベースファイルからインポートすることで、再びクエリを実行できるようになります。

➡ フィールドリスト……P.418

- フィールドリストが空になった
- 基になるテーブルやクエリをインポートすれば再び実行できるようになる

関連 ≫249 後からフィールドリストを追加できないの？ …… P.140

## 256 デザインビューの文字が見えづらい

お役立ち度 ★★☆
2016 / 2013

デザインビューの文字が見えづらいときは、文字のサイズを調整しましょう。[Accessのオプション]ダイアログボックスの[オブジェクトデザイナー]を表示し、[クエリデザインのフォント]の[サイズ]欄でフォントサイズを指定できます。フォントサイズの変更は、SQLビューにも反映されます。 ➡ SQL……P.411

関連 ≫192 データシートの既定の文字を大きくしたい …… P.115
関連 ≫234 クエリのデザインビューの画面構成を知りたい …… P.135

## 257 複数の値を別のレコードとして表示するには

お役立ち度 ★★★
2016 / 2013

[(フィールド名).Value]フィールドを使用すると、同じレコードの複数の値を別のレコードとして表示できます。以下の手順のテーブルでは、社員ごとに[資格名]フィールドに複数の資格が入力されています。クエリで[フィールド]行に[資格名.Value]フィールドを配置すると、同じ社員の複数の資格が別レコードとなり、「簿記1級」の社員、「簿記2級」の社員という具合に、資格ごとに社員を表示できます。

- [社員テーブル]の取得資格ごとに並べ替えて社員のリストを表示する

- デザインビューでクエリを表示し、[社員テーブル]を追加しておく

❶ [資格名.Value]をデザイングリッドにドラッグ
❷ [並べ替え]のここをクリックして[昇順]を選択

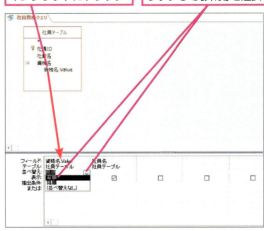

- 資格ごとに社員を表示できた

142 できる 選択クエリの作成と実行

# 258 特定のフィールドでデータの入力や編集ができない

お役立ち度 ★★☆  2016 / 2013

オートナンバー型のフィールドや、計算結果を表示する演算フィールドのデータは、データシートビューで編集できません。ステータスバーに編集できないことを確認できるメッセージが表示されます。

➡演算フィールド……P.412

編集できないことを伝えるメッセージがステータスバーに表示される

| 関連 ≫260 | 選択クエリのデータシートビューでデータの入力・編集を禁止したい……P.143 |

# 259 クエリのデータシートビューでデータを入力・編集できない

お役立ち度 ★★☆  2016 / 2013

集計クエリ、クロス集計クエリ、ユニオンクエリの場合、データシートビューでデータを編集できません。また、選択クエリは通常だと編集可能ですが、[レコードセット]プロパティに[スナップショット]が設定されている場合は、データは表示専用になり、編集できません。この他、テーブルが編集できない状態の場合、テーブルを基に作成したクエリも編集できません。テーブルでデータを編集できない原因については、ワザ205を参考にしてください。  ➡スナップショット……P.414

編集できないクエリのデータを編集しようとすると、更新できないことを伝えるメッセージが表示される

| 関連 ≫260 | 選択クエリのデータシートビューでデータの入力・編集を禁止したい……P.143 |

# 260 選択クエリのデータシートビューでデータの入力・編集を禁止したい

お役立ち度 ★★★  2016 / 2013

選択クエリのデータシートビューでデータを編集すると、基のテーブルのデータも変更されます。クエリからテーブルのデータを編集できないようにするには、[レコードセット]プロパティに[スナップショット]を設定して、クエリでの編集を禁止します。初期設定では[レコードセット]プロパティに[ダイナセット]が設定されており、その場合、編集は禁止されません。

➡スナップショット……P.414
➡ダイナセット……P.415

デザインビューでクエリを表示しておく

❶クエリの何もないところをクリック

❷[クエリツール]の[デザイン]タブをクリック

❸[プロパティシート]をクリック

[プロパティシート]が表示された

❹ここに[選択の種類:クエリプロパティ]と表示されていることを確認

❺[レコードセット]プロパティで[スナップショット]を選択

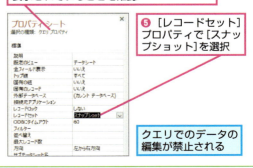

クエリでのデータの編集が禁止される

## 261 入力モードが自動で切り替わらない

お役立ち度 ★★☆
2016 / 2013

テーブルのデザインビューでフィールドに設定した［書式］［定型入力］［標題］などのプロパティは、テーブルでの設定がクエリでも有効になります。しかし、［IME入力モード］［ふりがな］［住所入力支援］などのプロパティは、クエリでは有効になりません。ただし、クエリで有効にならないこれらのプロパティは、このクエリを基に作成したフォームでは有効になるので、これらのプロパティを利用してより便利に入力したい場合は、フォームを作成しましょう。

→フィールドプロパティ……P.418

関連 >160 文字の入力モードを自動で切り替えたい……P.100

関連 >422 フォームを作成したい……P.220

## 262 重複するデータは表示されないようにしたい

お役立ち度 ★★★
2016 / 2013

クエリの［固有の値］プロパティで［はい］を選択すると、クエリに表示されるレコードに同じデータが複数ある場合、そのうち1件しか表示されなくなります。もともと1件しかないデータは、そのまま表示されます。初期設定では、［固有の値］プロパティで［いいえ］が選択されています。

例えば［顧客テーブル］から［都道府県］フィールドを抜き出すと、初期設定では顧客レコードの数だけ都道府県が表示されるので、同じ都道府県が重複して表示されます。［固有の値］プロパティに［はい］を設定すると重複データが省かれるので、「どの都道府県に顧客がいるか」を調べたいような場合に便利です。

→プロパティシート……P.418

デザインビューでクエリを表示しておく　プロパティシートを表示しておく

❶ ここに［選択の種類:クエリプロパティ］と表示されていることを確認

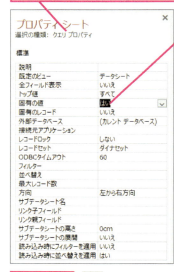

❷ ［固有の値］プロパティで［はい］を選択

レコードに「東京都」や「神奈川県」が複数回入力されている場合に、1件のみ表示されるようにする

❸ クエリを実行

重複していたデータが1件ずつ残して省略された

# フィールドの計算

テーブルのデータを使用して自由に計算できる点が、クエリの便利なところです。ここではデータの計算に関するワザを解説します。

## 263 クエリで計算したい

お役立ち度 ★★★
2016 / 2013

テーブルのデータを加工してクエリに表示するには、以下の構文で演算フィールドを作成します。

**演算フィールド名: 式**

式にフィールド名を使うときは、半角角かっこ「[ ]」で囲みます。「演算フィールド名」を省略すると、「式1」のような名前が自動で表示されます。

→演算フィールド……P.412

デザインビューでクエリを作成し、テーブルの[伝票番号][金額][送料]を追加しておく

❶フィールドに「合計:[金額]+[送料]」と入力

❷クエリを実行

クエリに計算結果を表示できた　[合計]がフィールド名として表示された

| 関連 ≫266 | 演算フィールドに元のフィールド名を付けたい …………… P.146 |
| 関連 ≫267 | 計算結果に「¥」記号が付く場合と付かない場合がある …………… P.146 |

## 264 演算フィールドの式には何が使えるの?

お役立ち度 ★★★
2016 / 2013

演算フィールドの式には、演算子や関数を使用できます。1つの式に複数の演算子がある場合は、優先度の高い演算子から先に計算されます。

→演算子……P.412
→関数……P.412

●演算子とかっこ類の優先順位の例

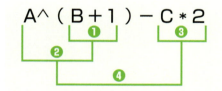

※各アルファベットはフィールド名を表します

❶ ( )で囲まれた式

❷ ^ (べき乗)

❸ * (乗算)や / (除算)

❹ + (加算)や - (減算)

## 265 長い式を見やすく入力するには

お役立ち度 ★★★
2016 / 2013

[フィールド]行に長い式を入力するときは、列セレクターの右境界線をドラッグして列の幅を広げるか、ワザ297を参考に[ズーム]ダイアログボックスを表示して式を入力しましょう。

## 266 演算フィールドに基のフィールド名を付けたい

お役立ち度 ★★★　2016 2013

演算フィールドの名前として、式の中で使用しているフィールド名を付けるとエラーになります。例えば「カイインメイ:StrConv([カイインメイ],4+16)」のように入力すると、「カイインメイ:」が原因でエラーになります。同じ名前を付けたいときは、「フリガナ:StrConv([カイインメイ],4+16)」のように別のフィールド名で演算フィールドを作成し、[標題] プロパティに「カイインメイ」を設定すれば、データシートのフィールドセレクターに「カイインメイ」と表示できます。　→演算フィールド……P.412

デザインビューでクエリを表示しておく

❶演算フィールドの列セレクターをクリックして選択

プロパティシートを表示しておく

❷[標題] プロパティに「カイインメイ」と入力

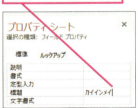

❸クエリを実行

フィールドセレクターに「カイインメイ」と表示できた

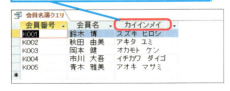

関連 ≫263 クエリで計算したい …… P.145

## 267 計算結果に「¥」記号を付けて通貨表示にしたい

お役立ち度 ★★★　2016 2013

通貨型のフィールドを対象に行った計算結果が、通貨のスタイルで表示されるとは限りません。例えば「[金額]*[個数]」のように整数と掛け合わせた結果は通貨のスタイルになりますが、「[金額]*0.05」のように小数と掛け合わせた結果は通貨のスタイルになりません。通貨のスタイルにしたい場合は、[書式] プロパティで書式を指定します。　→フィールド……P.417

計算結果を通貨スタイルで表示したい

デザインビューでクエリを表示しておく

プロパティシートを表示しておく

❶計算結果のフィールドをクリック

❷[書式] プロパティで[通貨]を選択

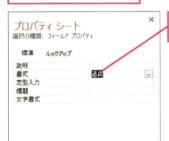

❸クエリを実行

計算結果の前に「¥」が表示された

関連 ≫263 クエリで計算したい …… P.145

## 268 「閉じかっこがありません」というエラーで式を確定できない

お役立ち度 ★★☆
2016 / 2013

「閉じかっこがありません」という内容のエラーが出て式を確定できないときは、「)」や「]」などの閉じかっこの入力漏れを確認しましょう。入力されている場合でも、閉じかっこが全角だと入力漏れと見なされるので注意してください。

関連 ≫263 クエリで計算したい ……………………… P.145

## 269 「不適切な値が含まれている」というエラーで式を確定できない

お役立ち度 ★★☆
2016 / 2013

「指定した式に、不適切な文字列が含まれています。」や「指定した式に、不適切な日付の値が含まれています。」というダイアログボックスが表示されるときは、文字列データを囲む「"」や日付を囲む「#」の閉じ忘れを確認しましょう。また、「"」や「#」が半角で入力されているかどうか、あり得ない日付が入力されていないかも確認しましょう。

関連 ≫263 クエリで計算したい ……………………… P.145

## 270 「引数の数が一致しない」というエラーで式を確定できない

お役立ち度 ★★★
2016 / 2013

「指定した式に含まれる関数で、引数の数が一致しません。」というダイアログボックスが表示される場合は、関数の引数が正しい構文で入力されていないことが原因です。引数の入力漏れや省略できない引数を省略していないかを確認しましょう。

➡関数……P.412
➡引数……P.417

関連 ≫263 クエリで計算したい ……………………… P.145

## 271 「構文が正しくない」というエラーで式を確定できない

お役立ち度 ★★★
2016 / 2013

「構文が正しくありません。」という内容のダイアログボックスが表示される場合は、演算子やデータを区切るスペースが全角で入力されていないか、関数の引数を区切る「,」を入力し忘れていないかなどを確認しましょう。また、演算子の前後にデータを入力し忘れていないかなど、入力した式の構文も確認しましょう。

➡演算子……P.412

[指定した式の構文が正しくありません。]というダイアログボックスが表示された

[OK]をクリック｜式を確認して修正しておく

関連 ≫263 クエリで計算したい ……………………… P.145

## 272 「未定義関数」のエラーが出てデータシートを表示できない

お役立ち度 ★★★
2016 / 2013

クエリをデータシートビューで表示するときに「式に未定義関数があります。」というダイアログボックスが表示されてデータシートを表示できないときは、演算フィールドの関数名が正しいスペルで入力されているか、きちんと半角で入力されているかを確認しましょう。

➡演算フィールド……P.412

[式に未定義関数'○○'があります。]というダイアログボックスが表示された

[OK]をクリック

演算フィールドの関数名が正しく入力されているか確認しておく

関連 ≫263 クエリで計算したい ……………………… P.145

## 273 「循環参照」のエラーでデータシートを表示できない

お役立ち度 ★★★
2016 / 2013

クエリをデータシートビューで表示するときに「循環参照を発生させています。」というダイアログボックスが表示されたときは、式の中で使用しているフィールド名を演算フィールド名として設定しています。演算フィールドには式の中で使用しているフィールド名と同じ名前は付けられないので変更しましょう。

➡ 演算フィールド……P.412

［○○が循環参照を発生させています。］というダイアログボックスが表示された

［OK］をクリック　式を確認して修正しておく

関連 ≫266　演算フィールドに基のフィールド名を付けたい ………… P.146

## 274 計算結果に「#エラー」と表示されてしまう

お役立ち度 ★★★
2016 / 2013

演算フィールドに設定した式の構文が正しくても、フィールドに入力されている値に問題があると、演算フィールドに「#エラー」と表示されます。例えば8けたの数字を日付に変換する式で元データのけた数が足りなかったり、割り算の式で割る数のフィールドに0が入力されている場合にエラーになります。どのようなエラーが出るかを想定し、IIf関数やNz関数で場合分けするなど、エラー表示が出ないような式を作成することが大切です。

➡ 演算フィールド……P.412

演算フィールドに入力した式が正しくても［#エラー］が表示される場合もある

関連 ≫263　クエリで計算したい ………………………… P.145

## 275 計算結果に何も表示されない

お役立ち度 ★★☆
2016 / 2013

テーブルのデータが未入力だと、計算結果が未入力の状態になることがあります。例えば「合計：［金額］＋［手数料］」が設定された演算フィールドでは、［手数料］フィールドが未入力だと、［合計］フィールドがNullになります。このような場合は、ワザ613で紹介するNz関数を使用すると、Nullを0と見なして計算結果を表示できます。

➡ 演算フィールド……P.412

## 276 計算結果に誤差が出てしまう

お役立ち度 ★★☆
2016 / 2013

数値型の単精度浮動小数点型のフィールドは2進数で数値を扱いますが、2進数は小数を正確に計算できません。そのため、小数部分に誤差が出ることがあります。誤差が出ないようにするには、テーブルの構成を根本的に見直し、数値型の長整数型か、通貨型のデータ型を使用しましょう。例えば「kg」単位で小数を入力するフィールドは、「g」単位の整数で入力するようにすれば誤差は出ません。また、小数で入力したい場合でも小数点第4位までの範囲なら通貨型を使用すれば誤差は出ません。通貨型のフィールドの［書式］プロパティに［数値］を指定すれば、「￥」記号を表示しないようにできます。

➡ データ型……P.416

［販売キロ数］フィールドが数値型の単精度浮動小数点型だと、「金額：［販売キロ数］*［キロ当単価］」の計算結果に誤差が出る

クエリの基になるテーブルをデザインビューで表示し、データ型、フィールドサイズを変更しておく

関連 ≫110　データ型にはどんな種類があるの？ ………… P.78

関連 ≫117　フィールドサイズって何？ ………………… P.81

# レコードの並べ替え

データシートに思い通りの順序でレコードを表示するには、並べ替えのテクニックが必須です。ここでは並べ替えの方法や、よく起こる問題の解決方法を解説します。

## 277 並べ替えを設定したい

お役立ち度 ★★★
2016 / 2013

クエリの各フィールドに対して、昇順または降順の並べ替えを設定できます。昇順とは、数値の小さい順、日付の古い順、文字のシフトJISコード順で、降順はその逆です。複数の列に並べ替えを設定する場合は、左の列の並べ替えが優先されます。

➡ フィールド……P.417

| [配属コード]フィールドを昇順、[入社日]フィールドを降順に並べ替える | デザインビューでクエリを作成しておく |

| テーブルを追加し、[配属コード][入社日]フィールドを追加しておく | ❶[配属コード]フィールドの[並べ替え]行で[昇順]を選択 |

❷同様に[入社日]フィールドの[並べ替え]行で[降順]を選択

❸クエリを実行  実行

指定した順序でレコードが並べ替えられた

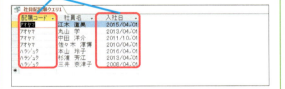

| 関連 ≫278 | レコードが五十音順に並ばない ……………… P.149 |
| 関連 ≫279 | 入力した順序で並べ替えたい ……………… P.149 |

## 278 レコードが五十音順に並ばない

お役立ち度 ★★★
2016 / 2013

短いテキストのフィールドを昇順で並べ替えると、以下の順で並べ替えが行われます。

**空白** → **記号** → **数字** → **英字** → **カタカナ／ひらがな** → **漢字**

英字はアルファベット順、カタカナとひらがなは五十音順に並べ替わりますが、漢字はシフトJISコード順になります。五十音順で並べ替えたい場合は、あらかじめふりがなのフィールドを用意しておき、そのフィールドを基準に並べ替えましょう。

➡ フィールド……P.417

| 関連 ≫163 | ふりがなを自動入力したい ……………… P.101 |
| 関連 ≫278 | 並べ替えを設定したい ……………… P.149 |

## 279 入力した順序で並べ替えたい

お役立ち度 ★★☆
2016 / 2013

入力順に並べ替える必要がある場合は、テーブルにオートナンバー型のフィールドを用意しておきます。すると入力順に連番が振られます。そのフィールドを並べ替えの基準に設定すれば、入力した順序で並べ替えられます。

➡ フィールド……P.417

| 関連 ≫278 | レコードが五十音順に並ばない ……………… P.149 |
| 関連 ≫281 | レコードが数値順に並ばない ……………… P.150 |

## 280 右に表示する列の並べ替えを優先したい

お役立ち度 ★★★
2016 / 2013

複数の列に並べ替えを設定する際に、右に表示する列の並べ替えを優先したいときは、優先順位の低いフィールドを表示したい位置と最右列の2カ所に配置します。最右列のフィールドで並べ替えと列の非表示を設定します。　　　　➡フィールド……P.417

［社員名］［入社日］［配属コード］の順にフィールドを表示し、［配属コード］フィールドを昇順、［入社日］フィールドを降順に並べ替える

| デザインビューでクエリを作成しておく | テーブルを追加し、[社員名][入社日][配属コード]フィールドを追加しておく | 最右列にもう1つ[入社日]フィールドを追加しておく |

❶［配属コード］フィールドの［並べ替え］行で［昇順］を選択

❷最右列の［入社日］フィールドの［並べ替え］行で［降順］を選択

❸［入社日］フィールドの［表示］行のチェックマークをはずす

❹クエリを実行

［配属コード］を昇順、［入社日］を降順で並べ替えられた

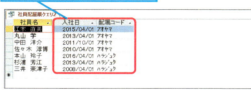

| 関連 ≫243 | デザインビューからクエリを実行したい………P.139 |
| 関連 ≫277 | 並べ替えを設定したい………P.149 |

## 281 レコードが数値順に並ばない

お役立ち度 ★★☆
2016 / 2013

短いテキストのフィールドに入力された数字で並べ替えを行うと、「1、11、12、2、21……」のように並び、数値の大きさの順になりません。数値の大きさ順に並べ替えるには、まずVal関数を使用して数値データに変換した演算フィールドを作成します。その演算フィールドを並べ替えの基準にすれば、フィールドが数値順に並びます。数値に変換した演算フィールドをデータシートに表示したくない場合は、［表示］行のチェックボックスをクリックしてチェックマークをはずします。　　　➡演算フィールド……P.412

**Val(** 数字の文字列 **)**
［数字の文字列］を数値に変換する

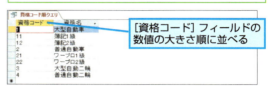

［資格コード］フィールドの数値の大きさ順に並べる

デザインビューでクエリを表示しておく

❶［フィールド］行に「Val(［資格コード］)」と入力

❷［並べ替え］行で［昇順］を選択

❸［表示］行のチェックマークをはずす

❹クエリを実行

数値順でレコードが並べ替えられた

| 関連 ≫277 | 並べ替えを設定したい………P.149 |
| 関連 ≫284 | 多数の項目を任意の順序で並べ替えたい………P.152 |

## 282 「株式会社」を省いた会社名で並べ替えたい

お役立ち度 ★★★  2016 / 2013

会社名のふりがなで並べ替えを行うと、「株式会社」が先頭にある会社名が連続するため、目的の会社を探しづらくなります。「カブシキガイシャ」を削除してから並べ替えると、固有名詞の部分を基準に並べ替えを行えます。「カブシキガイシャ」を削除するには、Replace関数で「カブシキガイシャ」を長さ0の文字列「""」に置き換えます。

➡長さ0の文字列……P.416

**Replace( 文字列 , 検索文字列 , 置換文字列 )**
[文字列]の中の[検索文字列]を[置換文字列]に置換する

[フリガナ]フィールドから「カブシキガイシャ」を削除し、並べ替えをする

デザインビューでクエリを作成しておく

テーブルを追加し、[取引先名][電話番号]フィールドを追加しておく

❶[フリガナ]フィールドの代わりに、[フィールド]行に「トリヒキサキメイ: Replace([フリガナ],"カブシキガイシャ","")」と入力

❷[並べ替え]行で[昇順]を選択  ❸クエリを実行

「カブシキガイシャ」が取り除かれた[フリガナ]フィールドを元に並べ替えられた

**関連 ≫283** 任意の順序で並べ替えたい ……………… P.151

---

## 283 任意の順序で並べ替えたい

お役立ち度 ★☆☆  2016 / 2013

並べ替えの基準にする項目数が少ないときは、Switch関数で項目に数値を割り振り、その数値を基準に並べ替えると、簡単に任意の順序で並べ替えられます。操作1で長い式が入力しにくいときは、ワザ297を参考に[ズーム]ダイアログボックスを利用すると入力しやすくなります。

➡関数……P.412

**Switch( 条件 1 , 値 1 , 条件 2 , 値 2 , …)**
[条件 1]が成り立つときは[値 1]、[条件 2]が成り立つときは[値 2]を返す

[区分]フィールドをパン、ケーキ、ドリンクの順に並べる

デザインビューでクエリを作成しておく

[区分][商品名][単価]フィールドを追加しておく

❶最右列の[フィールド]行に「Switch([区分]="パン",1,[区分]="ケーキ",2,[区分]="ドリンク",3)」と入力

❷[並べ替え]行で[昇順]を選択

❸クエリを実行

パン、ケーキ、ドリンクの順に並べ替えられた

デザイングリッドで関数を入力したフィールドの[表示]行のチェックマークをはずしておけば、[式1]フィールドを非表示にできる

**関連 ≫277** 並べ替えを設定したい ……………… P.149
**関連 ≫284** 多数の項目を任意の順序で並べ替えたい ……………… P.152
**関連 ≫297** クエリの長い式を入力しやすくしたい ……………… P.159

# 284

## 多数の項目を任意の順序で並べ替えたい

お役立ち度 ★★★
2016 / 2013

多数の項目を昇順や降順ではなく任意の順序で並べ替えたい場合は、並べ替え順を定義したテーブルを別途用意し、そのテーブルを使用して並べ替えを行います。ここでは［会員テーブル］のレコードを都道府県の北から順に並べ替える例を紹介します。

➡ リンク……P.420

都道府県の並べ替え順を定義した［都道府県テーブル］を用意しておく

［並べ替え順］フィールドに都道府県の並び順の数値を入力しておく

デザインビューでクエリを作成しておく

❶［都道府県テーブル］と［会員テーブル］を追加

［テーブルの表示］をダイアログボックスの［閉じる］をクリックして閉じておく

❷［都道府県テーブル］の［都道府県］フィールドをクリック

マウスポインターの形が変わった

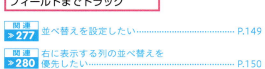

❸［会員テーブル］の［都道府県］フィールドまでドラッグ

| 関連 ≫277 | 並べ替えを設定したい………………………………P.149 |
| 関連 ≫280 | 右に表示する列の並べ替えを優先したい……………………………………P.150 |

結合線で結ばれた

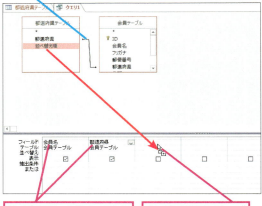

❹［会員テーブル］からクエリに表示したいフィールドを追加

❺［都道府県テーブル］から［並べ替え順］フィールドを追加

❻［並べ替え順］フィールドの［並べ替え］行で［昇順］を選択

❼クエリを実行

［都道府県］テーブルで設定した順で都道府県ごとに並べ替えられた

デザイングリッドで［並べ替え順］フィールドの［表示］行のチェックマークをはずしておけば、［並べ替え順］フィールドを非表示にできる

## 285 未入力のデータが先頭に並ぶのが煩わしい

お役立ち度 ★☆☆　2016 / 2013

昇順で並べ替えを行うと、Null（未入力の状態）が先頭に並びます。入力済みのデータは昇順で並べ替え、未入力のデータは末尾に並ぶようにするには、Nz関数を使用して未入力のデータが末尾に来るような値に変換します。例えば「1級、2級、3級」と入力されているフィールドであれば、Nullを99に変換すれば、Nullが末尾に並びます。　➡Null値……P.410

**Nz( 値 , 変換値 )**
［値］が Null の場合は［変換値］を返し、Null でない場合は［値］を返す。［変換値］を省略した場合は、長さ 0 の文字列を返す

［英語検定］フィールドが未入力のレコードを末尾になるよう並べ替えたい

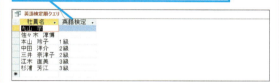

デザインビューでクエリを表示しておく

テーブルを追加し、［社員名］［英語検定］フィールドを追加しておく

❶ 最右列に「Nz(［英語検定］,"99")」と入力

❷［並べ替え］行で［昇順］を選択

❸ クエリを実行

［英語検定］フィールドが未入力のレコードが末尾に表示された

関数を入力したフィールドの［表示］行のチェックマークをはずしておけば、［式1］フィールドを非表示にできる

関連 ≫613　Null 値を別の値に変換したい ……………… P.331

## 286 得点を基準に順位を表示したい

お役立ち度 ★★★　2016 / 2013

［得点］フィールドの降順に並べ替えたレコードに順位を付けるには、現在のレコードの［得点］より高い得点のレコードの数をDCount関数で数えます。同点は同順位になります。　➡リンク……P.420

**DCount( フィールド名 , テーブル名 , 条件式 )**
［テーブル名］から［条件式］を満たすレコードの［フィールド名］のデータ数をカウントする

デザインビューでクエリを作成しておく

❶「順位: DCount("得点","成績テーブル","得点>" & [得点])+1」と入力

テーブルを追加し、［氏名］［得点］フィールドを追加しておく

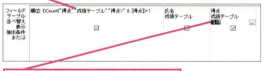

❷［得点］フィールドの［並べ替え］行で［降順］を選択

❸ クエリを実行

順位が表示された

同点は同順位になる

関連 ≫283　任意の順序で並べ替えたい ……………… P.151
関連 ≫287　成績ベスト 5 を表示したい ……………… P.154

## 287 成績ベスト5を表示したい

お役立ち度 ★★★
2016 / 2013

［トップ値］の機能を使用すると、データシートの「上から5行分」や「下から10行分」を抜き出せます。［トップ値］を設定するには、［デザイン］タブの［戻る］欄で抜き出すレコードの数を指定します。並べ替えと同時に設定すれば、「上位5件」や「下位10件」だけを表示できます。上位や下位の基準になるフィールドで並べ替えを設定しないと、正確にデータを抜き出せないので注意してください。なお、［戻る］に指定した末尾の順位に同順の複数のレコードが存在する場合、それらのレコードはすべて表示されます。例えば得点の上位5件を表示するクエリで、5位に同じ得点が3件ある場合、全部で7件のレコードが表示されます。

→トップ値……P.416

［得点］フィールドの成績のいい順にトップ5のレコードを取り出したい

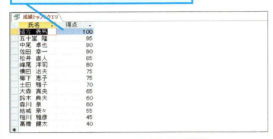

デザインビューでクエリを表示しておく

テーブルを追加し、［氏名］［得点］フィールドを追加しておく

❶［得点］フィールドの［並べ替え］行で［降順］を選択

❷［クエリツール］の［デザイン］タブをクリック

❸［戻る］のここに「5」と入力

❹クエリを実行

成績のトップ5のレコードだけ表示できた

関連 ≫288 ベスト5の抽出を解除してすべてのレコードを表示したい ……… P.154

## 288 ベスト5の抽出を解除してすべてのレコードを表示したい

お役立ち度 ★★★
2016 / 2013

［トップ値］で指定した「上位5件」や「下位5件」の抽出を解除して、すべてのレコードを表示するには、次の手順のように［クエリツール］の［デザイン］タブにある［戻る］から［すべて］を選択します。データシートビューで表示すると、すべてのレコードが表示されます。

❶［戻る］のここをクリック

❷［すべて］をクリック

すべてのレコードが表示される

関連 ≫287 成績ベスト5を表示したい ……… P.154

# 289 売り上げの累計を計算したい

お役立ち度 ★★★
2016 / 2013

［主キー］フィールドなど、値が重複しないフィールドで並べ替えたクエリでは、DSum関数を使用して特定のフィールドの累計を表示できます。例えば［ID］フィールドを昇順で並べ替えたクエリの場合、現在のレコードの［ID］より小さいレコードの数値データをDSum関数で合計すると、累計が求められます。

➡フィールド……P.417

**DSum( フィールド名 , テーブル名 , 条件式 )**
［テーブル名］から［条件式］を満たすレコードの［フィールド名］のデータ数を合計する

**CCur( 値 )**
［値］を通貨型に変換する

デザインビューでクエリを作成しておく

テーブルを追加し、[ID]［売上］フィールドを追加しておく

❶「累計: CCur(DSum(",売上","売上テーブル","ID<=" & [ID] ))」と入力

❷［ID］フィールドの［並べ替え］行で［昇順］を選択

❸クエリを実行

累計を表示できた

**関連 ≫559** グループごとの累計を印刷したい …… P.296

## STEP UP! データ型を操る2つのワザ

ワザ289では累計計算を行うために、DSum関数を使用しました。DSum関数の戻り値は文字列として返されるため、［書式］プロパティを使用しても、通貨のスタイルで表示できません。戻り値を通貨のスタイルで表示するには、2つの方法が考えられます。1つはワザ289で行ったように、DSum関数の戻り値をCCur関数で通貨型のデータに変換する方法です。そうすれば、自動的に通貨のスタイルで表示されます。もう1つは裏ワザとなりますが、「DSum("売上","売上テーブル","ID<=" & [ID])*1」のように、DSum関数の戻り値に「1」を掛けます。するとDSum関数の結果が数値と見なされて掛け算が行われ、結果も数値となります。結果が数値であれば、［書式］プロパティに［通貨］を設定して通貨のスタイルで表示できます。

［ID］［売上］フィールドを追加しておく

❶「DSum("売上","売上テーブル","ID<=" & [ID])*1」と入力

プロパティシートを表示しておく

❷［書式］プロパティで［通貨］を選択

❸クエリを実行

売り上げの累計に「¥」を表示できた

# レコードの抽出

データベースに蓄積したデータを自在に取り出すには、指定する抽出条件のワザが効果を発揮します。ここでは、レコードの抽出に役立つワザを解説します。

## 290 指定した条件を満たすレコードを抽出したい

お役立ち度 ★★★
2016 / 2013

クエリで抽出を行うには、抽出対象のフィールドの［抽出条件］行に抽出条件を入力します。以下の表を参考に、フィールドのデータ型に応じて適切な条件を設定してください。文字列を囲む「"」、日付や時刻を囲む「#」を入力しなかった場合は、フィールドのデータ型に応じて「"」や「#」が自動的に付加されます。

➡抽出……P.415
➡データ型……P.416

［会員区分］フィールドに「プラチナ」と入力されているレコードを抽出する

| デザインビューでクエリを作成しておく | テーブルを追加し、［会員名］［会員区分］フィールドを追加しておく |

❶［会員区分］フィールドの［抽出条件］行に「"プラチナ"」と入力
❷クエリを実行

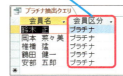

［会員区分］フィールドから「プラチナ」のレコードが抽出された

●抽出条件の設定方法

| データ型 | 設定方法 | 設定例 |
|---|---|---|
| 数値型、通貨型、オートナンバー型 | 数値をそのまま入力 | 123 |
| 短いテキスト、長いテキスト | 文字列を半角の「"」で囲んで入力 | "営業部" |
| 日付/時刻型 | 日付や時刻を半角の「#」で囲んで入力 | #2016/12/25# |
| Yes/No型 | 半角で「True」「Yes」や「False」「No」などと入力 | True |

関連 ≫289 売り上げの累計を計算したい ……………… P.155

## 291 データシートのフィルターとクエリはどう使い分けたらいい？

お役立ち度 ★★★
2016 / 2013

クエリでは、デザインビューで抽出条件を設定できる他に、データシートビューでもワザ180〜ワザ185と同様の操作で抽出条件を設定できます。ただし、データシートビューでの抽出は、クエリの実行結果から簡易的に抽出を行うものです。クエリのレコードそのものを定義するには、デザインビューで抽出条件を設定しましょう。

➡フィルター……P.418

関連 ≫180 「東京都」で始まるデータをフィルターで抽出したい ……………… P.109
関連 ≫181 フィルターを解除したい ……………… P.109

## 292 複数の条件をすべて満たすレコードを抽出したい

お役立ち度 ★★★　2016 / 2013

クエリでは複数の抽出条件を指定できますが、抽出条件をどこに入力するかによって、複数の条件の意味が変わります。複数の条件をすべて満たすレコードを抽出したいときは、同じ［抽出条件］行に複数の条件を入力します。例えば、［会員区分］フィールドの［抽出条件］行に「"プラチナ"」、［DM希望］フィールドの［抽出条件］行に「True」を指定すると、「会員区分がプラチナ、かつ、DM希望がTrue」のレコードが抽出されます。このように、複数の条件をすべて満たすレコードを抽出する条件を「AND条件」と呼びます。

［会員区分］フィールドが「プラチナ」、［DM希望］フィールドが「True」のレコードを抽出する

デザインビューでクエリを作成しておく

テーブルを追加し、［会員名］［会員区分］［DM希望］フィールドを追加しておく

❶ ［会員区分］フィールドの［抽出条件］行に「"プラチナ"」と入力

❷ ［DM希望］フィールドの［抽出条件］行に「True」と入力

❸ クエリを実行

複数の条件を満たすレコードを抽出できた

| 関連 ≫290 | 指定した条件を満たすレコードを抽出したい ……… P.156 |
| 関連 ≫293 | 複数のうちいずれかの条件を満たすレコードを抽出したい ……… P.157 |

## 293 複数のうちいずれかの条件を満たすレコードを抽出したい

お役立ち度 ★★★　2016 / 2013

複数の条件のうち少なくとも1つを満たすレコードを抽出したいときは、［抽出条件］行と［または］行を使用して、複数の条件を異なる行に入力します。同じフィールドに複数の抽出条件を指定した場合、クエリをいったん閉じて開き直すと、［または］行に入力した抽出条件が消え、［抽出条件］行の設定が「"東京都" or "神奈川県"」のように変わります。

［都道府県］フィールドに「東京都」または「神奈川県」を含むレコードを抽出する

デザインビューでクエリを作成しておく

テーブルを追加し、［会員名］［都道府県］フィールドを追加しておく

❶ ［都道府県］フィールドの［抽出条件］行に「"東京都"」と入力

❷ ［または］行に「"神奈川県"」と入力

「"」は半角で入力する

❸ クエリを実行

［都道府県］フィールドに「東京都」または「神奈川県」を含むレコードを抽出できた

| 関連 ≫290 | 指定した条件を満たすレコードを抽出したい ……… P.156 |
| 関連 ≫292 | 複数の条件をすべて満たすレコードを抽出したい ……… P.157 |

## 294 「○以上」や「○より大きい」という条件で抽出したい

お役立ち度 ★★★
2016 / 2013

抽出条件で比較演算子を使用すると、「以上」「以下」「より大きい」「等しくない」などの条件を設定できます。例えば、「>=2000」と設定すると2000以上のデータを、「>=#2016/12/01#」と設定すると2016/12/1以降のデータを抽出できます。比較演算子をAnd演算子やOr演算子と組み合わせれば、同じフィールドに複数の条件を指定することも可能です。例えば、「>=2000 And <3000」と設定すると、2000以上3000未満のデータを抽出できます。

●比較演算子

| 種類 | 演算子の意味 |
| --- | --- |
| < | より小さい |
| <= | 以下 |
| > | より大きい |
| >= | 以上 |
| = | 等しい |
| <> | 等しくない |

[抽出条件]行に「>=2000」と入力すると「2000以上」という条件になり、単価2,000円以上の商品を抽出できる

| 関連 ≫295 | 「○○でない」という条件で抽出したい……… P.158 |
| 関連 ≫296 | 「○以上○以下」という条件で抽出したい……… P.158 |

## 295 「○○でない」という条件で抽出したい

お役立ち度 ★★★
2016 / 2013

「○○でない」という条件を設定したいときは、<>演算子を使用します。例えば「東京都でない」という条件は「<>"東京都"」で表せます。 ➡演算子……P.412

| 関連 ≫296 | 「○以上○以下」という条件で抽出したい……… P.158 |

## 296 「○以上○以下」という条件で抽出したい

お役立ち度 ★★★
2016 / 2013

「20歳以上29歳以下」や「1,000円以上1,999円以下」というように、「○以上○以下」という条件で抽出したいときは、Between And演算子を「Between 開始条件 And 終了条件」の形式で[抽出条件]行に入力します。 ➡演算子……P.412

[入会日]フィールドが「2016/5/1〜2016/5/31」のレコードを抽出する

デザインビューでクエリを作成しておく

テーブルを追加し、[会員名][入会日]フィールドを追加しておく

❶ [入会日]フィールドの[抽出条件]行に「Between #2016/05/01# And #2016/05/31#」と入力

❷ クエリを実行

特定の期間内の入会日のレコードを抽出できた

| 関連 ≫295 | 「○○でない」という条件で抽出したい……… P.158 |

## 297 クエリの長い式を入力しやすくしたい

お役立ち度 ★★★
2016 / 2013

［フィールド］行や［抽出条件］行に入力する式が列に収まらないときは、列セレクターの右境界線をドラッグすると、列の幅を広げられます。また式が非常に長い場合は、以下の手順のように［ズーム］ダイアログボックスを使用すると、より広いスペースで入力できます。　　　　　　　　　➡フィールド……P.417

 ❶フィールドのここをクリック
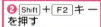 ❷ Shift + F2 キーを押す

[ズーム]ダイアログボックスが表示された
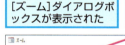 ❸数式を入力
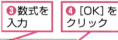 ❹[OK]をクリック

フィールドに式が入力される

## 298 長さ0の文字列を抽出したい

お役立ち度 ★★☆
2016 / 2013

データシートの見た目は未入力のように見えても、実際には長さ0の文字列の「""」が入力されていることがあります。例えば、関数や計算式の結果のフィールドに長さ0の文字列が入力されたり、外部からインポートしたデータに長さ0の文字列が含まれているケースが考えられます。長さ0の文字列を抽出するには、［抽出条件］行に半角で「""」と入力します。
➡長さ0の文字列……P.416

関連 ≫299 未入力のデータだけを抽出したい ……………… P.159

## 299 未入力のデータだけを抽出したい

お役立ち度 ★★☆
2016 / 2013

未入力の抽出条件は「Is Null」、入力済みの抽出条件は「Is Not Null」で表せます。例えば［携帯電話］フィールドが未入力のレコードを抽出するには、［携帯電話］フィールドの［抽出条件］行に半角で「Is Null」と入力します。また、［携帯電話］フィールドにデータが入力されているレコードを抽出するには、［携帯電話］フィールドの［抽出条件］行に半角で「Is Not Null」と入力します。　　　　　　➡Null値……P.410

[抽出条件]行に「Is Null」と入力すると、未入力のデータがあるレコードを抽出できる

関連 ≫298 長さ0の文字列を抽出したい ……………… P.159

## 300 「*」や「?」を抽出したい

お役立ち度 ★★★
2016 / 2013

「*」や「?」は抽出条件の中でワイルドカードとして扱われますが、「[ ]」の中に入れれば文字と見なされます。例えば「*」を含む文字列は「*[*]*」、また「?」で終わる文字列は「*[?]」という条件で表せます。

[抽出条件]行に「*[*]*」と入力すると、「*」を含む文字列のデータがあるレコードを抽出できる

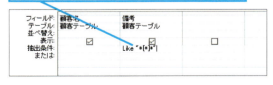

関連 ≫301 「○○で始まる」という条件で抽出したい ……………… P.160

## 301 「○○で始まる」という条件で抽出したい

お役立ち度 ★★★
2016 / 2013

ワイルドカードを使用すると、「○○で始まる」や「○○を含む」など、あいまいな条件で抽出を行えます。例えば「福岡市で始まる」という条件は、"福岡市*"で表せます。"福岡市*"を入力して確定すると、自動的にLike演算子が補われ、Like "福岡市*"のように表示されます。ワイルドカードはいずれも半角で入力してください。

➡演算子……P.412

●ワイルドカードの種類

| 種類 | ワイルドカードの意味 |
| --- | --- |
| * | 0文字以上の任意の文字列 |
| ? | 任意の1文字 |
| # | 任意の1けたの数字 |
| [ ] | [ ]内の特定の文字 |

[住所]フィールドが「福岡市」で始まるレコードを抽出する

デザインビューでクエリを作成しておく

テーブルを追加し、[会員名][住所]フィールドを追加しておく

❶[住所]フィールドの[抽出条件]行に「"福岡市*"」と入力

[Like "福岡市*"]と表示された

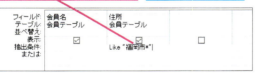

❷クエリを実行

「福岡市で始まる」という条件でレコードを抽出できた

| 関連 ≫300 | 「*」や「?」を抽出したい …………………… P.159 |
| 関連 ≫302 | カ行のデータだけを抽出したい …………… P.160 |

## 302 カ行のデータだけを抽出したい

お役立ち度 ★★★
2016 / 2013

半角角かっこ「[ ]」の中に2つの文字をハイフン「-」で結んで入力すると、文字の範囲を指定できます。例えば、ア行で始まる氏名を抽出したいときは[抽出条件]行に「"[ア-オ]*"」のように入力します。ただし、カ行のように濁音がある行は抽出条件に注意が必要です。[抽出条件]行に「"[カ-コ]*"」と入力すると「ゴ」で始まる氏名が漏れてしまうので、「"[カ-ゴ]*"」のように指定しましょう。

[フリガナ]フィールドで「カ行」で始まるレコードのデータを抽出して昇順で並べる

デザインビューでクエリを作成しておく

テーブルを追加し、[会員名][フリガナ]フィールドを追加しておく

❶[フリガナ]フィールドの[並べ替え]行で[昇順]を選択

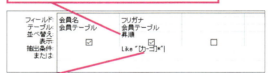

❷[フリガナ]フィールドの[抽出条件]に「"[カ-ゴ]*"」と入力

[Like "[カ-ゴ]*"]と表示された

❸クエリを実行

カ行のレコードだけを抽出できた

| 関連 ≫290 | 指定した条件を満たすレコードを抽出したい …………… P.156 |
| 関連 ≫301 | 「○○で始まる」という条件で抽出したい …………… P.160 |

## 303 複数のデータが入力された フィールドを抽出したい

お役立ち度 ★★★　2016 / 2013

複数の値を持つフィールドをデザイングリッドに配置して、その［抽出条件］行に項目名を入力すると、指定した項目名を含むレコードがすべて抽出されます。例えば［抽出条件］行に「"S002"」と入力すると、「S001, S002」「S002」「S002, S003」などをフィールドに含むレコードが抽出されます。

→フィールド……P.417

［仕入先ID］フィールドに「S002」を含むすべてのレコードを抽出する

デザインビューでクエリを作成しておく　テーブルを追加し、［商品名］［仕入先ID］フィールドを追加しておく

❶複数値を持つ［仕入先ID］フィールドを追加

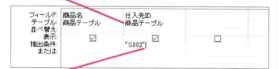

❷［仕入先ID］フィールドの［抽出条件］行に「"S002"」と入力

❸クエリを実行

複数値を持つフィールドのデータを抽出できた

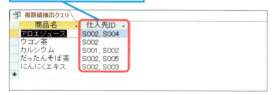

| 関連 ≫139 | 1つのフィールドに複数のデータを入力したい……P.91 |
| 関連 ≫304 | 複数のデータが入力されたフィールドで1項目ずつ抽出したい……P.161 |

## 304 複数のデータが入力された フィールドで1項目ずつ抽出したい

お役立ち度 ★★★　2016 / 2013

複数値を持つフィールドの場合、フィールドリストに「.Value」の名前を付加したValueフィールドが表示されます。例えば「仕入先ID」フィールドに複数の値が入力されている場合、「仕入先ID」の下層に「仕入先ID.Value」が表示されます。このValueフィールドをデザイングリッドに配置すると、複数値が別々のレコードとしてクエリに表示されます。その［抽出条件］行に項目名を入力すれば、指定した値に一致するレコードを抽出できます。

→フィールドリスト……P.418

［仕入先ID］フィールドに「S002」と入力されているレコードを抽出する

デザインビューでクエリを作成しておく　テーブルを追加し、［商品名］フィールドを追加しておく

❶［仕入先ID.Value］をデザイングリッドにドラッグ

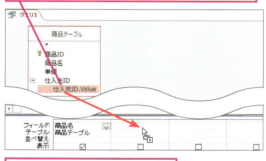

❷［仕入先ID.Value］フィールドの［抽出条件］行に「"S002"」と入力

❸クエリを実行

「S002」に一致するレコードが抽出された

レコードの抽出　161

## 305 平均以上のデータを抽出したい

お役立ち度 ★★★  2016 / 2013

DAvg関数を使用すると、特定のフィールドの数値の平均を求められます。これを抽出条件として使用すれば、平均以上のデータを抽出できます。

→関数……P.412

**DAvg( フィールド名 , テーブル名 )**
[テーブル名]で指定したテーブルに含まれる[フィールド名]で指定したフィールドの平均を求める

[成績テーブル]に入力されている得点を基にして、平均値以上の得点を取った生徒の氏名を得点の高い順に表示させる

デザインビューでクエリを作成しておく

テーブルを追加し、[氏名][得点]フィールドを追加しておく

❶[得点]フィールドの[並べ替え]行で[降順]を選択

❷[得点]フィールドの[抽出条件]行に「>=DAvg("得点","成績テーブル")」と入力

❸クエリを実行

平均値以上の得点を抽出し、生徒の氏名を表示できた

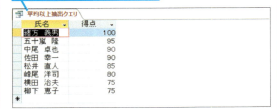

**関連** 「○以上○以下」という条件で
**≫296** 抽出したい…………………………… P.158

---

## 306 抽出条件をその都度指定したい

お役立ち度 ★★★  2016 / 2013

クエリを実行するたびに抽出条件を指定できるクエリを「パラメータークエリ」と呼びます。パラメータークエリを作成するには、[抽出条件]行にメッセージとして表示したい文字列を半角の角かっこ「[ ]」で囲んで入力します。メッセージは、クエリの実行時に[パラメーターの入力]ダイアログボックスに表示されるので、分かりやすい内容にしましょう。なお、メッセージ文にフィールド名を含めても構いませんが、フィールド名だけをメッセージ文として使うことはできません。

→パラメータークエリ……P.417

都道府県の入力を求め、入力された都道府県名で[会員テーブル]から会員を抽出するパラメータークエリを作成する

デザインビューでクエリを作成しておく

テーブルを追加し、[会員名][都道府県]フィールドを追加しておく

❶[都道府県]フィールドの[抽出条件]行に「[都道府県を入力してください]」と入力

❷クエリを実行

[パラメーターの入力]ダイアログボックスが表示された

❸都道府県を入力

❹[OK]をクリック

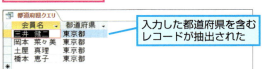

入力した都道府県を含むレコードが抽出された

**関連** 条件が入力されないときは
**≫307** すべてのレコードを表示したい………………… P.163

**関連** あいまいな条件のパラメータークエリを
**≫308** 作成したい………………………………………… P.163

## 307 条件が入力されないときはすべてのレコードを表示したい

お役立ち度 ★★☆
2016 / 2013

[パラメーターの入力]ダイアログボックスで条件を入力せずに[OK]をクリックしたときは、データシートにレコードが1件も表示されません。条件が指定されなかったときに、すべてのレコードを表示するようにするには、デザイングリッドの[または]行に「[メッセージ文] Is Null」という条件を入力します。

➡リンク……P.420

> 都道府県の入力を求め、入力されなかった場合はすべてのレコードが表示されるパラメータークエリを作成する

> デザインビューでクエリを作成しておく

> テーブルを追加し、[会員名][都道府県]フィールドを追加しておく

❶[都道府県]フィールドの[抽出条件]行に「[都道府県を入力してください]」と入力

❷[都道府県]フィールドの[または]行に「[都道府県を入力してください]Is Null」と入力

❸クエリを実行

> 都道府県の入力を促す[パラメーターの入力]ダイアログボックスが表示された

❹[OK]をクリック

> すべてのレコードが表示された

関連 ≫306 抽出条件をその都度指定したい……P.162

## 308 あいまいな条件のパラメータークエリを作成したい

お役立ち度 ★★★
2016 / 2013

[パラメーターの入力]ダイアログボックスに入力された文字列をキーワードとして、「キーワードを含む」「キーワードで始まる」というような抽出条件を設定するには、Like演算子とワイルドカードを組み合わせて条件を設定します。

➡演算子……P.412

> 会員名の一部を抽出条件としてデータを抽出し、会員名と会員区分を表示するパラメータークエリを設定する

> デザインビューでクエリを作成しておく

> テーブルを追加し、[会員名][会員区分]フィールドを追加しておく

❶[会員名]フィールドの[抽出条件]行に「Like "*" & [氏名の一部を入力してください] & "*"」と入力

❷クエリを実行

> [パラメーターの入力]ダイアログボックスが表示された

❸氏名の一部を入力

❹[OK]をクリック

> 入力した氏名に該当するレコードが抽出された

関連 ≫301 「○○で始まる」という条件で抽出したい……P.160

関連 ≫306 抽出条件をその都度指定したい……P.162

# 309 複数のパラメーターの入力順を指定したい

お役立ち度 ★★★
2016 / 2013

[クエリパラメーター]ダイアログボックスを使用すると、パラメーターの入力順と各パラメーターのデータ型を指定できます。
なお、通常[パラメーターの入力]ダイアログボックスでデータ型に合わないデータを入力すると、間違った条件のまま抽出が実行され、エラーが表示されたり、間違った結果が表示されたりします。しかし[クエリパラメーター]ダイアログボックスでデータ型を指定しておけば、間違ったデータ型のデータを入力したときに、[パラメーターの入力]ダイアログボックスが再表示され、条件の入力をやり直すことができるので便利です。
➡データ型……P.416

会員区分と入会した期間の入力を求め、該当する会員を表示するパラメータークエリを設定する

デザインビューでクエリを作成しておく

テーブルを追加し、[会員名][入会日][会員区分]フィールドを追加しておく

❶[入会日]フィールドの[抽出条件]行に「Between [入会日始まり] And [入会日終わり]」と入力

❷[会員区分]フィールドの[抽出条件]行に「[会員区分入力]」と入力

❸[クエリツール]の[デザイン]タブをクリック　❹[パラメーター]をクリック

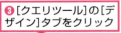  

| 関連 ≫306 | 抽出条件をその都度指定したい………… P.162 |
| 関連 ≫311 | パラメータークエリで「Yes」や「No」と入力して抽出したい………… P.165 |

[クエリパラメーター]ダイアログボックスが表示された

❺メッセージ文をパラメーターの表示順に入力　❻各パラメーターのデータ型を選択

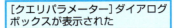
 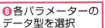

❼[OK]をクリック

❽クエリを実行

会員区分の入力を求めるダイアログボックスが表示された

❾会員区分を入力　❿[OK]をクリック

入会日の始まり、終わりを求めるダイアログボックスが表示された

⓫入会日の始まりを入力　⓬[OK]をクリック

⓭入会日の終わりを入力　⓮[OK]をクリック

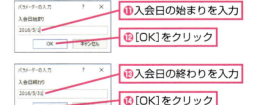

会員区分と入会日の複数の条件を満たすレコードが表示された

164　できる●レコードの抽出

## 310 パラメータークエリでYes/No型のフィールドを抽出できない

お役立ち度 ★★★　2016/2013

Yes/No型のフィールドに対する条件として、［パラメーターの入力］ダイアログボックスに「Yes」「No」や「True」「False」と入力すると、エラーになってしまいます。Yesの条件で抽出したいときは「-1」、Noの条件で抽出したいときは「0」と入力します。

→フィールド……P.417

クエリを実行すると［パラメーターの入力］ダイアログボックスが表示された

「0」と入力すると、Noのレコードが抽出される

❶「0」と入力
❷［OK］をクリック

Yes/No型のフィールドで「No」のレコードが表示された

## 311 パラメータークエリで「Yes」や「No」と入力して抽出したい

お役立ち度 ★★★　2016/2013

ワザ309で紹介した［クエリパラメーター］ダイアログボックスで、パラメーターを指定するフィールドのデータ型として［Yes/No型］を設定しておくと、［パラメーターの入力］ダイアログボックスに「Yes」「No」や「True」「False」を入力してレコードを抽出できます。

→データ型……P.416

［データ型］で［Yes/No型］を選択するとパラメータークエリで「Yes」「No」を入力できる

| 関連 | 複数のパラメーターの |
| >>309 | 入力順を指定したい……P.164 |

## 312 設定していないのにパラメーターの入力を要求されてしまう

お役立ち度 ★★☆　2016/2013

パラメータークエリの設定をしたつもりがないのに、クエリを実行すると［パラメーターの入力］ダイアログボックスが表示されることがあります。その場合、テーブルに存在しないフィールドがデザイングリッドに追加されている可能性があります。例えば［会員テーブル］から［退会日］フィールドを削除した後で、［退会日］フィールドを含む選択クエリを実行すると、「会員テーブル.退会日」と表示された［パラメーターの入力］ダイアログボックスが表示されます。［キャンセル］をクリックして、クエリのデザインビューで存在しないフィールドがないかを確認し、不要なフィールドは削除しましょう。

パラメータークエリの抽出条件を削除した場合でも、ワザ309で紹介した［クエリパラメーター］ダイアログボックスの設定は残ります。そのようなクエリを実行すると、［クエリパラメーター］ダイアログボックスで設定されているパラメーターが表示されます。ワザ309を参考に［クエリパラメーター］ダイアログボックスを表示して、設定内容を削除しましょう。

→パラメータークエリ……P.417

設定していないのにパラメーターの入力を要求された

［キャンセル］をクリック

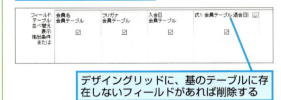

デザインビューでクエリを表示しておく

デザイングリッドに、基のテーブルに存在しないフィールドがあれば削除する

| 関連 | 複数のパラメーターの |
| >>309 | 入力順を指定したい……P.164 |

レコードの抽出　できる　165

# 313

## テーブル内にある重複したデータを抽出したい

[重複クエリウィザード]を使用すると、簡単に重複データを抽出できます。テーブルにレコードが二重登録されていないか調べたいときなどに利用します。ここでは例として、[懸賞応募テーブル]に同一人物のレコードが重複していないかを調べます。このときポイントになるのは、どのようなデータを重複と見なすのか、きちんと考えることです。ここでは、氏名と電話番号の両方が一致するデータを重複と見なします。つまり、氏名が同じでも電話番号が異なれば重複とは見なさないということです。

なお、クエリのデータシートに表示される内容は、操作10～11のクエリの結果にフィールドを追加する画面での指定によって変わります。操作10でフィールドを指定すると、そのフィールドの値が表示されます。この手順の例では[ID]フィールドを指定しているので、二重登録されているレコードの「氏名、電話番号、ID」が表示され、「田中哲、03-3455-xxxx、5」「田中哲、03-3455-xxxx、3」のように2組表示されます。操作10でフィールドを指定しない場合は、「田中哲、03-3455-xxxx、2」のように「氏名、電話番号、重複件数」が表示されます。

→重複クエリ……P.416

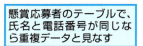

懸賞応募者のテーブルで、氏名と電話番号が同じなら重複データと見なす

氏名が同じでも電話番号が異なれば重複データと見なさない

❶[作成]タブをクリック
❷[クエリウィザード]をクリック

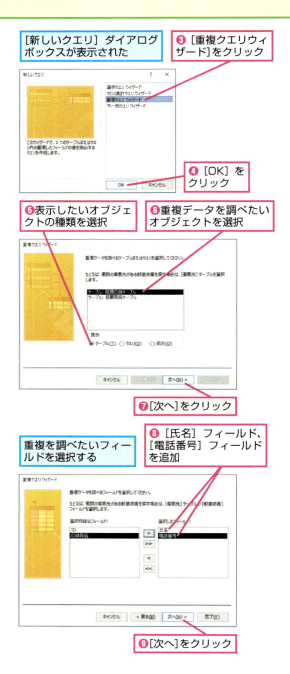

[新しいクエリ]ダイアログボックスが表示された
❸[重複クエリウィザード]をクリック
❹[OK]をクリック
❺表示したいオブジェクトの種類を選択
❻重複データを調べたいオブジェクトを選択
❼[次へ]をクリック
❽[氏名]フィールド、[電話番号]フィールドを追加
重複を調べたいフィールドを選択する
❾[次へ]をクリック

166 できる ● レコードの抽出

| お役立ち度 ★★★ |
| 2016 |
| 2013 |

クエリの結果に表示したい
フィールドを追加する

❿ここでは [ID] フィールドを追加

⓫[次へ]をクリック

⓬クエリ名を入力

⓭[クエリを実行して結果を表示する]をクリック

⓮[完了] をクリック

クエリの結果が表示され、二重登録の疑いがあるフィールドが抽出された

| 関連 ≫242 | 選択クエリを作成したい……………………………… P.138 |
| 関連 ≫290 | 指定した条件を満たすレコードを抽出したい……………………………… P.156 |

# 314

## 抽出条件でデータ型が一致しないというエラーが表示される

| お役立ち度 ★★☆ |
| 2016 |
| 2013 |

クエリを実行するときに「抽出条件でデータ型が一致しません」というエラーが表示される場合は、抽出対象のフィールドのデータ型に合わない条件が設定されています。例えば、数値型や日付/時刻型、Yes/No型のフィールドに「A101」のような文字列の条件を設定すると、このようなエラーが発生します。また、自分では正しく「>10」や「True」などの条件を設定したつもりでも、条件が全角で入力されていると文字列と見なされてエラーが発生するので、全角と半角の違いに気を付けましょう。エラーが発生した場合は[OK]をクリックしてダイアログボックスを閉じ、ワザ290を参考にデータ型に応じた適切な条件を入力し直しましょう。　　　　　　　　　　→データ型……P.416

「データ型が一致しない」というエラーが表示される場合は、抽出条件のデータの種類を確認する

❶[OK]をクリック

デザインビューでクエリを表示しておく

抽出条件が全角文字で入力されていた

❷抽出条件を半角で入力し直す

正しく抽出されるようになる

| 関連 ≫290 | 指定した条件を満たすレコードを抽出したい……………………………… P.156 |
| 関連 ≫310 | パラメータークエリで Yes/No 型のフィールドを抽出できない……………… P.165 |
| 関連 ≫311 | パラメータークエリで「Yes」や「No」と入力して抽出したい…………… P.165 |

レコードの抽出 ● できる **167**

## 315 存在するはずの日付や数値が抽出されない
お役立ち度 ★★★ 2016 2013

日付/時刻型のフィールドで存在するはずの日付が抽出できない場合は、日付データに時刻データが含まれている可能性があります。例えば「2017/08/01 12:00:00」というデータは「#2017/08/01#」という抽出条件では抽出できません。条件を「>=#2017/08/01# And <#2017/08/02#」のように入力すれば、「2017/08/01」のデータを漏れなく抽出できます。同様に、数値の抽出を行うときは小数部分に注意しましょう。　→フィールド……P.417

> 関連 ≫145　郵便番号の入力パターンを設定したい……P.94
> 関連 ≫146　[定型入力] プロパティの設定値の意味が分からない……P.95

## 316 ルックアップフィールドに存在するはずのデータが抽出されない
お役立ち度 ★★★ 2016 2013

テーブルでルックアップフィールドを設定したときに、[ルックアップウィザード]で[キー列を表示しない]にチェックマークを付けると、フィールドには表示されているデータではなく、キー列のデータが保存されます。その場合、表示されているデータを抽出条件に指定しても抽出できません。基のテーブルで主キーの値を調べ、それを抽出条件に指定しましょう。
　→ルックアップ……P.420

[総務部][管理部]などリストに表示される値を抽出条件にしても抽出できないことがある

基のテーブルで主キーの値（ここでは[部署名]ではなく[部署ID]フィールドのデータ）を調べ、その値を抽出条件に指定すると抽出できる

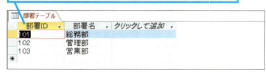

## 317 存在するはずのデータが抽出されない
お役立ち度 ★★★ 2016 2013

[定型入力]の機能を使用して入力したデータを抽出する場合は、リテラル表示文字が保存される設定になっているかによって、条件の指定に注意が必要です。リテラル表示文字とは、郵便番号の「-」や電話番号の「()」などのことです。
例えば、テーブルの[郵便番号]フィールドに[定型入力]プロパティが設定されているとします。リテラル表示文字が保存されない設定の場合は、データシートに「123-4567」と表示されていても、実際にテーブルに保存されているのは「1234567」です。したがって抽出条件を「1234567」の形式で指定しないと抽出されません。リテラル表示文字が保存される設定の場合は、「123-4567」の形式で抽出条件を指定します。なお、リテラル表示文字の保存については、ワザ145を参考に判断してください。　→フィールド……P.417

> 関連 ≫145　郵便番号の入力パターンを設定したい……P.94
> 関連 ≫146　[定型入力] プロパティの設定値の意味が分からない……P.95

## 318 存在するはずの未入力のデータが抽出されない
お役立ち度 ★★★ 2016 2013

何も入力されていないフィールドはワザ299のように半角の「Is Null」という抽出条件で抽出できますが、短いテキストや長いテキストのフィールドの場合、何も入力されてないように見えても長さ0の文字列「""」や空白（スペース）が入力されていることがあります。長さ0の文字列は、半角の「""」で抽出できます。空白（スペース）の数は分からないので、とりあえず「Like "*"」という条件を使用して空白で始まるデータがあるかどうかを確認しましょう。
　→長さ0の文字列……P.416

> 関連 ≫292　複数の条件をすべて満たすレコードを抽出したい……P.157
> 関連 ≫299　未入力のデータだけを抽出したい……P.159

# 複数のテーブルを基にしたクエリ

複数のテーブルを組み合わせて利用できることは、Accessならではのメリットです。ここでは、複数のテーブルからクエリを作成して1つの表にまとめるワザを紹介します。

## 319 複数のテーブルに保存されたデータを1つの表にまとめたい

お役立ち度 ★★★　2016 2013

複数のテーブルに格納されたデータを1つの表にまとめるにはクエリを使用します。このようなクエリを作成する具体的な方法は、ワザ320以降を参照してください。

→フィールド……P.417

次の2つのテーブルのレコードを商品区分IDで関連付けて1つにまとめる

◆商品テーブル

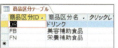

◆商品区分テーブル

デザインビューでクエリを作成し、2つのテーブルを追加しておく

結合フィールドを指定しておく

クエリを実行すると、結合フィールドに指定した［商品区分ID］に同じ値を持つレコードが統合された

## 320 クエリで複数のテーブルを利用したい

お役立ち度 ★★★　2016 2013

クエリを作成するときに［テーブルの表示］ダイアログボックスで複数のテーブルを追加すると、複数のテーブルのデータを組み合わせたクエリを作成できます。リレーションシップが設定されている場合や2つのテーブルに以下の条件を満たすフィールドがある場合は、自動的にテーブル同士が結合線で結ばれます。

・フィールド名とデータ型が同じ
・フィールドサイズが同じ
・少なくとも一方のフィールドが主キー

例外として、オートナンバー型はフィールドサイズが長整数型である数値型のフィールドと結合します。また、短いテキストの場合はフィールドサイズが異なっても結合します。上記の条件を満たすフィールドが存在しない場合は、自動で結ばれないので、結合フィールドをドラッグして手動で結合してください。

→フィールドサイズ……P.418
→リレーションシップ……P.420

デザインビューでクエリを作成し、［社員テーブル］［受注テーブル］を追加しておく

❶［社員テーブル］の［社員ID］にマウスポインターを合わせる

❷［受注テーブル］の［受注担当者］までドラッグ

マウスポインターの形が変わった

結合線が表示される

関連 ≫213　リレーションシップって何？……P.124

## 321 オートルックアップクエリって何？

お役立ち度 ★★★
2016 / 2013

テーブル間の結合が一対多のリレーションシップの関係にある場合、クエリのデータシートビューで多側テーブルの結合フィールドにデータを入力すると、対応する一側テーブルのデータが自動表示されます。このようなクエリをオートルックアップクエリと呼びます。オートルックアップクエリでは、結合フィールドを多側テーブルから配置しないと、一側テーブルのデータを正しく自動表示できないので注意してください。

→リレーションシップ……P.420

❷一側テーブルからフィールドを追加

必要に応じて並べ替えを設定しておく

❸クエリを実行

❹結合フィールドにデータを入力

❺ Enter キーを押す

オートルックアップによって、対応する一側テーブルのデータが自動入力された

クエリに複数のテーブルを追加し、結合フィールドを作成しておく

データを表示したい多側テーブルのフィールドを追加しておく

◆多側テーブル　　◆一側テーブル

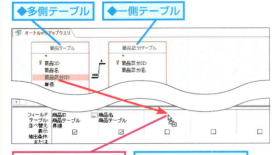

❶多側テーブルから結合フィールドを追加

結合フィールドは多側テーブルから追加する

| 関連 ≫319 | 複数のテーブルに保存されたデータを1つの表にまとめたい …… P.169 |
| 関連 ≫322 | データを編集したら他のレコードも変わってしまった …… P.170 |

## 322 データを編集したら他のレコードも変わってしまった

お役立ち度 ★★★
2016 / 2013

オートルックアップクエリは、基本的に多側テーブルのレコードを入力するためのクエリです。一側テーブルから配置したフィールドは、参照するためのものと考えましょう。一側テーブルの同じデータが複数のレコードに表示されるため、1カ所でデータを編集すると複数のレコードで表示が変わってしまいます。一側テーブルのデータは編集しないようにしましょう。なお、このような失敗を防ぐには、クエリを基にフォームを作成し、ワザ399を参考に参照用のフィールドの編集を禁止しておきましょう。

オートルックアップクエリを設定している場合、一側テーブルのフィールドを編集すると、他のレコードも変更されてしまう

| 関連 ≫399 | 特定のフィールドのデータを変更されないようにしたい …… P.208 |

## 323 レコードの並び順がおかしい

お役立ち度 ★★☆
2016 / 2013

複数のテーブルを基にするクエリの場合、どのテーブルのフィールドが並べ替えの基準になるか明確な決まりはありません。そのため、レコードを入力後にクエリを開き直すと、意図しない順序でレコードが並んでいることがあります。目的通りの順序でレコードを表示するには、ワザ277を参考に正しく並べ替えの設定を行いましょう。

関連 ≫277 並べ替えを設定したい……………………… P.149

## 324 同じデータが何度も表示されてしまう

お役立ち度 ★★★
2016 / 2013

クエリに追加した複数のテーブルが結合線で結ばれていないと、データシートには各テーブルのレコード数を掛け合わせた数のレコードが表示されてしまいます。レコード同士を正しく組み合わせて表示するには、テーブル同士を共通のフィールドで結合しましょう。
→レコード……P.420

フィールドを結合しないままクエリを実行する

各テーブルのレコード数を掛け合わせた数だけレコードが表示された

## 325 オートルックアップクエリで一側テーブルのデータが自動表示されない

お役立ち度 ★★☆
2016 / 2013

オートルックアップクエリでは、ワザ321を参考に結合フィールドを必ず多側テーブルから配置します。同じフィールドが一側テーブルにもありますが、一側テーブルから配置した場合は、結合フィールドにデータを入力しても対応する一側テーブルのデータは自動的に表示されません。また、入力したレコードを保存できないことがあるなど、トラブルの原因になるので、必ず多側テーブルから配置しましょう。
→結合フィールド……P.413

## 326 オートルックアップクエリに新規レコードを入力できない

お役立ち度 ★★☆
2016 / 2013

オートルックアップクエリでは、多側テーブルの結合フィールドが配置されていないと、新規レコードが入力できないことがあります。多側テーブルの結合フィールドをクエリに追加しましょう。
→結合フィールド……P.413

## 327 オートルックアップクエリで新規レコードを保存できない

お役立ち度 ★★☆
2016 / 2013

オートルックアップクエリで新規レコードを保存するときに、「フィールド（フィールド名）とキーが一致しているレコードをテーブル（テーブル名）で探すことができません。」という内容のダイアログボックスが表示されて保存できないことがあります。テーブルでは結合フィールドが未入力のままでも保存できますが、オートルックアップクエリの既定の設定では結合フィールドが未入力のままでは保存できません。なお、ワザ329を参考にテーブル間に右外部結合を設定すれば、結合フィールドが未入力のままでも保存できます。
→結合フィールド……P.413

関連 ≫329 結合したらデータが表示されなくなった……… P.172

## 328 結合線が重なって見づらい

複数のテーブルを基に作成するクエリでは、結合線が重なってテーブル同士の関係が分かりにくくなることがあります。そのようなときには、結合線が重ならないように配置を調整しましょう。フィールドリストを移動するには、タイトルバーの部分をドラッグします。

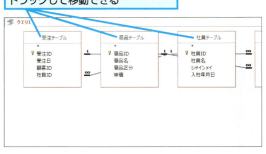

フィールドリストのタイトルバーをドラッグして移動できる

## 329 結合したらデータが表示されなくなった

複数のテーブルを基にしたクエリに、存在するはずのデータが表示されないときは、結合プロパティを変更してみましょう。通常の結合は内部結合と呼ばれ、データシートに表示されるのはお互いのテーブルの結合フィールドが一致するレコードだけです。外部結合に変更すると、どちらか一方のテーブルのすべてのレコードを表示できます。外部結合では、結合線に矢印が表示されます。詳しくは、ワザ330を参照してください。
→結合フィールド……P.413

デザインビューでクエリを表示しておく

ここでは内部結合を右外部結合に変更し、[社員テーブル]のすべてのレコードを表示できるようにする

❶結合線をダブルクリック

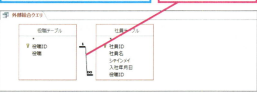

[結合プロパティ]ダイアログボックスが表示された

❷[3:'社員テーブル'の全レコードと'役職テーブル'の同じ結合フィールドのレコードだけを含める]をクリック

❸[OK]をクリック

結合線に矢印が表示された

❹クエリを実行

すべてのレコードが表示された

関連 ≫330 外部結合にはどのような種類があるの？……P.173

# 330 外部結合にはどのような種類があるの？

お役立ち度 ★★★
2016 / 2013

ワザ329のように、クエリのデザインビューで結合線をダブルクリックしたときに表示される［結合プロパティ］ダイアログボックスには、3つの選択肢があります。選択肢は、上から順に内部結合、左外部結合、右外部結合となります。それぞれの違いと抽出されるデータの例は次のとおりです。

なお、Accessではクエリのデザインビューに配置したテーブルの位置とは関係なく、一側テーブルを左のテーブル、多側テーブルを右のテーブルと呼びます。

［結合プロパティ］ダイアログボックスを表示しておく

- 内部結合を設定できる
- 左外部結合を設定できる
- 右外部結合を設定できる

◆ 一側テーブル（役職テーブル）

| 役職ID | 役職 |
|---|---|
| A | 部長 |
| B | 部長補佐 |
| C | 課長 |
| D | 係長 |

◆ 多側テーブル（社員テーブル）

| 社員ID | 社員名 | 役職ID |
|---|---|---|
| 1001 | 田中 | A |
| 1002 | 南 | C |
| 1003 | 佐々木 | D |
| 1004 | 新藤 | D |
| 1005 | 岡田 |  |
| 1006 | 小林 |  |

| 関連 ≫319 | 複数のテーブルに保存されたデータを1つの表にまとめたい ……… P.169 |
| 関連 ≫324 | 同じデータが何度も表示されてしまう ……… P.171 |
| 関連 ≫327 | オートルックアップクエリで新規レコードを保存できない ……… P.171 |
| 関連 ≫329 | 結合したらデータが表示されなくなった ……… P.172 |

## ●内部結合

内部結合は、両方のテーブルの結合フィールドの値が一致するレコードだけが取り出されます。［社員テーブル］と［役職テーブル］の例では、役職に就いている社員のレコードだけが取り出されます。

一側テーブルと多側テーブルが矢印のない結合線で結ばれている

| 社員名 | 役職ID | 役職 |
|---|---|---|
| 田中 | A | 部長 |
| 南 | C | 課長 |
| 佐々木 | D | 係長 |
| 新藤 | D | 係長 |

## ●左外部結合

左外部結合は、一側テーブルのすべてのレコードと多側テーブルの結合フィールドの値が一致するレコードが取り出されます。［役職テーブル］と［社員テーブル］の例では、内部結合のレコードに加え、役職が用意されているものの、該当社員がいない役職データが取り出されます。

一側テーブルから多側テーブルに向かう矢印が表示される

| 社員名 | 役職ID | 役職 |
|---|---|---|
| 田中 | A | 部長 |
|  | B | 部長補佐 |
| 南 | C | 課長 |
| 佐々木 | D | 係長 |
| 新藤 | D | 係長 |

## ●右外部結合

右外部結合は、多側テーブルのすべてのレコードと一側テーブルの結合フィールドの値が一致するレコードが取り出されます。［役職テーブル］と［社員テーブル］の例では、内部結合のレコードに加え、役職に就いていない社員データが取り出されます。

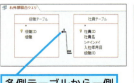

多側テーブルから一側テーブルに向かう矢印が表示される

| 社員名 | 役職ID | 役職 |
|---|---|---|
| 田中 | A | 部長 |
| 南 | C | 課長 |
| 佐々木 | D | 係長 |
| 新藤 | D | 係長 |
| 岡田 |  |  |
| 小林 |  |  |

## 331 同じ名前のフィールドを計算式に使うにはどうすればいい?

お役立ち度 ★★☆
2016 / 2013

クエリの基になる複数のテーブルに同じ名前のフィールドがある場合、そのフィールドを計算式で使用するときは「[テーブル名].[フィールド名]」の形式でテーブル名を明記します。同じ名前のフィールドをデザイングリッドに配置し、「新しいフィールド名:[フィールド名]」の形式で新しいフィールド名を設定すれば、設定した名前を計算式で使用できます。また、このクエリを基に別のクエリを作成する場合にも、設定したフィールド名を新しいクエリで使用できるので便利です。
→フィールド……P.417

### ●テーブル名を明記する場合

計算式で[数量]フィールドを指定するときは、「[在庫テーブル].[数量]」のようにテーブル名も明記する

### ●新しいフィールド名を付ける場合

❶「在庫数:数量」と入力
❷「発注数:数量」と入力

> 関連 >>334 集計結果のフィールドに名前を設定したい ……… P.177

---

## 332 2つのテーブルのうち、一方にしかないデータを抽出したい

[不一致クエリウィザード]を使用すると、2つのテーブルを比べて、一方にしかないデータを簡単に抽出できます。例えば[商品テーブル]と[受注テーブル]を比べて[商品テーブル]にしかない[品番]フィールドを抽出すると、売れていない商品を調べられます。不一致クエリは、外部結合の仕組みを利用して作成されます。外部結合の勉強になるので、ウィザード完了後にクエリのデザインビューを確認するといいでしょう。
→不一致クエリ……P.418

[商品テーブル]にあって[受注テーブル]にない品番の商品(レコード)を抽出する

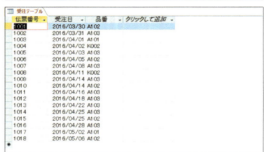

[作成]タブの[クエリウィザード]をクリックし、[新しいクエリ]ダイアログボックスを表示しておく

❶[不一致クエリウィザード]をクリック

❷[OK]をクリック

お役立ち度 ★★★
2016 / 2013

### レコードを抽出するオブジェクトを選択する

❸ [テーブル] を クリック
❹ [テーブル:商品テーブル] をクリック
❺ [次へ] を クリック

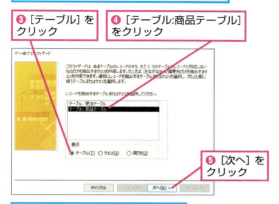

### 比較対象のオブジェクトを選択する

❻ [テーブル] を クリック
❼ [テーブル:受注テーブル] をクリック
❽ [次へ] を クリック

❾ 両方のオブジェクトで比較する フィールド（[品番]）をクリック
❿ ここをクリック
⓫ [次へ]をクリック

⓬ ここをクリックしてクエリの結果に 表示する [品番] [商品名] [単価] フィールドを [選択したフィールド] に追加　>>
⓭ [次へ]をクリック

⓮ クエリ名を入力
⓯ [クエリを実行して結果 を表示する]をクリック
⓰ [完了] を クリック

⓱ クエリを 実行

[商品テーブル] にあって [受注テーブル] にない品番のデータが抽出された

関連 ≫329　結合したらデータが表示されなくなった……… P.172
関連 ≫330　外部結合にはどのような種類があるの？……… P.173

複数のテーブルを基にしたクエリ　175

# データの集計

データベースに蓄積したデータを集計すると、データの傾向を把握でき、データ分析に役立ちます。ここでは集計のテクニックを見ていきましょう。

## 333 グループごとに集計したい

★★★
2016 / 2013

グループごとの集計（グループ集計）を行うには、デザイングリッドに［集計］行を表示します。集計対象のフィールドで集計の種類を指定すると、同じデータをグループ化して、グループごとに集計できます。集計の種類は［合計］［平均］［カウント］などから選択するだけで、計算式を入力する必要はありません。実際には、自動的に対応する関数が使用されて計算が行われます。なお、［集計］行を非表示にすると、集計は解除されます。

→グループ集計……P.413

**都道府県を基準に金額を合計する**

| 都道府県 | 金額 |
|---|---|
| 東京都 | ¥1,000 |
| 神奈川県 | ¥500 |
| 東京都 | ¥800 |
| 千葉県 | ¥1,200 |
| 千葉県 | ¥400 |
| 神奈川県 | ¥1,000 |
| 東京都 | ¥600 |

| 都道府県 | 金額 |
|---|---|
| 東京都 | ¥2,400 |
| 神奈川県 | ¥1,500 |
| 千葉県 | ¥1,600 |

デザインビューでクエリを作成しておく

テーブルを追加し、［都道府県］［金額］フィールドを追加しておく

❶［クエリツール］の［デザイン］タブをクリック

❷［集計］をクリック

デザイングリッドに［集計］行が表示された

❸集計したいフィールドの［集計］行のここをクリック

［集計］行を表示した直後は［グループ化］が選択されている

❹［合計］をクリック

❺クエリを実行

データシートビューで表示しておく

都道府県ごとに金額を合計できた

### ●主な集計の種類

| 集計の種類 | 対応する関数 |
|---|---|
| 合計 | Sum |
| 平均 | Avg |
| 最小 | Min |
| 最大 | Max |
| カウント | Count |

関連 »242 選択クエリを作成したい …………… P.138
関連 »335 計算結果を集計したい ……………… P.177
関連 »337 2段階のグループ化を行いたい …… P.178
関連 »343 クロス集計クエリを作成したい …… P.180

## 334 集計結果のフィールドに名前を設定したい

お役立ち度 ★★★
2016 / 2013

グループ集計を行うと、集計したフィールドには自動的に「数量の合計」のような名前が付けられます。任意の名前を設定するには、デザイングリッドの［フィールド］行に「新しいフィールド名:集計対象のフィールド名」の形式で名前を入力します。

→グループ集計……P.413

都道府県を基準に金額を合計し、[合計金額]というフィールド名で表示する

デザインビューでクエリを作成しておく

テーブルを追加し、[都道府県][金額]フィールドを追加しておく

デザイングリッドに［集計］行を表示しておく

❶合計を表示させたいフィールドの［集計］行で[合計]を選択

❷「合計金額:金額」と入力

❸クエリを実行

データシートビューで表示しておく

[合計金額]というフィールド名で集計できた

| 都道府県 | 合計金額 |
|---|---|
| 埼玉県 | 48 |
| 神奈川県 | 72 |
| 東京都 | 197 |

関連 ≫331 同じ名前のフィールドを計算に使うにはどうすればいい？……P.174
関連 ≫333 グループごとに集計したい……P.176

## 335 計算結果を集計したい

お役立ち度 ★★★
2016 / 2013

演算フィールドも集計できます。例えば、デザイングリッドの［フィールド］欄に「合計金額:[単価]*[数量]」と入力すると、[単価]フィールドと[数量]フィールドを掛け合わせた結果を集計できます。クエリを保存して開き直すと、「合計金額:SUM([単価]*[数量])」のように関数式が表示されます。

→演算フィールド……P.412

テーブルの商品の「単価×数量」で金額を計算し、商品区分ごとの合計金額を求める

デザインビューでクエリを作成し、テーブルを追加して[商品区分]フィールドを追加しておく

デザイングリッドに［集計］行を表示しておく

❶「合計金額: [単価]*[数量]」と入力　❷［集計］行で[合計]を選択

❸クエリを実行

商品区分ごとの合計金額を集計できた

| 商品区分 | 合計金額 |
|---|---|
| サプリメント | ¥271,300 |
| ビヨウ | ¥347,400 |
| ヘルシー | ¥233,100 |

関連 ≫333 グループごとに集計したい……P.176

## 336 レコード数を正しくカウントできない

お役立ち度 ★★☆
2016 / 2013

［集計］行で[カウント]を選択すると、フィールドのデータがカウントされますが、Null値はカウントの対象になりません。レコード数をカウントしたいときは、データが必ず入力されている主キーのようなフィールドをカウントするようにしましょう。　→Null値……P.410

## 337 2段階のグループ化を行いたい

お役立ち度 ★★☆
2016 / 2013

2段階のグループ化を行うには、グループ化するフィールドのうち、優先順位の高いフィールドを左から順に配置します。例えば左から順に［商品区分］と［顧客性別］のフィールドを配置すると、商品区分と顧客性別ごとに集計できます。

商品区分と注文した顧客の性別ごとに、受注数量の合計を求める

デザインビューでクエリを作成しておく

デザイングリッドに［集計］行を表示しておく

テーブルを追加し、グループ化するフィールドを［商品区分］［顧客性別］の順に配置しておく

❶「合計数量: 数量」と入力

❷ 合計を表示したいフィールドの［集計］行で［合計］を選択

❸ クエリを実行

商品区分と顧客性別ごとに集計できた

◆2段階の集計クエリ
［商品区分］と［顧客性別］ごとの集計値が縦に並ぶ

関連 ≫343 クロス集計クエリを作成したい ……………… P.180

## 338 日付のフィールドを月ごとにグループ化して集計したい

お役立ち度 ★★★
2016 / 2013

日付を月ごとにグループ化するには、Format関数で日付から「月」を取り出してグループ化します。複数年のデータの場合は、レコードを正しく並べ替えるために「年」と「月」の両方を取り出します。

**Format( データ , 書式 )**
［データ］を指定した［書式］に変換した文字列を返す

日ごとの受注金額の合計を求める

デザインビューでクエリを作成し、受注金額の［データ］フィールドがあるテーブルまたはクエリを追加しておく

デザイングリッドに［集計］行を表示しておく

❶「月: Format(［受注日］,"yyyy¥年mm¥月")」と入力

❷「受注金額: 金額」と入力

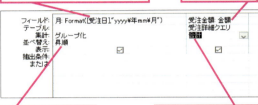

❸［月］フィールドの［並べ替え］行で［昇順］を選択

❹［受注金額］フィールドの［集計］行で［合計］を選択

❺ クエリを実行

月ごとにグループ化して集計できた

関連 ≫333 グループごとに集計したい ……………… P.176

## 339 数値のフィールドを一定の幅で区切って集計したい

お役立ち度 ★★★
2016 / 2013

定価の価格帯や年齢の年代別に集計を行いたいときは、Partition関数で定価や年齢を一定の幅で区切ってグループ化します。例えば、以下の手順のように最小値を「1000」、最大値を「5999」、間隔を「1000」と指定すると、単価が「1500」の場合は「1000:1999」、「2200」の場合は「2000:2999」にグループ分けされます。
→関数……P.412

**Partition(数値, 最小値, 最大値, 間隔)**
[最小値]から[最大値]までの範囲を[間隔]で区切った中で、[数値]が含まれる範囲を「X:Y」の形で返す

1,000円以上5,999円以下の単価を1,000円区切りでグループ化し、売上数量の合計を求める

デザインビューでクエリを作成し、[単価][数量]フィールドがあるテーブルまたはクエリを追加しておく

デザイングリッドに[集計]行を表示しておく

❶「価格帯: Partition([単価],1000,5999,1000)」と入力
❷「数量の合計: 数量」と入力

❸[価格帯]フィールドの[並べ替え]行で[昇順]を選択
❹[数量の合計]フィールドの[集計]行で[合計]を選択

❺クエリを実行

価格帯別に集計できた

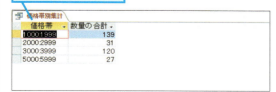

関連 ≫335 計算結果を集計したい……P.177

## 340 グループ化した数値を見やすく表示したい

お役立ち度 ★★☆
2016 / 2013

Partition関数では、一定の幅で区切った数値の範囲を「1000:1999」「2000:2999」の形式で表示します。よりわかりやすく「1000 〜 1999」「2000 〜 2999」と表示するには、Replace関数を使用して「:」を「〜」で置き換えます。

**Replace(文字列, 検索文字列, 置換文字列)**
[文字列]の中の[検索文字列]を[置換文字列]に置換する

「価格帯:Replace(Partition([単価],1000,5999,1000),":"," 〜 ")」と記述することで数値を見やすく表示できる

## 341 集計結果を抽出したい

お役立ち度 ★★★
2016 / 2013

集計結果から特定の行だけを抽出するには、抽出対象のフィールドの[抽出条件]行に抽出条件を入力します。例えば、社員ごとの売上金額を集計するクエリで[売上金額]フィールドに「>=200000」という条件を設定すると、20万円以上の売り上げがあった社員だけを抜き出せます。

売上金額を社員名ごとに集計するクエリを作成する
[集計]行を表示しておく

❶[売上金額]フィールドの[集計]行で[合計]を選択
❷[売上金額]フィールドの[抽出条件]行に「>=200000」と入力

抽出条件によって、売上金額が20万円以上のレコードだけが抽出される

関連 ≫335 抽出結果を集計したい……P.177

## 342 抽出結果を集計したい

お役立ち度 ★★

2016 / 2013

あらかじめ抽出を行って、抽出したレコードを対象に集計するには、抽出対象のフィールドの［集計］行で［Where条件］を選択して抽出条件を指定します。［Where条件］を選択したフィールドは、自動的に［表示］のチェックマークがはずれ、データシートに表示されません。
→Where条件……P.411

売上金額を社員名ごとに集計するが、対象を商品区分「サプリメント」の売上金額に絞る

デザインビューでクエリを作成しておく

テーブルを追加し、［社員名］［商品区分］フィールドを追加しておく

デザイングリッドに［集計］行を表示しておく

❶「売上金額:金額」と入力

❷［売上金額］フィールドの［集計］行で［合計］を選択

❸［商品区分］フィールドの［集計］行で［Where条件］を選択

❹［商品区分］フィールドの［抽出条件］行に「"サプリメント"」と入力

❺［表示］にチェックマークが付いていないことを確認

❻クエリを実行

「サプリメント」の売上金額のみを集計できた

関連 ≫341 集計結果を抽出したい……P.179

---

## 343 クロス集計クエリを作成したい

［クロス集計クエリウィザード］を使用すると、クロス集計に関する詳しい知識がなくても、ウィザードの流れに沿って設定を進めるだけで、簡単にクロス集計クエリを作成できます。なお、クロス集計クエリの基になるテーブルやクエリは、ウィザードの中で1つしか指定できません。複数のテーブルを基にクロス集計したいときは、あらかじめ複数のテーブルから選択クエリを作成しておき、それを基にクロス集計を行いましょう。
→クロス集計……P.413
→クロス集計クエリ……P.413

◆クロス集計クエリ
［社員名］ごと、［商品区分］ごとの集計値が2次元で表示される

［作成］タブの［クエリウィザード］をクリックし、［新しいクエリ］ダイアログボックスを表示しておく

❶［クロス集計クエリウィザード］をクリック

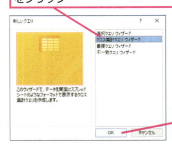

❷［OK］をクリック

お役立ち度 ★★★

2016
2013

❶[クロス集計クエリウィザード]が表示された

❸表示するオブジェクトの種類を選択

❹クロス集計クエリの基になるオブジェクトを選択

❺[次へ]をクリック

❻行見出しとして使用するフィールドを選択

❼ここをクリック

行見出しが追加された

❽[次へ]をクリック

❾列見出しとして使用するフィールドをクリック

列見出しが追加された

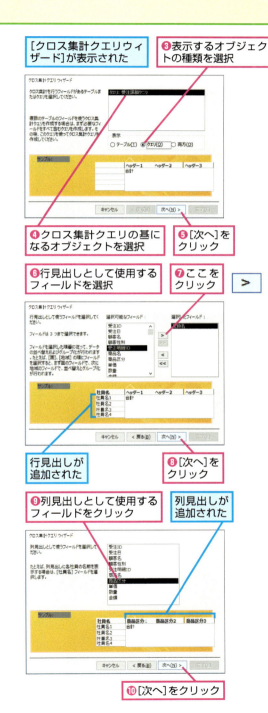

❿[次へ]をクリック

⓫集計するフィールドをクリック

⓬集計方法をクリック

集計方法が表示された

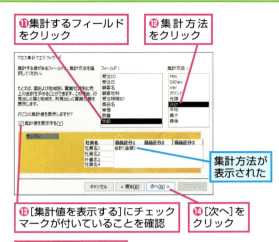

⓭[集計値を表示する]にチェックマークが付いていることを確認

⓮[次へ]をクリック

⓯クエリの名前を入力

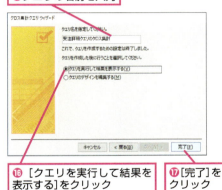

⓰[クエリを実行して結果を表示する]をクリック

⓱[完了]をクリック

クロス集計表が表示された

| 関連 ≫344 | クロス集計クエリの合計値を各行の右端に表示したい……………………… P.182 |
| 関連 ≫345 | クロス集計クエリを手動で作成したい………… P.182 |

データの集計 ● できる 181

## 344 クロス集計クエリの合計値を各行の右端に表示したい

お役立ち度 ★★☆
2016 / 2013

[クロス集計クエリウィザード]の最後から2番目（ワザ343の操作11～13）の画面で[集計値を表示する]にチェックマークを付けると、クロス集計表に行ごとの合計値が表示されます。行見出しのすぐ右隣に表示された合計値は、データシートビューでフィールドをドラッグして移動できます。　➡クロス集計……P.413

- クロス集計表を作成しておく
- ❶合計値のフィールドの列セレクターにマウスポインターを合わせる

- マウスポインターの形が変わった
- ❷そのままクリック
- フィールドを選択できた
- ❸選択したフィールドのここにマウスポインターを合わせる

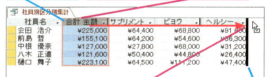

- ❹ここまでドラッグ
- 移動先に太線が表示される
- 合計値の列を移動できた

関連 ≫343 クロス集計クエリを作成したい …………… P.180

## 345 クロス集計クエリを手動で作成したい

お役立ち度 ★★★
2016 / 2013

クロス集計クエリは[クロス集計クエリウィザード]で作成する方法以外に、集計クエリを基に手動で作成する方法もあります。[クロス集計クエリウィザード]を使用する場合、基になるテーブルやクエリを1つしか選べませんが、手動で作成する場合は複数のテーブルやクエリを使用できます。　➡クロス集計クエリ……P.413

- 社員名と商品区分ごとに売上金額をクロス集計する
- デザインビューでクエリを作成しておく
- テーブルを追加し、[社員名][商品区分][金額]フィールドを追加しておく
- デザイングリッドに[集計]行を表示しておく
- ❶合計を表示したいフィールドの[集計]行で[合計]を選択

- ❷[クエリツール]の[デザイン]タブをクリック
- ❸[クロス集計]をクリック

- [行列の入れ替え]行が表示された
- ❹行見出しとして使用するフィールドの[行列の入れ替え]行で[行見出し]を選択

- ❺列見出しとして使用するフィールドの[行列の入れ替え]行で[列見出し]を選択
- ❻集計を行いたいフィールドの[行列の入れ替え]行で[値]を選択
- ❼クエリを実行
- クロス集計クエリが実行される

関連 ≫337 2段階のグループ化を行いたい ……………… P.178
関連 ≫343 クロス集計クエリを作成したい …………… P.180

## 346 手動で作成したクロス集計クエリに合計列を追加したい

お役立ち度 ★★★　2016/2013

クロス集計クエリの作成後に合計列を追加するには、クロス集計クエリの［行列の入れ替え］行で［値］を設定したフィールドをデザイングリッドに追加します。そのフィールドの［集計］行で［合計］、［行列の入れ替え］行で［行見出し］を選択します。

➡ クロス集計クエリ……P.413

| クロス集計クエリで表を作成しておく | 行ごとの合計を表示させる |

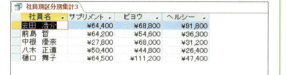

デザインビューでクロス集計クエリを表示しておく

❶ 「合計金額:金額」と入力

❷ ［合計金額］フィールドの［集計］行で［合計］を選択

❸ ［合計金額］フィールドの［行列の入れ替え］行で［行見出し］を選択

❹ クエリを実行  実行

行ごとの合計を表示できた

| 関連 ≫343 | クロス集計クエリを作成したい……P.180 |

## 347 クロス集計クエリの列見出しに「<>」が表示される

お役立ち度 ★★☆　2016/2013

クロス集計クエリの列見出しに「<>」が表示されることがあります。これは、［列見出し］として指定したフィールドに未入力のレコードがあることが原因です。例えば［都道府県］フィールドを［列見出し］として配置した場合、「<>」が表示された列には都道府県が入力されていないレコードの集計結果が表示されます。これを表示したくない場合は、［都道府県］フィールドに入力済みのレコードだけを抽出する「Is Not Null」という条件を設定します。　➡ Null値……P.410

列見出しに「<>」と表示されないようにする

デザインビューでクロス集計クエリを表示しておく

❶ ［都道府県］フィールドの［抽出条件］行に「Is Not Null」と入力

❷ クエリを実行  実行

「<>」と表示されていた列が表示されなくなった

| 関連 ≫299 | 未入力のデータだけを抽出したい……P.159 |
| 関連 ≫343 | クロス集計クエリを作成したい……P.180 |

## 348 クロス集計クエリの列見出しの順序を変えたい

お役立ち度 ★★★　2016 2013

クロス集計クエリには、［クエリ列見出し］というプロパティがあります。このプロパティに、列見出しの文字列を表示したい順に半角の「,」で区切って入力すると、列の並び順を変更できます。

→ クロス集計クエリ……P.413

列見出しの順序を変更し、商品区分の［ビヨウ］［ヘルシー］［サプリメント］の順に表示する

デザインビューでクロス集計クエリを表示しておく

プロパティシートを表示しておく

❶ デザイングリッドの［商品区分］列をクリック

❷［クエリ列見出し］プロパティに「"ビヨウ","ヘルシー","サプリメント"」と入力

❸ クエリを実行

指定した順序で列見出しを表示できた

関連 »343　クロス集計クエリを作成したい……P.180

## 349 クロス集計クエリの見出しのデータを絞り込みたい

お役立ち度 ★★☆　2016 2013

［クエリ列見出し］プロパティを使用すると、クロス集計クエリから不要な列を非表示にできます。例えば、ワザ348を参考に［クエリ列見出し］プロパティに「"ビヨウ","サプリメント"」と入力すると、「ビヨウ」と「サプリメント」以外の列が非表示になります。

デザインビューでクエリを表示しておく

プロパティシートを表示し、デザイングリッドで見出しを絞り込みたいフィールドを選択しておく

プロパティシートの［クエリ列見出し］プロパティに商品区分名を入力すると、その商品区分名のデータが絞り込まれる

## 350 クロス集計クエリの行ごとの合計が合わない

お役立ち度 ★★★　2016 2013

ワザ349のようにクロス集計クエリの［クエリ列見出し］プロパティで列見出しに表示する項目を絞り込んでも、行ごとの合計はすべてのデータが対象になるので、合計が合わなくなります。行ごとの合計を表示するときは、［クエリ列見出し］プロパティで列見出しを絞るのは控えましょう。列見出しのフィールドの［抽出条件］行や［または］行に、列見出しに表示したい項目を抽出条件として設定すれば、列見出しを絞れます。

→ クロス集計クエリ……P.413

関連 »349　クロス集計クエリの見出しのデータを絞り込みたい……P.184

## 351 集計結果の空欄に「0」を表示したい

お役立ち度 ★★★　2016 / 2013

クロス集計クエリでは、集計対象のデータがない項目は空欄になります。空欄に0を表示するには、書式を変更します。フィールドの［書式］プロパティは、「正の数値の書式;負の数値の書式;0の書式;Nullの書式」の形式で設定できます。［行列の入れ替え］行で［値］を指定したフィールドの［書式］プロパティに「￥￥#,##0;"-￥"#,##0;￥￥0;￥￥0」のように入力すると、空欄に「￥0」を表示できます。　→Null値……P.410

空欄のフィールドに「￥0」を表示する

デザインビューでクエリを表示しておく　／　プロパティシートを表示しておく

❶「￥0」を表示したいフィールドをクリック

プロパティシートにクリックしたフィールドのプロパティが表示された

❷［書式］プロパティに「￥￥#,##0;"-￥"#,##0;￥￥0;￥￥0」と入力

❸クエリを実行　　空欄のフィールドに「￥0」を表示できた

## 352 クロス集計クエリのパラメーターの設定がうまくいかない

お役立ち度 ★★★　2016 / 2013

クロス集計クエリの［抽出条件］行にパラメーターを設定しても、パラメーターであることが正しく認識されません。クロス集計クエリをパラメータークエリとして実行したい場合は、必ずワザ309を参考に［クエリパラメーター］ダイアログボックスで設定を行ってください。　→パラメータークエリ……P.417

関連 ≫309　複数のパラメーターの入力順を指定したい……P.164

## 353 列見出しに見覚えのないデータが表示されてしまう

お役立ち度 ★★★　2016 / 2013

ルックアップフィールドの場合、データシートに表示されているデータと、実際にフィールドに保存されている値が異なることがあります。そのようなフィールドをクロス集計クエリの列見出しに使用すると、データシートに表示されているデータではなく、実際に保存されている値が列見出しに表示されてしまいます。そのようなときは、ルックアップの基になるテーブルをクエリに追加し、表示したいデータが実際に保存されているフィールドを列見出しとして使用しましょう。　→ルックアップ……P.420

**STEP UP!　ピボットテーブルやピボットグラフを作成したい**

Access 2010まではクエリにピボットテーブルビューとピボットグラフビューがありましたが、Access 2013でこれらの機能は廃止されました。Accessで蓄積したレコードをピボットテーブルやピボットグラフで分析したいときは、ワザ688を参考にデータをExcelにエクスポートしましょう。Excelでは、どのバージョンでもピボットテーブルやピボットグラフがサポートされています。

# アクションクエリの作成と実行

アクションクエリの機能を覚えると、テーブルのデータを一括処理できるようになります。面倒な処理を自動で実行できるので大変便利です。

## 354 アクションクエリって何？

お役立ち度 ★★★
2016 / 2013

アクションクエリは、指定したテーブルのデータに対して、一括処理を行うクエリです。テーブル作成クエリ、追加クエリ、更新クエリ、削除クエリの4種類があります。追加クエリ、更新クエリ、削除クエリの場合、正しく作成しないとテーブルのデータが意図せず失われる危険があるので、テーブルをバックアップしてから実行するようにしましょう。

→アクションクエリ……P.411

関連 ≫717 データベースをバックアップしたい……P.401

## 355 アクションクエリを実行できないときは

お役立ち度 ★★☆
2016 / 2013

無効モードを解除しないと、既存のアクションクエリも新規のアクションクエリも実行できません。アクションクエリが実行できないときは、ステータスバーにメッセージが表示されます。

→アクションクエリ……P.411

ステータスバーにアクションクエリを実行できないという内容のメッセージが表示される

セキュリティの警告の［コンテンツの有効化］をクリックして無効モードを解除しておく

関連 ≫040 データベースを開くには……P.49
関連 ≫047 無効モードを解除しないとどうなるの？……P.53

## 356 アクションクエリを実行したい

お役立ち度 ★★★
2016 / 2013

アクションクエリは、以下のようにデザインビューとナビゲーションウィンドウのどちらからも実行できます。選択クエリとは異なり、デザインビューで［表示］ボタンをクリックしても、アクションクエリを実行できないので注意してください。

### ●デザインビューから実行する方法

デザインビューでクエリを表示しておく

［実行］をクリック

確認のダイアログボックスが表示されたら［はい］をクリックする

### ●ナビゲーションウィンドウから実行する方法

ナビゲーションウィンドウに表示されているアクションクエリをダブルクリック

確認のダイアログボックスが表示されたら［はい］をクリックする

## 357 テーブル作成クエリを作成したい

お役立ち度 ★★★
2016 / 2013

選択クエリからテーブル作成クエリを作成すると、選択クエリで抽出したレコードをまるごと新しいテーブルとして保存できます。特定のレコードを現在のテーブルから切り分けて管理したいときに便利です。

[会員テーブル]の[退会]フィールドの値が「Yes」であるレコードを新しく[退会者テーブル]を作成して保存する

◆会員テーブル

| ID | 会員名 | 会員区分 | 退会 |
|---|---|---|---|
| 1 | 白石 和也 | ゴールド | □ |
| 2 | 三井 健二 | シルバー | ☑ |
| 3 | 森田 洋子 | シルバー | □ |
| 4 | 鈴木 正 | プラチナ | □ |
| 5 | 川口 夏美 | ゴールド | □ |
| 6 | 久米 幸弘 | シルバー | ☑ |
| 7 | 栗原 誠 | シルバー | □ |

◆退会者テーブル

| ID | 会員名 | 会員区分 | 退会 |
|---|---|---|---|
| 2 | 三井 健二 | シルバー | ☑ |
| 6 | 久米 幸弘 | シルバー | ☑ |

テーブル作成クエリの基になるテーブルの内容を確認しておく

デザインビューでクエリを表示しておく

[会員テーブル]を追加し、[*]（全フィールド）と[退会]フィールドを追加しておく

❶[退会]フィールドの[抽出条件]行に「Yes」と入力

半角で入力する

❷[退会]フィールドの[表示]行のチェックマークをはずす

❸[クエリツール]の[デザイン]タブをクリック

❹[テーブルの作成]をクリック

[テーブルの作成]ダイアログボックスが表示された

❺[カレントデータベース]をクリック

❻作成するテーブルの名前を入力

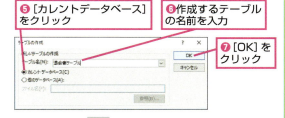

❼[OK]をクリック

❽クエリを実行

レコードをテーブルに新規追加するか確認するダイアログボックスが表示された

❾[はい]をクリック

新しいテーブルが作成された

関連 ≫358 作成されたテーブルの設定がおかしい ………… P.188
関連 ≫359 新しく作成するテーブルの名前を変更したい ………… P.188

アクションクエリの作成と実行

## 358 作成されたテーブルの設定がおかしい

お役立ち度 ★★☆
2016 / 2013

テーブル作成クエリで作成されたテーブルには、基のテーブルの主キーやフィールドプロパティの設定は反映されません。必要に応じて各設定を行ってください。例えば、作成されたテーブルでYes/No型のデータは、Yesが「-1」、Noが「0」と表示されますが、フィールドプロパティの[ルックアップ]タブの[表示コントロール]で[チェックボックス]を選択すると、通常の状態になります。　→フィールドプロパティ……P.418

テーブル作成クエリの実行結果のテーブルでは、Yes/No型の[退会]フィールドのデータが[-1]と表示される

テーブルをデザインビューで表示しておく

❶[退会]フィールドをクリックして選択

❷フィールドプロパティの[ルックアップ]タブをクリック

❸[表示コントロール]で[チェックボックス]を選択

データシートビューで表示しておく

[退会]フィールドがチェックボックスで表示された

関連 ≫357　テーブル作成クエリを作成したい……………P.187

## 359 新しく作成するテーブルの名前を変更したい

お役立ち度 ★★☆
2016 / 2013

テーブル作成クエリで新しく作成するテーブルの名前や、追加クエリの追加先のテーブルを変更するには、クエリの[プロパティシート]を開いて、[追加新規テーブル]プロパティで変更します。

クエリのプロパティシートを表示しておく

[追加新規テーブル]プロパティにテーブル名を入力

新しく作成するテーブルの名前が変更される

関連 ≫361　追加クエリを作成したい……………P.189

## 360 複数の値を扱うアクションクエリを作成したい

お役立ち度 ★☆☆
2016 / 2013

テーブル作成クエリで、複数の値を持つフィールドを含めるとエラーになります。あらかじめテーブル構造のみのテーブルを作成しておき、選択クエリの結果をコピーして、テーブルに貼り付けるといいでしょう。追加クエリの場合もエラーになるので、追加クエリを使わずに、選択クエリの結果をコピーして追加先のテーブルに貼り付けましょう。
更新クエリで複数の値を持つフィールドの値を更新するには、デザイングリッドに[フィールド名.Value]フィールドを追加して、[抽出条件]行に更新対象のデータ、[レコードの更新]行に更新後のデータを入力します。

# 361 追加クエリを作成したい

選択クエリから追加クエリを作成すると、選択クエリで抽出したレコードを既存のテーブルに保存できます。特定の条件に合致するレコードを自動で追加できるので便利です。

◆商品テーブル

| 商品ID | 商品名 | 単価 |
|---|---|---|
| H001 | アロエクリーム | ¥5,200 |
| H002 | ウコンエキス | ¥2,500 |
| H003 | うるおいジェル | ¥3,000 |
| H004 | しっとりジェル | ¥3,000 |
| H005 | 大豆クッキー | ¥1,800 |

◆新商品検討テーブル

| 商品ID | 商品名 | 単価 | 追加決定 |
|---|---|---|---|
| K001 | コエンザイムQ10 | ¥3,000 | ☐ |
| K002 | コラーゲン | ¥3,600 | ☑ |
| K003 | マルチビタミン | ¥2,500 | ☑ |
| K004 | ベータカロチン | ¥2,500 | ☐ |

[新商品検討テーブル]で[追加決定]にチェックマークを付けた商品を[商品テーブル]に追加する

◆商品テーブル

| 商品ID | 商品名 | 単価 |
|---|---|---|
| H001 | アロエクリーム | ¥5,200 |
| H002 | ウコンエキス | ¥2,500 |
| H003 | うるおいジェル | ¥3,000 |
| H004 | しっとりジェル | ¥3,000 |
| H005 | 大豆クッキー | ¥1,800 |
| K002 | コラーゲン | ¥3,600 |
| K003 | マルチビタミン | ¥2,500 |

デザインビューでクエリを作成しておく

[新商品検討テーブル]を追加し、[商品ID][商品名][単価][追加決定]フィールドを追加しておく

❶[追加決定]フィールドの[抽出条件]行に「Yes」と入力

❷[クエリツール]の[デザイン]タブをクリック

❸[追加]をクリック

[追加]ダイアログボックスが表示された

❹[カレントデータベース]をクリック

❺[テーブル名]をクリックして[商品テーブル]を選択

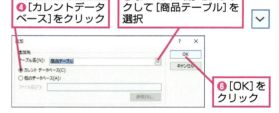

❻[OK]をクリック

デザイングリッドに[レコードの追加]行が表示された

追加先のテーブルにあるフィールド名が自動表示された

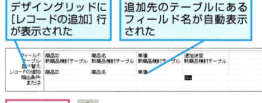

❼クエリを実行

レコードの追加を確認するダイアログボックスが表示された

❽[はい]をクリック

指定したテーブルにレコードが追加された

## 362 [レコードの追加] 行にフィールド名が自動表示されない

お役立ち度 ★★☆
2016 / 2013

追加クエリの追加元のフィールド名と追加先のフィールド名が異なる場合、[レコードの追加] 行に追加先のテーブルのフィールド名が自動表示されません。その場合、[レコードの追加] 行のをクリックして表示されるリストから追加先のテーブルのフィールドを選択します。

❶[レコードの追加]行のここをクリック

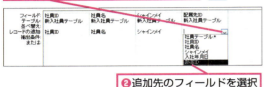

❷追加先のフィールドを選択

## 363 追加クエリでレコードを追加できない

お役立ち度 ★★☆
2016 / 2013

追加クエリを実行したときにエラーが発生すると、エラーメッセージにエラーの種類と件数が表示されます。エラーの種類には、型変換エラー、キー違反、入力規則違反などがあります。型変換エラーは、追加先のフィールドと追加元のフィールドでデータ型が異なることが原因です。[はい] をクリックするとクエリが実行されてレコードが追加されますが、該当のフィールドはNullになります。それでは困る場合は [いいえ] をクリックして、デザインビューで [フィールド] と [レコードの追加] のデータ型が同じになるように修正しましょう。

キー違反と入力規則違反は、主に追加するデータの内容に原因があります。これらのエラーの場合、[はい] をクリックしてもレコードを追加できないので、[いいえ] をクリックして追加クエリの実行を中止します。続いて追加元と追加先のテーブルを開き、追加先と [主キー] フィールドの値が同じレコードを追加しようとしていないか、追加先に設定された入力規則に違反するデータを追加しようとしていないかを確認しましょう。

➡主キー……P.414

## 364 追加先のレコードに特定の値や計算結果を表示したい

お役立ち度 ★★☆
2016 / 2013

追加クエリでレコードを追加するときに、追加元のテーブルのフィールドの値ではなく、特定の値や計算結果を追加することもできます。それには、[フィールド] 行に値や計算式、[レコードの追加] 行に追加先のフィールド名を指定します。

デザインビューで追加クエリを表示しておく

デザイングリッドに [レコードの追加] 行を表示しておく

[入社年月日] フィールドに「2016/04/01」と追加する

❶[レコードの追加] 行で [入社年月日] を選択

❷「[#2016/04/01#]」と入力

レコードを追加したテーブルをデータシートビューで表示しておく

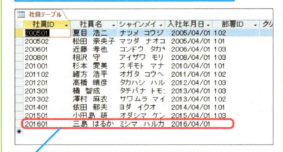

入社年月日を「2016/04/01」として新入社員のレコードが追加された

関連 ≫361 追加クエリを作成したい……P.189

# 365 更新クエリを作成したい

お役立ち度 ★★★
2016 / 2013

更新クエリを使用すると、特定の条件に合致するレコードのフィールドをまとめて変更できます。選択クエリを更新クエリに変更すると、[レコードの更新] 行が表示されるので、更新データや更新式を入力します。

[商品区分] が [サプリメント] の [単価] を一律プラス100円する

◆商品テーブル

| 商品ID | 商品名 | 商品区分 | 単価 |
|---|---|---|---|
| H001 | アロエクリーム | ビヨウ | ¥5,200 |
| H002 | ウコンエキス | サプリメント | ¥2,500 |
| H003 | うるおいジェル | ビヨウ | ¥3,000 |
| H004 | しっとりジェル | ビヨウ | ¥3,000 |
| H005 | 大豆クッキー | ヘルシー | ¥1,800 |
| H006 | 豆乳ゼリー | ヘルシー | ¥1,500 |
| H007 | にんにくエキス | サプリメント | ¥3,800 |
| H008 | へちま化粧水 | ビヨウ | ¥4,500 |

↓

◆商品テーブル

| 商品ID | 商品名 | 商品区分 | 単価 |
|---|---|---|---|
| H001 | アロエクリーム | ビヨウ | ¥5,200 |
| H002 | ウコンエキス | サプリメント | ¥2,600 |
| H003 | うるおいジェル | ビヨウ | ¥3,000 |
| H004 | しっとりジェル | ビヨウ | ¥3,000 |
| H005 | 大豆クッキー | ヘルシー | ¥1,800 |
| H006 | 豆乳ゼリー | ヘルシー | ¥1,500 |
| H007 | にんにくエキス | サプリメント | ¥3,900 |
| H008 | へちま化粧水 | ビヨウ | ¥4,500 |

デザインビューでクエリを作成しておく

[商品テーブル] を追加し、[単価][商品区分]フィールドを追加しておく

❶ [抽出条件] 行に「サプリメント」と入力

❷ [クエリツール] の [デザイン] タブをクリック

❸ [更新] をクリック

デザイングリッドに [レコードの更新] 行が表示された

❹ 「[単価] + 100」と入力

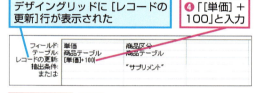

❺ クエリを実行

レコードを更新するか確認するダイアログボックスが表示された

❻ [はい] をクリック

条件に当てはまるレコードが更新された

| 関連 ≫372 | アクションクエリの対象のデータを事前に確認したい ……………………… P.195 |

## 366 更新クエリの計算式の結果は確認できないの？

お役立ち度 ★★★
2016 / 2013

更新クエリをデータシートビューに切り替えても、［レコードの更新］行に入力した計算式の結果は表示されません。事前に計算式の結果を確認するには、選択クエリの［フィールド］行に計算式を入力して、データシートビューで確認します。なお、入力した計算式は、更新クエリの実行前に削除してください。

デザインビューで更新クエリを表示しておく

「[単価]+100」と入力

データシートビューで表示しておく

［式1］に計算式の結果が表示された

デザインビューに戻して、操作1で入力した式を削除しておく

| 関連 ≫364 | 追加先のレコードに特定の値や計算結果を表示したい ………… P.190 |
| 関連 ≫372 | アクションクエリの対象のデータを事前に確認したい ………… P.195 |

## 367 特定のフィールドを同じ値で書き換えたい

お役立ち度 ★★☆
2016 / 2013

更新クエリの［レコードの更新］行に文字列や日付、数値を入力すると、指定したフィールドに同じ値を一括入力できます。文字列は「"」、日付は「#」で囲み、数値はそのまま入力します。例えば［商品区分］フィールドの「ヘルシー」を一括して「健康食品」に更新したいときなどに役立ちます。

なお、Yes/No型のフィールドを追加して、［レコードの更新］欄に「No」と入力すると、そのフィールドにあるすべてのチェックマークを一括してはずせます。

デザインビューで更新クエリを表示しておく

［レコードの更新］行を表示しておく

❶［レコードの更新］行に「"健康食品"」と入力

❷［抽出条件］行に「"ヘルシー"」と入力

「ヘルシー」が「健康食品」に置き換えられた

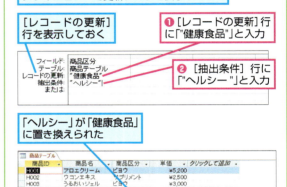

## 368 特定のフィールドのデータをすべて削除したい

お役立ち度 ★★★
2016 / 2013

更新クエリの［フィールド］行に削除対象のフィールドを指定し、［レコードの更新］行に「Null」と入力すると、特定のフィールドのデータを一括で削除できます。

デザインビューでクエリを表示しておく

❶［レコードの更新］行に「Null」と入力

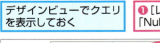

❷ クエリを実行

フィールドのデータがすべて削除された

# 369

## 別のテーブルのデータを基にテーブルを更新したい

別のテーブルにあるデータと一致するデータをまとめて更新できます。例えば、人事異動の対象社員とそれぞれの異動先をまとめた[異動テーブル]で、[社員テーブル]を更新したいときに役立ちます。それには更新クエリに2つのテーブルを追加してフィールドを結合します。[フィールド]行に更新される側のフィールド、[レコードの更新]行に新しいデータが入力されているフィールドを指定します。

◆社員テーブル

| 社員ID | 社員名 | 入社年月日 | 部署ID |
|---|---|---|---|
| 200501 | 夏目 浩二 | 2005/4/1 | 102 |
| 200502 | 松田 奈央子 | 2005/4/1 | 101 |
| 200601 | 近藤 孝也 | 2006/4/1 | 103 |
| 200801 | 相沢 守 | 2008/4/1 | 103 |
| 201001 | 杉本 愛美 | 2010/4/1 | 101 |
| 201102 | 緒方 浩平 | 2011/4/1 | 102 |
| 201201 | 髙橋 晴彦 | 2012/4/1 | 103 |
| 201301 | 橘 智成 | 2013/4/1 | 103 |
| 201302 | 澤村 麻衣 | 2013/4/1 | 102 |
| 201401 | 依田 郁夫 | 2014/4/1 | 101 |
| 201501 | 小田島 研 | 2015/4/1 | 103 |

◆異動テーブル

| 社員ID | 部署ID |
|---|---|
| 200801 | 102 |
| 201301 | 101 |
| 201401 | 102 |

[異動テーブル]のデータを基に[社員テーブル]の所属部署を更新する。該当する[社員ID]の社員の[部署ID]を、[異動テーブル]にあるデータに書き換える

テーブルを結合しておく

[社員テーブル]を追加し、[部署ID]フィールドを追加しておく

❶ [レコードの更新]行に「[異動テーブル]![部署ID]」と入力

❷ クエリを実行

[異動テーブル]のデータを基に[社員テーブル]の[所属ID]が更新された

関連 ≫372 アクションクエリの対象のデータを事前に確認したい ……… P.195

# 370

## 更新クエリでレコードを更新できない

更新クエリを実行したときに、エラーが発生することがあります。[主キー]フィールドの値が更新の結果重複してしまう場合、[入力規則]プロパティの規則に違反するデータで更新しようとした場合、データ型が合わない場合などがエラーの主な原因です。エラーメッセージにエラーの種類と件数が表示されるので、それを手掛かりにエラーの原因を探りましょう。

→主キー……P.414

ここに表示される内容を参考にエラーの原因を確認する

# 371 削除クエリを作成したい

お役立ち度 ★★★
2016 / 2013

削除クエリを作成すると、テーブルからレコードを一括削除できます。抽出条件を指定したときは条件に合致するレコードが削除され、指定しなかったときはすべてのレコードが削除されます。ここでは、[社員テーブル]から退社した社員を一括で削除する削除クエリを作成します。

退社した社員のレコードを[社員テーブル]から削除する

◆社員テーブル

| 社員ID | 社員名 | 退社年月日 |
|---|---|---|
| 200501 | 夏目 浩二 | |
| 200502 | 松田 奈央子 | |
| 200601 | 近藤 孝也 | 2016/3/31 |
| 200801 | 相沢 守 | |
| 201001 | 杉本 愛美 | 2016/3/31 |
| 201102 | 緒方 浩平 | |
| 201201 | 高橋 晴彦 | |

| 社員ID | 社員名 | 退社年月日 |
|---|---|---|
| 200501 | 夏目 浩二 | |
| 200502 | 松田 奈央子 | |
| 200801 | 相沢 守 | |
| 201102 | 緒方 浩平 | |
| 201201 | 高橋 晴彦 | |

デザインビューでクエリを作成しておく

[社員テーブル]を追加し、[*]（全フィールド）と[退社年月日]フィールドを追加しておく

❶ [退社年月日]の[抽出条件]行に「Is Not Null」と入力

❷ [クエリツール]の[デザイン]タブをクリック

❸ [削除]をクリック

デザイングリッドに[レコードの削除]行が表示された

[*]フィールドに[From]、抽出条件のフィールドに[Where]が設定された

❹ クエリを実行

レコードを削除するか確認するダイアログボックスが表示された

❺ [はい]をクリック

条件に合致するレコードが削除され、[退社年月日]フィールドに日付の入力されたレコードが削除された

関連 ≫372 アクションクエリの対象のデータを事前に確認したい ...................... P.195

関連 ≫373 削除クエリでレコードを削除できない ............ P.195

関連 ≫374 指定外のデータまで削除されてしまった ........ P.195

## 372 アクションクエリの対象のデータを事前に確認したい

お役立ち度 ★★★
2016 / 2013

実行対象のレコードをデータシートビューで確認したい場合は、ナビゲーションウィンドウでダブルクリックせずに、デザインビューで開いてからデータシートビューに切り替えましょう。ナビゲーションウィンドウでアクションクエリをダブルクリックすると、実行されてしまうので注意してください。

→アクションクエリ……P.411

❶ナビゲーションパネルでアクションクエリを右クリック
❷[デザインビュー]をクリック

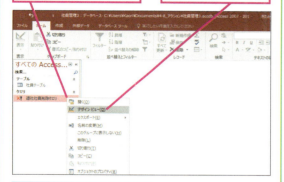

ダブルクリックすると実行されてしまうため注意する

❸[クエリツール]の[デザイン]タブをクリック

❹[表示]をクリック

アクションクエリの実行対象になるレコードが表示された

| 関連 ≫232 | クエリにはどんな種類があるの？ ……………… P.134 |
| 関連 ≫354 | アクションクエリって何？ ……………………… P.186 |

## 373 削除クエリでレコードを削除できない

お役立ち度 ★★★
2016 / 2013

削除クエリの実行時に「削除できません。」という内容のダイアログボックスが表示される場合は、キー違反かロック違反が原因です。キー違反は削除対象のテーブルが、参照整合性が設定されているリレーションシップの一側テーブルに当たる場合に発生します。削除するレコードが多側テーブルの親レコードになっている場合、レコードを削除すると参照整合性が維持できなくなるため、削除できません。参照整合性を解除すれば削除できますが、レコードの整合性が崩れてしまいます。
ロック違反は、削除しようとしたレコードを別のユーザーがロックしているときに発生します。この場合は、別のユーザーがロックを解除するのを待てば、レコードを削除できます。

→参照整合性……P.414

| 関連 ≫371 | 削除クエリを作成したい ……………………… P.194 |
| 関連 ≫372 | アクションクエリの対象のデータを事前に確認したい ……………………… P.195 |

## 374 指定外のデータまで削除されてしまった

お役立ち度 ★★☆
2016 / 2013

削除クエリの対象になるテーブルが、参照整合性と連鎖削除が設定されているリレーションシップの一側テーブルに当たる場合、レコードを削除すると、多側テーブルのレコードが連動して削除されてしまいます。一側と多側の双方のテーブルから削除したいという意図がない限り、通常は連鎖削除の設定を解除しておくようにしましょう。詳しくは、ワザ231を参照してください。

→参照整合性……P.414
→リレーションシップ……P.420

| 関連 ≫231 | 連鎖削除って何？ ……………………… P.133 |
| 関連 ≫371 | 削除クエリを作成したい ……………………… P.194 |

# SQLクエリの作成と実行

ここではSQLクエリという特別なクエリを取り上げます。
SQLの種類や意味、SQLクエリの作成方法を覚えましょう。

## 375 SQLステートメントって何？

お役立ち度 ★★★
2016 / 2013

SQLは「Structured Query Language」の略で、リレーショナルデータベースで使用される標準的な操作言語です。また、SQLステートメントは、SQLで作成した命令文のことです。Accessでは、デザインビューでクエリを作成すると、自動的にSQLステートメントが生成されます。SQLビューに切り替えれば、自動的に生成されたSQLステートメントを確認できます。

→SQL……P.411

●クエリのデザインビュー

●クエリのSQLビュー

- 予約語とテーブル名の間は半角スペースを入れる
- テーブルとフィールド名は「.」（ピリオド）を入力する
- 次の予約語を入力するときは改行する
- SQLステートメントを終了する場合は「;」（セミコロン）を入力する

●SQLステートメントでよく使う予約語

| 予約語 | 役割 |
| --- | --- |
| SELECT | 指定したフィールドでテーブルやクエリからレコードを取り出す |
| FROM | レコードを取り出すテーブルやクエリを指定する |
| UNION | テーブルやクエリを結合する |

関連 ≫232 クエリにはどんな種類があるの？……P.134

## 376 SQLクエリでできることは？

お役立ち度 ★★★
2016 / 2013

Accessでは、ほとんどのクエリをデザインビューで作成できますが、SQLで記述しなければ作成できないクエリもあります。そのようなクエリをSQLクエリと呼びます。SQLクエリの中でもっとも使用頻度が高いのはユニオンクエリです。ユニオンクエリは、以下の図のように複数のテーブルのフィールドを1つに統合するクエリです。また、ワザ232で紹介したように、SQLクエリにはパススルークエリとデータ定義クエリもあります。

→SQL……P.411
→SQLクエリ……P.411

●会員名簿テーブル

| 会員NO | 会員名 | フリガナ | メールアドレス | 登録日 |
| --- | --- | --- | --- | --- |
| K001 | 鈴木 慎吾 | スズキ シンゴ | s_suzuki@xxx.jp | 16/01/10 |
| K002 | 山崎 祥子 | ヤマザキ ショウコ | yamazaki@xxx.xx | 16/05/06 |
| K003 | 篠田 由香里 | シノダ ユカリ | shinoda@xxx.com | 16/09/12 |
| K004 | 西村 由紀 | ニシムラ ユキ | nishimura@xxx.xx | 16/12/13 |

●新規会員テーブル

| 会員NO | 会員名 | Eメール | 入会日 |
| --- | --- | --- | --- |
| N001 | 金沢 紀子 | kanazawa@xxx.com | 16/07/04 |
| N002 | 山下 雄介 | yamasita@xxx.jp | 16/07/05 |
| N003 | 渡辺 友和 | watanabe@xx.xx.jp | 16/07/08 |

◆ユニオンクエリの結果

| 会員NO | 会員名 | メールアドレス | 登録日 |
| --- | --- | --- | --- |
| K001 | 鈴木 慎吾 | s_suzuki@xxx.jp | 16/01/10 |
| K002 | 山崎 祥子 | yamazaki@xxx.xx | 16/05/06 |
| K003 | 篠田 由香里 | shinoda@xxx.com | 16/09/12 |
| K004 | 西村 由紀 | nishimura@xxx.xx | 16/12/13 |
| N001 | 金沢 紀子 | kanazawa@xxx.com | 16/07/04 |
| N002 | 山下 雄介 | yamasita@xxx.jp | 16/07/05 |
| N003 | 渡辺 友和 | watanabe@xx.xx.jp | 16/07/08 |

- 2つのテーブルをつなげて1つにする
- 異なる名前のフィールドをつなげることもできる

関連 ≫232 クエリにはどんな種類があるの？……P.134

# 377

## SQLステートメントでユニオンクエリを定義するには

ユニオンクエリは、複数のテーブルのレコードを縦につなげた表を作成する働きをします。SELECTで1つ目のテーブルのフィールドを指定し、UNION SELECTで2つ目以降のテーブルのフィールドを指定します。SELECTとUNION SELECTで、結合するフィールドの数と順序を揃える必要があります。データシートビューに表示されるフィールド名は、通常はSELECTで指定したフィールドの名前になります。異なる名前のフィールドをつなげるときは、ASを使用して名前を変えます。例えば、「納入先ID AS ID」と記述すると、[納入先ID] フィールドが「ID」というフィールド名に変わります。

●ユニオンクエリの構文の例

```
SELECT   テーブル名1.フィールド名1,テーブル名1.フィールド名2…↵
FROM     テーブル名1 ↵
UNION SELECT   テーブル名2.フィールド名1,テーブル名2.フィールド名2…↵
FROM     テーブル名2;
```

# 378

## ユニオンクエリを作成したい

ユニオンクエリを作成するには、クエリのSQLビューで定義するSQLステートメントを入力します。
ここでは、[納入先テーブル] の [納入先ID] [会社名] [電話番号] のフィールドと [仕入先テーブル] の [仕入先ID] [会社名] [電話番号] を組み合わせて、[ID] [会社名] [電話番号] のフィールドを持つユニオンクエリを作成します。

●入力するSQLステートメント

```
SELECT 納入先テーブル.納入先ID AS ID,納入先テーブル.会社名,納入先テーブル.電話番号
FROM 納入先テーブル
UNION SELECT 仕入先テーブル.仕入先ID AS ID,仕入先テーブル.会社名,仕入先テーブル.電話番号
FROM 仕入先テーブル;
```

[納入先テーブル] [仕入先テーブル] のレコードを縦につなげる

デザインビューで新規クエリを作成しておく

❶テーブルを追加せずに [閉じる] をクリック

❷[クエリツール]の[デザイン]タブをクリック　❸[ユニオン]をクリック

❹SQLビューに切り替わった　❹SQLステートメントを入力

❺クエリを実行　2つのテーブルを縦に結合できた

# 第5章 データ入力を助けるフォームのワザ

## フォームの基本操作

フォームはデータを見やすく、入力しやすくするための画面です。ここでは、フォームでできることと、フォームの使い方を理解しましょう。

### 379 フォームでは何ができるの？

★★★
2016 / 2013

フォームはデータをさまざまな形で表示することができます。1つのレコードを1画面にカード形式で表示する「単票形式」、一覧で見やすく表示する「表形式」、テーブルと同じ形式で表示する「データシート形式」、明細書や納品書のように表示する「帳票形式」といった種類があります。また、ボタンを配置したメニューや、フォームやレポートをタブで切り替えるナビゲーションなど、使用目的によってさまざまな形式のフォームを作成できます。

➡単票……P.415
➡帳票……P.415
➡フォーム……P.418

●単票形式

1レコード分のデータを表示する

●表形式

複数レコードのデータを表示する

●帳票形式

帳簿や伝票のような形式で表示する

●メニュー

ボタンでよく使うフォームなどを簡単に開ける

●タブによるナビゲーション

タブによって表示内容を切り替えられる

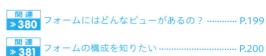

関連 ≫380 フォームにはどんなビューがあるの？ …………P.199
関連 ≫381 フォームの構成を知りたい …………P.200

# 380 フォームにはどんなビューがあるの？

フォームには、データの入力や表示をするための［フォームビュー］、データを表示しながらフォームのレイアウトなど見た目の変更を行うのに便利な［レイアウトビュー］、フォームの設計や機能の詳細設定を行うための［デザインビュー］などがあります。作業内容によってこれらのビューを切り替えます。ビューを切り替えるには、リボンの［ホーム］タブで［表示］ボタンの  をクリックし、一覧からビューを選択します。

➡デザインビュー……P.416
➡ビュー……P.417

［表示］のここをクリックすると3つのビューが表示され、切り替えられる

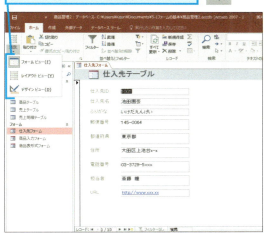

◆フォームビュー
フォームのデータが表示される画面。データの表示と入力ができる

◆レイアウトビュー
フォームのレイアウトなど見た目の変更を行う画面

◆デザインビュー
フォームの設計や機能の設定などを行う画面

| 関連 ≫379 | フォームでは何ができるの？……P.198 |
| 関連 ≫428 | コントロールをきれいに整列しながらフォームを作成できないの？……P.224 |

# 381 フォームの構成を知りたい

お役立ち度 ★★★
2016
2013

フォームのデザインビューは、5つの「セクション」という領域で構成されています。フォームの上部や下部に表示される「フォームヘッダー」「フォームフッター」、印刷時に各ページの先頭と最後に印刷される「ページヘッダー」「ページフッター」、レコードを表示するための「詳細」があります。また、フォームビューの各部の名称も以下の画面と表で確認しておきましょう。

→ セクション……P.415
→ フッター……P.418
→ ヘッダー……P.418

● フォームビューの画面構成

● フォームビューの各部の名称

| | 名称 | 機能 |
|---|---|---|
| ❶ | タブ | フォームの名前が表示される |
| ❷ | レコードセレクター | レコードの状態が表示される。クリックすることによりレコードを選択できる |
| ❸ | フォームヘッダー | フォームの上部に表示される領域。フォームのタイトルやフォームを操作するコマンドボタンなど、各レコードに共通する内容を表示したいときに利用する |
| ❹ | フォームフッター | フォームの下部に表示される領域。金額の合計など各レコードに共通する内容を表示したいときに利用する |
| ❺ | 移動ボタン | レコードを移動したり、現在のレコード番号やレコードの総数を表示したりするためのボタンの集まり |

● デザインビューの画面構成

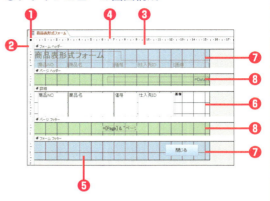

● デザインビューの各部の名称

| | 名称 | 機能 |
|---|---|---|
| ❶ | フォームセレクター | クリックしてフォームを選択できる |
| ❷ | セクションセレクター | クリックしてセクションを選択できる。各セクションに1つ配置されている |
| ❸ | セクションバー | セクションの名称が表示される領域。各セクションに1つ配置されている |
| ❹ | ルーラー | フォームの設計時に目安となる目盛り。画面上部と左側に配置されている。目盛りの単位はWindowsのコントロールパネルにある[地域と言語のオプション]で設定できる |
| ❺ | グリッド | コントロールのサイズや配置を調整するときに目安となる格子線 |
| ❻ | 詳細 | 1件分のレコードを表示するための領域。フォームビューに切り替えたとき、単票フォームでは1回だけ表示され、帳票フォームではレコードの数だけ繰り返し表示される |
| ❼ | フォームヘッダー／フォームフッター | フォームの上部と下部に表示される領域で、フォームのタイトルやフォームを操作するコマンドボタンなど、各レコードに共通する内容を表示したいときに利用する |
| ❽ | ページヘッダー／ページフッター | フォームの印刷時に各ページの最初と最後に印刷される領域。フォームビューの画面には表示されない |

関連
≫386 前後のレコードを表示するには……P.204

# 382 コントロールって何？

お役立ち度 ★★★
2016 / 2013

コントロールとは、フォームやレポート（第6章参照）に配置し、任意の文字を表示したり、テーブルやクエリのデータを表示・入力したりするのに利用できる部品です。フォームの見栄えをよくするものや、効率的に入力を行うのに便利なものなど、さまざまなものが用意されています。例えば、任意の文字を表示するための［ラベル］、データの表示や入力のための［テキストボックス］、選択肢からクリックするだけでデータの入力ができる［コンボボックス］などがあります。

➡ コントロール……P.413
➡ フォーム……P.418

◆ラベル
任意の文字列を表示する

◆テキストボックス
データの表示や入力をする

◆添付ファイル
添付された画像などのデータを表示する

◆コンボボックス
用意された項目から入力内容を選ぶ

◆コマンドボタン
クリックすると所定の動作をする

●フォームとテーブルやクエリとの関係

◆フォーム

フォームのコントロールに入力したデータを、テーブルの対応するフィールドに保存できる

◆テーブルやクエリ

テーブルやクエリのデータを、フィールドと対応するコントロールに表示できる

| 関連 ≫427 | デザインビューでフィールドを追加するには……P.223 |
| --- | --- |
| 関連 ≫430 | レイアウトビューでフィールドを追加するには……P.225 |

フォームの基本操作

## 383 フォームやコントロールはどこで設定するの？

Accessには、フォームやコントロールのいろいろな設定をするプロパティが用意されています。例えば、コントロールの横幅は［幅］プロパティで設定します。プロパティは「プロパティシート」を表示して確認、設定できます。
プロパティシートはデザインビュー、レイアウトビューで表示でき、プロパティシートには、現在選択されているフォームやコントロールに対するプロパティが表示され、設定変更できます。表示されるプロパティは［書式］［データ］［イベント］［その他］の4つのタブに内容別にまとめられていて、［すべて］タブには、4つのタブのすべてのプロパティが一覧表示されます。

➡コントロール……P.413
➡プロパティシート……P.418

### ●デザインビューの場合

❶［フォームデザインツール］の［デザイン］タブをクリック

デザインビューでフォームを表示しておく

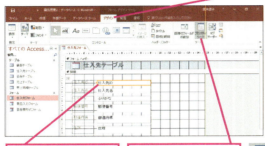

❷プロパティシートを表示するコントロールをクリック

❸［プロパティシート］をクリック

プロパティシートが表示された

ここを左にドラッグすると［プロパティシート］の幅を広げられる

操作2でクリックしたコントロールが選択された

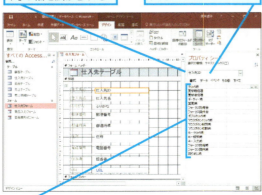

選択した要素の設定内容がプロパティシートに表示される

### ●レイアウトビューの場合

❶［フォームレイアウトツール］の［デザイン］タブをクリック

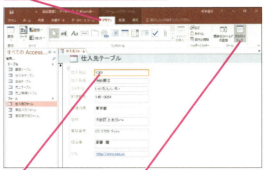

❷プロパティシートを表示するコントロールをクリック

❸［プロパティシート］をクリック

プロパティシートが表示された

操作2でクリックしたコントロールが選択された

レイアウトビューで設定できる内容が表示された

デザインビューと同様に幅の変更やウィンドウ表示ができる

関連 ≫448 コントロールのレイアウトは自動調整できる？ …… P.234

# 384 フォームビューを開けない

お役立ち度 ★★★
2016 / 2013

フォームをダブルクリックしてもフォームビューを開けない場合は、フォームの[既定のビュー]プロパティを確認してください。[既定のビュー]プロパティで設定されているビューがダブルクリックによって表示されるビューになります。ここで[単票フォーム]を選択すると、単票形式でフォームビューを開けるようになります。　　→プロパティシート……P.418

デザインビューでフォームを開き、プロパティシートを表示しておく

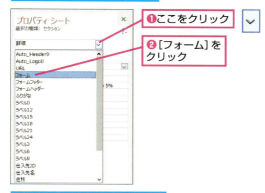

❶ここをクリック
❷[フォーム]をクリック

[フォーム]が選択され、フォームのプロパティが表示された

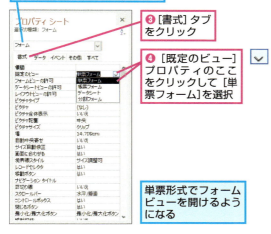

❸[書式]タブをクリック
❹[既定のビュー]プロパティのここをクリックして[単票フォーム]を選択

単票形式でフォームビューを開けるようになる

関連 ≫383 フォームやコントロールはどこで設定するの？ ……P.202

---

# 385 データシートビューを利用したい

お役立ち度 ★★★
2016 / 2013

フォームのビューを切り替えるときやビューの一覧を表示したときに、切り替えたいビューが一覧に表示されないことがあります。その場合は、フォームの[○○ビューの許可]プロパティの設定を確認してください。例えば、データシートビューをビューの一覧に表示させるには、[データシートビューの許可]を[はい]に設定します。　　→プロパティシート……P.418

❶[ホーム]タブをクリック
❷[表示]のここをクリック

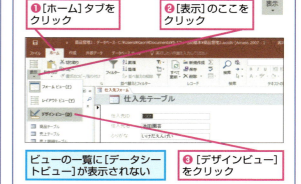

ビューの一覧に[データシートビュー]が表示されない
❸[デザインビュー]をクリック

プロパティシートで[フォーム]を選択しておく

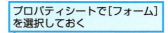

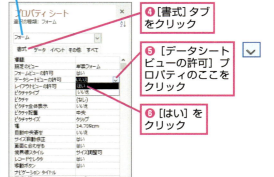

❹[書式]タブをクリック
❺[データシートビューの許可]プロパティのここをクリック
❻[はい]をクリック

ビューの一覧にデータシートビューが表示されるようになる

関連 ≫383 フォームやコントロールはどこで設定するの？ ……P.202

# フォームの入力

フォームには、データを効率的かつ間違いなく入力するためにいろいろな機能が用意されています。ここでは、フォームの入力・編集について解説します。

## 386 前後のレコードを表示するには

お役立ち度 ★★★
2016 2013

フォームの画面左下にある［移動ボタン］を使用すると、前後のレコードを表示できます。1つずつ前や後ろのレコードを表示するには、［前のレコード］ボタン、［次のレコード］ボタンを使用し、先頭へは［先頭レコード］ボタン、最後へは［最終レコード］ボタンを使用します。また、［カレントレコード］には現在のレコードと全レコード数が表示されます。このボックスに表示したいレコード番号を直接入力して Enter キーを押すと、指定したレコードにジャンプできます。

➡レコード……P.420

◆先頭レコード
先頭のレコードに移動できる

◆カレントレコード
現在のレコードと全レコード数が表示される

◆新しい（空の）レコード
新しいレコードを追加できる

◆前のレコード
前のレコードに移動できる

◆次のレコード
次のレコードに移動できる

◆最終レコード
最後のレコードに移動できる

| 関連 ≫389 | フィールド間を移動するには ………………… P.205 |
| 関連 ≫392 | 既存のレコードを選択したい ………………… P.205 |

## 387 新しくレコードを追加したい

お役立ち度 ★★★
2016 2013

新しくレコードを追加したい場合は、［移動ボタン］の［新しい（空の）レコード］ボタン（▶米）をクリックし、新規入力画面を表示します。また、リボンの［ホーム］タブの［レコード］グループにある［新規作成］ボタンをクリックしても新規入力画面を表示できます。

➡レコード……P.420

［新しい（空の）レコード］をクリック

新しいレコードが追加され、新しいレコードに移動した

## 388 入力を取り消すには

お役立ち度 ★★★
2016 2013

フォームの入力を取り消したい場合は Esc キーを使います。現在カーソルがあるフィールドのデータの入力途中で Esc キーを押すと、そのフィールドの入力が取り消されます。さらに Esc キーを押すと、同じレコードのすべてのフィールドの入力が取り消されます。なお、現在のレコードにオートナンバー型のフィールドがある場合、Esc キーで入力を取り消すと、採番された番号が欠番になります。

➡オートナンバー型……P.412

## 389 フィールド間を移動するには

★★★　2016 2013

フォームでデータを入力するときに、フィールド間で移動するには、キーボードを使うと便利です。次のフィールドに移動するには Tab キー、前のフィールドに戻るには Shift + Tab キーを使います。一気に先頭のフィールドに移動するには Home キー、最後のフィールドに移動するには End キーを押します。なお、 Home キーと End キーは、入力欄にカーソルが表示されていない状態で有効です。
→フィールド……P.417

●移動に関連するキーボード操作

| 操作 | キー |
| --- | --- |
| 次のフィールド | Tab |
| 前のフィールド | Shift + Tab |
| 先頭のフィールド | Home |
| 最後のフィールド | End |

## 390 直前に入力したレコードがいちばん後ろに表示されない

★★★　2016 2013

フォームからレコードを入力し、いったん閉じて再度開くと、最後に入力したレコードが、いちばん後ろのレコードに表示されないことがあります。これは、フォームのレコードソースとなっているテーブル、クエリの並べ替え順になるためです。
例えば、仕入先テーブルで［仕入先ID］順に並んでいる場合、仕入先フォームから仕入先IDが「1020」のレコードを入力し、次に仕入先IDが「1015」のレコードを入力した場合、仕入先ID順で自動的に並べ替えが行われ、仕入先IDが「1020」のレコードが最後に表示されます。
→レコード……P.420

関連 ≫386 前後のレコードを表示するには……P.204

## 391 レコードが保存されるタイミングはいつ？

★★★　2016 2013

最後のフィールドで Tab キーを押して次のレコードに移動すると、その時点でレコードが自動的にテーブルに保存されます。次のレコードに移動する必要がない場合は、レコードセレクターをクリックするか、リボンの［ホーム］タブの［レコード］グループにある［保存］ボタンをクリックするか、 Shift + Enter キーを押すと、現在のレコードが表示されたまま、入力中のレコードを保存できます。なお、レコードの入力中にフォームを閉じても、入力中のレコードは自動的に保存されます。

［保存］をクリックすると入力中のレコードを保存できる

## 392 既存のレコードを選択したい

★★★　2016 2013

レコードを削除したり、レコード全体をコピーしたりしたい場合など、レコードを選択したいときは、レコードセレクターをクリックします。レコードが選択されると、レコードセレクターが黒く反転します。
→レコードセレクター……P.420

レコードセレクターをクリック

レコードが選択され、レコードセレクターが黒く反転した

## 393 既存のレコードを変更するには

お役立ち度 ★★☆
2016 / 2013

すでに入力済みのレコードを変更するには、まずはワザ386を参考に［次のレコード］［前のレコード］などの移動ボタンを使用して、目的のレコードに移動します。次に変更するフィールドに移動してデータを変更します。
➡レコード……P.420

❶［次のレコード］をクリック

データを変更したいレコードに移動する

❷変更したいデータの入力されたフィールドをクリック　❸フィールドを修正

レコードセレクターのアイコンが変わった

変更内容は、別のレコードに移動するか [Shift]＋[Enter] キーを押すと保存される

| 関連 ≫386 | 前後のレコードを表示するには？…… P.204 |
| 関連 ≫394 | 既存のレコードを削除したい…… P.206 |

## 394 既存のレコードを削除したい

お役立ち度 ★★★
2016 / 2013

レコードを削除したいときは、削除するレコードに移動し、レコードセレクターをクリックしてレコードを選択してから、[Delete]キーを押します。削除を確認するメッセージが表示されたら、間違いがないか確認し、削除を実行してください。削除したレコードは元に戻せないため注意が必要です。

❶レコードセレクターをクリック　❷[Delete]キーを押す

削除の確認メッセージが表示された　❸［はい］をクリック

レコードが削除されて次のレコードが表示された

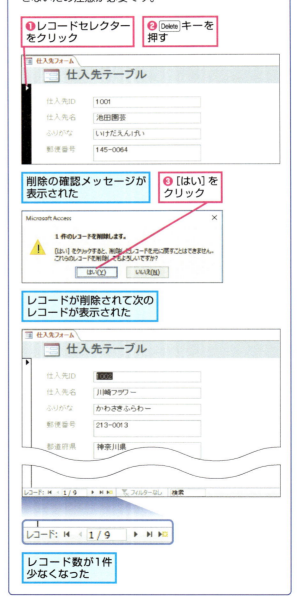

レコード数が1件少なくなった

206　できる　● フォームの入力

## 395 データを効率よく入力できる機能を知りたい

お役立ち度 ★★★  2016 / 2013

フォームには、データを効率よくテーブルに入力するための入力支援機能があります。例えば、ふりがなを自動で表示する［ふりがな］プロパティ、郵便番号から住所を自動入力できる［住所入力支援］プロパティ、入力パターンを表示する［定型入力］プロパティ、規則に合ったデータが入力されるように制御する［入力規則］プロパティなどがあります。

これらの機能は、コントロールの［プロパティシート］の［データ］タブまたは［その他］タブで設定が可能です。また、入力支援機能はテーブルでも設定できます。テーブル側で設定をすれば、そのテーブルを基に作成されたフォームにも反映されるので、フォームで再度設定する必要はありません。入力支援機能の詳細については、ワザ166を参照してください。

→コントロール……P.413

◆ふりがな
［氏名］を入力すると［ふりがな］も自動的に入力される

◆定型入力
郵便番号を入力するため「数字3けた-数字4けた」の形式をあらかじめ指定

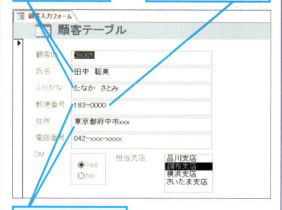

◆住所入力支援
郵便番号を入力すると住所の一部が自動的に入力される

関連 ≫166 住所を簡単に入力したい …………… P.102
関連 ≫396 データを順序よく入力したい ………… P.207

---

## 396 データを順序よく入力したい

お役立ち度 ★★★  2016 / 2013

フォーム上で Tab キーか Enter キーを押すと次のフィールドにカーソルを移動できます。カーソルが移動する順番を指定したいときは、［タブオーダー］ダイアログボックスで順番を変更しましょう。［タブオーダー］ダイアログボックスの［タブオーダーの設定］の一覧でフィールドを選択し、移動したい場所までドラッグします。

→タブオーダー……P.415
→フィールド……P.417

デザインビューでフォームを表示しておく

❶［フォームデザインツール］の［デザイン］タブをクリック

❷［タブオーダー］をクリック

［タブオーダー］ダイアログボックスが表示された

❸［詳細］をクリック
❹ここをクリックして順番を入れ替えたいフィールドを選択

ドラッグ中はマウスポインターの形が変わる

❺移動させたい場所までドラッグ
❻［OK］をクリック
カーソルの移動順を変更できた

関連 ≫395 データを効率よく入力できる機能を知りたい ………… P.207

## 397 ★★★ 2016/2013

### Tabキーのカーソル移動を現在のレコードの中だけにしたい

Tabキーなどを押してフォーム上でフィールドを移動する際、最後のフィールドの次の移動先は、次のレコードの先頭のフィールドになります。キーボード操作でカーソル移動を現在のレコードの中だけにしたい場合は、フォームの[プロパティシート]にある[Tabキー移動]プロパティを[カレントレコード]に設定してください。
→フィールド……P.417

デザインビューでフォームを表示し、プロパティシートで[フォーム]を選択しておく

❶[その他]タブをクリック

❷[Tabキー移動]プロパティで[カレントレコード]を選択

同じレコード内だけでカーソルが移動するようになった

## 398 ★★☆ 2016/2013

### 入力しないテキストボックスにカーソルが移動して面倒

フォームに配置されるテキストボックスの中には、データを入力しないものもあります。入力しないテキストボックスにカーソルが移動すると目的のフィールドにカーソルを移動させるのが面倒です。カーソルが移動しないように設定するには、テキストボックスの[タブストップ]プロパティを[いいえ]に設定してください。キーボード操作でカーソルが移動しなくなります。なお、マウスでクリックすれば、カーソルを表示できます。
→タブストップ……P.415

[仕入先名参照]テキストボックスにカーソルが移動しないようにする

デザインビューでフォームを表示し、プロパティシートで[仕入先名参照]を選択しておく

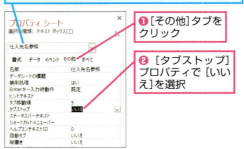

❶[その他]タブをクリック

❷[タブストップ]プロパティで[いいえ]を選択

[仕入先名参照]テキストボックスにカーソルが移動しなくなった

## 399 ★★★ 2016/2013

### 特定のフィールドのデータを変更されないようにしたい

特定のフィールドのデータを変更されないようにするには、コントロールの[使用可能]プロパティを[いいえ]、[編集ロック]プロパティを[はい]に設定します。例えば、[顧客ID]に対する[氏名]を他のテーブルから参照して表示するときのように、クエリで他のテーブルのフィールドを参照している場合、誤ってデータが変更されることを防ぐのに役立ちます。
→コントロール……P.413

[氏名]フィールドが変更されないように設定する

デザインビューでフォームを表示し、プロパティシートで[氏名]を選択しておく

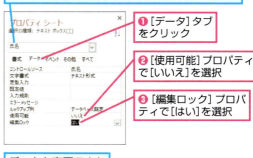

❶[データ]タブをクリック

❷[使用可能]プロパティで[いいえ]を選択

❸[編集ロック]プロパティで[はい]を選択

データを変更できなくなった

## 400 テキストボックスにデータを入力できない

お役立ち度 ★★☆　2016 / 2013

オートナンバー型のデータや演算結果が表示されているテキストボックスには、データを入力できません。これらのテキストボックスにデータを入力しようとすると、画面左下のステータスバーに編集できないことを意味するメッセージが表示されます。ワザ398を参考に、編集できないテキストボックスにはカーソルが移動しないように設定しておくといいでしょう。

➡演算フィールド……P.412

◆オートナンバー型
連番が自動入力される

◆演算フィールド
演算結果が表示される。ここでは単価×1.08の計算結果が表示されている

オートナンバー型のフィールドや演算フィールドにデータを入力しようとすると、編集できないという内容のメッセージが表示される

| 関連 ≫398 | 入力しないテキストボックスにカーソルが移動して面倒 …………… P.208 |

---

## 401 フォームからのレコードの追加や更新、削除を禁止したい

お役立ち度 ★★★　2016 / 2013

フォームからレコードを追加、更新、削除することをすべて禁止するには、[フォーム]の[レコードセット]プロパティを[スナップショット]に設定します。これにより、フォームに表示されるデータを参照用として使用できます。

➡スナップショット……P.414
➡レコード……P.420

| 関連 ≫402 | フォームからレコードの追加と削除を禁止したい …………… P.209 |

---

## 402 フォームからのレコードの追加と削除を禁止したい

お役立ち度 ★★★　2016 / 2013

フォームではレコードの修正だけを許可し、レコードの追加や削除を禁止するには、フォームの[更新の許可]プロパティを[はい]、[追加の許可]プロパティと[削除の許可]プロパティを[いいえ]に設定します。これらのプロパティを組み合わせればレコードの修正、追加、削除のいずれかを制限できます。

➡レコード……P.420

デザインビューでフォームを表示し、プロパティシートで[フォーム]を選択しておく

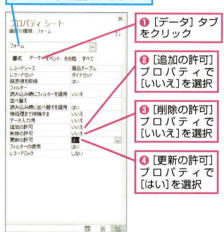

❶[データ]タブをクリック
❷[追加の許可]プロパティで[いいえ]を選択
❸[削除の許可]プロパティで[いいえ]を選択
❹[更新の許可]プロパティで[はい]を選択

レコードの追加と削除が実行できなくなる

| 関連 ≫401 | フォームからレコードの追加や更新、削除を禁止したい …………… P.209 |

## 403 OLEオブジェクト型のフィールドに画像を追加したい

お役立ち度 ★★☆
2016 / 2013

フォームでOLEオブジェクト型のフィールドにデータを追加するには、フィールドで右クリックして［オブジェクトの挿入］を選択する以外に、もっと簡単な方法があります。画像ファイルがあるフォルダーを表示しておき、画像ファイルをフォームのフィールド上にドラッグします。なお、この方法は、テーブルでは使用できず、フォームのみで可能な操作です。ドラッグするだけなので、簡単に画像が追加でき、便利です。

→OLE機能……P.410
→フィールド……P.417

追加したい画像があるフォルダーを表示しておく

❶画像を選択

マウスポインターの形が変わった

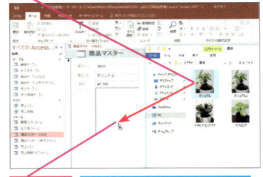

❷ここまでドラッグ

OLEオブジェクト型のフィールドに画像が追加される

関連 ≫404 画像が枠内に表示しきれない……P.210

---

## 404 画像が枠内に表示しきれない

お役立ち度 ★★☆
2016 / 2013

OLEオブジェクト型のフィールドに画像データを追加すると、画像が枠に収まらないことがあります。このような場合は、コントロールの［OLEサイズ］プロパティの設定を［ズーム］か［ストレッチ］に変更します。それぞれの表示方法は以下の表のようになります。なお、添付ファイル型の場合は、［ピクチャサイズ］プロパティで設定します。　→フィールド……P.417

● ［OLEサイズ］プロパティと画像の表示方法

| OLEサイズ | 説明 | 表示例 |
|---|---|---|
| クリップ | 画像が実際のサイズで表示される（既定） | |
| ストレッチ | コントロールのサイズに合わせて拡大・縮小された画像が表示される。画像の縦横比が変更される | |
| ズーム | 画像の縦横比を変更せずに、コントロール内に画像全体が表示されるよう拡大・縮小される | |

画像を表示するコントロールのOLEサイズを［ズーム］に設定する

デザインビューでフォームを表示し、プロパティシートで画像を表示するコントロールを選択しておく

❶［書式］タブをクリック

❷［OLEサイズ］プロパティで［ズーム］を選択

全体が表示されるようになる

# 405 添付ファイル型のフィールドにデータを追加するにはどうすればいいの？

お役立ち度 ★★★
2016 / 2013

添付ファイル型のフィールドには、画像、ExcelやWordの文書ファイル、テキストファイルなど、さまざまなファイルをデータとして複数追加できます。データを追加するには、添付ファイル型のフィールドをダブルクリックして、[添付ファイル]ダイアログボックスを表示します。ここで[追加]ボタンをクリックし、ファイルを選択して追加します。複数のファイルを添付した場合は、フィールドをクリックしたときに表示されるミニツールバーの［←］［→］ボタンで表示を切り替えられます。なお、画像以外のデータはフィールドの中でアイコンとして表示されます。

→添付ファイル型……P.416
→フィールド……P.417

[ファイルの選択]ダイアログボックスが表示された

❸ ファイルの保存先を選択

❹ 添付するファイルを選択

2つ目以降は Ctrl キーを押しながら選択する

❺[開く]をクリック

[添付ファイル]ダイアログボックスに戻った

❻[OK]をクリック

添付ファイル型のフィールドにファイルを添付できた

フィールドをクリックすると添付ファイルの表示を切り替えるボタンが表示される

画像ファイル以外はアイコンが表示される

---

添付ファイル型のフィールドがあるフォームをフォームビューで表示しておく

❶ 添付ファイル型のフィールドをダブルクリック

[添付ファイル]ダイアログボックスが表示された

❷[追加]をクリック

関連 ≫403　OLEオブジェクト型の
フィールドに画像を追加したい………… P.210

フォームの入力 ● できる 211

## 406

## ハイパーリンク型のフィールドにデータを追加するには

お役立ち度 ★★★
2016 / 2013

ハイパーリンク型のフィールドにデータを追加するには、フィールドにURLやメールアドレスを直接入力します。データを入力すると自動的にリンクが設定され、データをクリックすると、ブラウザーが起動してWebページが表示されたり、メールソフトが起動してメール作成画面が表示されたりします。

➡ハイパーリンク型……P.417

❶ハイパーリンク型のフィールドにURLを入力

自動的にハイパーリンクが設定された

入力したURLのWebページが表示された

❷URLをクリック

## 407

## ハイパーリンクのデータを修正したい

お役立ち度 ★★
2016 / 2013

ハイパーリンクのデータは、フィールドをクリックするとWebページが開いたりするので選択できません。データを修正したい場合は、フィールドではなく、ラベルをクリックしてください。ラベルをクリックすると、データが選択されるので、Deleteキーでデータを削除し入力し直します。また、データ上で右クリックして、[ハイパーリンク]-[ハイパーリンクの編集]の順にクリックすると表示される[ハイパーリンクの編集]ダイアログボックスで修正することもできます。

ラベル[URL]をクリック

フォーム内のURLが選択された

URLを編集できる

# フォームの表示

データをいろいろな形で表示できるのもフォームの特徴の1つです。ここでは、フォームでデータを表示する設定について解説します。

## 408 フォームに既存のレコードが表示されない

お役立ち度 ★★★
2016 / 2013

フォームを開いたときに、保存されているはずの既存のレコードが表示されない場合は、フォームの［データ入力用］プロパティが［はい］になっている可能性があります。フォームの［データ入力用］プロパティが［はい］になっていると、常に新規入力画面が表示され、保存済みのレコードは表示されません。また、レコードの移動もできません。

➡プロパティシート……P.418

既存のレコードが表示されない

デザインビューでフォームを表示し、プロパティシートで［フォーム］を選択しておく

❶［データ］タブをクリック

❷［データ入力用］プロパティで［いいえ］を選択

レコードの内容がすべて表示された

関連 ≫404 画像が枠内に表示しきれない …………… P.210

## 409 フォームに写真が表示されない

お役立ち度 ★★☆
2016 / 2013

OLEオブジェクト型のフィールドに写真などの画像ファイルを追加したとき、画像ではなくアイコンで表示されることがあります。画像が表示されるようにするためには、OLEサーバーの機能を持つソフトウェアが必要です。そのようなソフトウェアが用意できない場合は、ビットマップファイルに変換してから追加すれば画像として表示できます。
ちなみに、OLEサーバー機能を持つソフトウェアとは、フォーム上に配置したビットマップ画像をダブルクリックするとAccessの中で編集用に起動するペイントのように、OLE機能を実現するソフトウェアのことです。

➡OLE機能……P.410

OLEサーバー機能を持つソフトウェアがないとOLEオブジェクト型のフィールドに画像ファイルがアイコンで表示される

## 410 フォームにレコードが1件しか表示されない

お役立ち度 ★★☆
2016 / 2013

フォームの画面に表形式でレコードを一覧表示したいのに、1件しか表示されない場合、[既定のビュー] プロパティが単票フォームになっている可能性があります。フォームの [既定のビュー] プロパティを確認し、[帳票フォーム] に変更してください。

**フォームにレコードが1件しか表示されていない**

デザインビューでフォームを表示し、プロパティシートで[フォーム]を選択しておく

❶ [書式] タブをクリック

❷ [既定のビュー] プロパティで[帳票フォーム]を選択

**フォームビューで表示しておく** / **レコードがすべて表示された**

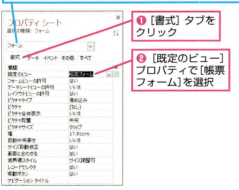

| 関連 ≫386 | 前後のレコードを表示するには ………… P.204 |
| 関連 ≫402 | フォームからレコードの追加と削除を禁止したい ………… P.209 |

## 411 1行おきの色を解除するには

お役立ち度 ★★☆
2016 / 2013

表形式やデータシート形式のフォームは、行の区切りが見やすくなるように、自動的に1行おきに背景色が設定されています。これを解除するには、詳細セクションの [代替の背景色] プロパティを [色なし] に変更します。

**1行おきの背景色を削除したい**

デザインビューでフォームを表示し、プロパティシートで[詳細]を選択しておく

❶ [書式] タブをクリック

❷ [代替の背景色] プロパティで [色なし]を選択

**1行おきの背景色が削除される**

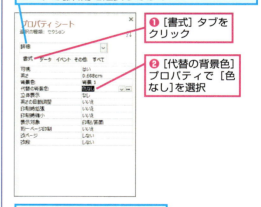

| 関連 ≫412 | 表形式のフォームに Excel の表のような罫線を引きたい ………… P.215 |

## 412 表形式のフォームにExcelの表のような罫線を引きたい

お役立ち度 ★★★　2016/2013

表形式や集合形式でコントロールレイアウトが設定されているとき、コントロールとコントロールの間に枠線を表示できます。これを利用すると、Excelの表のような整った表罫線を簡単に引くことができます。

表形式のフォームに罫線を引く

レイアウトビューでフォームを表示しておく

❶フォームの一部をクリックし、表示されたレイアウトセレクターをクリック

❷[フォームレイアウトツール]の[書式]タブをクリック
❸[図形の枠線]をクリック
❹[透明]をクリック

コントロールの枠線が透明になった

❺[配置]タブをクリック

❻[枠線]をクリック
❼[水平/垂直]をクリック
フォームに罫線が引かれる

## 413 テキストボックスに「#Name」と表示される

お役立ち度 ★★★　2016/2013

フォームビューでテキストボックスに「#Name」とエラーが表示される場合は、テキストボックスの[コントロールソース]プロパティで間違ったフィールドを参照している可能性があります。テキストボックスにテーブルやクエリのデータを表示したい場合は、[コントロールソース]プロパティにテーブルやクエリに存在するフィールドが設定されている必要があります。フォームの[レコードソース]プロパティで、フォームに表示するデータの基となるテーブルまたはクエリが正しく設定されているかを確認し、テキストボックスの[コントロールソース]プロパティで正しいフィールドを選択し直してください。

➡コントロールソース……P.413

[商品NO]に「#Name」と表示されている

デザインビューでフォームを表示し、プロパティシートで[商品NO]を選択しておく

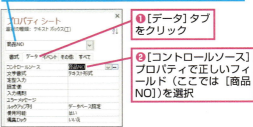

❶[データ]タブをクリック
❷[コントロールソース]プロパティで正しいフィールド（ここでは[商品NO]）を選択

正しいデータが表示されるようになる

| 関連 ≫400 | テキストボックスにデータを入力できない…………P.209 |
| --- | --- |
| 関連 ≫534 | 数値や日付が正しく表示されない………P.283 |

## 414 データを検索するには

お役立ち度 ★★★
2016 / 2013

フォームでデータを検索するには、[検索と置換] ダイアログボックスの [検索] タブで検索する文字列を指定します。検索対象となるフィールドや検索条件を指定できます。

❶ 検索したいフィールドをクリック
❷ [ホーム] タブの [検索] をクリック

[検索と置換] ダイアログボックスが表示された

❸ 検索する文字列を入力
❹ 検索条件を選択
❺ [次を検索] をクリック

検索結果が表示された

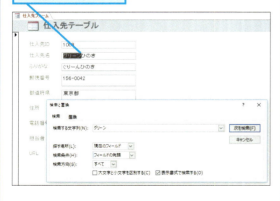

関連 »415 特定の文字列を別の文字列に置き換えたい ..... P.216

## 415 特定の文字列を別の文字列に置き換えたい

お役立ち度 ★★★
2016 / 2013

特定の文字列を別の文字列に置き換えるには、[検索と置換] ダイアログボックスの [置換] タブで検索する文字列と置換する文字列を指定します。検索対象となるフィールドや検索条件を指定することもできます。[置換] ボタンでは1つずつ、[すべて置換] ボタンではまとめて置換できます。

❶ 置換したいフィールドをクリック
❷ [ホーム] タブの [置換] をクリック

❸ 検索する文字列を入力
❹ 置換後の文字列を入力
❺ 検索条件を選択

❻ [次を検索] をクリック

❼ 対象の文字が検索されたら [置換] をクリック

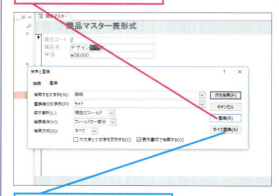

[すべて置換] をクリックすると一括で置換できる

## 416 「東京都」のレコードだけを表示したい

お役立ち度 ★★★
2016 / 2013

都道府県が「東京都」のレコードだけを抽出したい場合は、フィルターの機能を使用すれば簡単です。フォーム上のフィールドで「東京都」の文字列をドラッグして選択するだけで抽出条件とすることができます。なお、［都道府県］フィールドのように「東京都」だけが入力されている場合は、クリックしてカーソルを表示するだけで抽出条件となります。

➡フィルター……P.418

❶抽出条件にしたい文字列（ここでは［東京都］）をドラッグして選択

❷［ホーム］タブをクリック　❸［並べ替えとフィルター］グループの［選択］をクリック

❹［"東京都"を含む］を選択

［東京都］を含むレコードのみが表示される

［フィルターの実行］をクリックするとフィルターを解除できる
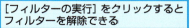

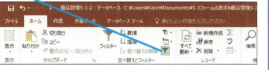

## 417 フォームの画面に条件を入力したい

お役立ち度 ★★★
2016 / 2013

［フォームフィルター］の機能を使用すると、フォームの画面にレコードを抽出する条件を入力できます。同じ画面に複数の条件を設定すれば、それらすべての条件を満たすレコードを抽出することもできます。さらに、画面右下にある［または］タブをクリックして別の画面に条件を入力すると、いずれかの条件を満たすレコードが抽出されます。フォームフィルターは、いくつかの条件を組み合わせて抽出するのに便利です。抽出条件に「*」などのワイルドカードを使用することもできます。

➡レコード……P.420

❶［ホーム］タブをクリック　❷［高度なフィルターオプション］（［詳細設定］）をクリック　❸［フォームフィルター］をクリック

❹ここに抽出条件を入力　❺［フィルターの実行］をクリック

入力した抽出条件でデータが抽出された

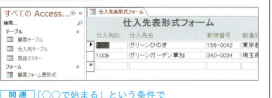

| 関連 | |
|---|---|
| ≫301 | 「○○で始まる」という条件で抽出したい……P.160 |

フォームの表示　できる　**217**

# 418

## レコードを並べ替えたい

お役立ち度 ★★★
2016
2013

表形式やデータシート形式のフォームでレコードが一覧で表示されている場合、レコードの並び順を変更してデータを見たいときは、[昇順]ボタンと[降順]ボタンを使いましょう。複数のフィールドを基準に並べ替えることもできます。この場合、優先順位の低い並べ替えから行います。例えば、[商品名]で並べ替えてから[仕入先ID]で並べ替えると、[仕入先ID]順→[商品名]順で並びます。

→レコード……P.420

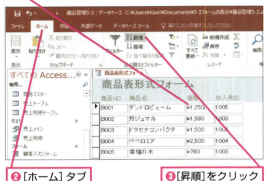

❶並べ替えを行いたい列をクリック
❷[ホーム]タブをクリック
❸[昇順]をクリック

データが数値の小さい順で並べ替えられた

[並べ替えの解除](すべての並べ替えをクリア)をクリックすると、並べ替えを解除できる

| 関連 ≫419 | 金額順に並べ替えができない …………………… P.218 |
| 関連 ≫420 | 並べ替え後、フォームを開き直しても並べ替わったままになってしまう …………… P.219 |

# 419

## 金額順に並べ替えができない

お役立ち度 ★★☆
2016
2013

金額順に並べ替えたくても、[昇順]ボタンと[降順]ボタンが使用できない場合があります。これは、金額を表示しているコントロールがテーブルやクエリのフィールドを参照しているのではなく、演算式が設定されているからです。デザインビューを表示すると、テキストボックスに演算式が表示されるので確認してみてください。金額順で並べ替えたい場合は、ワザ263を参考にクエリで演算フィールドを作成し、そのクエリを基にフォームを作成しましょう。

→コントロール……P.413

演算式が入力されているフィールドは並べ替えできない

金額順で並べ替えたい場合はクエリで演算フィールドを作成して並べ替えを行い、そのクエリを基にフォームを作成し直す

| 関連 ≫263 | クエリで計算したい ………………………………… P.145 |

## 420 並べ替え後、フォームを開き直しても並べ替わったままになってしまう

お役立ち度 ★★★
2016 / 2013

フォームで並べ替えを行った後、フォームを開き直すと並べ替わったままで表示されます。これは [保存] ボタンをクリックしなくても、自動的に並べ替えの設定が保存されてしまうためです。フォームを開いたときに並べ替えが実行されないようにするには、フォームを閉じる前に並べ替えを解除しておきましょう。
または、フォームの [読み込み時に並べ替えを適用] プロパティを [いいえ] に設定する方法があります。これを設定しておけば並べ替えを毎回解除する必要がなくなります。

関連 ≫418 レコードを並べ替えたい…………P.218

[読み込み時に並べ替えを適用] プロパティを変更する

デザインビューでフォームを表示しておく

プロパティシートで [フォーム] を選択しておく

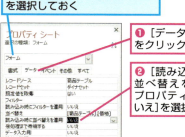

❶ [データ] タブをクリック

❷ [読み込み時に並べ替えを適用] プロパティで [いいえ] を選択

## 421 並べ替えや抽出をもっと簡単に実行するには

お役立ち度 ★★★
2016 / 2013

指定したフィールドの並べ替えや、レコードの抽出を簡単に実行するには、[フィルター] 機能を使用しましょう。[ホーム] タブの [フィルター] ボタンをクリックすると表示されるメニューから、クリックするだけで、フィールドごとに並べ替えや抽出を素早く実行できます。

→フィルター……P.418

フォームビューでフォームを表示しておく

❶並べ替えや抽出の対象にしたいフィールドのデータをクリック

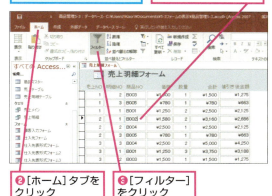

❷ [ホーム] タブをクリック

❸ [フィルター] をクリック

フィルターのメニューが表示された

[昇順で並べ替え] [降順で並べ替え] をクリックすると並べ替えができる

❹抽出したいデータだけにチェックマークを付ける

❺ [OK] をクリック

データの抽出が完了した

フォームの表示 できる 219

# フォームの作成

フォームの作成方法はいろいろあります。ここでは、フォームの作成や編集に関するワザを身に付けましょう。

## 422 フォームを作成したい

お役立ち度 ★★★
2016
2013

[フォームウィザード]を使用すると、表示するフィールドを選択してフォームを作成できます。フォームのレイアウトも指定できるため、いろいろな形式のフォームを作成できます。　→ウィザード……P.412

❶[作成]タブをクリック
❷[フォームウィザード]をクリック

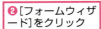

[フォームウィザード]が表示された

❸ここをクリックしてフォームの基になるテーブルまたはクエリを選択

❹[選択可能なフィールド]でフィールドをクリックして選択し、ここをクリック

[選択したフィールド]にフォームに追加するフィールドが表示された

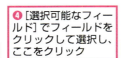

❺[次へ]をクリック

❻作成したいフォームの形式をクリック

❼[次へ]をクリック

❽フォーム名を入力

❾[完了]をクリック

フォームが作成された

関連 ≫423 フォームをワンクリックで自動作成したい……P.221

# 423 フォームをワンクリックで自動作成したい

フォームをワンクリックで自動作成するには、ナビゲーションウィンドウでフォームの基になるテーブルまたはクエリを選択し、［作成］タブの［フォーム］ボタンをクリックします。選択したテーブルまたはクエリのすべてのフィールドを配置した単票形式のフォームが自動作成されます。また、［その他のフォーム］ボタンをクリックし、一覧から［複数のアイテム］で表形式、［データシート］でデータシート形式、［分割フォーム］で分割フォームを自動作成できます。

◆表形式のフォーム

ここでは単票形式のフォームを作成する

❶ フォームの基になるオブジェクトを選択
❷ ［作成］タブをクリック

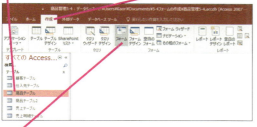

❸ ［フォーム］をクリック

◆データシート形式

選択したオブジェクトを基にした単票形式のフォームが作成された

◆分割フォーム

フォームを保存する場合は、画面右上の［閉じる］をクリックし、フォームに名前を付ける

| 関連 ≫422 | いろいろなフォームを作成したい ........................ P.220 |
| 関連 ≫426 | 自由なレイアウトでフォームを作成したい ........................ P.223 |

## 424 不要なサブフォームが作成されてしまった

お役立ち度 ★★★
2016 / 2013

一対多のリレーションシップが設定されている一側テーブルを基にフォームを自動で作成した場合、サブフォームが作成されてしまいます。不要な場合は、サブフォームをクリックして選択し、Deleteキーを押して削除してください。メイン／サブフォームについて詳しくは、ワザ431を参照してください。
　➡メイン／サブフォーム……P.419
　➡リレーションシップ……P.420

関連 ≫431　メイン／サブフォームって何？……P.225

サブフォームを選択しておく　Deleteキーを押す

サブフォームが削除される

## 425 テキストボックスに不要なスクロールバーが表示される

お役立ち度 ★★★
2016 / 2013

フォームを作成したときに、テキストボックスに不要なスクロールバーが表示されることがあります。スクロールバーを非表示にするには、プロパティシートでテキストボックスの［スクロールバー］プロパティを［なし］に設定します。
　➡テキストボックス……P.416
　➡プロパティシート……P.418

テキストボックスにスクロールバーが表示されている

デザインビューでフォームを表示しておく

❶［商品NO］を選択　❷プロパティシートの［書式］タブをクリック　❸［スクロールバー］で［なし］を選択

フォームビューで表示しておく

テキストボックスにスクロールバーが表示されなくなった

## 426 自由なレイアウトでフォームを作成したい

お役立ち度 ★★★　2016 / 2013

[作成] タブの [フォームデザイン] ボタンをクリックすると、デザインビューで白紙の新規フォームが表示されます。デザインビューでは、コントロールを自由な配置で追加できます。フォームにデータを表示するには、フォームの [レコードソース] プロパティに基となるテーブルまたはクエリを指定してください。

➡コントロール……P.413
➡レコードソース……P.420

[商品テーブル]のフォームを作成する

❶[作成]タブをクリック
❷[フォームデザイン]をクリック

フォームが新規作成され、デザインビューで表示された

❸[フォームデザインツール]の[デザイン]タブをクリック
❹[フォーム]を選択

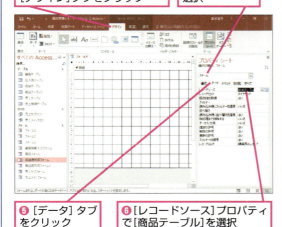

❺[データ]タブをクリック
❻[レコードソース]プロパティで[商品テーブル]を選択

[商品テーブル]のフィールドが追加できるようになった

関連 ≫427 デザインビューでフィールドを追加するには …… P.223

## 427 デザインビューでフィールドを追加するには

お役立ち度 ★★★　2016 / 2013

フォームの [レコードソース] プロパティにテーブルまたはクエリが設定されている場合、[デザイン] タブの [既存のフィールドの追加] ボタンをクリックすると、[フィールドリスト] が表示されます。フィールドリストには [レコードソース] プロパティで指定したテーブルやクエリのフィールドが一覧表示されます。フィールドを追加するには、[フィールドリスト]からフィールドをフォーム上にドラッグします。なお、フィールドをダブルクリックすると縦方向に整列した形で追加できます。

➡フィールドリスト……P.418
➡レコードソース……P.420

デザインビューでフォームを表示しておく

❶[フォームデザインツール]の[デザイン]タブをクリック
❷[既存のフィールドの追加]をクリック

[フィールドリスト]が表示された
❸追加したいフィールドにマウスポインターを合わせる

マウスポインターの形が変わった
❹ここまでドラッグ

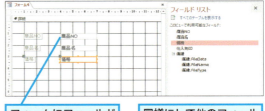

フォームにフィールドが追加された
同様にして他のフィールドを追加しておく

関連 ≫426 自由なレイアウトでフォームを作成したい …… P.223

フォームの作成　できる　223

## 428 コントロールをきれいに整列しながらフォームを作成できないの？

お役立ち度 ★★★
2016 / 2013

[作成] タブの [空白のフォーム] ボタンをクリックすると、レイアウトビューで新規にフォームを作成できます。レイアウトビューでは、コントロールが自動的に整列されるので、レイアウトが整ったきれいなフォームを簡単に作成できます。

フォームにデータを表示する場合は、フォームの [レコードソース] で表示するデータの基となるテーブルまたはクエリを選択します。レイアウトビューは、編集中のフォームにデータが表示されるので、データを見ながらフォームの編集ができます。

➡コントロール……P.413

フォームが新規作成され、レイアウトビューで表示された

プロパティシートを表示し、[レコードソース] プロパティで表示するデータの基となるテーブルまたはクエリを選択する

❶ [作成] タブをクリック　❷ [空白のフォーム] をクリック

| 関連 >430 | レイアウトビューでフィールドを追加するには ……P.225 |

## 429 添付ファイル型のフィールドで表示されるFileData、FileName、FileTypeって何？

お役立ち度 ★★★
2016 / 2013

[フィールドリスト] に表示されるフィールドで、添付ファイル型のフィールドでは階層構造でFileData、FileName、FileTypeなどが表示されます。これらはそれぞれ、画像、ファイル名、ファイルの種類のデータを持ち、それぞれをフォームに追加すると、添付ファイルの情報を一覧にして表示できます。

➡添付ファイル型……P.416
➡フィールドリスト……P.418

◆FileData 画像　　◆FileName ファイル名

◆FileType ファイル形式

フォームの作成

# 430

## レイアウトビューでフィールドを追加するには

お役立ち度 ★★☆
2016 / 2013

レイアウトビューでフィールドを追加するには、［フィールドリスト］からフォーム上にフィールドをドラッグします。ドラッグすると自動的にフォームの左上隅にラベルとテキストボックスが横に並んで配置されます。続けてフィールドをドラッグすると、自動的に整列されて配置されます。また、1つ目のフィールドを追加したときに表示されるスマートタグをクリックして［表形式レイアウトで表示］を選択すると、ラベルとテキストボックスが縦に配置され、1行目がフィールド名、2行目以降がレコードとなるような表形式のフォームに切り替えることができます。

表形式のレイアウトに変更した場合は、2つ目以降のフィールドは横方向に整列されて配置されます。なお、複数のレコードを表示するには、フォームの［既定のビュー］プロパティの値を［帳票フォーム］に変更してください。

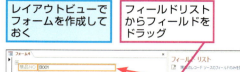

レイアウトビューでフォームを作成しておく

フィールドリストからフィールドをドラッグ

スマートタグをクリックして［表形式レイアウトで表示］を選択すると、ラベルとテキストボックスが縦に表示される表形式のフォームに設定できる

➡フィールドリスト……P.418

# 431

## メイン／サブフォームって何？

お役立ち度 ★★★
2016 / 2013

メイン／サブフォームとは、単票形式のフォームの中に表形式やデータシート形式のフォームを埋め込んだフォームのことです。単票形式のフォームを「メインフォーム」といい、その中に埋め込んだ表形式やデータシート形式のフォームのことを「サブフォーム」といいます。

メイン／サブフォームは、基になるテーブルが1対多のリレーションシップが設定されている場合に作成できます。例えば、日付や顧客など1回の売上情報を管理する［売上テーブル］と、売り上げた商品や個数などの明細情報を管理する［売上明細テーブル］間で一対多のリレーションシップが設定されていれば、売り上げを表示・入力できるメイン／サブフォームが作成できます。

➡メイン／サブフォーム……P.419
➡リレーションシップ……P.420

◆メインフォーム

◆サブフォーム

関連 ≫432　メイン／サブフォームを作成するには……P.226

# 432

## メイン／サブフォームを作成するには

お役立ち度 ★★★
2016 / 2013

メイン／サブフォームを作成する方法はいくつかありますが、[フォームウィザード]を使用すると簡単です。メインフォームとサブフォームの基となるテーブルやクエリを指定していけば、自動的にメイン／サブフォームが作成されます。　→ウィザード……P.412

[作成]タブの[フォームウィザード]をクリックして[フォームウィザード]を表示しておく

❶ ここをクリックしてメインフォームの基になるテーブルまたはクエリを選択

❷ メインフォームに表示するフィールドを追加

❸ ここをクリックしてサブフォームの基になるテーブルまたはクエリを選択

❹ サブフォームに表示するフィールドを追加

❺ [次へ]をクリック

❻ メインフォームにしたいオブジェクトを選択

❼ [サブフォームがあるフォーム]をクリック

❽ [次へ]をクリック

❾ [データシート]をクリック

❿ [次へ]をクリック

⓫ フォームとサブフォームの名前を入力

⓬ [完了]をクリック

メイン／サブフォームを作成できた

◆メインフォーム

◆サブフォーム

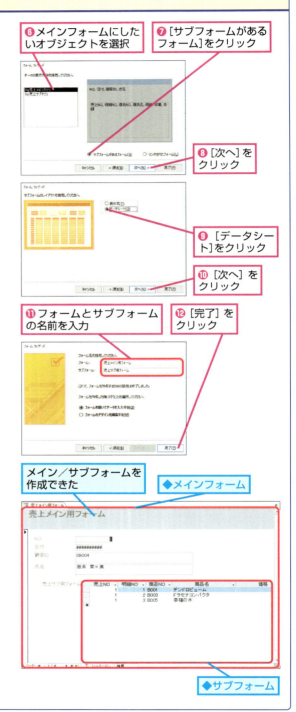

| 関連 ≫424 | 不要なサブフォームが作成されてしまった…… P.222 |
| 関連 ≫431 | メイン／サブフォームって何？…… P.225 |
| 関連 ≫497 | メインフォームにサブフォームの合計を表示したい…… P.263 |

226　できる　● フォームの作成

# フォームの設定

ここでは、セクションごとの設定やフォーム全体の設定など、フォームの土台となる部分の機能や操作方法を解説します。

## 433 タブやタイトルバーに表示される文字列を変更したい

お役立ち度 ★★★　2016 2013

フォーム作成直後は、タブやタイトルバーには、フォーム名が表示されます。ここに表示される文字列を変更したい場合は、フォームの[標題]プロパティの文字列を変更します。

デザインビューでフォームを表示し、プロパティシートで[フォーム]を選択しておく

❶[書式]タブをクリック

❷[標題]プロパティに、タブやタイトルバーに表示したい文字列を入力

フォームビューで表示しておく

タブやタイトルバーに表示される文字列を変更できた

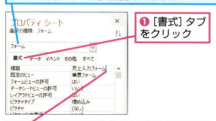

関連 ≫423 フォームをワンクリックで自動作成したい…… P.221

## 434 フォームの色を変えたい

お役立ち度 ★★★　2016 2013

フォームの色は、[背景色]プロパティで指定します。セクションごとに指定するため、[フォームヘッダー][詳細][フォームフッター]で別々の色を設定できます。

→ヘッダー……P.418

フォームヘッダーの色を変更する

デザインビューでフォームを表示し、プロパティシートで[フォームヘッダー]を選択しておく

❶[書式]タブをクリック

❷[背景色]プロパティのここをクリック

❸背景色に設定したい色を選択

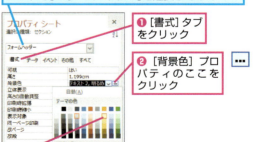

フォームヘッダーの色が変更される

フォームの設定　227

## 435 フォームのデザインをまとめて変更したい

お役立ち度 ★★★
2016 / 2013

[テーマ]を使用すると、フォームのデザインをまとめて変更できます。テーマとは、配色とフォントの組み合わせです。選択されたテーマは、フォームだけでなくデータベース全体のオブジェクトに適用され、統一されたデザインになります。

デザインビューでフォームを表示しておく

❶[フォームデザインツール]の[デザイン]タブをクリック

[配色]をクリックすると配色だけを変更できる

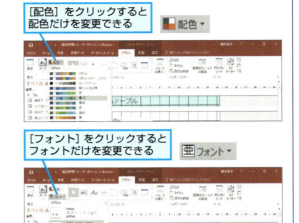

[フォント]をクリックするとフォントだけを変更できる

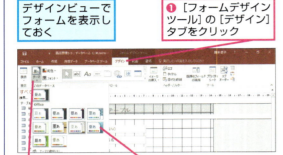

❷[テーマ]をクリック
❸設定したいフォーマットを選択

フォームのデザインがまとめて変更される

関連 ≫422 フォームを作成したい ………………………… P.220
関連 ≫443 分割フォームのデータシートの位置を変えるには ……………… P.232

## 436 フォームヘッダー／フッターを表示するには

お役立ち度 ★★★
2016 / 2013

デザインビューでフォームを新規作成すると、標準では[詳細]セクションだけが表示されます。フォームヘッダーやフォームフッターは必要に応じて後から表示できます。

デザインビューでフォームを表示しておく

❶フォームのコントロールがない場所を右クリック
❷[フォームヘッダー/フッター]をクリック

フォームヘッダー/フッターが表示された

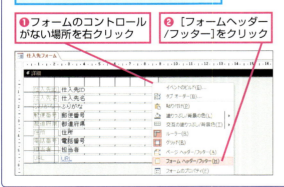

228 できる ● フォームの設定

## 437 フォームをウィンドウで表示するには

お役立ち度 ★★★
2016 / 2013

オブジェクトを開くと、既定ではタブ付きの形式で表示されます。メニュー画面など、特定のフォームだけをウィンドウで表示したい場合は、フォームの［ポップアップ］プロパティを［はい］に設定します。フォームがウィンドウとして、常に最前面に表示されるようになります。なお、この設定をすると、ビューを切り替えるボタンが使用できなくなるので、フォームビュー以外のビューに切り替えたい場合は、フォーム上で右クリックし、ショートカットメニューから目的のビューを選択します。

デザインビューでフォームを表示し、プロパティシートで［フォーム］を選択しておく

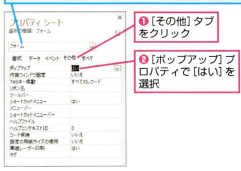

❶［その他］タブをクリック
❷［ポップアップ］プロパティで［はい］を選択

フォームビューで表示しておく
フォームをウィンドウで表示できた

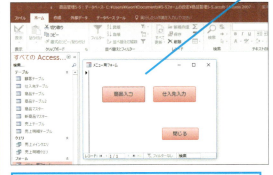

ビューを切り替えるには、フォーム上で右クリックして表示されたメニューでビューを選択する

| 関連 ≫439 | フォームビューでフォームのサイズを変更できなくしたい …… P.230 |
| 関連 ≫440 | レコードセレクタ、移動ボタン、スクロールバーを表示したくない …… P.230 |

## 438 デザインビューでフォームのサイズを変更できない

お役立ち度 ★★★
2016 / 2013

自動で作成したフォームの場合、ドラッグしてもフォームの横や縦のサイズを小さくできない場合があります。これは、ラベルなどのコントロールや図形の線がフォームの幅と高さいっぱいに作成されているためです。フォームのサイズを調整する前に、コントロールや図形のサイズを変更して、何もない余白を作成してからフォームのサイズを変更してください。

➡コントロール……P.413

コントロールのサイズを調整する
デザインビューでフォームを表示しておく

❶ここにマウスポインターを合わせる
マウスポインターの形が変わった

❷ここまでドラッグ

コントロールのサイズを変更できた
余白ができたためフォームのサイズを変更できる

| 関連 ≫448 | コントロールのレイアウトは自動調整できる？ …… P.234 |
| 関連 ≫551 | 用紙の余白を変更したい …… P.292 |

## 439 フォームビューでフォームのサイズを変更できないようにしたい

お役立ち度 ★★★　2016 / 2013

フォームがウィンドウで表示されているとき、フォームのサイズが自由に変更されないようにするには、フォームの［境界線スタイル］プロパティを［ダイアログ］に変更します。［ダイアログ］に変更すると、フォームビューでウィンドウサイズが変更できなくなると同時に、タイトルバーにある［最大化］ボタン、［最小化］ボタンが非表示になります。

デザインビューでフォームを表示し、プロパティシートで［フォーム］を選択しておく

❶［書式］タブをクリック

❷［境界線スタイル］プロパティで［ダイアログ］を選択

フォームビューで表示しておく

フォームビューでフォームのサイズを変更できなくなった

［最大化］ボタンと［最小化］ボタンが非表示になった

関連 ≫437　フォームをウィンドウで表示するには ………… P.229
関連 ≫438　デザインビューでフォームのサイズを変更できない ………… P.229

## 440 レコードセレクター、移動ボタン、スクロールバーを表示したくない

お役立ち度 ★★★　2016 / 2013

ボタンだけのメニュー用フォームのように、レコードを表示しないフォームにレコードセレクター、移動ボタン、スクロールバーは不要です。これらが表示されないようにするには、フォームの［レコードセレクタ］プロパティと［移動ボタン］プロパティを［いいえ］、［スクロールバー］プロパティを［なし］に設定します。

レコードセレクター、移動ボタン、スクロールバーを非表示にする

デザインビューでフォームを表示し、プロパティシートで［フォーム］を選択しておく

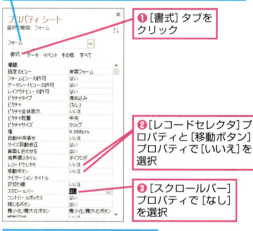

❶［書式］タブをクリック

❷［レコードセレクタ］プロパティと［移動ボタン］プロパティで［いいえ］を選択

❸［スクロールバー］プロパティで［なし］を選択

フォームビューで表示しておく

レコードセレクター、移動ボタン、スクロールバーが非表示になった

関連 ≫437　フォームをウィンドウで表示するには ………… P.229

## 441 [最小化][最大化][閉じる]ボタンを表示したくない

お役立ち度 ★★★
2016 / 2013

フォームをウィンドウで表示するとき、[最大化]ボタンや[最小化]ボタンによってサイズ変更されたり、[閉じる]ボタンで勝手に閉じられたりできないようにするには、フォームの[最小化/最大化ボタン]プロパティを[なし]、[閉じるボタン]プロパティを[いいえ]に設定します。なお、[閉じるボタン]プロパティを[いいえ]に設定しても、ボタンは非表示にならず、無効になります。設定後はフォームを閉じられなくなるので、ワザ489を参考にフォーム上に閉じるためのボタンを配置しておきましょう。

→プロパティシート……P.418

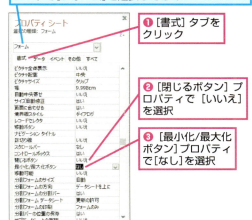

デザインビューでフォームを表示し、プロパティシートで[フォーム]を選択しておく

❶ [書式]タブをクリック

❷ [閉じるボタン]プロパティで[いいえ]を選択

❸ [最小化/最大化ボタン]プロパティで[なし]を選択

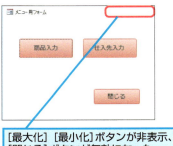

フォームビューで表示しておく

[最大化][最小化]ボタンが非表示、[閉じる]ボタンが無効になった

関連 ≫440 レコードセレクタ、移動ボタン、スクロールバーを表示したくない……P.230

## 442 開いているフォーム以外の操作ができない

お役立ち度 ★☆☆
2016 / 2013

フォームの[作業ウィンドウ固定]プロパティが[はい]に設定されていると、開いているフォーム以外は操作ができなくなります。そのフォーム以外の操作をできるようにするには、[作業ウィンドウ固定]プロパティを[いいえ]に変更してください。

→プロパティシート……P.418

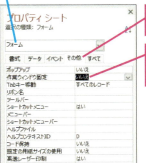

デザインビューでフォームを表示し、プロパティシートで[フォーム]を選択しておく

❶ [その他]タブをクリック

❷ [作業ウィンドウ固定]プロパティで[いいえ]を選択

関連 ≫384 フォームビューを開けない……P.203

フォームの設定　できる　231

## 443 分割フォームのデータシートの位置を変えるには

お役立ち度 ★★★  2016/2013

分割フォームは、単票形式とデータシートを1つの画面に組み合わせたフォームです。単票形式で1つのレコードを見やすく表示し、データシートで全体を見渡せるので便利です。この単票形式とデータシートの分割位置を変更するには、フォームの[分割フォームの方向]プロパティを変更します。

データシートの位置をフォームの右側に変更する

デザインビューでフォームを表示し、プロパティシートで[フォーム]を選択しておく

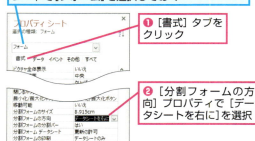

❶[書式]タブをクリック

❷[分割フォームの方向]プロパティで[データシートを右に]を選択

フォームビューで表示しておく

データシートがフォームの右側に表示された

関連 ≫444 分割フォームのデータシートからはデータを変更できないようにしたい ……… P.232

## 444 分割フォームのデータシートからはデータを変更できないようにしたい

お役立ち度 ★★★  2016/2013

分割フォームでデータシートを参照専用にして、データの編集を単票形式だけに限定するには、フォームの[分割フォームデータシート]プロパティを[読み取り専用]に設定します。

デザインビューでフォームを表示し、プロパティシートで[フォーム]を選択しておく

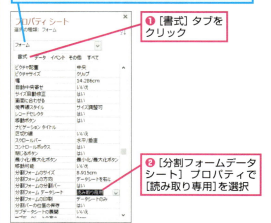

❶[書式]タブをクリック

❷[分割フォームデータシート]プロパティで[読み取り専用]を選択

フォームビューで表示しておく

分割フォームのデータシートが編集できなくなった

関連 ≫443 分割フォームのデータシートの位置を変えるには ……………………………… P.232

## 445 フォームに表示するデータを別のテーブルに変更できるの？

お役立ち度 ★★☆
2016 / 2013

例えば、[商品テーブル]のデータを表示しているフォームに、別の[新商品テーブル]のデータを表示したいという場合、[商品テーブル]と[新商品テーブル]が同じフィールド名で構成されていれば可能です。同じフィールド名を持つテーブルであれば、フォームの[レコードソース]プロパティで、表示したい別のテーブルに変更します。既存のフォームを有効活用するのに役立ちます。　→レコードソース……P.420

デザインビューでフォームを表示し、プロパティシートで[フォーム]を選択しておく

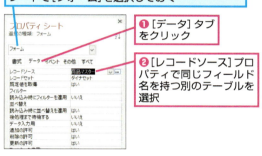

❶ [データ]タブをクリック
❷ [レコードソース]プロパティで同じフィールド名を持つ別のテーブルを選択

## 446 特定のフォームでレイアウトビューを表示できないようにしたい

お役立ち度 ★★★
2016 / 2013

レイアウトビューとフォームビューが間違えやすくて紛らわしい場合、フォームの[レイアウトビューの許可]プロパティを[いいえ]に設定すると、レイアウトビューを表示できなくなります。特定のフォームに対してレイアウトビューを表示させたくない場合に設定すると便利です。

デザインビューでフォームを表示し、プロパティシートで[フォーム]を選択しておく

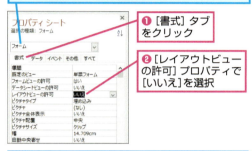

❶ [書式]タブをクリック
❷ [レイアウトビューの許可]プロパティで[いいえ]を選択

現在表示しているフォームでレイアウトビューが選択できないよう設定される

## 447 すべてのフォームでレイアウトビューを表示できないようにしたい

お役立ち度 ★★★
2016 / 2013

すべてのフォームでレイアウトビューを表示できなくする場合は、ワザ032を参考に[Accessのオプション]ダイアログボックスを表示し、[現在のデータベース]の一覧にある[レイアウトビューを有効にする]のチェックマークをはずします。この設定により、フォームだけでなくレポートでもレイアウトビューが表示されなくなります。

関連 ≫032 Access全体の設定を変更するには……P.45
関連 ≫385 データシートビューを利用したい……P.203

[Accessのオプション]ダイアログボックスを表示しておく

❶ [現在のデータベース]をクリック
❷ [レイアウトビューを有効にする]のチェックマークをはずす
❸ [OK]をクリック

フォームの設定 ● できる 233

# フォームのレイアウト調整

フォームの見栄えは、コントロールのサイズや位置、レイアウトによって大きく左右されます。
ここでは、レイアウトを調整するさまざまな方法を取り上げます。

## 448 コントロールのレイアウトは自動調整できる？

フォームには「コントロールレイアウト」という機能が用意されています。コントロールレイアウトには、集合形式レイアウトと表形式レイアウトの2種類があります。集合形式レイアウトは、コントロールが上から順番に配置されるもので、単票形式のフォームに利用します。表形式レイアウトは、コントロールが左から順番に配置されるもので、複数のレコードを一覧で表示する場合に利用します。レイアウトビューでフォームを新規作成した場合、集合形式レイアウトが適用されます。

これらの機能を利用すると、コントロールが自動で配置され、レイアウトをきれいに整えることができます。コントロールレイアウトが適用されているとき、左上にレイアウトセレクター（ ）が表示されます。コントロールレイアウトは、［フォームデザインツール］の［配置］タブの［テーブル］グループにあるボタンで設定・解除できます。解除の詳しい方法はワザ465を参考にしてください。

→コントロールレイアウト……P.413

●コントロールレイアウトの種類

| 種類 | ボタン | 機能 |
| --- | --- | --- |
| 集合形式レイアウト | 集合形式 | 左側がフィールド名のラベルになり、右側にデータが表示される。単票形式のフォームを作成するのに便利 |
| 表形式レイアウト | 表形式 | フォームヘッダーにフィールド名のラベルが配置され、その下にデータが表示されるようになる。複数のレコードを一覧表示するフォームを作成するのに便利 |
| コントロールレイアウトを解除 | レイアウトの削除 | ラベル、テキストボックスなどコントロールを別々に自由に配置できるようになる |

●コントロールレイアウトでない場合

周囲に黄色いハンドルが7つ表示される

ドラッグすると選択したコントロールだけサイズが変更される

◆移動ハンドル　　◆サイズ変更ハンドル

●コントロールレイアウトが適用されている場合

黄色いハンドルが2つ表示される

同じ列のコントロールは同じ幅に調整される

◆レイアウトセレクター

●集合形式レイアウトの例

●表形式レイアウトの例

## 449

### デザインビューでコントロールのサイズを変更するには

デザインビューでコントロールのサイズを変更するには、コントロールを選択したときに周囲に表示される7つのサイズ変更ハンドル（■）のいずれかにマウスポインターを合わせ、ドラッグします。ただし、コントロールレイアウトが適用されている場合は、サイズ変更ハンドルが横に2つ表示され、ドラッグすると他のコントロールも一緒にサイズが変更されます。レイアウトビューの場合はワザ459を参照してください。なお、コントロール左上のハンドル（■）は移動ハンドルです。コントロールの移動はワザ451を参照してください。　→コントロールレイアウト……P.413

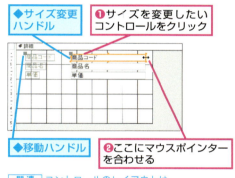

関連 »448 コントロールのレイアウトは自動調整できる？………P.234

## 450

### デザインビューでラベルとコントロールを同時に移動するには

デザインビューでラベルとコントロールを同時に移動するには、選択したコントロールの境界線をドラッグします。　→コントロール……P.413

関連 »448 コントロールのレイアウトは自動調整できる？………P.234
関連 »451 デザインビューでラベルとコントロールを別々に移動するには………P.236

## 451 デザインビューでラベルとコントロールを別々に移動するには

お役立ち度 ★★★
2016 / 2013

デザインビューで、ラベルとコントロールを別々に移動するには、コントロールの選択時に表示される移動ハンドル（■）をドラッグします。なお、コントロールレイアウトが適用されている場合は、移動ハンドルは表示されません。境界線をドラッグすると、ラベルとコントロールは一緒に移動し、別々には移動できません。　→コントロール……P.413

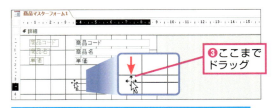

❸ここまでドラッグ

ラベルとは別にコントロールの位置が変更された

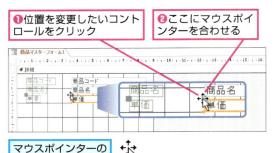

❶位置を変更したいコントロールをクリック
❷ここにマウスポインターを合わせる
マウスポインターの形が変わった

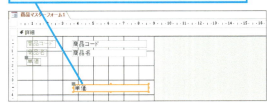

| 関連 ≫448 | コントロールのレイアウトは自動調整できる？……P.234 |
| 関連 ≫450 | デザインビューでラベルとコントロールを同時に移動するには……P.235 |

## 452 コントロールのサイズや位置に端数が付いてしまう

お役立ち度 ★★☆
2016 / 2013

コントロールの［幅］プロパティと［高さ］プロパティに数値を入力してサイズを指定したとき、数値に端数が付き、入力した通りのサイズぴったりに変更できないことがあります。プロパティではセンチメートル単位で入力しますが、Accessの内部では長さの単位をセンチメートルとしていないため、端数が付いてしまいます。どうしても入力した通りの数値のサイズでぴったり合わせたい場合は、コントロールパネルで長さの単位を変更します。詳しくはワザ538を参照してください。　→コントロール……P.413

幅に「6.5」、高さに「0.5」と入力しても、Access内部の長さの単位がセンチメートルでないため端数が付く

## 453 コントロールの位置を微調整したい

お役立ち度 ★★★
2016 / 2013

Ctrlキーを押しながらコントロールをドラッグすると、グリッド（縦横の罫線）に影響されず位置を微調整できます。また、［フォームデザインツール］の［配置］タブにある［サイズ変更と並び替え］の［サイズ/間隔］をクリックし、［スナップをグリッドに合わせる］をオフにすると、グリッドに影響されずにコントロールをドラッグできようになります。
→コントロール……P.413

Ctrlキーを押しながらコントロールをドラッグ

コントロールの位置をグリッドに関係なく移動できる

# 454

## 複数のコントロールを選択するには

お役立ち度 ★★★
2016 / 2013

複数のコントロールをまとめて移動したり、幅を調整したりしたいときに複数のコントロールを選択する方法は、次の4通りがあります。いずれもデザインビューで操作します。

➡ コントロール……P.413

●[Shift]キーを押しながら選択する方法

❶ 1つ目のコントロールをクリック
❷ [Shift]キーを押しながら2つ目以降のコントロールをクリック

複数のコントロールが選択された

●レイアウトセレクターを利用する方法

レイアウトセレクターをクリック
コントロールレイアウトに含まれるすべてのコントロールが選択された

●範囲をドラッグして選択する方法

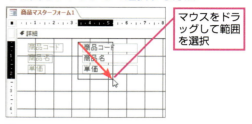

マウスをドラッグして範囲を選択

一部分でも選択した範囲に含まれたすべてのコントロールが選択される

●ルーラーをクリック／ドラッグして選択する方法

縦横のルーラーをクリックまたはドラッグ

クリックした場合は、直線上の列または行にあるすべてのコントロールが選択される

ドラッグした場合は、直線が移動した範囲に含まれるすべてのコントロールが選択される

# 455

## 複数のコントロールの配置をそろえたい

お役立ち度 ★★★
2016 / 2013

複数のコントロールを左端や上端できれいにそろえたい場合は、ワザ454を参考にして複数のコントロールを選択してから、[フォームデザインツール]の[配置]タブにある[配置]ボタンをクリックし、表示されるメニューから配置を選択します。

❶ 位置をそろえたい複数のコントロールを選択
❷ [フォームデザインツール]の[配置]タブをクリック

❸ [配置]-[左]をクリック

複数のコントロールが左端にそろう

| 関連 | |
|---|---|
| ≫454 | 複数のコントロールを選択するには ……… P.237 |
| ≫456 | 複数のコントロールのサイズを自動でそろえたい ……………………………… P.238 |

フォームのレイアウト調整 ● できる **237**

# 456 複数のコントロールのサイズを自動でそろえたい

お役立ち度 ★★★
2016 / 2013

サイズ変更に関するボタンやメニューを使うと、複数のコントロールのサイズを自動でそろえることができます。最も幅の広いコントロールにそろえたり、最も高さの大きいコントロールにそろえたりできます。ワザ454を参考にしてサイズをそろえたい複数のコントロールを選択してから、[フォームデザインツール]の[配置]タブにある[サイズ/間隔]ボタンをクリックし、表示されるメニューから配置を選択します。

➡コントロール……P.413

| 関連 ≫454 | 複数のコントロールを選択するには ……………… P.237 |
| 関連 ≫455 | 複数のコントロールの配置をそろえたい ……………… P.237 |

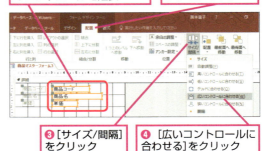

❶ サイズをそろえたい複数のコントロールを選択
❷ [フォームデザインツール]の[配置]タブをクリック
❸ [サイズ/間隔]をクリック
❹ [広いコントロールに合わせる]をクリック

複数のコントロールのサイズが自動でそろう

# 457 複数のコントロールのサイズを数値でそろえたい

お役立ち度 ★★☆
2016 / 2013

コントロールのサイズは、プロパティシートの[幅][高さ]プロパティで数値を入力して指定できます。数値で指定すれば、複数のコントロールのサイズをぴったりとそろえられます。

3つのコントロールの幅を「4cm」にそろえる

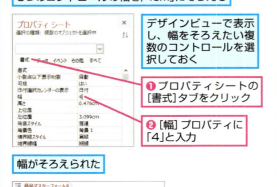

デザインビューで表示し、幅をそろえたい複数のコントロールを選択しておく

❶ プロパティシートの[書式]タブをクリック
❷ [幅]プロパティに「4」と入力

幅がそろえられた

# 458 複数のコントロールの間隔を均等にそろえたい

お役立ち度 ★★★
2016 / 2013

複数のコントロールの左右、上下の間隔を均等にそろえて、きれいに整列させることができます。コントロールレイアウトが適用されていないコントロールを整列したいときに便利です。

3つのコントロールの上下の間隔を均等にする

デザインビューで表示し、間隔をそろえたいコントロールを選択しておく

❶ [フォームデザインツール]の[配置]タブをクリック
❷ [サイズ/間隔]をクリック

❸ [上下の間隔を均等にする]をクリック

上下の間隔が均等にそろえられる

## 459 レイアウトビューでコントロールのサイズを変更するには

お役立ち度 ★★★
2016 / 2013

レイアウトビューでコントロールのサイズを変更するには、コントロールの境界線の任意の位置でドラッグします。デザインビューのようにサイズ変更ハンドルは表示されません。コントロールレイアウトが適用されているときは、他のコントロールも同時に自動的にサイズが調整されますが、オフのときはドラッグしたコントロールのみのサイズが変更され、他のコントロールのサイズは変更されません。ここでは、集合形式レイアウトの場合の操作方法を紹介します。

→コントロール……P.413

レイアウトビューでフォームを表示しておく

❶サイズを変更したいコントロールをクリックして選択

❷ここにマウスポインターを合わせる

マウスポインターの形が変わった

❸ここまでドラッグ

同じ列のすべてのコントロールのサイズが変更された

| 関連 |  |  |
|---|---|---|
| ≫449 | デザインビューでコントロールのサイズを変更するには | P.235 |

## 460 レイアウトビューでコントロールを移動するには

お役立ち度 ★★★
2016 / 2013

レイアウトビューでコントロールを移動するには、コントロールにマウスポインターを合わせてドラッグします。デザインビューのように移動ハンドルは表示されません。コントロールレイアウトが適用されているときは、コントロールレイアウトの領域内で移動されます。オフのときは、好きな位置に移動できます。ここでは、集合形式レイアウトの場合の操作手順を紹介します。

→コントロール……P.413

レイアウトビューでフォームを表示しておく

❶ここにマウスポインターを合わせる

マウスポインターの形が変わった

❷ここまでドラッグ

レイアウトビューでコントロールの位置が変更された

コントロールレイアウトでないときは好きな位置に移動できる

| 関連 |  |  |
|---|---|---|
| ≫450 | デザインビューでラベルとコントロールを同時に移動するには | P.235 |
| ≫459 | レイアウトビューでコントロールのサイズを変更するには | P.239 |
| ≫461 | コントロールを表のように整列してまとめたい | P.240 |

フォームのレイアウト調整　できる　**239**

## 461 コントロールを表のように整列してまとめたい

お役立ち度 ★★★　2016 / 2013

単票形式のフォーム上に不ぞろいで配置されているコントロールを表のようなイメージで整列してまとめるには、コントロールに集合形式のコントロールレイアウトを適用します。
➡コントロール……P.413
➡コントロールレイアウト……P.413

デザインビューでフォームを表示しておく

❶ Shift キーを押しながらグループ化したいコントロールをクリックして選択
❷ [フォームデザインツール]の[配置]タブをクリック

❸ [集合形式]をクリック

選択したコントロールがグループ化された

グループ化したコントロールの左上にレイアウトセレクターが表示された

| 関連 »448 | コントロールのレイアウトは自動調整できる？ …………………… P.234 |
| --- | --- |
| 関連 »455 | 複数のコントロールの配置をそろえたい……… P.237 |
| 関連 »456 | 複数のコントロールのサイズを自動でそろえたい ……………… P.238 |

## 462 コントロールの間隔を全体的に狭くしたい

お役立ち度 ★★★　2016 / 2013

コントロールレイアウトが適用されている場合に、コントロールの間隔を全体的に狭くしたり広げたりするには、[スペースの調整]ボタンを使います。[スペースの調整]ボタンは、コントロールレイアウトが適用されている場合のみ有効です。

デザインビューでフォームを表示しておく

❶ レイアウトセレクターをクリックしてコントロール全体を選択

❷ [フォームデザインツール]の[配置]タブをクリック
❸ [スペースの調整]をクリック

❹ [狭い]をクリック

コントロールの間隔が狭くなった

| 関連 »458 | 複数のコントロールの間隔を均等にそろえたい ……………… P.238 |
| --- | --- |

# 463 データを一覧で表示できるようにしたい

お役立ち度 ★★★
2016 / 2013

1画面に1レコードが表示される単票形式のフォームから、複数レコードが表示される表形式のフォームに変更するには、コントロールに［表形式］のレイアウトを適用します。レイアウトを変更すると、ラベルがフォームヘッダーに移動し、ラベルとデータが縦に並びます。次に複数レコードが表示されるようにフォームの［既定のビュー］プロパティを［帳票フォーム］に設定します。

**デザインビューでフォームを表示しておく**

❶ Shift キーを押しながら一覧表示したいコントロールを選択

❷ ［フォームデザインツール］の［配置］タブをクリック

❸ ［表形式］をクリック

**選択したコントロールが一覧で表示された**

❹ ここにマウスポインターを合わせる

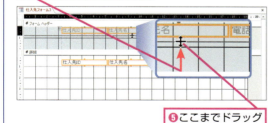

❺ ここまでドラッグ

**フォームヘッダーの領域を調整できた**

**コントロールの位置やサイズを調整しておく**

**プロパティシートで［フォーム］を選択しておく**

❻ ［既定のビュー］プロパティで［帳票フォーム］を選択

**フォームビューで表示しておく**

**レコードが一覧で表示された**

| 関連 ≫448 | コントロールのレイアウトは自動調整できる？ | P.234 |
| 関連 ≫461 | コントロールを表のように整列してまとめたい | P.240 |

フォームのレイアウト調整 ● できる **241**

## 464 集合形式のレイアウトを2列にしたい

★★★ 2016 2013

集合形式のレイアウトになっているラベルとコントロールを2列に並べたい場合は、2列目にしたいコントロールを選択し、1列目のコントロールの右側へドラッグします。以下の手順のようにピンクの挿入ラインが表示されたところでドラッグを終了すると、2列のフォームにできます。

デザインビューでフォームを表示し、2列目にしたいラベルとコントロールを表示しておく

❶ 選択したラベルとコントロールを1列目のコントロールの右側にドラッグ

挿入ラインが表示された

❷ ドラッグを終了する　フォームが2列になった

## 465 コントロールのサイズ変更や移動は個別にできないの?

★★☆ 2016 2013

ワザ423の手順で自動作成したフォームは、既定で集合形式のコントロールレイアウトが適用されています。見栄えはしますが、サイズの変更や移動が個別にできず、困ることがあります。コントロールレイアウトを解除すれば、コントロールを個別に移動したり、サイズを変更したりできるようになります。

→ コントロールレイアウト……P.413

デザインビューでフォームを表示しておく

❶ レイアウトセレクターをクリック

❷ [フォームデザインツール]の[配置]タブをクリック

❸ [レイアウトの削除]をクリック

コントロールレイアウトが解除された

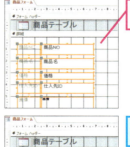

❹ 何もないところをクリック

コントロールの選択が解除された

コントロールのサイズ変更や移動を個別にできるようになった

関連 ≫448 コントロールのレイアウトは自動調整できる? …… P.234

## 466 集合形式のレイアウトで画像のコントロールだけ横に移動したい

お役立ち度 ★★☆  
2016 / 2013

フォームが集合形式のレイアウトで、画像のコントロールだけを横に移動したいときには、画像のラベルとコントロールだけレイアウトを解除して移動します。レイアウトを解除すれば、画像のコントロールだけを自由な大きさに変更できます。

デザインビューでフォームを表示しておく

❶ ラベルとコントロールを選択  
❷ 選択した位置で右クリック

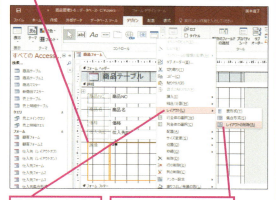

❸ ［レイアウト］をクリック  
❹ ［レイアウトの削除］をクリック

画像のラベルとコントロールのセットがレイアウトから解除された

画像のコントロールだけドラッグして横に移動できる

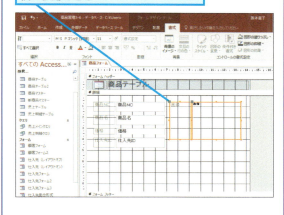

## 467 ウィンドウに合わせてテキストボックスの大きさを自動調整したい

お役立ち度 ★★★  
2016 / 2013

「アンカー」機能を使用すると、指定したコントロールの配置をいつも決まった位置に表示したり、サイズを自動調整したりできます。例えば、テキストボックスのサイズをウィンドウのサイズに合わせて自動的に調整することが可能です。　➡コントロール……P.413

デザインビューでフォームを表示しておく

❶ 大きさを自動調整したいテキストボックスをクリック

❷ ［フォームデザインツール］の［配置］タブをクリック  
❸ ［アンカー設定］をクリック

❹ ［上下に引き伸ばし］を選択

フォームビューで表示しておく

ウィンドウサイズに合わせてテキストボックスの高さが変更された

関連 ≫449 デザインビューでコントロールのサイズを変更するには……P.235

# コントロールの設定

コントロールでは、データ入力や表示のためのさまざまな設定ができます。ここではコントロールを思いどおりに設定するワザを解説します。

## 468 お役立ち度 ★★★ 2016 / 2013

### テーブルとフォームに共通するプロパティはどこで設定するの？

例えば、「ふりがな」や「住所入力支援」など入力を効率的に行うための機能は、テーブルとフォームの両方のプロパティで設定できます。このようなプロパティは、テーブルで設定した内容がフォームに継承されるので、テーブルで設定した方がいいでしょう。ただし、テーブルがリンクテーブルの場合など、テーブルで設定できない場合は、フォームで設定してください。また、テーブルでプロパティの変更をすると、表示されるスマートタグにより、テーブルでの変更を既存のフォームやレポートのプロパティに反映できます。

➡スマートタグ……P.415
➡プロパティシート……P.418

●テーブルとフォームで共通する主なプロパティ

| プロパティ | 内容 |
| --- | --- |
| 書式 | 文字の表示形式 |
| 定型入力 | データの入力時に使用する書式 |
| 既定値 | フィールドにあらかじめ表示しておく値 |
| 入力規則 | 入力できる値の制限 |
| エラーメッセージ | 入力規則に反する値の入力時に表示するメッセージ |
| IME入力モード | IME入力モードの設定 |
| IME変換モード | IME変換モードの設定 |
| ふりがな | 入力された文字列から自動的にふりがなを表示 |
| 住所入力支援 | 入力された郵便番号に対応する住所、住所に対応する郵便番号を表示 |

関連 ≫106 デザインビューでテーブルを作成するには……P.76
関連 ≫383 フォームやコントロールはどこで設定するの？……P.202

## 469 お役立ち度 ★★★ 2016 / 2013

### コントロールに表示される緑の三角形は何？

フォームをデザインビューで表示したとき、コントロールの左上端に緑の三角形（▶）が表示されることがあります。これは、エラーインジケーターというマークで、コントロールの設定に何らかのエラーがある場合に表示されます。例えば、ラベルの場合は、付属するテキストボックスなどのコントロールがないときに表示され、他のコントロールの場合は、［コントロールソース］プロパティのフィールド名が間違っているなど、データが正しく表示できないといった場合に表示されます。該当のコントロールを選択するとスマートタグ（ ）が表示され、そのコントロールに対する操作を選択できます。

➡エラーインジケーター……P.412
➡コントロール……P.413
➡スマートタグ……P.415

エラーインジケーターの表示されたコントロールをクリック

スマートタグをクリックして関連付けを設定できる

関連 ≫445 フォームに表示するデータを別のテーブルに変更できるの？……P.233
関連 ≫533 レポートセレクターに表示される緑の三角形は何？……P.283

## 470 フォーム上にロゴを入れたい

お役立ち度 ★★★  2016 2013

自動で作成したフォームには、フォームヘッダーの左上に既定の画像がロゴとして表示されます。白紙からフォームを作成したときは、ロゴを手動で設定する必要があります。以下の手順のようにロゴの変更や追加を行いましょう。挿入した画像は［OLEサイズ］プロパティで［ズーム］を選択すれば枠内に収められます。

➡レコード……P.420

デザインビューでフォームを表示しておく

❶［フォームデザインツール］の［デザイン］タブをクリック
❷［ロゴ］をクリック

［図の挿入］ダイアログボックスが表示された
❸ロゴの保存先を選択

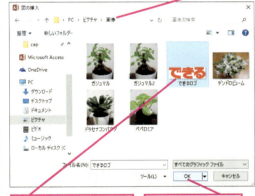

❹挿入したいロゴを選択
❺［OK］をクリック

［フォームヘッダー］と［フォームフッター］が表示された
フォームヘッダーにロゴが挿入された

関連 ≫403 OLE オブジェクト型のフィールドに画像を追加したい……P.210
関連 ≫405 添付ファイル型のフィールドにデータを追加するにはどうすればいいの？……P.211

## 471 任意の文字列をタイトルとしてフォームヘッダーに追加したい

お役立ち度 ★★★  2016 2013

フォームの上部にタイトルを表示したい場合は、［タイトル］を使います。［タイトル］ボタンをクリックするとフォームヘッダーが自動的に表示され、タイトル用のラベルが追加されるので、表示したい文字列を入力します。また、自動でフォームを作成したときに表示されるタイトルも、［タイトル］をクリックすれば別の文字列に変更できます。

➡ラベル……P.419

デザインビューでフォームを表示しておく

❶［フォームデザインツール］の［デザイン］タブをクリック

❷［タイトル］をクリック

自動的に［フォームヘッダー］と［フォームフッター］が表示され、タイトル用のラベルが追加された

❸タイトルとして表示させたい内容を入力
❹ Enter キーを押す

フォームヘッダーにラベルが追加された

関連 ≫473 フォーム上の任意の場所に文字列を表示したい……P.246

コントロールの設定 ● できる 245

## 472 フォーム上に日付と時刻を表示したい

お役立ち度 ★★★
2016 / 2013

フォームを開いたときの日付や時刻を表示するには、[日付と時刻]を使います。[日付と時刻]ボタンをクリックすると[日付と時刻]ダイアログボックスが表示され、日付と時刻の表示形式を選択できます。日付と時刻を表示するテキストボックスがフォームヘッダーに自動的に追加されます。　　　　➡ラベル……P.419

デザインビューでフォームを表示しておく

❶[フォームデザインツール]の[デザイン]タブをクリック

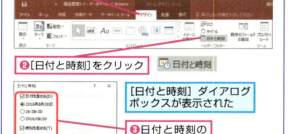

❷[日付と時刻]をクリック

[日付と時刻]ダイアログボックスが表示された

❸日付と時刻の表示方法を選択

❹[OK]をクリック

フォームビューで日付と時刻が挿入された

| 関連 |
| --- |
| ≫491　日付をカレンダーから選択したい……………P.260 |

## 473 フォーム上の任意の場所に文字列を表示したい

お役立ち度 ★★★
2016 / 2013

フォーム上の任意の場所に文字列を表示するには、ラベルを追加します。通常、テキストボックスなどのコントロールをフォーム上に追加すると、付属したラベルも同時に追加されますが、コントロールに付属しないラベルを追加することもできます。　　　　➡ラベル……P.419

デザインビューでフォームを表示しておく

❶[フォームデザインツール]の[デザイン]タブをクリック

❷[ラベル]をクリック

❸ここにマウスポインターを合わせる

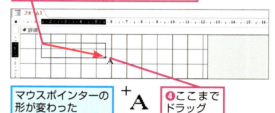

マウスポインターの形が変わった

❹ここまでドラッグ

ラベルが挿入された

❺表示させたい文字を入力

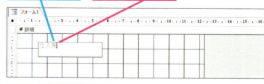

文字列が表示された

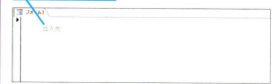

## 474 日付や数値などの表示形式を変更したい

お役立ち度 ★★★　2016/2013

テキストボックスなどのコントロールに表示される日付や数値などの表示形式を変更するには、コントロールの［書式］プロパティを設定します。［書式］プロパティでは、あらかじめ定義されている書式以外に書式指定文字を使い、表示形式をカスタマイズすることもできます。詳しくはワザ141～ワザ144を参考にしてください。

→書式指定文字……P.414

［税込価格］フィールドに「¥」を表示する

デザインビューでフォームを表示し、プロパティシートで［税込価格］を選択しておく

❶［書式］タブをクリック
❷［書式］プロパティで［通貨］を選択

フォームビューで表示しておく　「¥」が付いて通貨表示になった

| 関連 ≫141 | 先頭に「0」を補完して「0001」と表示したい | P.92 |
| --- | --- | --- |
| 関連 ≫144 | 日付の表示方法を指定するには | P.93 |
| 関連 ≫286 | 得点を基準に順位を表示したい | P.153 |

## 475 文字に書式を設定したい

お役立ち度 ★★★　2016/2013

コントロールに表示する文字のサイズや色、スタイルなど、書式の設定には、リボンのボタンを使うと簡単です。［フォームデザインツール］の［書式］タブにある［フォント］グループ、または［ホーム］タブにある［テキストの書式設定］グループに書式を設定するボタンが集められています。

→コントロール……P.413

ラベルを太字、フォントサイズを14にして目立たせる　デザインビューでフォームを表示しておく　❶書式を設定したいラベルを選択

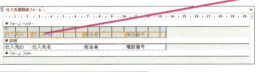

❷［フォームデザインツール］の［書式］タブをクリック

❸［太字］をクリック

❹［フォントサイズ］のここをクリック　❺［14］を選択

ラベルの文字に書式が設定された

| 関連 ≫476 | コントロールの書式を別のコントロールでも利用したい | P.248 |
| --- | --- | --- |
| 関連 ≫477 | デザインビューにコントロールがあるのにフォームビューで表示されない | P.248 |

コントロールの設定　●できる　247

## 476 コントロールの書式を別のコントロールでも利用したい

お役立ち度 ★★★
2016 / 2013

コントロールに設定している文字の配置やサイズなどの書式は、別のコントロールでも利用できます。[書式のコピー/貼り付け] ボタンを使ってコントロールの書式をコピーし、別のコントロールに貼り付けます。

→ コントロール……P.413

● デザインビューでフォームを表示しておく

❶ 書式をコピーしたいコントロールを選択

❷ [ホーム] タブをクリック

❸ [書式のコピー/貼り付け] をクリック

[書式のコピー/貼り付け] をダブルクリックすると連続して書式をコピーできる

マウスポインターの形が変わった

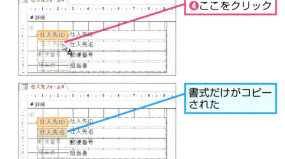

❹ ここをクリック

書式だけがコピーされた

同様にして他のコントロールにも書式をコピーしておく

| 関連 | | |
|---|---|---|
| ≫475 | 文字に書式を設定したい | P.247 |
| ≫478 | コントロールの書式を別のコントロールでも常に利用したい | P.249 |

## 477 デザインビューにコントロールがあるのにフォームビューで表示されない

お役立ち度 ★★★
2016 / 2013

デザインビューにはコントロールがあるのにフォームビューで表示されない場合は、そのコントロールの [可視] プロパティが [いいえ] に設定されています。計算のために一時的に配置したコントロールの場合など、ユーザーに見せる必要がないコントロールには、[可視] プロパティを [いいえ] にしてフォームビューでは表示しないようにすることがあります。表示する必要がある場合は、[はい] に変更してください。

→ コントロール……P.413

● デザインビューでフォームを表示し、プロパティシートで表示したいコントロールを選択しておく

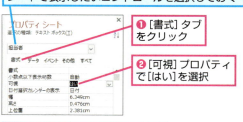

❶ [書式] タブをクリック

❷ [可視] プロパティで [はい] を選択

コントロールがフォームビューで表示されるようになる

## 478 コントロールの書式を別のコントロールでも常に利用したい

お役立ち度 ★★★　2016/2013

[コントロールの既定値として設定]機能を利用すると、コントロールに設定した書式が、編集中のフォーム内に同じ種類のコントロールを追加するときに自動的に適用されます。

デザインビューでフォームを表示しておく

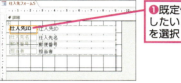

❶既定値として登録したいコントロールを選択

❷[フォームデザインツール]の[デザイン]タブをクリック

❸ここをクリックしてメニューを開く

❹[コントロールの既定値として設定]をクリック

選択した書式でコントロールを追加する

❺[テキストボックス]をクリック

❻ここにマウスポインターを合わせる

マウスポインターの形が変わった

❼ここまでドラッグ

既定値として登録した書式のラベルが作成された

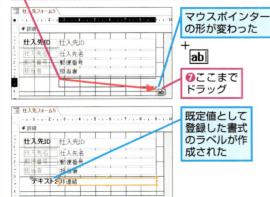

## 479 条件を満たすデータを目立たせたい

お役立ち度 ★★☆　2016/2013

条件付き書式を使えば、都道府県が「東京都」、単価が「1500以上」のように、コントロールの値が特定の条件を満たす場合に書式を設定し、コントロールを目立たせることができます。

→コントロール……P.413

デザインビューでフォームを表示しておく

❶書式を設定したいコントロールを選択

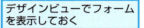

❷[フォームデザインツール]の[書式]タブをクリック

❸[条件付き書式]をクリック

[条件付書式ルールの管理]ダイアログボックスが表示された

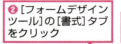 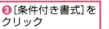

❹[新しいルール]をクリック

❺[OK]をクリック

[新しい書式ルール]ダイアログボックスが表示された

[都道府県]フィールドの値が「東京都」のデータに書式を設定する

❻ここをクリックして[フィールドの値]を選択

❼ここをクリックして[次の値に等しい]を選択

❽「東京都」と入力

❾書式に設定したい色を選択

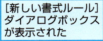 

❿[OK]をクリック

設定した条件に一致するデータに書式が設定される

コントロールの設定 ● できる 249

# 480

## 別のテーブルの値を一覧から選択したい

コンボボックスを使用すると、一覧から値を選択して入力できるようになります。[コンボボックスウィザード]を使用すれば、画面の指示に従って、他のテーブルの値を一覧に表示させる設定を行いながらコンボボックスを作成できます。

➡コンボボックス……P.413

### 1 コンボボックスの挿入を開始する

デザインビューでフォームを表示しておく

❶[フォームデザインツール]の[デザイン]タブをクリック

❷[コントロール]グループの[その他]をクリックしてメニューを開く

❸[コントロールウィザードの使用]をクリック

❹[コンボボックス]をクリック

マウスポインターの形が変わった

❺コンボボックスを挿入したい位置をクリック

### 2 コンボボックスに表示する内容を設定する

[コンボボックスウィザード]が表示された

❶[コンボボックスの値を別のテーブルまたはクエリから取得する]をクリック

❷[次へ]をクリック

[仕入先テーブル]の[仕入先ID]と[仕入先名]フィールドをコンボボックスに表示して選択できるようにする

❸[テーブル]をクリック

❹テーブルを選択

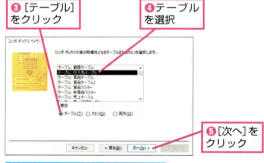

❺[次へ]をクリック

ここでは[仕入先ID][仕入先名]フィールドを追加する

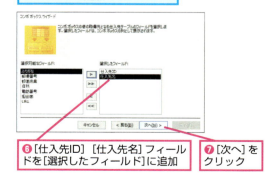

❻[仕入先ID][仕入先名]フィールドを[選択したフィールド]に追加

❼[次へ]をクリック

関連 ≫481 一覧から選択した値でレコードを検索したい……P.252

**250** できる ● コントロールの設定

お役立ち度 ★★★
2016
2013

## 3 コンボボックスの表示方法を設定する

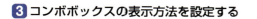

並べ替えを設定する
画面が表示された

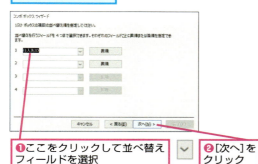

❶ ここをクリックして並べ替え
フィールドを選択

❷ [次へ]を
クリック

コンボボックスでキー列を表示するか
選択する画面が表示された

❸ [キー列を表示しない]の
チェックマークをはずす

主キーが設定され
ているフィールド
が表示された

ここをドラッグすると
列の幅を調整できる

❹ [次へ]を
クリック

コンボボックスで選択した[仕入先
ID]がデータベースの[仕入先ID]フィールドに保存されるようにする

❺ [仕入先ID]
を選択

❻ [次へ]を
クリック

## 4 データの保存方法を設定し、作成を完了する

❶ [次のフィールドに
保存する]をクリック

❷ ここをクリックし
て[仕入先ID]を選択

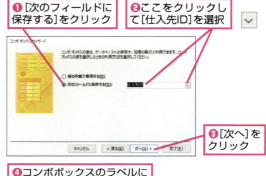

❸ [次へ]を
クリック

❹ コンボボックスのラベルに
表示する文字列を入力

❺ [完了]を
クリック

フォームビューで
表示しておく

❻ ここを
クリック

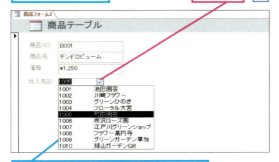

一覧から別のテーブルの値を選択できる
コンボボックスを作成できた

| 関連 | コンボボックスウィザードで |
| --- | --- |
| ≫483 | 検索用の選択肢が表示されない ............ P.254 |

| 関連 | コンボボックスで一覧以外の |
| --- | --- |
| ≫484 | データの入力を禁止したい ............ P.254 |

| 関連 | コンボボックスの2列目の値も |
| --- | --- |
| ≫485 | フォームに表示したい ............ P.255 |

コントロールの設定 251

## 481 一覧から選択した値でレコードを検索したい

コンボボックスを使用すれば、一覧から選択した値に該当するレコードを検索してフォームに表示できます。[コンボボックスウィザード]で[コンボボックスで選択した値に対応するレコードをフォームで検索する]を選択すると、レコード検索機能を持つコンボボックスを作成できます。　→コンボボックス……P.413

デザインビューでフォームを表示しておく

フォームヘッダーとフォームフッターを表示しておく

[コンボボックスウィザード]を表示しておく

❶[コンボボックスで選択した値に対応するレコードをフォームで検索する]をクリック

❷[次へ]をクリック

ここでは[商品名]フィールドを追加する

❸リストに表示するフィールドを追加

❹[次へ]をクリック

❺[キー列を表示しない]にチェックマークが付いていることを確認

ここをドラッグすると列の幅を調整できる

❻[次へ]をクリック

❼コンボボックスのラベルに表示する文字列を入力

❽[完了]をクリック

フォームビューで表示しておく

❾コンボボックスで商品名を選択

該当する商品名のレコードがフォームに表示される

---

関連 ≫416　「東京都」のレコードだけを表示したい……………P.217

関連 ≫417　フォームの画面に条件を入力したい……………P.217

関連 ≫436　フォームヘッダー／フッターを表示するには……………P.228

関連 ≫480　別のテーブルの値を一覧から選択したい……………P.250

# 482 タブを使った画面をフォーム上に追加したい

お役立ち度 ★★★
2016 / 2013

タブコントロールは、フォームの画面の中にタブで切り替えられるページを作って、表示するデータをグループ化できるコントロールです。タブでページを分けることで、表示する内容ごとにページを整理できます。例えば、生徒のデータを入力するフォームの場合、1つ目のタブには生徒の連絡先などの情報をまとめ、2つ目のタブには成績に関する情報をまとめるといった使い方があります。

デザインビューでフォームを表示しておく

❶ [フォームデザインツール]の[デザイン]タブをクリック

❷ [タブコントロール]をクリック

❸ ここにマウスポインターを合わせる

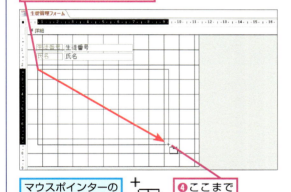

マウスポインターの形が変わった

❹ ここまでドラッグ

タブコントロールが追加された

❺ [ページ11]タブ内にフィールドを追加

[プロパティシート]で[ページ11]を選択しておく

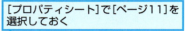

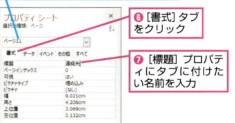

❻ [書式]タブをクリック

❼ [標題]プロパティにタブに付けたい名前を入力

フォームビューで表示しておく

タブの見出しが変更された

同様に他のタブにコントロールを追加して見出しを変更しておく

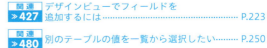

| 関連 ≫427 | デザインビューでフィールドを追加するには …………………… P.223 |
| 関連 ≫480 | 別のテーブルの値を一覧から選択したい……… P.250 |

コントロールの設定 ● できる 253

## 483 コンボボックスウィザードで検索用の選択肢が表示されない

お役立ち度 ★★★
2016 / 2013

ワザ481で解説したコンボボックスウィザードの操作1の画面で［コンボボックスで選択した値に対応するレコードをフォームで検索する］が表示されない場合は、フォームの［レコードソース］プロパティが設定されていないことが原因です。いったん［コンボボックスウィザード］で［キャンセル］をクリックし、フォームの［レコードソース］プロパティでフォームの基となるテーブルまたはクエリを選択してからやり直してください。なお、［コンボボックスウィザード］をキャンセルするとコンボボックスがフォーム上に残ってしまうのでコンボボックスをクリックして選択し、Deleteキーを押して削除しておきましょう。

→コンボボックス……P.413

コンボボックスウィザードが表示されたが、［コンボボックスで選択した値に対応するレコードをフォームで検索する］が表示されていない

❶キャンセルをクリック

プロパティシートで［フォーム］を選択しておく

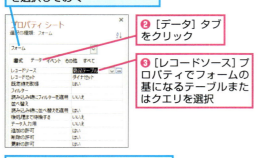

❷［データ］タブをクリック

❸［レコードソース］プロパティでフォームの基になるテーブルまたはクエリを選択

再度コンボボックスウィザードを表示する

## 484 コンボボックスで一覧以外のデータの入力を禁止したい

お役立ち度 ★★★
2016 / 2013

コンボボックス一覧から値を選択する以外に、値を直接入力することもできます。一覧にないデータが入力されないようにするには、コンボボックスの［入力チェック］プロパティを［はい］に設定してください。これにより、一覧にないデータの入力ができなくなります。

→コンボボックス……P.413

デザインビューでフォームを表示し、プロパティシートで［コンボボックス］を選択しておく

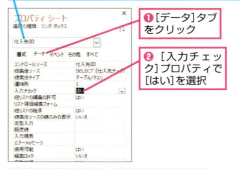

❶［データ］タブをクリック

❷［入力チェック］プロパティで［はい］を選択

フォームビューを表示しておく

❸一覧にないデータを入力

［指定した項目はリストにありません。］というダイアログボックスが表示された

❹［OK］をクリック

一覧からデータを選択し直す

関連 ≫480 別のテーブルの値を一覧から選択したい……… P.250

## 485 コンボボックスの2列目の値もフォームに表示したい

お役立ち度 ★★★　2016 2013

コンボボックスの1列目に［仕入先ID］、2列目に［仕入先名］を表示させているとき、選択後のコンボボックスに［仕入先ID］だけが表示されます。対応する2列目の［仕入先名］は選択後のコンボボックスには表示できませんが、別のテキストボックスになら表示できます。テキストボックスを追加し、［コントロールソース］プロパティにコンボボックスの2列目を参照する式「=コンボボックス名.Column(参照する列-1)」を入力します。入力例は以下のようになります。

入力例：=仕入先ID.Column(1)
意味　：［仕入先ID］コンボボックスの2列目を参照する

Columnの()内には参照する列を指定します。1列目は「参照する列-1」、つまり「0」として数えます。ここで紹介する［仕入先名］は2列目に当たるので「1」と指定します。　➡コントロールソース……P.413

デザインビューでフォームを表示しておく

テキストボックスを追加してラベルを削除しておく

プロパティシートで追加したテキストボックスを選択しておく

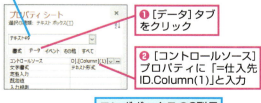

❶［データ］タブをクリック
❷［コントロールソース］プロパティに「=仕入先ID.Column(1)」と入力

フォームビューを表示しておく

コンボボックスの2列目の値がテキストボックスに表示された

## 486 複数の値を持つフィールドで選択できる一覧を常に表示したい

お役立ち度 ★★★　2016 2013

フォームを自動作成すると、複数の値を持つフィールドは通常コンボボックスで配置されます。コントロールの種類をリストボックスに変更すると、選択できる一覧を常に表示できるようになります。

➡クロス集計……P.413

デザインビューでフォームを表示しておく

❶複数の値を持つフィールドを右クリック
❷［コントロールの種類の変更］にマウスポインターを合わせる

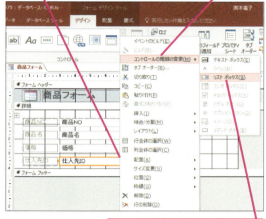

❸［リストボックス］をクリック

フォームビューで表示しておく

リストボックスで、データを選択できる一覧が常に表示されるようになった

関連 ≫480 別のテーブルの値を一覧から選択したい……… P.250
関連 ≫487 オプションボタンを使ってデータを入力したい…………………… P.256

# 487

## オプションボタンを使ってデータを入力したい

オプションボタンは、複数の選択肢の中から1つを選択させるためのコントロールです。オプションボタンをフォームに配置するには、オプショングループを追加します。[オプショングループウィザード]を使用すれば、設定を行いながらオプションボタンを追加できます。なお、オプショングループで選択して保存する値は、ラベルの文字ではなく、ラベルに割り当てる数値になります。　　→オプションボタン……P.412

### 1 オプションボタンを挿入する準備をする

❶[フォームデザインツール]の[デザイン]タブをクリック

デザインビューでフォームを表示しておく

❷ここをクリックしてメニューを開く

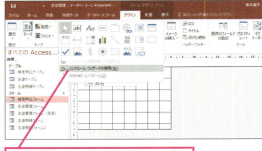

❸[コントロールウィザードの使用]をクリック

❹[オプショングループ]をクリック

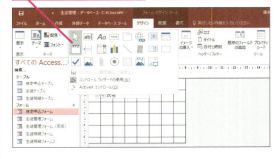

### 2 オプションボタンを挿入し、設定する

マウスポインターの形が変わった

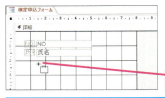

❶ここをクリック

[オプショングループウィザード]が表示された

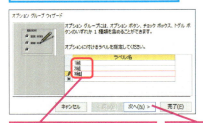

❷選択肢として表示させたい文字列を入力

❸[次へ]をクリック

選択肢の既定の値を設定できる画面が表示された

ここでは設定しない

❹[既定のオプションを設定しない]をクリック

❺[次へ]をクリック

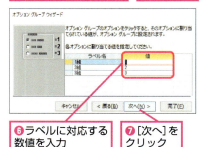

❻ラベルに対応する数値を入力

❼[次へ]をクリック

## 3 データの保存先を設定し、作成を完了する

❶[次のフィールドに保存する]をクリック
❷ここをクリックして保存するフィールドを選択

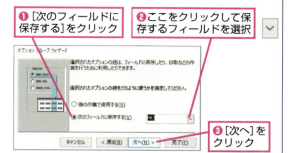

❸[次へ]をクリック

オプションボタンのプレビューが表示された
ここでオプションボタンの形式や見た目を変更できる

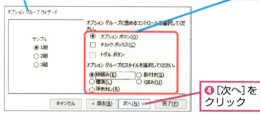

❹[次へ]をクリック

❺オプショングループに表示させたい文字を入力
❻[完了]をクリック

フォームビューで表示しておく

オプションボタンが表示された

| 関連 | | |
|---|---|---|
| ≫480 | 別のテーブルの値を一覧から選択したい | P.250 |
| 関連 | 複数値を持つフィールドで | |
| ≫486 | 選択できる一覧を常に表示したい | P.255 |

---

## 488 添付ファイル型フィールドのデータ数をひと目で知りたい

お役立ち度 ★★☆
2016 / 2013

添付ファイル型フィールドが含まれているテーブルを基にフォームを作成すると、フォームビューでは保存されているデータの画像またはアイコンが1つ表示されます。添付ファイル型フィールドには複数のデータを添付できるので、データ数をひと目で表示したい場合は、[添付ファイル]の[表示方法]プロパティを[クリップ]に設定します。

デザインビューでフォームを表示し、プロパティシートで添付ファイル型フィールドを選択しておく

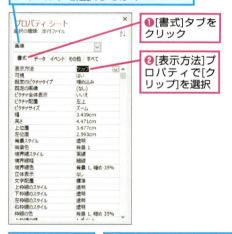

❶[書式]タブをクリック
❷[表示方法]プロパティで[クリップ]を選択

フォームビューで表示しておく
添付されているファイルの数が表示された

| 関連 | | |
|---|---|---|
| ≫405 | 添付ファイル型のフィールドにデータを追加するにはどうすればいいの？ | P.211 |

## 489

# メニュー用のフォームを作成したい

[コマンドボタンウィザード]を使うと、フォームの開閉やレポートの印刷などの動作を登録したボタンを作成できます。マクロやVBAなどの知識がなくてもウィザードの指示に従うだけで簡単に作成できます。ウィザードによってマクロが自動作成されてボタンに登録されます。

→VBA……P.411
→ウィザード……P.412

### 1 ボタンを挿入する

クリックしてフォームを開くボタンを作成する

デザインビューでフォームを作成しておく

❶ [フォームデザインツール]の[デザイン]タブをクリック

❷ [コントロール]グループの[その他]をクリックしてメニューを開く

❸ [コントロールウィザードの使用]をクリックしてオンにする

❹ [ボタン]をクリック

マウスポインターの形が変わった

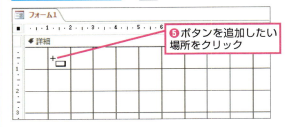

❺ ボタンを追加したい場所をクリック

### 2 ボタンの動作を設定する

[コマンドボタンウィザード]が表示された

コマンドボタンの種類と動作を設定する

❶ コマンドボタンの種類を選択

❷ コマンドボタンの動作を選択

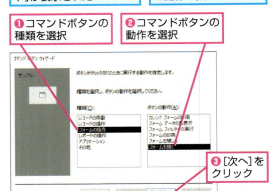

❸ [次へ]をクリック

コマンドボタンをクリックしたときに開くフォームを選択する

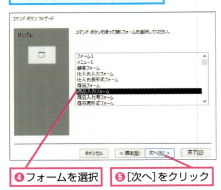

❹ フォームを選択

❺ [次へ]をクリック

表示したフォームにすべてのレコードを表示するようにする

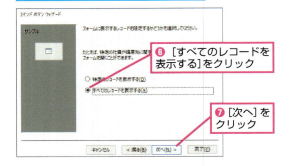

❻ [すべてのレコードを表示する]をクリック

❼ [次へ]をクリック

## 3 ボタンの文字を設定し、作成を完了する

❶ [文字列] をクリック
❷ ボタンに表示させたい文字を入力

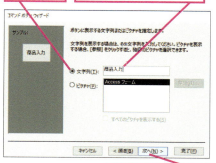

❸ [次へ] をクリック

❹ プロパティシートで選択するためのボタン名を入力
❺ [完了] をクリック

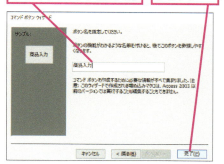

ボタンが追加された
同様にして他のコマンドボタンを追加しておく

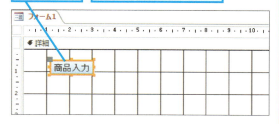

| 関連 ≫437 | フォームをウィンドウで表示するには ………… P.229 |
| --- | --- |
| 関連 ≫439 | フォームビューでフォームのサイズを変更できないようにしたい ………… P.230 |
| 関連 ≫440 | レコードセレクター、移動ボタン、スクロールバーを表示したくない ………… P.230 |

## 490 ボタンのクリックをキー操作で行いたい

お役立ち度 ★★★
2016 / 2013

ボタンのクリックをキー操作で行えるようにするには、ボタンの[標題]プロパティにアクセスキーを設定します。アクセスキーとは＆（アンパサンド）とアルファベットの組み合わせです。Alt キーを押しながらアルファベットのキーを押すと、ボタンをクリックしたことになります。例えば、[閉じる]ボタンの[標題]プロパティに「閉じる(&C)」と設定したときは、Alt ＋ C キーを押すと、[閉じる]ボタンをクリックすることになります。

デザインビューでフォームを表示し、プロパティシートでキー操作の対象とするボタンを選択しておく

❶ [書式]タブをクリック
❷ [標題]プロパティに「閉じる(&C)」と入力

フォームビューで表示しておく

Alt ＋ C キーを押すと、[閉じる]ボタンのクリックと同じ動作が実行される

| 関連 ≫383 | フォームやコントロールはどこで設定するの？ ………… P.202 |
| --- | --- |
| 関連 ≫489 | メニュー用のフォームを作成したい ………… P.258 |

## 491 日付をカレンダーから選択したい

お役立ち度 ★★★
2016 / 2013

フォームに追加された日付/時刻型のフィールドには、標準で日付選択カレンダーが表示され、カレンダーから日付をクリックするだけで日付を入力できます。カーソルを日付/時刻型のフィールドに移動すると、テキストボックスの右側に日付選択カレンダーのアイコンが表示されます。アイコンをクリックするとカレンダーが表示され、目的の日付をクリックして入力します。

➡ コントロールソース……P.413

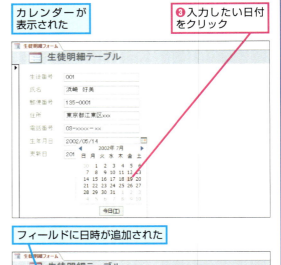

❸ 入力したい日付をクリック
カレンダーが表示された

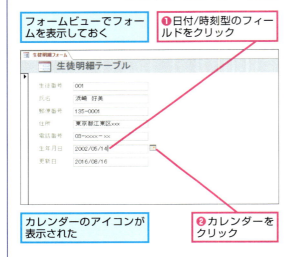

フォームビューでフォームを表示しておく
❶ 日付/時刻型のフィールドをクリック
カレンダーのアイコンが表示された
❷ カレンダーをクリック

フィールドに日時が追加された

関連 ≫122 日付データを簡単に入力したい……P.83

## 492 日付入力用のカレンダーが表示されない

お役立ち度 ★★★
2016 / 2013

日付/時刻型フィールドに定型入力を設定すると、日付選択カレンダーは表示されなくなり、カレンダーを使った入力はできなくなります。定型入力で設定された入力パターンで手入力してください。定型入力を設定していないのにカレンダーが表示されない場合は、テーブルのデザインビューで、日付/時刻型フィールドの［日付選択カレンダーの表示］プロパティを確認します。［なし］になっていた場合は、［日付］に変更してください。　　　➡ プロパティシート……P.418

関連 ≫491 日付をカレンダーから選択したい……P.260

## 493 ボタンが急に動作しなくなった

お役立ち度 ★★★  2016 2013

ボタンをクリックするとエラーメッセージが表示され、ボタンが動作しなくなることがあります。エラーの原因は、動作の対象となるフォームやレポートなどのオブジェクト名が正しく参照されていない可能性が考えられます。このエラーは、ボタンに割り当てられているマクロやVBAの設定を表示し、正しい名前に修正することで解決できます。マクロやVBAの操作に自信がない場合は、いったんボタンを削除し、再度［コマンドボタンウィザード］でボタンを作成し直すといいでしょう。

➡VBA……P.411
➡オブジェクト……P.412

デザインビューでフォームを表示し、プロパティシートを表示しておく

❶ボタンをクリック　❷[イベント]タブをクリック

❸[クリック時]のここをクリック

マクロビルダーが表示された　❹[フォーム名]のここをクリック

❺正しいフォームを選択

❻[閉じる]をクリック

プロパティを更新するか確認するダイアログボックスが表示された

❼[はい]をクリック

## 494 フィールドの値を使った演算結果をテキストボックスに表示したい

お役立ち度 ★★★  2016 2013

テキストボックスの［コントロールソース］プロパティにフィールド名を使った演算式を「=演算式」の形式で設定すると、その演算結果をテキストボックスに表示できます。演算式の入力例は以下のようになります。

入力例：=［価格］*1.08
意味　：［価格］フィールドを1.08倍する

演算式には、「+」「-」「*」「/」などの算術演算子、文字列連結演算子の「&」、関数を使用できます。フィールド名は半角の角かっこ「[ ]」で囲んで指定します。

➡コントロールソース……P.413

デザインビューでフォームを表示し、テキストボックスを追加しておく

プロパティシートで追加したテキストボックスを選択しておく

❶[データ]タブをクリック

❷[コントロールソース]プロパティに「=[価格]*1.08」と入力

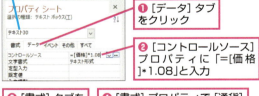

❸[書式]タブをクリック　❹[書式]プロパティで[通貨]を選択

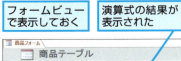

フォームビューで表示しておく　演算式の結果が表示された

コントロールの設定　できる　261

## 495 テキストボックスに金額の合計を表示したい

お役立ち度 ★★★ 2016 / 2013

表形式のフォームには複数のレコードが一覧で表示されます。例えば、各レコードの［金額］フィールドの値の合計をフォームのヘッダーやフッターに表示したい場合は、テキストボックスを［フォームヘッダー］または［フォームフッター］に追加し、［コントロールソース］プロパティにSum関数を「Sum(フィールド名)」の形式で設定します。入力例は以下のようになります。

入力例：=Sum([金額])
意味　：[金額]フィールドの合計値を求める

なお、データシート形式のフォームで設定した場合は、フォームビューで結果を表示できません。

➡ コントロールソース……P.413

デザインビューでフォームを表示しておく

［フォームフッター］にテキストボックスを追加しておく

プロパティシートで追加したテキストボックスを選択しておく

❶［データ］タブをクリック

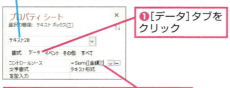

❷［コントロールソース］プロパティに「=Sum([金額])」と入力

❸［書式］タブに切り替え、［書式］プロパティで［通貨］を選択

フォームビューで表示しておく

金額の合計が表示された

| ドラセナコンパクタ | ¥1,500 | 2 | ¥3,000 |
| 幸福の木 | ¥780 | 2 | ¥1,560 |
| デンドロビューム | ¥1,250 | 1 | ¥1,250 |
| ガジュマル | ¥1,580 | 2 | ¥3,160 |
|  | 合計 |  | ¥41,210 |

関連 ≫474 日付や数値などの表示形式を変更したい……… P.247

## 496 サブフォームのデザインビューが単票形式になっている

お役立ち度 ★★★ 2016 / 2013

フォームウィザードでメイン／サブフォームを作成するとき、サブフォームのレイアウト選択画面で［データシート］を選択した場合、サブフォームをダブルクリックして開くとデータシートで表示されますが、デザインビューでは単票形式になります。これは、サブフォームの［既定のビュー］プロパティが［データシート］になっているためです。データシート形式は、デザインビューで表示することができません。サブフォームの設定変更は単票形式のままで行ってください。

➡ 単票……P.415
➡ プロパティシート……P.418

デザインビューでフォームを表示し、プロパティシートで［フォーム］の［書式］タブを表示しておく

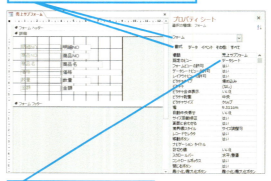

［既定のビュー］プロパティが［データシート］になっている

# 497 メインフォームにサブフォームの合計を表示したい

お役立ち度 ★★★
2016 / 2013

サブフォームの金額の合計をメインフォームに表示したい場合、サブフォームに金額の合計を表示するテキストボックスを作成し、メインフォームに配置したテキストボックスで参照します。メインフォームに配置したテキストボックスの［コントロールソース］プロパティに、「［サブフォーム名］.Form!［コントロール名］」の形式で入力しましょう。入力例は以下のようになります。

入力例：=[売上サブフォーム].Form![明細合計]
意味　：[売上サブフォーム] コントロールにある
　　　　[明細合計] コントロールの値を参照する

なお、メインフォームで合計を表示するので、サブフォームの合計を表示するテキストボックスは、[可視] プロパティを [いいえ] にして非表示にしておきましょう。
➡ コントロールソース……P.413

デザインビューでフォームを表示しておく

サブフォームのフォームフッターにサブフォームの合計を計算するテキストボックスを追加しておく

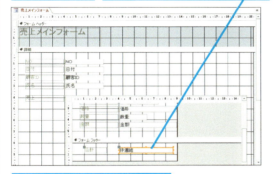

プロパティシートで追加したテキストボックスを選択しておく

❶ [すべて] タブをクリック
❷ [名前] プロパティに「明細合計」と入力
❸ [コントロールソース] プロパティに「=Sum([金額])」と入力

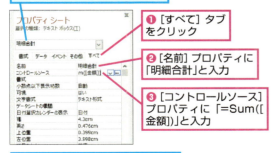

サブフォームの合計を計算した [明細合計] コントロールができた

❹ メインフォームにテキストボックスを追加

プロパティシートでメインフォームに追加したテキストボックスを選択しておく

❺ [データ] タブをクリック
❻ [コントロールソース] プロパティに「=[売上サブフォーム].Form![明細合計]」と入力

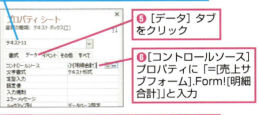

❼ [書式] タブに切り替え、[書式] プロパティで[通貨]を選択

フォームビューで表示しておく

メインフォームにサブフォームの金額の合計が表示された

関連 ≫432　メイン／サブフォームを作成するには ………… P.226

# 第6章 データを明解に見せる レポート作成のワザ

## レポートの基本操作

レポートを使えば、データベースをいろいろな形式で印刷できます。ここではレポートの使い方に関する基本的なワザを取り上げます。

### 498 どんなレポートを作成できるの？

お役立ち度 ★★★
2016 / 2013

Accessで作成できるレポートには、1件ごとに印刷できる「単票形式」、帳票の形式で印刷できる「帳票形式」、一覧で印刷できる「表形式」、定型の用紙に合わせて印刷できるはがき、ラベル、伝票などがあります。印刷する目的に合わせて適切なレポートを選びましょう。

➡ラベル……P.419

目的に応じたレイアウトのレポートを作成できる

| 関連 ≫504 | 表形式のレポートってどんなものが作れるの？……P.267 |

### 499 レポートにはどんなビューがあるの？

お役立ち度 ★★★
2016 / 2013

レポートには4種類のビューがあります。データを確認する[レポートビュー]、印刷イメージを表示する[印刷プレビュー]、データを表示しながらレイアウトの編集ができる[レイアウトビュー]、レポートのデザインを設定する[デザインビュー]です。リボンの[ホーム]タブで[表示]ボタンの▼をクリックして切り替えます。

●レポートビュー

●印刷プレビュー

●レイアウトビュー

●デザインビュー

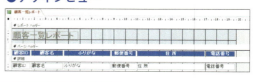

# 500 レポートの構成を知りたい

お役立ち度 ★★★
2016 / 2013

レポートは、7つの「セクション」という領域で構成されています。レポートの先頭と最後に印刷される「レポートヘッダー」「レポートフッター」、各ページの先頭と最後に印刷される「ページヘッダー」「ページフッター」、レコードを印刷するための「詳細」、レコードをグループ化したときに表示される「グループヘッダー」「グループフッター」があります。各部の名称や機能を確認しておきましょう。

➡ セクション……P.415
➡ フッター……P.418
➡ ヘッダー……P.418

●デザインビューの各部の名称

| | 名称 | 機能 |
|---|---|---|
| ❶ | レポートセレクター | クリックしてレポートを選択できる |
| ❷ | セクションセレクター | クリックしてセクションを選択できる。各セクションに1つ配置されている |
| ❸ | セクションバー | セクションの名称が表示される領域。各セクションに1つ配置されている |
| ❹ | ルーラー | レポートの設計時に目安となる目盛り。画面上部と左部に配置されている。目盛りの単位はWindowsのコントロールパネルにある［地域と言語のオプション］で設定された単位になる（ワザ538参照） |
| ❺ | グリッド | コントロールのサイズや配置を調整するときの目安となる格子線 |
| ❻ | 詳細 | レコードを印刷するための領域。レコードの数だけ繰り返し印刷される |
| ❼ | レポートヘッダー／レポートフッター | レポートの先頭と最後に1回だけ印刷される領域 |
| ❽ | ページヘッダー／ページフッター | レポートの各ページの先頭と最後に印刷される領域 |

●1ページ目

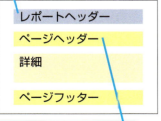

レポートヘッダーはレポートの1ページ目のみ、かつページヘッダーの上に表示される

ページヘッダーは各ページの先頭に表示される

●2ページ目以降

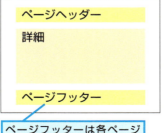

ページフッターは各ページの末尾に表示される

●最後のページ

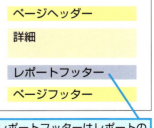

レポートフッターはレポートの最後のページのみ、かつページフッターの上に表示される

関連 ≫518 レポートヘッダー／フッターはどうやって表示するの？……P.276

## 501 ダブルクリックで印刷プレビューを開きたい

お役立ち度 ★★★
2016 / 2013

ナビゲーションウィンドウでレポートをダブルクリックすると、既定でレポートビューが表示されます。いちいち印刷プレビューに切り替えるのが煩わしいときは、レポートの［既定のビュー］プロパティを［印刷プレビュー］に変更します。

➡ナビゲーションウィンドウ……P.417

デザインビューでレポートを表示しておく

❶［レポートデザインツール］の［デザイン］タブをクリック

❷［プロパティシート］をクリック

プロパティシートが表示された

❸ここをクリックして［レポート］を選択

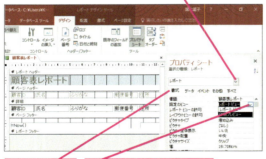

❹［書式］タブをクリック

❺［既定のビュー］プロパティで［印刷プレビュー］を選択

レポートを印刷プレビューで開けるようになった

関連 ≫070 オブジェクトを印刷したい……P.63

## 502 レポートを開くとパラメーターの入力画面が表示されるのはなぜ？

お役立ち度 ★★☆
2016 / 2013

パラメーターの入力画面が表示されるのは、パラメータークエリを基にレポートを作成した場合です。意図せずにパラメーターの入力画面が表示される場合は、データを表示するテキストボックスの［コントロールソース］プロパティの設定が間違っている可能性があります。例えば、［郵便番号］フィールドのデータを表示するテキストボックスの［コントロールソース］プロパティの設定が［郵便NO］などに設定されていると、パラメーターの入力画面が表示されてしまいます。このとき、［コントロールソース］プロパティを［郵便番号］に変更すれば表示されなくなります。

➡コントロールソース……P.413

［パラメーターの入力］ダイアログボックスが表示された

ここに表示されるフィールドの［コントロールソース］プロパティを修正する

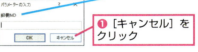

❶［キャンセル］をクリック

❷ナビゲーションバーでレポートを右クリックして［デザインビュー］をクリック

デザインビューでレポートが開いた

❸テキストボックスをクリック

プロパティシートを表示しておく

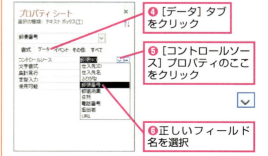

❹［データ］タブをクリック

❺［コントロールソース］プロパティのここをクリック

❻正しいフィールド名を選択

266 できる ● レポートの基本操作

# 503

## 印刷プレビューで複数ページを一度に表示したい

お役立ち度 ★★★
2016 / 2013

印刷プレビューで複数ページを一度に表示するには、[2ページ] ボタンか、[その他のページ] ボタンをクリックして表示されるページ数を選択します。[ズーム] ボタンの ▼ をクリックすると、印刷プレビューの表示倍率を指定することもできます。また、画面上でクリックするごとに拡大表示と縮小表示を切り替えることができます。

印刷プレビューでレポートを表示しておく

[2ページ] をクリック

[ズーム] のここをクリックすると表示倍率を指定できる

[その他のページ] をクリックすると複数のページを表示できる

印刷プレビューで複数ページを一度に表示できた

[印刷プレビューを閉じる] をクリックすると印刷プレビュー画面を閉じられる

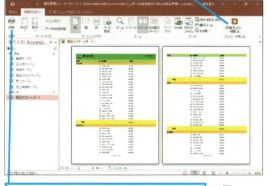

[印刷] をクリックすると印刷を実行するダイアログボックスが表示される

| 関連 501 | ダブルクリックで印刷プレビューを閉じたい ………… P.266 |
| 関連 547 | 2つのクエリを1枚のレポートで印刷したい ………… P.290 |

---

# 504

## 表形式のレポートってどんなものが作れるの？

お役立ち度 ★★☆
2016 / 2013

表形式のレポートは、複数のレコードを一覧にしたものです。レポートではテーブルやクエリのデータを単に印刷するだけでなく、並べ替えたり、分類ごとにグループ化して集計結果を表示したり、データの大小によって色を付けたりと、目的に合わせてさまざまなバリエーションで作成できます。

➡セクション……P.415

| 関連 498 | どんなレポートを作成できるの？ ………… P.264 |

---

# 505

## レポートを開けない

お役立ち度 ★★☆
2016 / 2013

レポートの基となるテーブルまたはクエリが存在しないとき、レポートは開けません。例えば、レポートを作成した後に基のテーブルまたはクエリを削除したり、名前を変更したりした場合は、レポートを開こうとしてもエラーが表示されます。デザインビューでレポートを開き、レポートの [レコードソース] プロパティで正しいテーブルまたはクエリを選択し直してください。

➡レコードソース……P.420

| 関連 502 | レポートを開くとパラメーターの入力画面が表示されるのはなぜ？ ………… P.266 |

# レポートの作成

レポートはいろいろな方法で作成できます。ここでは、レポートを作成するときに使える便利なワザを紹介します。

## 506 レポートをすばやく作成したい

お役立ち度 ★★★　2016 / 2013

レポートをすばやく作成するには、[作成] タブの [レポート] ボタンを使います。ナビゲーションウィンドウでテーブルまたはクエリを選択し、[レポート] ボタンをクリックするだけで、選択されていたテーブルまたはクエリのすべてのフィールドを配置した、表形式のレポートが自動作成されます。ロゴやタイトル、作成日時、レコード件数、ページ数も自動で設定されます。作成直後はレイアウトビューで表示されるため、表示されるデータを確認しながら、タイトルの変更や列の幅の調整などが行えます。

❶レポートの基になるテーブルまたはクエリを選択
❷[作成] タブをクリック

❸[レポート] をクリック

選択したオブジェクトを基にレポートがレイアウトビューで表示された

必要に応じて列の幅などレイアウトを調整できる

レポートを保存する場合は、画面右上の [閉じる] をクリックし、レポートに名前を付ける

## 507 自由なレイアウトでレポートを作成するには

お役立ち度 ★★★　2016 / 2013

レポートは、自動で作成するだけでなく、白紙の状態から手動で作成することもできます。[作成] タブの [レポートデザイン] ボタンをクリックすると、白紙の新規レポートがデザインビューで開きます。白紙のレポートを用意したら、レポートに表示するデータを指定するため、レポートの [レコードソース] プロパティにテーブルまたはクエリを選択しておきます。デザインビューでは、フィールドを任意の位置に配置できるため、自由なレイアウトで作成できます。フィールドを追加する方法は、ワザ508を参照してください。

❶[作成] タブをクリック
❷[レポートデザイン] をクリック

デザインビューで白紙のレポートが作成された

❸プロパティシートの [データ] タブをクリック

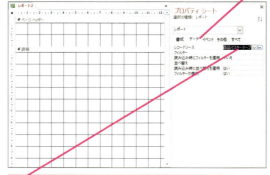

❹[レコードソース] プロパティで利用したいデータがあるテーブルかクエリを選択

関連 ≫508 デザインビューでフィールドを追加するには ………… P.269

## 508 デザインビューでフィールドを追加するには

お役立ち度 ★★★
2016 / 2013

デザインビューで白紙のレポートを作成したら、フィールドを追加し、表示するデータを配置していきます。［デザイン］タブの［既存のフィールドの追加］ボタンをクリックすると、レポートを作成するときに［レコードソース］プロパティで選択したテーブルまたはクエリのフィールドリストが表示されます。フィールドリストからフィールドをレポートに追加することでデータを表示できます。フィールドは、ドラッグして任意の位置に追加できます。

➡フィールドリスト……P.418
➡レコードソース……P.420

デザインビューでレポートを作成しておく

❶［レポートデザインツール］の［デザイン］タブをクリック
❷［既存のフィールドの追加］をクリック

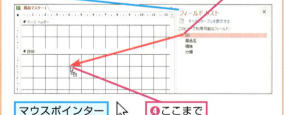

［フィールドリスト］が表示された
❸レポートに追加したいフィールドにマウスポインターを合わせる

マウスポインターの形が変わった
❹ここまでドラッグ

フィールドが追加された
他のフィールドも追加しておく

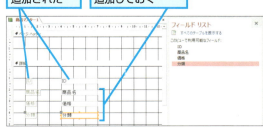

## 509 レイアウトビューからレポートを作成したい

お役立ち度 ★★★
2016 / 2013

［作成］タブの［空白のレポート］ボタンをクリックすると、白紙の新規レポートがレイアウトビューで開きます。追加したらワザ507と同様に、プロパティシートを表示してレポートの［レコードソース］プロパティでテーブルまたはクエリを選択しておきます。レイアウトビューではコントロールが自動で整列されるため、手間なくきれいなレポートを作成できます。

➡コントロール……P.413

❶［作成］タブをクリック
❷［空白のレポート］をクリック

レイアウトビューでレポートが作成された

❸［プロパティシート］をクリック
プロパティシートが表示された

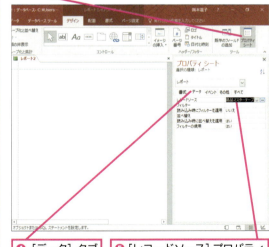

❹［データ］タブをクリック
❺［レコードソース］プロパティで利用したいデータがあるテーブルかクエリを選択

| 関連 ≫510 | レイアウトビューでフィールドを追加するには …… P.270 |

## 510 レイアウトビューでフィールドを追加するには

お役立ち度 ★★★
2016 / 2013

レイアウトビューで白紙のレポートを作成したら、[デザイン]タブの[既存のフィールドの追加]ボタンをクリックすると、[レコードソース]プロパティで設定したテーブルまたはクエリのフィールドリストが表示されます。このフィールドを、レポートにダブルクリックして追加します（ドラッグしても追加できます）。
レイアウトビューでフィールドを追加すると、自動的に整列された表形式のレイアウトになります。また、レイアウトビューでは実際に表示されるデータを見ながら作業できるため、列の幅の調節など、レイアウトをデータに合わせて整えたいときに便利です。

➡フィールドリスト……P.418
➡レコードソース……P.420

レイアウトビューでレポートを作成しておく｜フィールドリストを表示しておく

追加するフィールドをダブルクリック

レポートにフィールドが追加された

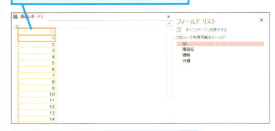

同様に他のフィールドも追加しておく

関連 ≫509　レイアウトビューからレポートを作成したい……P.269

## 511 いろいろなレポートを作成したい

[レポートウィザード]を使用すると、表示するフィールドを選択したり、レイアウトを指定したりしてレポートを作成するだけでなく、グループ化や並べ替え、集計方法を指定して、いろいろなレポートを簡単に作成できます。2の操作3～5のようにグループ化するフィールドを選択した場合は、グループ間隔（グループ化の単位）も指定可能です。また、フィールドの中に数値データが含まれていると、3の操作1の画面にあるように[集計のオプション]が表示されます。[集計のオプション]の利用方法は、ワザ513を参照してください。

➡ウィザード……P.412

### 1 [レポートウィザード]を開始する

❶[作成]タブをクリック　❷[レポートウィザード]をクリック

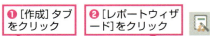

[レポートウィザード]が表示された｜[商品マスターテーブル]の[商品名][価格][分類]フィールドを追加してレポートを作成する

❸[テーブル/クエリ]で[商品マスターテーブル]を選択

❹[選択可能なフィールド]の[商品名]をクリック　❺ここをクリック

関連 ≫506　レポートをすばやく作成したい……P.268
関連 ≫507　自由なレイアウトでレポートを作成するには……P.268
関連 ≫509　レイアウトビューからレポートを作成したい……P.269
関連 ≫571　いつも同じ設定でレポートを作成したい……P.303

お役立ち度 ★★★
2016
2013

## 2 フィールドの追加を完了し、グループレベルを設定する

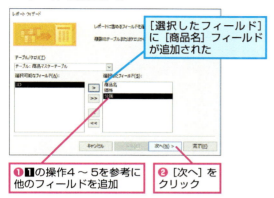

❶ 1 の操作4～5を参考に他のフィールドを追加
❷ [次へ] をクリック

グループレベルを指定する
[分類] で [商品名] [価格] をグループ化する

❸ [分類] フィールドをクリック
❹ ここをクリック

グループレベルが設定された

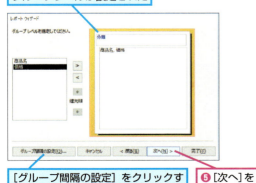

[グループ間隔の設定] をクリックするとグループ化の単位を設定できる
❺ [次へ] をクリック

## 3 設定を完了し、レポートを保存する

レコードの並べ替えを指定する場合は、ここをクリックして並べ替えるフィールドを選択し、昇順か降順を指定する

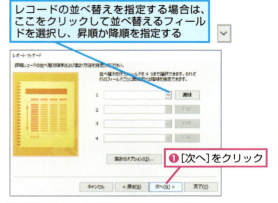

❶ [次へ] をクリック

レイアウトや用紙の向きを設定できる

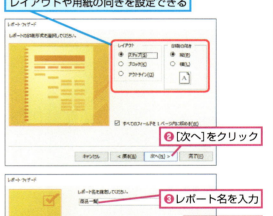

❷ [次へ] をクリック

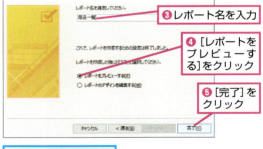

❸ レポート名を入力
❹ [レポートをプレビューする] をクリック
❺ [完了] をクリック

レポートが作成された

レポートの作成 ● できる **271**

## 512 レポートウィザードでグループ化の単位を指定したい

お役立ち度 ★★★  2016 / 2013

ワザ511の手順のように［レポートウィザード］でグループレベルを追加すると、そのフィールドで同じ値を持つレコードがグループ化されます。このとき、［グループ間隔の設定］ボタンをクリックすると、［グループ間隔の設定］ダイアログボックスが表示され、グループ化の単位を変更できます。グループ化の単位は、データ型によって以下の表のように変わります。

→データ型……P.416

### ●データ型とグループ化の間隔

| データ型 | グループ間隔の単位 |
|---|---|
| 短いテキスト | 先頭の1文字から5文字まで |
| 日付/時刻型 | 年、四半期、月、週、日、時、分 |
| 通貨型、数値型 | 50ずつ、100ずつなどの単位 |

レポートウィザードでグループレベルを指定する画面を表示しておく

価格帯を指定してグループ化する

❶［グループ間隔の設定］をクリック

❷ここをクリックしてグループ間隔に設定したい数値を選択

❸［OK］をクリック

［レポートウィザード］に戻る

レポート作成ウィザードを完了させておく

## 513 レポートウィザードで集計しながらレポートを作成したい

お役立ち度 ★★★  2016 / 2013

レポートに数値型や通貨型、Yes/No型のフィールドが含まれていて、ワザ511の手順のように［グループレベル］を設定しているときは、［レポートウィザード］に［集計のオプション］が表示されます。クリックすると［集計のオプション］ダイアログボックスが表示され、合計や平均などの集計方法を選択するだけで、グループごとの集計結果を表示できます。

レポートウィザードでレコードの並べ替えの画面を表示しておく

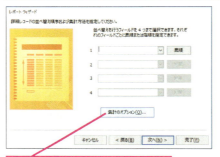

❶［集計のオプション］をクリック

❷集計方法にチェックマークを付ける

❸［OK］をクリック

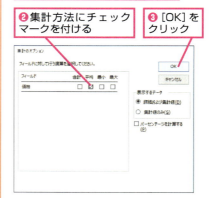

［レポートウィザード］に戻った

指定した集計方法で集計された

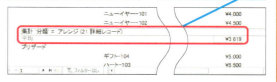

関連 》511 いろいろなレポートを作成したい……P.270

# 514 添付ファイル型のフィールドを追加する方法が分からない

お役立ち度 ★★☆
2016 / 2013

添付ファイル型のフィールドは、フィールドリストに［フィールド名］に加えて［フィールド名.FileData］［フィールド名.FileName］［フィールド名.FileType］が表示されます。
［フィールド名］をレポートに追加した場合、複数の画像が添付されていても1つ目の画像だけが表示されるので、すべての画像を見せたい場合は［フィールド名.FileData］を追加します。また［フィールド名.FileName］を追加するとファイル名、［フィールド名.FileType］を追加すると「jpg」のようなファイルの種類が表示されます。 ➡添付ファイル型……P.416

●1つ目の画像だけを表示する方法

レイアウトビューでレポートを開いておく　　フィールドリストを表示しておく

フィールドリストから［画像］をドラッグ

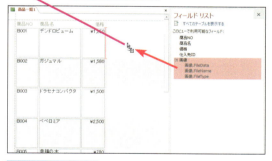

画像が追加された

●複数の画像すべてを表示する方法

［画像.FileData］をドラッグして追加　　位置とサイズを整えておく

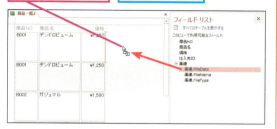

複数の画像があるフィールドでは複数のレコードとして表示された

●ファイル名やファイル形式を表示する方法

［画像.FileName］を追加するとファイル名が表示された

［画像.FileType］を追加するとファイル形式が表示された

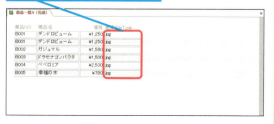

関連　添付ファイル型のフィールドで表示される
≫429　FileData、FileName、FileType って何？…… P.224

## 515 メイン／サブレポートの仕組みは？

お役立ち度 ★★★
2016 / 2013

メイン／サブレポートとは、単票形式のレポート（メインレポート）に表形式のレポート（サブレポート）を埋め込んだ形式です。納品書や請求書のような明細行のある書類に使います。

納品書をメイン／サブレポートで作成したい場合、1回の売り上げに対するデータ（いつ誰が）と売上明細に関するデータ（何をどれだけ）に分け、別テーブルにしてそれぞれに共通フィールド（NO）を持たせて管理します。このフィールドを結合フィールドとして2つのテーブルに一対多のリレーションシップを設定すると、同じNOで紐づけられ、メインレポートのレコードに関連するレコードだけをサブレポートに表示できます。このとき、メインレポート側の結合フィールドを［リンク親フィールド］、サブレポート側の結合フィールドを［リンク子フィールド］といいます。それぞれのレポートに表示したいフィールドを組み合わせたクエリを用意しておくと、メイン／サブレポートが作りやすくなります。

➡結合フィールド……P.413
➡メイン／サブレポート……P.419
➡リレーションシップ……P.420

● メイン／サブレポートの仕組み

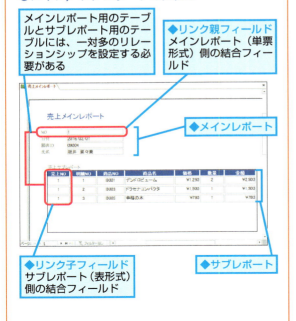

- メインレポート用のテーブルとサブレポート用のテーブルには、一対多のリレーションシップを設定する必要がある
- ◆リンク親フィールド メインレポート（単票形式）側の結合フィールド
- ◆メインレポート
- ◆リンク子フィールド サブレポート（表形式）側の結合フィールド
- ◆サブレポート

## 516 メイン／サブレポートを作成するには

メイン／サブレポートの作成方法はいくつかありますが、ここでは単票形式のレポートに表形式のレポートを埋め込んで、メイン／サブレポートを作成する手順を紹介します。メイン／サブレポートを作成する準備として、単票形式のレポートの基になるテーブルと、表形式のレポートの基になるテーブルに一対多のリレーションシップを設定します。次に、メインレポートとサブレポートで表示したいフィールドを組み合わせたクエリをそれぞれ作成し、それらを基に単票形式と表形式のレポートを作成しておきます。なお、このワザではメインレポートでレコードを1件ごとに印刷できるように改ページを設定しています。

➡メイン／サブレポート……P.419

- 単票形式のレポートの基になるテーブルと、表形式のレポートの基となるテーブルに一対多のリレーションシップを設定しておく
- メインレポートになる単票形式のレポートを作成しておく
- サブレポートになる表形式のレポートを作成しておく
- デザインビューでメインレポートになるレポートを表示しておく

❶ナビゲーションウィンドウで表形式のサブレポートにマウスポインターを合わせる

マウスポインターの形が変わった

❷ここまでドラッグ

表形式のレポートが単票形式のレポートに埋め込まれた

[プロパティシートでサブレポートになるレポートを選択しておく]

❸ [すべて]タブをクリック

❹ [リンク親フィールド]プロパティのここをクリック

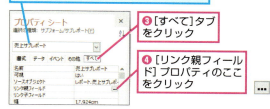

[サブレポートフィールドリンクビルダー]ダイアログボックスが表示された

❺ [親フィールド][子フィールド]に結合フィールドが表示されていることを確認

❻ [OK]をクリック

改ページの位置を設定する

❼ プロパティシートで[詳細]を選択

❽ [書式]タブをクリック

❾ [改ページ]プロパティで[カレントセクションの後]を選択

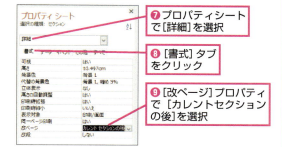

印刷プレビューで表示しておく

メイン/サブレポートを作成できた

# 517 サブレポートの項目名がメインレポートに表示されない

2016 / 2013

お役立ち度 ★★☆

表形式のサブレポートを作成するとき、レイアウトビューで白紙のレポートにフィールドを追加すると、自動的に表形式になりますが、これをそのままサブレポートに利用するとメイン/サブレポートで項目名が表示されません。サブレポートで項目名を表示するには、項目名をレポートヘッダーに配置する必要があります。通常の手順で表形式のレポートを作成すると、項目名はページヘッダーに作成されますが、これをレポートヘッダーに移動すれば表示されるようになります。レポートヘッダーを表示する方法は、ワザ518を参考にしてください。 ➡ヘッダー……P.418

[デザインビューでサブレポートを表示しておく]　[レポートヘッダー/フッターを表示しておく]

❶ [ページヘッダー]の左のルーラーをクリック

すべての項目名が選択された

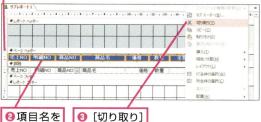

❷ 項目名を右クリック

❸ [切り取り]をクリック

項目名が切り取られた

❹ レポートヘッダー内で右クリック

❺ [貼り付け]をクリック

項目名がレポートヘッダーに貼り付けられた

ここをドラッグしてレポートヘッダーの余白をなくしておく

レポートの作成　できる　**275**

# レポートの編集

レポートの見栄えを整え体裁よく見せるには、レポートに配置したコントロールを操作したり、書式を設定したりします。ここでは、レポートを編集するのに便利なワザを紹介します。

## 518 レポートヘッダー/フッターはどうやって表示するの？

お役立ち度 ★★★　2016 / 2013

デザインビューでレポートを新規作成した場合、[ページヘッダー] [ページフッター] [詳細] のセクションが表示されますが、[レポートヘッダー] や [レポートフッター] は表示されません。[レポートヘッダー] や [レポートフッター] を表示するには、以下のように操作します。

➡セクション……P.415

デザインビューでレポートを表示しておく

❶レポートの空白部分を右クリック

❷[レポートヘッダー/フッター] をクリック

[レポートヘッダー] と [レポートフッター] が表示された

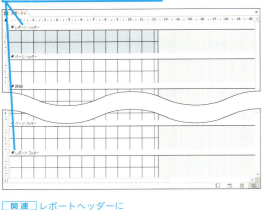

関連 ≫531　レポートヘッダーにタイトルを表示したい …… P.282

## 519 レポートを選択するには

お役立ち度 ★★★　2016 / 2013

レポート全体に対する設定を行う場合は、レポートを選択します。方法は2つあり、1つの方法は、レポートをデザインビューで開き、水平ルーラーと垂直ルーラーが交差するところにある [レポートセレクター] をクリックします。もう1つの方法はプロパティシートで [レポート] を選択します。

➡プロパティシート……P.418

◆レポートセレクター

レポートセレクターをクリック

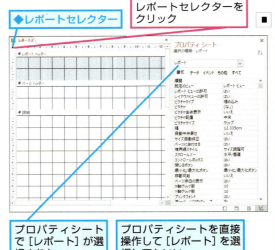

プロパティシートで [レポート] が選択された

プロパティシートを直接操作して [レポート] を選択してもいい

関連 ≫520　セクションを選択するには …… P.277

## 520 セクションを選択するには

お役立ち度 ★★★
2016 / 2013

セクションを選択するには、選択したいセクション名が表示されているセクションバーをクリックします。セクションが選択されると、セクションバーが黒く反転します。
→セクション……P.415

> セクションバーをクリックするとセクションを選択できる

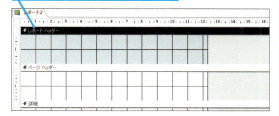

| 関連 ≫519 | レポートを選択するには……P.276 |
| 関連 ≫521 | セクションの高さを変更するには……P.277 |

## 521 セクションの高さを変更するには

お役立ち度 ★★★
2016 / 2013

セクションの高さを変更するには、変更したいセクションの下の境界線上にマウスポインターを合わせ、上下にドラッグします。または、セクションのプロパティシートの［書式］タブの［高さ］プロパティで、センチ単位の数値で指定できます。
→セクション……P.415
→プロパティシート……P.418

> セクションバーをドラッグするとセクションの高さを変更できる

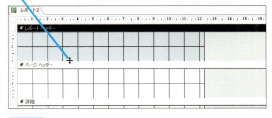

| 関連 ≫520 | セクションを選択するには……P.277 |

## 522 ヘッダーやフッターのどちらか一方を非表示にしたい

お役立ち度 ★★★
2016 / 2013

ページヘッダー／フッターやレポートヘッダー／フッターは、セットで表示されます。ヘッダー、フッターのどちらか一方を非表示にしたい場合は、非表示にしたいセクションの下にあるセクションバーまたはレポートの下端との境界線を、領域がなくなるまで上方向にドラッグします。
→セクション……P.415
→ヘッダー……P.418
→フッター……P.418

> デザインビューでレポートを表示しておく

❶境界線にマウスポインターを合わせる

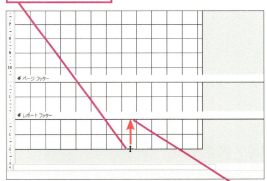

> マウスポインターの形が変わった

❷上のセクションバーまでドラッグ

> レポートフッターが非表示になった

| 関連 ≫518 | レポートヘッダー／フッターはどうやって表示するの？……P.276 |

## 523 コントロールを選択するには

レポートのデザインビューやレイアウトビューでコントロールを選択するには、コントロールをクリックします。選択されたコントロールは周囲に黄色い枠が表示され、サイズ変更ハンドルが表示されます。コントロールが独立している場合と、コントロールレイアウトが適用されコントロールが自動でドッキングしている場合とで、選択したときの表示のされ方が異なります。コントロールが選択されているときの各部の名称を確認しておきましょう。

➡コントロール……P.413
➡コントロールレイアウト……P.413

●コントロールが独立している場合

●コントロールレイアウトが適用されている場合

## 524 複数のコントロールを選択するには

デザインビューで複数のコントロールを選択するには、1つ目のコントロールをクリックして選択した後、Shiftキーを押しながら2つ目以降のコントロールをクリックします。
それ以外の方法では、レポート上をマウスでドラッグすると、ドラッグ範囲内に含まれるコントロールをまとめて選択できます。水平／垂直ルーラー上をクリックまたはドラッグした場合は、ルーラーから伸びた直線上にあるすべてのコントロールをまとめて選択できます。なお、コントロールレイアウトが適用されている場合は、レイアウトセレクターをクリックするとすべてのコントロールを選択できます。これらの方法について詳しくは、ワザ454のフォームのコントロールを選択する手順も参照してください。

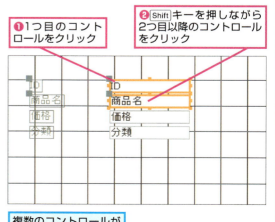

## 525 デザインビューでコントロールのサイズを変更するには

お役立ち度 ★★★
2016 / 2013

デザインビューでコントロールのサイズを変更するには、コントロールを選択してサイズ変更ハンドルにマウスポインターを合わせ、双方向の矢印（←→）になったらドラッグします。コントロールが独立している場合は左上を除く縦、横、斜めの7方向にドラッグでき、そのコントロールだけサイズが変わります。
コントロールレイアウトが適用されている場合は、左右にあるサイズ変更ハンドルをドラッグすると、同じ列にあるすべてのコントロールのサイズが変更されます。上下の辺や角にサイズ変更ハンドルは表示されませんが、マウスポインターを合わせると双方向の矢印になる箇所でドラッグすれば、サイズを変更できます。

➡ コントロールレイアウト……P.413

●コントロールが独立している場合

●コントロールレイアウトが適用されている場合

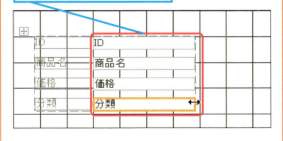

| 関連 ≫523 | コントロールを選択するには ……………… P.278 |

## 526 レイアウトビューでコントロールのサイズを変更するには

お役立ち度 ★★★
2016 / 2013

レイアウトビューでは、コントロールにデータを表示した状態でサイズを変更できます。データの長さに合わせて適切なサイズに変更できる点がメリットです。サイズ変更ハンドルは表示されませんが、境界線のどこでもマウスポインターの形が双方向の矢印（←→）になったところでドラッグしてサイズ変更できます。
コントロールレイアウトが適用されている場合は、列の幅を変更すると、同じ列のすべてのコントロールの幅が変更されます。同時に、右側にあるコントロールの位置も自動的に調整されます。

| 関連 ≫523 | コントロールを選択するには ……………… P.278 |

## 527

### レポートウィザードで作成したレポートのレイアウトを調整しやすくしたい

お役立ち度 ★★★
2016 / 2013

レポートウィザードを使って作成したレポートは、項目名やデータがきれいに整列していますが、コントロールレイアウトが適用されていません。そのため、コントロールのサイズを変更したりしてレイアウトを調整するとき、コントロールを1つずつ操作しなければならず面倒です。このような場合はコントロールレイアウトを適用しましょう。コントロールがドッキングしてレイアウトの調整が楽になります。ここでは、表形式のレポートを例にコントロールレイアウトを適用する方法を解説します。

➡ コントロールレイアウト……P.413

デザインビューでレポートを表示しておく

❶垂直ルーラーの目盛り上を[ページヘッダー]の下から[詳細]の下までドラッグ

[ページヘッダー]と[詳細]のすべてのコントロールが選択された

❷[レポートデザインツール]の[配置]タブをクリック

❸[表形式]をクリック

コントロールに表形式のコントロールレイアウトが適用された

レイアウトセレクターが表示された

| 関連 ≫523 | コントロールを選択するには ……………………… P.278 |
| 関連 ≫525 | デザインビューでコントロールのサイズを変更するには ……………………… P.279 |

## 528

### デザインビューでコントロールを移動するには

お役立ち度 ★★★
2016 / 2013

デザインビューでコントロールを移動するには、コントロールを選択し、選択したコントロールの境界線にマウスポインターを合わせてドラッグすると、ラベルとコントロールが一緒に移動します。コントロールレイアウトが適用されていない場合は、ラベルとコントロールの左上の角に移動ハンドルが表示されます。この移動ハンドルをドラッグすると、ラベルとコントロールが別々に移動します。

## 529 レイアウトビューでコントロールを移動するには

お役立ち度 ★★★
2016 / 2013

レイアウトビューでは、コントロールにマウスポインターを合わせてドラッグすると移動できます。コントロールレイアウトが適用されている場合は、レイアウト内でしか移動できませんが、移動後は他のコントロールの配置が自動調整されます。コントロールレイアウトが適用されていない場合は、ドラッグで自由な位置に移動できます。ここでは表形式のレイアウトを例にコントロールの移動方法を確認しましょう。

❶移動したい列を右クリック　❷[列全体の選択]をクリック

1列分のコントロールが選択された　❸移動したいところまでドラッグ

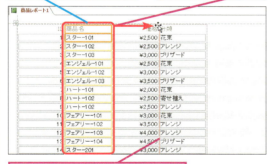

❹ピンクの挿入ラインが表示される位置でドラッグを終了

コントロールが移動した

## 530 コントロールを削除するには

お役立ち度 ★★★
2016 / 2013

不要なコントロールを削除する場合は、コントロールを選択して[Delete]キーを押します。列単位、行単位でラベルとコントロールをまとめて削除したい場合は、列全体または行全体で選択してから[Delete]キーを押します。また、以下の手順のように、コントロールを右クリックして削除する方法を選ぶこともできます。

❶削除したい列のコントロールを右クリック

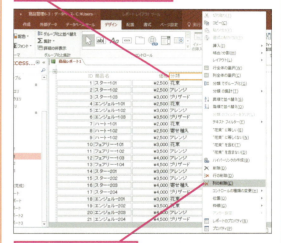

❷[列の削除]をクリック

1列分のコントロールが削除された

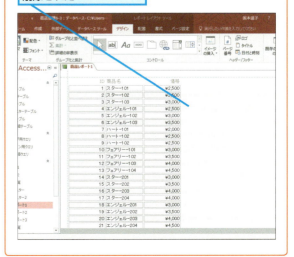

レポートの編集 ● できる **281**

## 531 レポートヘッダーにタイトルを表示したい

お役立ち度 ★★★
2016 / 2013

レポートを自動で作成した場合は、タイトルは自動で表示されますが、白紙から作成した場合は手動で追加する必要があります。デザインビューで［デザイン］タブの［タイトル］ボタンをクリックすると、レポートヘッダーにタイトル用のラベルが追加されます。そこにタイトルにしたい文字を入力しましょう。なお、すでにタイトルが設定されている場合に［タイトル］ボタンをクリックすると、タイトルが反転され、編集状態になります。

➡ヘッダー……P.418

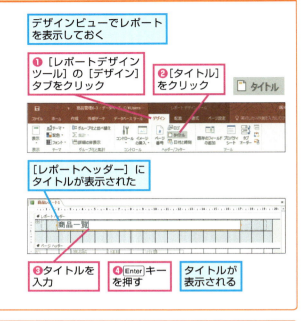

| 関連 ≫500 | レポートの構成を知りたい …………………… P.266 |
| --- | --- |
| 関連 ≫518 | レポートヘッダー／フッターはどうやって表示するの？…………… P.276 |

## 532 任意の位置に文字列を表示するには

お役立ち度 ★★☆
2016 / 2013

レポート上の任意の位置に文字列を表示するには、ラベルを追加します。デザインビューで［デザイン］タブの［コントロール］ボタンをクリックして一覧から［ラベル］をクリックし、レポート上の任意の位置でクリックします。ラベルが追加されカーソルが表示されたら、文字列を入力します。

➡ラベル……P.419

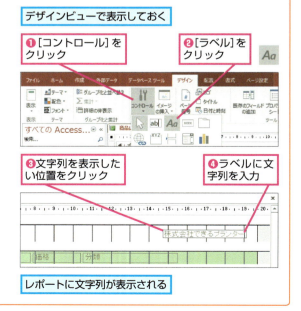

## 533 レポートセレクターに表示される緑の三角形は何？

お役立ち度 ★★☆
2016 / 2013

レポートセレクターに表示される緑のマーク（▰）は、レポートの設定にエラーがあることを示すエラーインジケーターです。ほとんどの場合は、レポートの幅が用紙に収まらないときに表示されます。用紙に収まらない原因には、用紙サイズの幅を超えた位置にコントロールを配置してしまっている可能性が考えられます。レポートセレクターをクリックするとスマートタグ（ ⓘ ）が表示されるので、これをクリックすると、エラーの原因やエラーを修正するためのいくつかのメニューが表示されます。このメニューを使用すると、レイアウトを効率的に整えられます。

➡エラーインジケーター……P.412

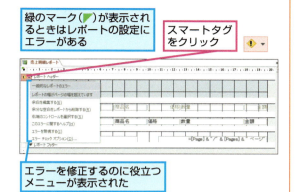

緑のマーク（▰）が表示されるときはレポートの設定にエラーがある

スマートタグをクリック

エラーを修正するのに役立つメニューが表示された

## 534 数値や日付が正しく表示されない

お役立ち度 ★★☆
2016 / 2013

数値や日付を表示するテキストボックスの幅がデータのサイズより狭いと、「####」と表示され、データが正しく表示されません。テキストボックスの幅を広げるか、文字サイズを小さくして、正しく表示されるように調整してください。

➡テキストボックス……P.416

日付が「####」と表示されている

レイアウトビューでレポートを表示しておく

❶[日付]テキストボックスの右端にマウスポインターを合わせる

マウスポインターの形が変わった

❷ここまでドラッグ

コントロールの幅が広がった

印刷プレビューを表示しておく

日付が正しく表示された

レポートの編集　283

## 535 文字列が途中で切れてしまう

お役立ち度 ★★★
2016 / 2013

文字列を表示するテキストボックスの幅がデータの文字数より狭いと、文字列が途中で途切れてしまいます。テキストボックスの[印刷時拡張]プロパティを[はい]に設定すると、すべての文字列が折り返して表示されるように、自動的にテキストボックスの高さが拡張されます。
→テキストボックス……P.416

デザインビューでレポートを表示し、プロパティシートを表示しておく

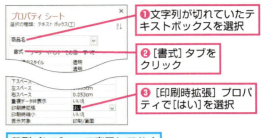

❶文字列が切れていたテキストボックスを選択
❷[書式]タブをクリック
❸[印刷時拡張]プロパティで[はい]を選択

文字列が途中で切れてしまっている

印刷プレビューで表示しておく

文字列がすべて表示された

## 536 レイアウトビューでコントロールの高さを変更できない

お役立ち度 ★★☆
2016 / 2013

レイアウトビューでコントロールを選択し、下の境界にマウスポインターを合わせてもサイズ変更用の双方向の矢印（↔）にならず、コントロールの高さが変更できないことがあります。これはコントロールの[印刷時拡張]プロパティまたは[印刷時縮小]プロパティが[はい]になっているためです。
レイアウトビューで高さを変更したい場合は、これらのプロパティを[いいえ]にしてください。ただし、高さの変更が終わったら、必要に応じて設定を戻しておきましょう。
→コントロール……P.413

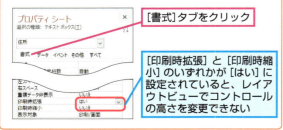

[書式]タブをクリック

[印刷時拡張]と[印刷時縮小]のいずれかが[はい]に設定されていると、レイアウトビューでコントロールの高さを変更できない

## 537 重複するデータを表示したくない

お役立ち度 ★★☆
2016 / 2013

テキストボックスに表示されるデータが直前のレコードと同じとき、重複するデータを非表示にできます。テキストボックスの[重複データの非表示]プロパティを[はい]に設定しましょう。同じ項目で並べ替えをしている場合に重複データを非表示にすると、すっきりと見やすいレポートになります。
→プロパティシート……P.418

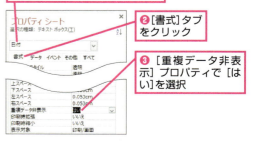

❶重複データを非表示にしたいテキストボックスを選択
❷[書式]タブをクリック
❸[重複データ非表示]プロパティで[はい]を選択

# 538

## コントロールサイズの端数をなくしてぴったりの数値で指定したい

ワザ452で解説したように、コントロールの［左位置］や［幅］などをプロパティシートで数値を入力して指定すると端数が表示されてしまいます。これはAccessで扱う長さの単位がセンチメートルでないためです。通常はあまり気にする必要はありませんが、コントロールの幅や高さを計算してぴったり整列させたい場合は、コントロールパネルで長さの単位を［ヤードポンド法］に変更します。なお、単位の設定を変更すると、他のソフトウェアの単位が変わる可能性があることに注意しましょう。　➡セクション……P.415

❶［新しい通知］をクリック

アクションセンターが表示された

❷［すべての設定］をクリック

❸［時刻と言語］をクリック

❹［日付、地域、時刻の追加設定］をクリック

［時計、言語、および地域］ダイアログボックスが表示された

❺［日付、時刻、または数値の形式の変更］をクリック

［地域］ダイアログボックスが表示された

❻［追加の設定］をクリック

❼［単位］のここをクリックして［ヤードポンド法］を選択

❽［OK］をクリック

長さの単位がヤードポンド法に変更された

## 539

### 条件に一致したレコードを目立たせたい

お役立ち度 ★★★
2016 / 2013

コントロールに［条件付き書式］を設定すると、条件に一致したレコードを目立たせられます。例えば、「3,000円以上購入した顧客がひと目で分かるようにしたい」といった場合などに便利です。レコード全体を目立たせるには、［詳細］のすべてのコントロールを選択してから［条件付き書式］を設定します。設定できるのは、［太字］［斜体］［下線］［背景色］［フォント色］の5つです。　→セクション……P.415

［新しい書式ルール］ダイアログボックスが表示された

❻［条件］のここをクリックして［式］を選択

❼ここに「[金額] >=3000」と入力

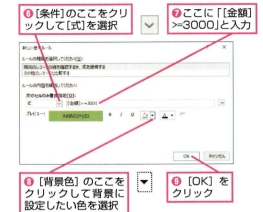

3,000円以上購入した顧客のレコードに色を付ける

レイアウトビューでレポートを表示しておく

❶データ上で右クリック

❷［行全体の選択］をクリック

レポートの［日付］〜［金額］のフィールドが選択された

❸［レポートレイアウトツール］の［書式］タブをクリック

❹［条件付き書式］をクリック

［条件付き書式ルールの管理］ダイアログボックスが表示された

❺［新しいルール］をクリック

❽［背景色］のここをクリックして背景に設定したい色を選択

❾［OK］をクリック

❿［OK］をクリック

条件に一致するレコードに色が付いた

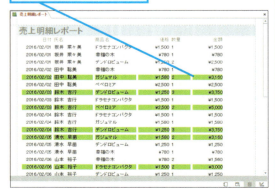

## 540 先頭ページと2ページ以降で印刷するタイトルを変更したい

お役立ち度 ★★★　2016 / 2013

レポートの［ページヘッダー］プロパティを［レポートヘッダー以外］に設定すると、［レポートヘッダー］が印刷されるページでは、［ページヘッダー］は印刷されません。先頭ページと2ページ目以降で異なるタイトルを設定したい場合に利用できます。

➡ヘッダー……P.418

デザインビューでレポートを表示しておく

プロパティシートで［レポート］を選択しておく

❶［書式］タブをクリック

❷［ページヘッター］プロパティで［レポートヘッダー以外］を選択

先頭ページと2ページ以降で印刷タイトルが変更された

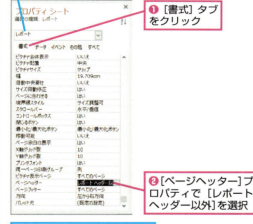
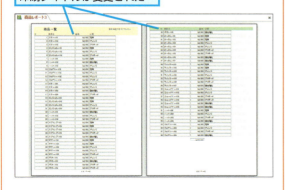

関連 »500　レポートの構成を知りたい ………………… P.266

## 541 レポートのタイトルはどのセクションに配置したらいいの？

お役立ち度 ★★★　2016 / 2013

先頭ページだけにタイトルを印刷したい場合は［レポートヘッダー］に配置し、ページごとに印刷したい場合は［ページヘッダー］に配置します。

➡ヘッダー……P.418

●先頭ページだけに表示したい場合

［レポートヘッダー］にタイトルを配置した

先頭ページだけタイトルが印刷された

●各ページに表示したい場合

［ページヘッダー］にタイトルを配置した

すべてのページにタイトルが印刷された

レポートの編集　できる　287

## 542 表の列見出しはどのセクションに配置したらいいの？

お役立ち度 ★★★
2016 / 2013

各ページの先頭に表の列見出しを印刷したい場合は、[ページヘッダー]に列見出しを配置します。レコードを[分類]など特定のフィールドでグループ化しているときは、グループが切り替わるごとに列見出しを印刷した方がいいでしょう。その場合は[グループヘッダー]に列見出しを配置します。

● ページヘッダーの場合

ページヘッダーに配置した

ページごとに印刷された

● グループヘッダーの場合

グループヘッダーに配置した

グループが切り替わるごとに印刷された

## 543 レポートの1行おきの色を解除したい

お役立ち度 ★★☆
2016 / 2013

レポートを作成すると、自動的に1行おきに色（表の背景色）が表示されます。この色を解除したい場合は、[詳細]セクションの[交互の行の色]を[色なし]に設定します。

1行おきの色を解除する

デザインビューでレポートを表示しておく

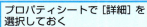

プロパティシートで[詳細]を選択しておく

❶ [書式]タブをクリック
❷ [代替の背景色]のここをクリック
❸ [色なし]をクリック

1行おきの色が解除された

関連 ≫ 411　1行おきの色を解除するには ……………… P.214

## 544 レポートヘッダーやページヘッダーに色を付けたい

お役立ち度 ★★☆
2016 / 2013

レポートヘッダーやページヘッダーなど、各セクションの背景に色を付けたい場合は、色を付けたいセクションを選択し、[図形の塗りつぶし]で色を選択します。

> デザインビューでレポートを表示しておく

❶ [レポートヘッダー]セクションを選択
❷ [レポートデザインツール]の[書式]タブをクリック

❸ [図形の塗りつぶし]をクリック
❹ 色を選択

> レポートヘッダーに色が付いた

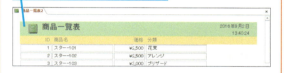

## 545 グループヘッダーに設定した色が表示されないところがある

お役立ち度 ★★☆
2016 / 2013

グループヘッダーに設定した色が表示されないところがあるのは、グループヘッダーの[交互の行の色]に色が設定されているためです。[色なし]にすれば、すべてのグループヘッダーに指定した色が表示されます。

> デザインビューでレポートを表示しておく
> グループヘッダーを選択しておく

❶ プロパティシートの[書式]タブをクリック
❷ [代替の背景色]プロパティで[色なし]を選択

> すべてのグループヘッダーに設定した色が表示された

## 546 コントロールの枠線を表示したくない

お役立ち度 ★★★
2016 / 2013

コントロールの枠線には、既定で薄い灰色の色が付いています。この枠線を表示したくない場合は、デザインビューでコントロールを選択してから[図形の枠線]で色を[透明]に設定します。

> コントロールをすべて選択しておく

❶ [レポートデザインツール]の[書式]タブをクリック
❷ [図形の枠線]をクリック

❸ [透明]をクリック
> コントロールの枠線が表示されなくなる

# 547 2つのクエリを1枚のレポートで印刷したい

お役立ち度 ★★★
2016
2013

異なる2つのクエリの表を1枚のレポートで印刷するには、レポートにサブレポートを配置して、サブレポートの［ソースオブジェクト］プロパティに表示したいクエリを指定します。クエリの表をそのまま1つの用紙に並べて印刷できるので便利です。［コントロールウィザードの使用］をオフにして、［サブフォーム/サブレポート］コントロールを追加することがポイントです。

➡コントロール……P.413

**デザインビューでレポートを表示しておく**

**プロパティシートを表示しておく**

❶［レポートデザインツール］の［デザイン］タブをクリック

❷［コントロールウィザードの使用］をクリックしてオフにする

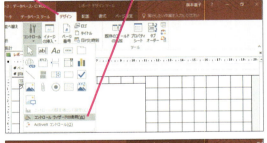

❸［サブフォーム/サブレポート］をクリック

**マウスポインターの形が変わった**

❹ ここにマウスポインターを合わせる

❺ ここまでドラッグ

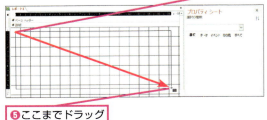

**サブフォーム/サブレポートが表示された**

❻［データ］タブをクリック

❼［ソースオブジェクト］プロパティで表示したいクエリを選択

**ここに選択したクエリ名が表示される**

❽ ここをクリック

❾［すべて］タブをクリック

❿［標題］プロパティに印刷したい文字列を入力

**入力した文字が表示された**

⓫ 操作3～10を参考に2つ目のクエリも追加

**印刷プレビューで表示しておく**

**1枚のレポートに2つのクエリを表示できた**

# レポートの印刷

レポートは、設定方法によっていろいろな形式で印刷できます。ここでは、レポートを印刷するときのワザを取り上げます。

## 548 レポートを印刷するには
お役立ち度 ★★★ 2016 2013

レポートを印刷するには、印刷プレビューでレポートを表示し、印刷イメージを確認します。必要に応じて用紙のサイズ、余白、用紙の向きなどを変更したら［印刷］ボタンをクリックしましょう。プリンターの［印刷］ダイアログボックスが表示されるので、印刷する範囲や部数を指定して［OK］をクリックします。用紙のサイズや余白の設定について詳しくはワザ551～ワザ553を参照してください。

印刷プレビューでレポートを表示しておく

［横］［縦］をクリックして印刷する方向を変更できる

［印刷］をクリック

プリンターの［印刷］ダイアログボックスが表示される

## 549 レポート以外は印刷できないの？
お役立ち度 ★☆☆ 2016 2013

テーブルやクエリのデータをそのまま印刷することも可能です。データシートビューでテーブルやクエリを開き、［ファイル］タブの［印刷］ボタンをクリックします。［印刷プレビュー］をクリックして印刷イメージを確認し、［印刷］をクリックして印刷を実行できます。

関連 ≫070 オブジェクトを印刷したい …………………… P.63

## 550 余分な白紙のページが印刷されてしまう
お役立ち度 ★★★ 2016 2013

レポートの幅が用紙のサイズを上回っている場合、余分な白紙のページが印刷されてしまうことがあります。白紙のページが印刷されないようにするには、コントロールの位置やサイズを調整して用紙のサイズに収めましょう。デザインビューのレポートセレクターにエラーインジケーターが表示されている場合は、レポートの幅が用紙に収まるようにすると表示されなくなるので、調整の目安になります。

➡ コントロール……P.413

デザインビューでレポートを表示しておく

❶ コントロールの位置やサイズを調整

❷ ここにマウスポインターを合わせる

エラーインジケーターが表示されている

❸ ここまでドラッグ

レポートのサイズを変更できた

エラーインジケーターが表示されなくなった

印刷プレビューを表示すると、余分な白紙のページが印刷されなくなっていることを確認できる

関連 ≫523 コントロールを選択するには …………………… P.278

## 551 用紙の余白を変更したい

お役立ち度 ★★★
2016 / 2013

用紙の余白は、[余白]ボタンをクリックし[最後に適用したユーザー設定][標準][広い][狭い]の4つから選択できます。[ページ設定]ダイアログボックスを表示すると、上下左右の余白サイズをミリメートル単位で設定できるため、余白を微調整したいときに便利です。

デザインビューでレポートを表示しておく

❶[レポートデザインツール]の[ページ設定]タブをクリック

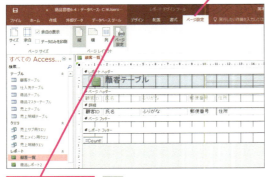

❷[ページ設定]をクリック

[ページ設定]ダイアログボックスが表示された

❸[印刷オプション]タブをクリック

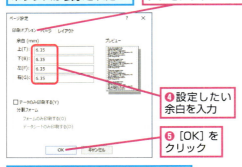

❹設定したい余白を入力

❺[OK]をクリック

印刷プレビューを表示すると、余白が調整されていることを確認できる

関連 ≫552 設定した余白のサイズが反映されない ………… P.292

## 552 設定した余白のサイズが反映されない

お役立ち度 ★★☆
2016 / 2013

[ページ設定]ダイアログボックスで余白を設定しても、設定した余白のサイズが反映されない場合は、プリンターが制御している最小の余白サイズが影響している場合があります。プリンター本体の操作ガイドや取扱説明書を参照し、印刷可能な最小余白サイズを確認してください。

◆プリンターで印刷される最小の余白サイズ
◆設定した余白サイズ

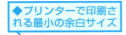

プリンターの最小余白よりも設定した余白サイズが小さいため、この設定は反映されない

関連 ≫550 余分な白紙のページが印刷されてしまう ……… P.291
関連 ≫551 用紙の余白を変更したい ………………………… P.292

## 553 用紙の向きやサイズを変更するには

お役立ち度 ★★☆
2016 / 2013

用紙の向きを変更するには、印刷プレビューで[縦]または[横]ボタンをクリックします。また、用紙のサイズを変更するには、[サイズ]ボタンをクリックし、一覧から用紙サイズを選択します。
デザインビューでレポートを表示しているときは、[レポートデザインツール]の[ページ設定]タブで[縦]または[横]ボタン、[サイズ]ボタンをクリックします。また、ワザ551で表示した[ページ設定]ダイアログボックスの、[ページ]タブで変更することもできます。

関連 ≫551 用紙の余白を変更したい ………………………… P.292

## 554 特定のレポートだけ別のプリンターで印刷したい

お役立ち度 ★★★　2016 / 2013

「伝票は専用のプリンターで印刷する」という場合など、特定のレポートだけ別のプリンターで印刷したいとき、毎回プリンターを変更するのは面倒です。[ページ設定]ダイアログボックスでレポートの印刷に使用するプリンターを設定すると、そのレポートを印刷するときだけ、指定した別のプリンターから印刷できるようになります。

デザインビューでレポートを表示し、[ページ設定]ダイアログボックスを表示しておく

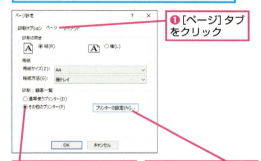

❶[ページ]タブをクリック
❷[その他のプリンター]をクリック
❸[プリンターの設定]をクリック

プリンターを設定するダイアログボックスが表示された

❹伝票を印刷できるプリンターを選択

❺[OK]をクリック

表示中のレポートは選択したプリンターで印刷されるようになる

関連 ≫563　レコードを1件ごとに印刷したい ………………… P.299
関連 ≫564　グループ単位で改ページしたい ………………… P.299
関連 ≫572　印刷するレコードをその都度指定したい ………………… P.304

## 555 レコードを並べ替えて印刷できないの?

お役立ち度 ★★★　2016 / 2013

レポートでレコードを並べ替えたいときは、レイアウトビューで並べ替えたいフィールドを選択し、[昇順]または[降順]ボタンをクリックします。または、[グループ化、並べ替え、集計]ウィンドウで並べ替えを追加することもできます。詳細はワザ556を参照してください。
➡フィールド……P.417

IDフィールドを基準に昇順で並んでいる商品名を五十音順に並べ替える

レイアウトビューでレポートを表示しておく
❶[商品名]のフィールドをクリック

❷[ホーム]タブをクリック
❸[昇順]をクリック

印刷プレビューで表示しておく
商品名のフィールドが五十音順に並べ替えられた

レポートの印刷 ● できる 293

# 556

## フィールドごとにグループ化して印刷したい

フィールドを同じ値で分類したい場合、レコードをグループ化します。グループ化することで、同じ値を持つレコードをまとめられ、レポートが見やすくなります。フィールドのグループ化は［グループ化、並べ替え、集計］ウィンドウで設定します。

➡フィールド……P.417

商品名ごとのグループに分けて表示する

レイアウトビューでレポートを表示しておく

❶［レポートレイアウトツール］の［デザイン］タブをクリック

❷［グループ化と並べ替え］をクリック

［グループ化、並べ替え、集計］ウィンドウが表示された

❸［グループの追加］をクリック

新しい［グループ化］行が追加された

❹［フィールドの選択］のここをクリック

❺［商品名］をクリック

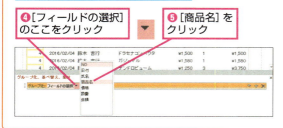

商品ごとにグループ化されて表示された

次にここを番号順に並べ替える

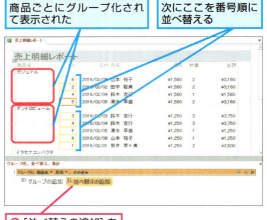

❻［並べ替えの追加］をクリック

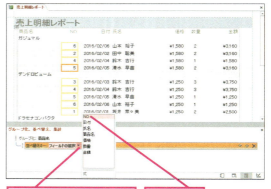

❼［フィールドの選択］のここをクリック

❽［NO］をクリック

昇順に並べ替えられた

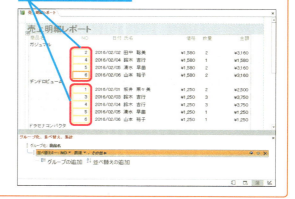

# 557 グループごとに連番を振り直して印刷したい

お役立ち度 ★★★
2016 / 2013

コントロールの［集計実行］プロパティを使うと、［コントロールソース］プロパティに設定したフィールドの現在のレコードまでの合計を計算できます。この機能を応用すれば、グループごとのレコードに連番を振ることが可能です。以下の手順のように［詳細］に新しくテキストボックスを追加し、［コントロールソース］プロパティに「=1」を入力して、［集計実行］プロパティを［グループ全体］に設定します。するとグループ単位で、上から順番に1ずつ加算されて「1、2、3……」と連番を印刷できます。

➡ コントロールソース……P.413

レイアウトビューでレポートを表示しておく

❶［レポートレイアウトツール］の［デザイン］タブをクリック
❷［テキストボックス］をクリック

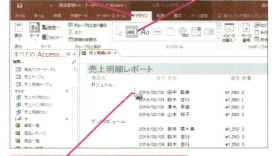

❸ ピンクの挿入マークが表示された位置でクリック

テキストボックスが挿入された
❹ 挿入したテキストボックスのラベルをクリック

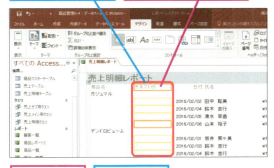

❺ Delete キーを押す
ラベルが削除される

プロパティシートで挿入したテキストボックスを選択しておく

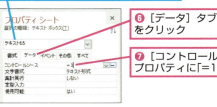

❻［データ］タブをクリック
❼［コントロールソース］プロパティに「=1」と入力

❽［集計実行］プロパティで［グループ全体］を選択

印刷プレビューを表示しておく

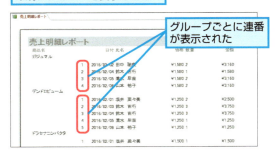

グループごとに連番が表示された

| 関連 ≫558 | グループごとの金額の合計を印刷したい | P.296 |
| 関連 ≫559 | グループごとの累計を印刷したい | P.297 |

レポートの印刷 ● できる 295

# 558 グループごとに金額の合計を印刷したい

お役立ち度 ★★★
2016 / 2013

商品ごとにグループ化されているレポートで、グループごとに［金額］フィールドの合計を印刷したい場合があります。そのようなときは、［グループ化、並べ替え、集計］ウィンドウで対象フィールド、集計方法、表示場所を指定すれば、合計を表示するテキストボックスを自動で配置できます。追加されたテキストボックスの［コントロールソース］に「=Sum([金額])」と［金額］フィールドの値を合計する関数が設定されます。

➡ 関数……P.412
➡ コントロールソース……P.413

グループごとの金額の合計を表示する

［グループ化、並べ替え、集計］ウィンドウを表示し、［商品名］でグループ化しておく

❶［その他］をクリック

［その他］の項目が表示された

❷［集計なし］のここをクリック

❸［集計］のここをクリックして［金額］を選択

❹［種類］のここをクリックして［合計］を選択

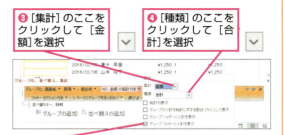

❺［グループフッターに小計を表示］にチェックマークを付ける

デザインビューでレポートを表示しておく

［グループフッター］にテキストボックスが追加された

［コントロールソース］に「=Sum([金額])」と設定された

印刷プレビューを表示すると、グループごとの金額の合計が表示された

| 関連 ≫ 559 | グループごとに金額の累計を印刷したい……P.297 |
| 関連 ≫ 561 | 商品名を五十音順でグループ化したい……P.298 |
| 関連 ≫ 562 | 日付を月単位でグループ化したい……P.298 |

296 できる ● レポートの印刷

## 559 グループごとに金額の累計を印刷したい

お役立ち度 ★★★　2016 / 2013

グループごとに金額などの累計を印刷したい場合は、累計用のテキストボックスを[詳細]セクションに追加し、[コントロールソース]プロパティで累計したフィールド名を指定し、[集計実行]プロパティで[グループ全体]を選択します。ここでは、[金額]フィールドの値を累計する手順を例に解説します。

→コントロールソース……P.413
→累計……P.420

| デザインビューでレポートを表示しておく | 累計を表示するテキストボックスを挿入し、付属のラベルは削除しておく |

プロパティシートで挿入したテキストボックスを選択しておく

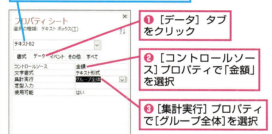

❶ [データ]タブをクリック
❷ [コントロールソース]プロパティで「金額」を選択
❸ [集計実行]プロパティで[グループ全体]を選択

| 印刷プレビューを表示しておく | グループごとの金額の累計が表示された |

**関連** ≫558　グループごとに金額の合計を印刷したい……P.296
**関連** ≫560　レポート全体の累計を印刷したい……P.297

## 560 レポート全体の累計を印刷したい

お役立ち度 ★★☆　2016 / 2013

金額の累計をレポート全体で表示したい場合は、ワザ559と同じ手順で累計用テキストボックスを追加し、[集計実行]プロパティで[全体]を選択します。累計を表示すると、目標金額や目標数をいつ達成したかなどがひと目でわかります。

→累計……P.420

| デザインビューでレポートを表示しておく | 累計を表示するテキストボックスを配置し、付属のラベルは削除しておく |

プロパティシートで選択したテキストボックスを選択しておく

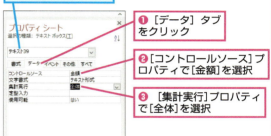

❶ [データ]タブをクリック
❷ [コントロールソース]プロパティで[金額]を選択
❸ [集計実行]プロパティで[全体]を選択

| 印刷プレビューを表示しておく | レポート全体の金額の累計が表示された |

**関連** ≫559　グループごとに金額の累計を印刷したい……P.297

レポートの印刷　297

## 561 商品名を五十音順でグループ化したい

お役立ち度 ★★★  
2016 / 2013

グループ化するフィールドが文字列の場合は、グループ化の単位を先頭からの文字数で指定できます。これを利用して、ふりがなのフィールドを先頭の1文字でグループ化すると五十音順でまとめられます。[グループ化、並べ替え、集計]ウィンドウでふりがなのフィールドでグループ化し、[その他]の項目で[最初の1文字]を選択します。

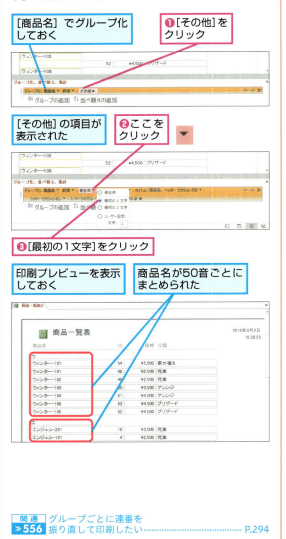

| 関連 ≫556 | グループごとに連番を振り直して印刷したい | P.294 |
| 関連 ≫562 | 日付を月単位でグループ化したい | P.298 |

## 562 日付を月単位でグループ化したい

お役立ち度 ★★★  
2016 / 2013

日付のフィールドは、[グループ化、並べ替え、集計]ウィンドウで[日][週][月][四半期][年]など指定した単位でグループ化できます。月単位でグループ化するには[月]を選択します。また、グループ化すると、グループヘッダーにグループ化した単位のラベルが自動的に表示されます。

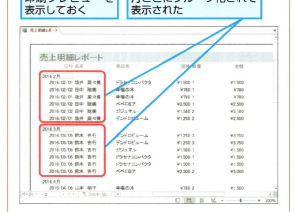

| 関連 ≫561 | 商品名を五十音順でグループ化したい | P.298 |

298　できる ● レポートの印刷

## 563 レコードを1件ごとに印刷したい

お役立ち度 ★★☆
2016 / 2013

レコードを1ページにつき1件ずつ印刷したいときは、[詳細]の[改ページ]プロパティで[カレントセクションの後]を選択し、1件ごとに改ページが設定されるようにします。商品カードや納品書など単票形式のレポートを、別々の用紙に印刷したい場合に設定するといいでしょう。　　　　　　　　　➡セクション……P.415

デザインビューでレポートを表示しておく

プロパティシートで[詳細]を選択しておく

❶ [書式]タブをクリック

❷ [改ページ]プロパティで[カレントセクションの後]を選択

印刷プレビューを表示しておく

レコード1件ごとに改ページを設定できた

| 関連 ≫554 | 特定のレポートだけ別のプリンターで印刷したい ………… P.293 |
| 関連 ≫564 | グループ単位で改ページしたい ………………………… P.299 |

## 564 グループ単位で改ページしたい

お役立ち度 ★★☆
2016 / 2013

グループ単位で改ページしたいときは、[グループフッター]の[改ページ]プロパティで[カレントセクションの後]を選択します。グループごとに別々の用紙に印刷したいときに便利です。

グループごとに改ページされるように設定する

デザインビューでレポートを表示しておく

プロパティシートで[グループフッター]を選択

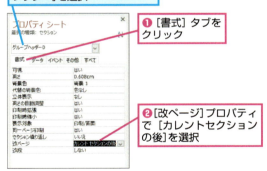

❶ [書式]タブをクリック

❷ [改ページ]プロパティで[カレントセクションの後]を選択

印刷プレビューを表示しておく

グループ単位で改ページされた

レポートの印刷　●　できる　299

## 565 表を2列で印刷したい

お役立ち度 ★★★
2016 / 2013

表を2列にして印刷するには、ワザ551を参考に[ページ設定]ダイアログボックスを表示して[列数]に「2」と入力し、[列間隔]と[幅]を指定します。[幅]には表の横幅を指定し、[列間隔]には表と表の間隔を指定します。[列数]×[幅]+[列間隔]が用紙から余白を除いた幅に収まるように設定しましょう。また、複数列で印刷されるのは、グループヘッダー／フッターと[詳細]セクションのみです。項目名を複数列で印刷したい場合は、グループヘッダーに配置しておきましょう。

[ページ設定]ダイアログボックスを表示しておく

❶[レイアウト]タブをクリック
❷[列数]に「2」と入力

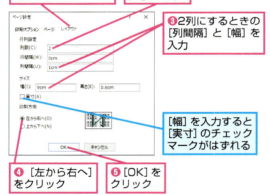

❸2列にするときの[列間隔]と[幅]を入力
[幅]を入力すると[実寸]のチェックマークがはずれる
❹[左から右へ]をクリック
❺[OK]をクリック

印刷プレビューを表示しておく
2列で表示された

関連 2つのクエリを
≫547 1枚のレポートで印刷したい ……………… P.290

## 566 グループごとに列を変えたい

お役立ち度 ★★☆
2016 / 2013

レポートを複数の列で印刷するときに、グループごとに列を変えて印刷したい場合があります。そのときは、グループフッターの[改段]プロパティを[カレントセクションの後]に設定します。

印刷するときにグループ単位で改段(列の変更)が行われるようにする
[分類]グループで改段する

デザインビューでレポートを表示しておく

❶[分類フッター]をクリック
❷プロパティシートの[改段]プロパティで[カレントセクションの後]を選択

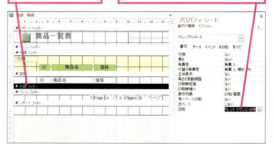

印刷プレビューを表示しておく

改段がグループ単位で行われるようになった

## 567 ページ番号を印刷したい

お役立ち度 ★★★　2016 2013

［ページ番号］ダイアログボックスを使用すると、書式や位置などを指定して、ページ番号を表示するテキストボックスを配置できます。［ページヘッダー］または［ページフッター］を表示していない状態でも、この設定により自動的に表示され、指定した場所にページ番号が追加されます。

デザインビューを表示しておく

❶［レポートデザインツール］の［デザイン］タブをクリック
❷［ページ番号］をクリック

［ページ番号］ダイアログボックスが表示された

❸ページ番号の書式と位置を選択
❹［最初のページにページ番号を表示する］にチェックマークを付ける
❺［OK］をクリック

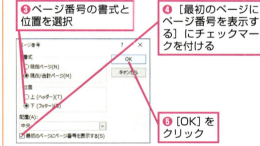

印刷プレビューを表示しておく
ページフッターにページ番号が表示された

## 568 印刷時の日付や時刻を印刷したい

お役立ち度 ★★★　2016 2013

［日付と時刻］を使用すると、日付や時刻の書式を指定したテキストボックスをレポートヘッダーの右上端に追加できます。レポートヘッダーが表示されていない状態でも、日付と時刻を設定すると、自動的に表示されます。

デザインビューでレポートを表示しておく

❶［レポートデザインツール］の［デザイン］タブをクリック
❷［日付と時刻］をクリック

［日付と時刻］ダイアログボックスが表示された

❸日付、時刻の表示方法を選択
❹［OK］をクリック

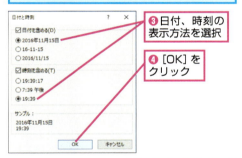

印刷プレビューを表示しておく
レポートヘッダーに日付と時刻が表示された

## 569 「社外秘」などの透かし文字を印刷したい

お役立ち度 ★★☆
2016 / 2013

重要な内容の印刷物には、「社外秘」のような透かし文字を背景に印刷したい場合があります。レポートで透かし文字を印刷するには、あらかじめ「社外秘」という文字の画像を用意しておき、レポートの［ピクチャ］プロパティで画像を指定します。また、［ピクチャ配置］プロパティ、［ピクチャサイズ］プロパティで画像の表示方法を設定できます。

「社外秘」という文字の画像ファイルを用意しておく

デザインビューでレポートを表示しておく

プロパティシートで［レポート］を選択

❶ ［書式］タブをクリック

❷ ［ピクチャ］プロパティのここをクリックし、画像ファイルを選択

［詳細］のセクションのすべてのコントロールを選択しておく

❸ ［背景スタイル］プロパティで［透明］を選択

印刷プレビューを表示しておく

「社外秘」の画像が表示された

## 570 印刷イメージを別ファイルとして保存できないの？

お役立ち度 ★★☆
2016 / 2013

レポートの印刷イメージをPDF形式（.pdf）で保存すると、Accessを利用できないパソコンでもレポートを閲覧したり、印刷したりできます。PDF形式での保存は、印刷プレビューから簡単に行えます。

➡PDF……P.410

印刷プレビューでレポートを表示しておく

［PDFまたはXPS］をクリック

［PDFまたはXPS形式で発行］ダイアログボックスが表示される

# 571 いつも同じ設定でレポートを作成したい

お役立ち度 ★★★
2016
2013

Accessでは、初期設定で「標準」という名前のレポートをテンプレートとしています。データベースの中に「標準」という名前のレポートを作成すると、そのレポートがテンプレートとなり、設定されているページ設定や書式を基に新規のレポートが作成されます。ただし、現在開いているデータベース内でのみ有効になります。

[ページ設定] ダイアログボックスを表示しておく

❶ [印刷オプション] タブをクリック

❷ 余白を設定

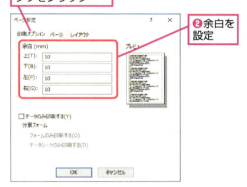

❸ [ページ] タブをクリック

❹ ここをクリックして用紙サイズを選択

❺ [OK] をクリック

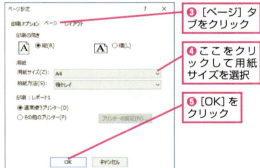

レポートのサイズやヘッダー、フッターの背景色などを設定しておく

❻ [上書き保存] をクリック

[名前を付けて保存] ダイアログボックスが表示された

❼ 「標準」と入力

❽ [OK] をクリック

次回デザインビューまたはレイアウトビューでレポートを新規作成すると、「標準」レポートと同じ設定のレポートが作成される

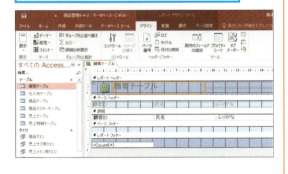

関連
≫551 用紙の余白を変更したい ……………………………… P.292

レポートの印刷 ● できる 303

## 572 印刷するレコードをその都度指定したい

レポートの[レコードソース]プロパティでは、レポートの基となるテーブルやクエリを設定します。レポートで印刷するレコードを[商品NO]のフィールドなどでその都度指定して印刷したい場合は、[レコードソース]プロパティであらかじめ作成しておいたパラメータークエリを設定します。すでにレポートを作成済みの場合は、現在のレポートと同じデータを表示するクエリを作成し、印刷時にレコードを指定したいフィールドにパラメーターを設定したうえで、そのクエリを[レコードソース]プロパティに指定してください。

➡パラメータークエリ……P.417

レポートの作成元であるテーブルと同じフィールドを持つクエリを作成し、印刷したいフィールドを追加しておく

❶印刷するレコードを指定するフィールドの[抽出条件]行をクリック

❷「[商品NOを指定]」と入力

❸クエリを上書き保存

❹クエリ名を入力

❺[OK]をクリック

デザインビューでレポートを表示しておく

プロパティシートで[レポート]を選択しておく

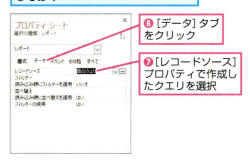

❻[データ]タブをクリック

❼[レコードソース]プロパティで作成したクエリを選択

❽[レポートデザインツール]の[デザイン]タブをクリック

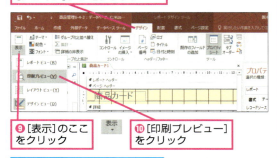

❾[表示]のここをクリック

❿[印刷プレビュー]をクリック

商品NOの入力を促すダイアログボックスが表示された

⓫商品NOを入力

⓬[OK]をクリック

指定した商品NOのレコードがレポートに表示された

| 関連 ≫554 | 特定のレポートだけ別のプリンターで印刷したい …………… P.293 |
| 関連 ≫563 | レコードを1件ごとに印刷したい………… P.299 |

# 573

## 1ページに2ページ分のレポートを印刷したい

お役立ち度 ★★☆
2016
2013

レポートの試し印刷をしたい場合や、用紙の節約をしたい場合は、プリンターの機能を利用すると、1枚の用紙にレポートを2ページ分印刷できます。このとき、半分のサイズに縮小印刷されるため、文字や画像が小さくなります。なお、プリンターによっては、2ページ分印刷する割り付け機能に対応していない機種もあります。プリンターの設定画面で確認してください。

[(プリンター名)のプロパティ]ダイアログボックスが表示された

❸ [ページ設定]タブをクリック
❹ [割り付け]を選択

印刷プレビューでレポートを表示しておく

❶ [印刷]をクリック

[印刷]ダイアログボックスが表示された

❷ [プロパティ]をクリック

使用しているプリンターによって[ページレイアウト]に表示される内容は異なる

❺ [OK]をクリック

[印刷]ダイアログボックスに戻った

❻ [OK]をクリック

関連 2つのクエリを
≫547 1枚のレポートで印刷したい ……………………… P.290

関連
≫565 表を2列で印刷したい ……………………… P.300

レポートの印刷 ● できる 305

# はがきやラベルの印刷

Accessでは、はがきや宛名ラベル、伝票用のレポートなども作成できます。ここでは、サイズの決まった印刷物に関するテクニックを紹介します。

## 574

お役立ち度 ★★★
2016
2013

### 伝票用の用紙に印刷する設定を知りたい

［伝票ウィザード］で伝票印刷用のレポートを作成しても、印刷するときに伝票の用紙サイズがWindowsのプリンター設定に登録されていないとうまく印刷できません。伝票用の用紙を登録するには、あらかじめ伝票用紙の幅と高さを調べておき、［コントロールパネル］から［デバイスとプリンター］を開き、使用するプリンターの［プリントサーバーのプロパティ］で伝票用の用紙の設定を登録します。

→ウィザード……P.412

❶スタートボタンを右クリック
❷［コントロールパネル］をクリック

❸［デバイスとプリンターの表示］をクリック

❹プリンターをクリックして選択
❺［プリントサーバーのプロパティ］をクリック

［プリントサーバーのプロパティ］ダイアログボックスが表示された

❻［用紙］タブをクリック
❼［新しい用紙を作成する］にチェックマークを付ける

❽用紙名を入力

❾用紙サイズと余白を入力

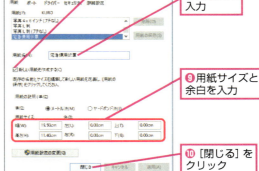

❿［閉じる］をクリック

伝票用の用紙の設定がプリンターに登録された

関連
≫575 定型の伝票に印刷したい …………………………… P.307

306　できる　●　はがきやラベルの印刷

# 575 定型の伝票に印刷したい

お役立ち度 ★★★
2016 / 2013

［伝票ウィザード］を使用すると、定型の伝票テンプレートに合わせて印刷できます。［伝票ウィザード］には、宅配便などよく使用する伝票のテンプレートが多数用意されており、使用したい伝票を選択し、画面の指示に従って操作するだけでテーブルに保存されているデータを印刷できます。なお、伝票を印刷するには、伝票印刷用のプリンターが別途必要となります。

ここでは［ヤマト運輸伝票］に印刷する

宛名の基となるテーブルまたはクエリを選択しておく

❶［作成］タブをクリック
❷［伝票ウィザード］をクリック

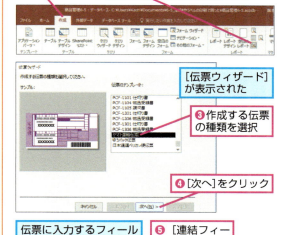

［伝票ウィザード］が表示された
❸ 作成する伝票の種類を選択
❹［次へ］をクリック

伝票に入力するフィールドを選択できるダイアログボックスが表示された
❺［連結フィールド］のここをクリック

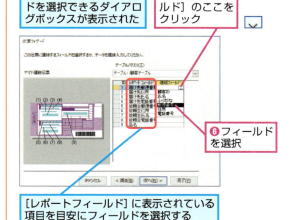

❻ フィールドを選択

［レポートフィールド］に表示されている項目を目安にフィールドを選択する

フィールドが選択された
❼ 操作5～6を参考にほかのフィールドを選択

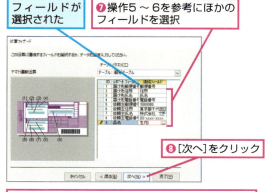

❽［次へ］をクリック

❾ レコードの並べ替え順序や集計方法を設定できる画面が表示されたら［次へ］をクリック

❿ レポート名を入力
⓫［レポートをプレビューする］をクリック

⓬［完了］をクリック

用紙サイズが変更されることを確認するダイアログボックスが表示された
⓭［OK］をクリック

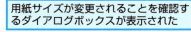

定型の伝票に合わせたレイアウトが印刷プレビューで表示された

必要に応じて伝票用の用紙をWindowsに登録しておく

関連 ≫581 住所を宛名ラベルに印刷したい ……………… P.312

# 576 データベースを基にはがきの宛名を印刷したい

[はがきウィザード]を使用すると、データの指定や配置、フォント、並べ替え方法など、画面の指示に従って設定するだけで、テーブルに保存されている住所データをはがきのサイズに合わせて印刷するレポートを作成できます。以下の手順では最初にテーブルかクエリを選択していますが、操作7の画面の[テーブル/クエリ]で基となるレポートを選ぶこともできます。

→ウィザード……P.412

### 1 [はがきウィザード]を開始する

❶レポートの基になるテーブルまたはクエリを選択
❷[作成]タブをクリック

❸[はがきウィザード]をクリック

[はがきウィザード]が表示された
❹[普通はがき]を選択

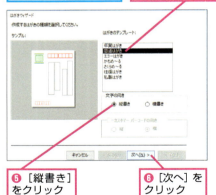

❺[縦書き]をクリック
❻[次へ]をクリック

### 2 印刷するフィールドを選択する

❶[連結フィールド]のここをクリック

[レポートフィールド]に表示されている項目を目安にフィールドを選択する

❷[郵便番号]をクリック

[郵便番号]が選択された
❸操作1～2を参考に[住所][氏名]を選択

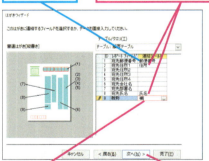

❹[敬称]に「様」と入力
❺[次へ]をクリック

お役立ち度 ★★★

2016
2013

### 3 差出人の情報を入力する

❶ 郵便番号を入力
途中までの住所が自動入力される
❷ 住所を入力
❸ 会社名や部署名、氏名を入力
❹ [次へ]をクリック

使用するフォントと記号を指定する画面が表示された
❺ ここをクリックしてフォントを選択

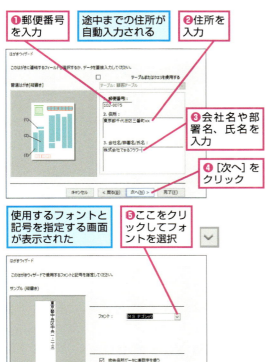

❻ [宛先住所データに漢数字を使う]にチェックマークを付ける
❼ [次へ]をクリック

レコードの並べ替えを設定できる画面が表示された
ここでは何も設定しない

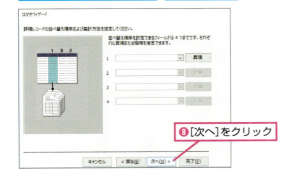

❽ [次へ]をクリック

### 4 レポートとして保存する

❶ レポート名を入力

❷ [レポートをプレビューする]をクリック
❸ [完了]をクリック

はがきの宛名が印刷プレビューで表示された

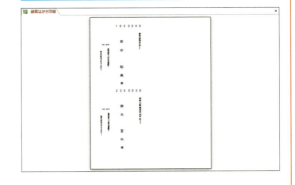

| 関連 ≫511 | いろいろなレポートを作成したい ……………… P.270 |
| 関連 ≫577 | はがきウィザードで作成した レポートの用紙サイズが大きい ……………… P.310 |

はがきやラベルの印刷 ● できる **309**

## 577 はがきウィザードで作成したレポートの用紙サイズが大きい

お役立ち度 ★★☆
2016 / 2013

［はがきウィザード］ではがき印刷用のレポートを作成しても、用紙のサイズは、はがきサイズに自動的に変更されません。そのままでははがきに印刷できないので、用紙のサイズを［はがき］に変更してください。

➡ウィザード……P.412

はがきの宛名レポートを印刷プレビューで表示しておく

❶［サイズ］をクリック　❷［はがき］をクリック

はがきサイズで印刷プレビューが表示される

関連 ≫576 データベースを基にはがきの宛名を印刷したい……P.308

---

## 578 大量のはがきを安価で発送できるよう印刷したい

お役立ち度 ★★☆
2016 / 2013

バーコードをはがきに印刷し、日本郵便のバーコード割引が適用されれば、はがきを安価で発送できます。［はがきウィザード］を使って、住所の情報をバーコードとしてはがきに印刷してみましょう。まずバーコード用のフィールドを用意してテーブルを作成しておく必要があります。バーコードは、ワザ166で解説したテーブルのフィールドプロパティの［住所入力支援］の［住所入力支援ウィザード］を利用します。
バーコードが用意できたら、ワザ576を参考に［はが

きウィザード］を起動し、はがきの種類で［私製はがき］を選択すると［カスタマーバーコードを入力する］が有効になるので、チェックマークを付けてウィザードに従って設定します。

➡フィールドプロパティ……P.418

デザインビューでテーブルを表示しておく　❶［バーコード］フィールドを追加

❷［住所入力支援］プロパティのここをクリック

［住所入力支援ウィザード］が表示された　❸［カスタマバーコードデータを入力する］をクリックしてチェックマークを付ける

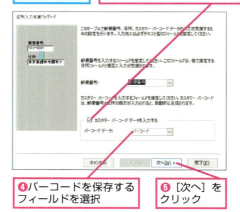

❹バーコードを保存するフィールドを選択　❺［次へ］をクリック

## 579 宛先に応じて「様」と「御中」を切り替えたい

お役立ち度 ★★☆
2016 / 2013

はがきの宛先によっては、「様」ではなく「御中」と敬称を指定したい場合があります。これを自動で切り替えるには、あらかじめ住所情報が保存されているテーブルに［敬称］フィールドを追加し、「様」や「御中」をデータとして保存しておきます。このテーブルを使用して［はがきウィザード］で［敬称］フィールドを追加することで、内容に応じた敬称を印刷できます。

➡ウィザード……P.412

［敬称］フィールドが入力されているテーブルまたはクエリを用意しておく

はがきウィザードを表示し、［宛先郵便番号］［宛先住所1］［宛先氏名］のフィールドを選択しておく

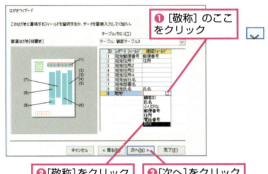

❶［敬称］のここをクリック
❷［敬称］をクリック
❸［次へ］をクリック

はがきウィザードを完了する

敬称がテーブルの［敬称］フィールドに入力されていた内容に従って表示された

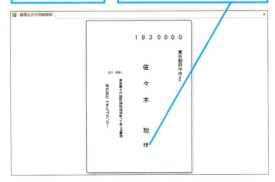

## 580 差出人住所の数字が横向きになってしまう

お役立ち度 ★★☆
2016 / 2013

［はがきウィザード］で差出人住所を指定したときに数字が横向きになってしまうことがあります。これは数字が半角で入力されているためです。これを回避するには、［はがきウィザード］の差出人の住所を入力する画面で数字を全角で入力するか、漢数字で入力してください。なお、宛先の住所データは、ウィザード内で漢数字を使うように指定できます。

➡ウィザード……P.412

［はがきウィザード］を表示し、差出人の情報を入力する画面にしておく

❶［住所］の数字を全角で入力

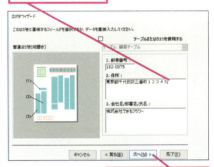

❷［次へ］をクリック

はがきウィザードを完了する

差出人住所の数字が縦書きで表示された

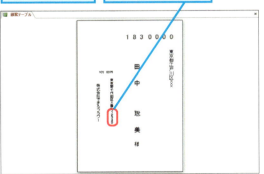

関連 ≫576 データベースを基にはがきの宛名を印刷したい……P.308

はがきやラベルの印刷 311

# 581

## 住所を宛名ラベルに印刷したい

[宛名ラベルウィザード]を使用すると、市販の宛名ラベルのサイズに合わせて印刷できます。印刷するデータの指定、並べ替えなどの設定を画面の指示に従って操作すれば、市販の宛名ラベルを印刷するレポートが作成できます。　　→ウィザード……P.412

### 1 [宛名ラベルウィザード]を開始する

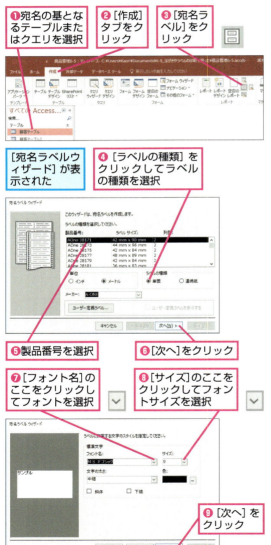

❶宛名の基となるテーブルまたはクエリを選択
❷[作成]タブをクリック
❸[宛名ラベル]をクリック

[宛名ラベルウィザード]が表示された
❹[ラベルの種類]をクリックしてラベルの種類を選択
❺製品番号を選択
❻[次へ]をクリック
❼[フォント名]のここをクリックしてフォントを選択
❽[サイズ]のここをクリックしてフォントサイズを選択
❾[次へ]をクリック

### 2 印刷するフィールドを選択する

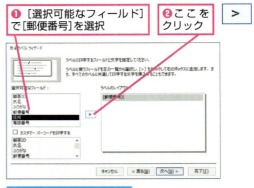

❶[選択可能なフィールド]で[郵便番号]を選択
❷ここをクリック

[郵便番号]が追加された

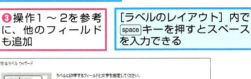

❸操作1～2を参考に、他のフィールドも追加

[ラベルのレイアウト]内で space キーを押すとスペースを入力できる

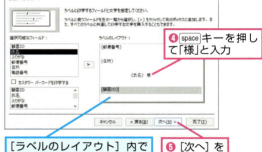

❹ space キーを押して「様」と入力

[ラベルのレイアウト]内で Enter キーを押すと改行できる
❺[次へ]をクリック

ラベルの並べ替えに利用するフィールドを選択する
❻操作1～2を参考にフィールドを追加

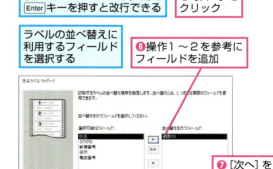

❼[次へ]をクリック

## 3 レポートとして保存する

❶ レポート名を入力
❷ [ラベルのプレビューを見る]をクリック

❸ [完了]をクリック

ラベルが印刷プレビューで表示された

| 関連 ≫574 | 伝票用の用紙に印刷する設定を知りたい ……… P.306 |
| 関連 ≫575 | 定型の伝票に印刷したい ……………………… P.307 |

## 582 郵便番号を「〒000-0000」の形式で印刷したい

お役立ち度 ★★☆　2016 2013

宛名ラベルに郵便番号を印刷するとき、郵便番号の数字だけが羅列されてしまいます。これを「〒000-0000」の形式で印刷したい場合は、[郵便番号] フィールドの [書式] プロパティを「〒@@@-@@@@」と設定します。

ラベルのレポートをデザインビューで表示しておく

プロパティシートで [郵便番号] のテキストボックスを表示しておく

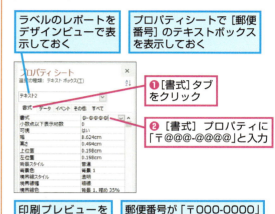

❶ [書式] タブをクリック
❷ [書式] プロパティに「〒@@@-@@@@」と入力

印刷プレビューを表示しておく

郵便番号が「〒000-0000」の形式になった

| 関連 ≫576 | データベースを基にはがきの宛名を印刷したい …………………………………… P.308 |

はがきやラベルの印刷 ● できる 313

# 第7章 加工・計算・分析に必須の関数活用ワザ

## 関数の基本

テーブルのデータを思いどおりの形で取り出すために、関数の役割は重要です。まずは関数の基本的な使い方を習得しましょう。

---

### 583 関数って何？
お役立ち度 ★★★
2016 / 2013

関数とは、データの複雑な加工や面倒な計算を1つの式で簡単に実行できるようにする仕組みです。例えばStrConv関数を使うと、ひらがなやカタカナなどの文字種を変換して簡単に表記の揺れを統一できます。
関数の実行に必要なデータを「引数」（ひきすう）、関数の結果を「戻り値」（もどりち）と呼びます。関数の基本構文は以下のとおりです。関数名、引数を囲むかっこ、引数を区切るカンマはいずれも半角で入力してください。

**関数名 ( 引数 1 , 引数 2 , ～ )**

引数の記述方法はデータの種類によって異なります。
以下の表を参考に、正しく入力しましょう。

→関数……P.412
→引数……P.417
→戻り値……P.419

●引数の記述方法

| データの種類 | 記述方法 | 入力例 |
|---|---|---|
| フィールド名 | 半角の「[ ]」で囲む | [顧客名] |
| 文字列 | 半角の「"」で囲む | "Access" |
| 日付、時刻 | 半角の「#」で囲む | #2017/07/01 18:40:20# |
| 数値 | 半角で入力する | 12 |

**関連 ≫584** 関数はどこで使うの？……P.314

---

### 584 関数はどこで使うの？
お役立ち度 ★★★
2016 / 2013

関数はあらゆるオブジェクトで使用できます。特に使用頻度が高いのは、クエリの演算フィールド、フォームやレポートのテキストボックスです。

→演算フィールド……P.412
→テキストボックス……P.416

◆クエリの演算フィールドで使う
デザイングリッドで［フィールド］行に入力すると、関数の結果を表示できる

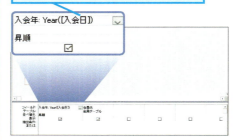

◆フォームやレポートのテキストボックスで使う
プロパティシートでテキストボックスの［コントロールソース］プロパティに入力すると、関数の結果を表示できる

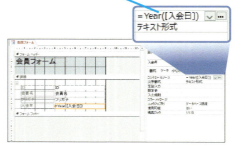

# 585 関数の入力方法が分からない

［式ビルダー］ダイアログボックスを使用すると、分類から使いたい関数を選び、表示される構文の引数部分を書き換えるだけで、簡単に関数を入力できます。クエリの場合、以下の手順で式ビルダーを起動します。フォームやレポートにあるテキストボックスの場合は、［プロパティシート］の［コントロールソース］プロパティの […] をクリックすると式ビルダーを起動できます。

→ コントロールソース……P.413
→ プロパティシート……P.418

式ビルダーを利用して会員情報のテーブルから郵便番号を左から3文字だけ取り出すLeft関数を入力する

デザインビューでクエリを作成しておく

［会員テーブル］を追加し、表示したいフィールドを追加しておく

❶関数を入力したい［フィールド］行をクリック

❷［クエリツール］の［デザイン］タブをクリック
❸［ビルダー］をクリック

［式ビルダー］ダイアログボックスが表示された

❹［関数］をダブルクリック
❺［組み込み関数］をクリック

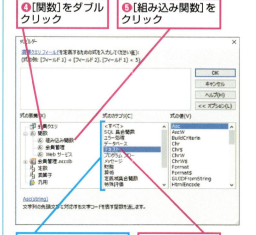

組み込み関数の一覧が表示された
❻関数の分類を選択

❼関数をダブルクリック

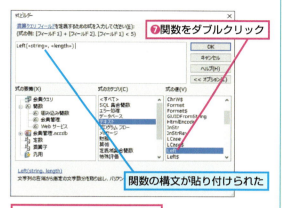

関数の構文が貼り付けられた

❽「<<>>」で囲まれた部分を削除して、引数を入力

❾［OK］をクリック

フィールドに関数が入力された

関連 ≫590 商品コードを上2けたと下3けたに分割したい……P.318

関数の基本 315

# 文字列操作のワザ

文字列操作関数を使用すると、フィールドの文字列をいろいろな形に加工できます。関数を駆使して文字列を自在に操りましょう。

## 586　必ず10字以上20字以下で入力されるように設定したい

お役立ち度 ★★★
2016
2013

Len関数を使用すると、フィールドに入力された文字数が分かります。これを短いテキストのフィールドの［入力規則］プロパティの条件として使用すると、フィールドの最低文字数を設定できます。
フィールドの最大文字数は、［フィールドサイズ］プロパティで設定します。さらに［エラーメッセージ］プロパティを設定すると、フィールドに入力した文字数が［入力規則］プロパティの設定に満たない場合に表示するエラーのメッセージ文を指定できます。

→フィールドサイズ……P.418

**Len( 文字列 )**
［文字列］の文字数を返す

［キャッチコピー］フィールドの文字数を
10文字以上20文字以下に制限する

デザインビューでテーブルを
表示しておく

❶［キャッチコピー］フィールドの
フィールドセレクターをクリック

❷フィールドプロパティ
で［標準］タブをクリック

❸［フィールドサイズ］
に「20」と入力

❹［入力規則］プロパティに「Len([
キャッチコピー ])>=10」と入力

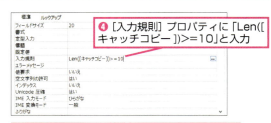

❺［エラーメッセージ］プロパティに「10字以上
20字以下で入力してください。」と入力

データシートビューで
表示しておく

❻［キャッチコピー］フィールドに文字を入力

❼Enterキーを押す

入力した文字が10文字以下だったため
エラーのダイアログボックスが表示された

操作5で入力したメッセージが表示された

❽［OK］を
クリック

［キャッチコピー］フィールドに10文字
以上20文字以下で文字を入力し直す

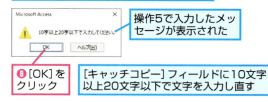

関連 ≫117　フィールドサイズって何？……P.81
関連 ≫152　フィールドに入力するデータを制限したい……P.97

## 587 文字列の前後から空白（スペース）を取り除きたい

お役立ち度 ★★★　2016 / 2013

関数や演算子で操作した後、文字列の前後に余分な空白が入ってしまうことがあります。また、インポートした文字列の前後に余分な文字列が含まれていることもあります。文字列の前後にある余分な空白は、Trim関数で取り除けます。また、LTrim関数で文字列の先頭の空白、RTrim関数で文字列の末尾の空白を取り除けます。どの位置の空白を取り除くかによって、関数を使い分けましょう。　　➡演算子……P.412

**LTrim( 文字列 )**
［文字列］の先頭から空白を取り除く

**RTrim( 文字列 )**
［文字列］の末尾から空白を取り除く

**Trim( 文字列 )**
［文字列］の先頭と末尾から空白を取り除く

［役職］フィールドのデータの前後から空白を取り除く

デザインビューでクエリを作成しておく

テーブルを追加し、フィールドを追加しておく

❶「スペース削除: Trim([役職])」と入力

❷クエリを実行

［役職］フィールドのデータの前後から空白を削除したデータが表示された

**関連 ≫588** 文字列からすべての空白を取り除きたい………… P.317

---

## 588 文字列からすべての空白を取り除きたい

お役立ち度 ★★★　2016 / 2013

文字列の前後や間に含まれるすべての空白を取り除くには、置換を行うReplace関数を使用します。空白を長さ0の文字列「""」に置換すれば、すべての空白を取り除けます。　　➡長さ0の文字列……P.416

**Replace( 文字列 , 検索文字列 , 置換文字列 )**
［文字列］の中の［検索文字列］を［置換文字列］に置換する

［役職］フィールドのデータからすべての空白を取り除く

デザインビューでクエリを作成しておく

テーブルを追加し、フィールドを追加しておく

❶「スペース削除: Replace([役職]," ","")」と入力

❷クエリを実行

［役職］フィールドのデータからすべての空白が削除された

**関連 ≫298** 長さ0の文字列を抽出したい……………………… P.159

**関連 ≫587** 文字列の前後から空白（スペース）を取り除きたい……………………… P.317

文字列操作のワザ　317

## 589 全角のスペースだけを削除するには

お役立ち度 ★★☆
2016 / 2013

Replace関数で置換を行うときに、全角と半角、大文字と小文字、ひらがなとカタカナを区別したい場合は引数［比較モード］に「0」を指定し、区別せずに置換したい場合は「1」を指定します。引数［比較モード］を指定する場合は、引数［開始位置］と［置換回数］も指定します。引数［開始位置］に「1」、引数［置換回数］に「-1」を指定すると、1文字目から該当するすべての文字列を置換できます。　➡引数……P.417

**Replace( 文字列 , 検索文字列 , 置換文字列 , 開始位置 , 置換回数 , 比較モード )**
［文字列］の中の［検索文字列］を［置換文字列］に置換する。置換は［開始位置］文字目から［置換回数］回行い、［比較モード］に合わせて比較する

［宛先］フィールドから全角スペースを取り除く

デザインビューでクエリを作成しておく

テーブルを追加し、［宛先］フィールドを追加しておく

❶「全角スペース削除:Replace([宛先]," ","",1,-1,0)」と入力

❷クエリを実行

［宛先］フィールドのデータから全角のスペースだけが削除された

関連 ≫588　文字列からすべての空白を取り除きたい ……… P.317

## 590 商品コードを上2けたと下3けたに分割したい

お役立ち度 ★★★
2016 / 2013

商品コードや郵便番号など、けた数の決まったデータを一定の文字数で分割したいことがあります。Left関数で文字列の左端、Right関数で文字列の右端から、指定した文字数分の文字列を取り出せます。

**Left( 文字列 , 文字数 )**
［文字列］の左端から［文字数］分の文字列を抜き出す

**Right( 文字列 , 文字数 )**
［文字列］の右端から［文字数］分の文字列を抜き出す

［商品コード］フィールドの「AB-101」のようなデータを上2けたと下3けたに分割する

デザインビューでクエリを作成しておく

テーブルを追加し、フィールドを追加しておく

❶「大分類: Left([商品コード],2)」と入力　❷「小分類: Right([商品コード],3)」と入力

❸クエリを実行

［商品コード］フィールドのデータが上2けたと下3けたに分割された

関連 ≫591　氏名を氏と名に分割したい ……………………… P.319
関連 ≫592　リッチテキスト形式のデータから書式を取り除きたい ……………………… P.319

## 591 氏名を氏と名に分割したい

お役立ち度 ★★★
2016 / 2013

[氏名]フィールドの氏と名が空白で区切られている場合、空白の位置を手掛かりに氏と名を取り出せます。まずInStr関数で空白の位置を求め、それを境にLeft関数で「氏」、Mid関数で「名」を取り出します。例えば[氏名]フィールドに「渡部　友里」が入力されている場合、「InStr([氏名]," ")」で空白の位置が「3」と分かります。その結果、「氏」は先頭2文字、「名」は4文字目以降となります。

**InStr( 文字列 , 検索文字列 )**
[検索文字列]が[文字列]の中で何文字目にあるかを返す。複数ある場合は先頭の位置、ない場合は0を返す

**Mid( 文字列 , 開始位置 , 文字数 )**
[文字列]の[開始位置]で指定した位置から[文字数]分の文字列を返す。[文字数]を省略した場合は[開始位置]以降のすべての文字列を返す

[氏名]フィールドのデータをスペースの前後で別々のフィールドに分割する

デザインビューでクエリを作成しておく

テーブルを追加し、フィールドを追加しておく

❶「氏: Left([氏名],InStr([氏名]," ")-1)」と入力
❷「名: Mid([氏名],InStr([氏名]," ")+1)」と入力

❸ クエリを実行

氏名が氏と名に分割された

関連 ≫590 商品コードを上2けたと下3けたに分割したい ……… P.318

## 592 リッチテキスト形式のデータから書式を取り除きたい

お役立ち度 ★★★
2016 / 2013

メモ型のフィールドの[文字書式]プロパティに[リッチテキスト形式]が設定されている場合、データに書式を設定できます。書式が設定されたデータから書式を取り除いて、単なる文字データに変換するには、PlainText関数を使用します。
書式が設定されたデータをテキストファイルなどにエクスポートすると、文字データと一緒に書式情報を表す記号が出力されて困ることがありますが、文字データだけを出力したい場合に、この関数が役立ちます。

**PlainText( リッチテキスト )**
[リッチテキスト]から書式を取り除いた文字列を返す

リッチテキスト形式の[備考]フィールドのデータから書式を取り除く

デザインビューでクエリを作成しておく

テーブルを追加し、フィールドを追加しておく

❶「書式なし: PlainText([備考])」と入力

❷ クエリを実行

リッチテキスト形式のデータから書式が取り除かれた

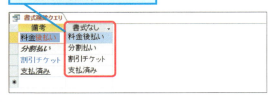

関連 ≫165 文字単位で書式を設定したい ……… P.101

# 593 住所を都道府県と市区町村に分割したい

お役立ち度 ★★★
2016 / 2013

都道府県のうち都、道、府はいずれも3文字、県は3文字か4文字です。そこで、住所の3文字目が「都」「道」「府」「県」のいずれかであれば住所に3文字の都道府県、4文字目が「県」であれば住所に4文字の県が含まれていることになります。また、いずれでもなければ住所に都道府県が含まれていないことになります。これらの条件をSwitch関数の引数に指定すれば、住所から都道府県を取り出せます。
その際、3文字目の判定にはIn演算子を使用します。In演算子は「データ In (値1, 値2, …)」の形式で、かっこ内に指定したいずれかの値とデータが一致する場合にTrueを返します。
住所から市区町村を抜き出すには、住所に含まれる都道府県をReplace関数で長さ0の文字列「""」に置き換えます。その際、都道府県が入力されていない場合のエラーに備えて、Nz関数も併用します。

→In演算子……P.410

**Nz( 値 , 変換値 )**
[値] が Null の場合は [変換値] を返し、Null でない場合は [値] を返す

**Switch( 条件1 , 値1 , 条件2 , 値2 , …)**
[条件1] が成り立つときは [値1]、[条件2] が成り立つときは [値2] を返す。いずれも成り立たないときは Null を返す

住所から都道府県と市町村を別々に取り出す　　住所に都道府県が入力されていない場合は、市町村のみを別のフィールドに取り出す

デザインビューでクエリを作成しておく

テーブルを追加し、フィールドを追加しておく

❶「都道府県: Switch(Mid([住所],3,1) In ("都","道","府","県"),Left([住所],3),Mid([住所],4,1)="県",Left([住所],4))」と入力

❷「市区町村: Replace([住所],Nz([都道府県],""),"")」と入力

❸ クエリを実行

住所が都道府県と市区町村に分解された

関連 ≫166 住所を簡単に入力したい……P.102

---

## STEP UP! Excelの関数との違いに気を付けよう

日常的にExcelの関数を使い込んでいるユーザーは、Accessで関数を使うときに注意が必要です。同じような名前で動作が異なる関数が複数あるからです。例えばExcelのROUND関数は四捨五入を行いますが、AccessのRound関数はワザ600で紹介するようにJIS丸めを行います。また、ExcelのDATEDIF関数は2つの日付の経過時間を求めますが、AccessのDateDiff関数はワザ612で紹介するように2つの日時の間にある特定の日時をカウントします。Excelの関数と同じつもりでAccessの関数を使うと、思わぬ失敗の元になります。違いを正しく認識して使用しましょう。

## 594 ひらがなで入力されたふりがなをカタカナに直したい

お役立ち度 ★★★
2016 / 2013

ひらがなとカタカナ、全角と半角などの文字種を変換するには、StrConv関数を使用します。引数［変換形式］には、複数の設定値を算術演算子の「+」で組み合わせて指定できます。例えば、文字列を半角のカタカナに変換したければ、引数［変換形式］に「8+16」、またはその和の「24」を指定します。その際、半角カタカナに変換できない文字は、元のまま返されます。

➡演算子……P.412

**StrConv( 文字列 , 変換形式 )**
［文字列］を［変換形式］の形式に変換する

● ［変換形式］の設定値

| 設定値 | 設定内容 |
|---|---|
| 1 | アルファベットを大文字に変換する |
| 2 | アルファベットを小文字に変換する |
| 3 | 各単語の先頭の文字を大文字に、2文字目以降を小文字に変換する |
| 4 | 半角文字を全角に変換する |
| 8 | 全角文字を半角に変換する |
| 16 | ひらがなをカタカナに変換する |
| 32 | カタカナをひらがなに変換する |
| 64 | OSのコードページからUnicodeに変換する |
| 128 | UnicodeからOSのコードページに変換する |

ここでは［商品テーブル］の［商品名］フィールドのデータを大文字、全角、カタカナに変換する

デザインビューでクエリを作成し、［商品テーブル］を追加して［商品名］フィールドを追加しておく

❶ ここに「表記統一: StrConv([商品名],1+4+16)」と入力

❷ クエリを実行

［表記統一］フィールドに大文字、全角、カタカナに統一された商品名が表示された

## 595 元のフィールドの文字種を変換するには

お役立ち度 ★★★
2016 / 2013

ワザ594では、StrConv関数を使用して［商品名］フィールドの文字列を大文字、全角、カタカナに統一するフィールドを作成しましたが、元の［商品名］フィールドの文字種は不統一なまま残ります。元のフィールドのデータを完全に書き換えるには、ワザ365を参考に更新クエリを作成し、［フィールド］行に商品名フィールド、［レコードの更新］行にStrConv関数を入力します。

デザインビューで更新クエリを作成し、［商品テーブル］を追加して［商品名］フィールドを追加しておく

❶ ［レコードの更新］行に「StrConv([商品名],1+4+16)」と入力

クエリを実行すると［商品テーブル］のデータが更新される

# 596 データを指定した表示形式に変換するには

Format関数を使用すると、データを指定した形式の文字列に変換できます。変換する形式は、下表の書式指定文字を組み合わせて指定します。以下の手順では、生年月日から月日データを取り出しています。［生年月日］フィールドの［書式］プロパティに「mm/dd」を指定しても同様の表示になりますが、その場合は表示上の見た目が変わるだけです。Format関数を使えば指定した形式のデータが得られるので、例えば今日が誕生日の顧客を抽出したいようなときに、抽出条件として今日の月日を指定すれば抽出が行えます。

**Format( データ , 書式 )**
［データ］を指定された［書式］で表示する

### ●日付/時刻型の主な書式指定文字

| 書式指定文字 | 説明 |
|---|---|
| yyyy | 西暦4けた |
| yy | 西暦2けた |
| ggg | 年号（平成、昭和など） |
| gg | 年号漢字1文字（平、昭など） |
| g | 年号アルファベット1文字（H、Sなど） |
| ee | 和暦2けた |
| e | 和暦 |
| mm | 月2けた |
| m | 月1けたまたは2けた（1～12） |
| dd | 日2けた |
| d | 日1けたまたは2けた（1～31） |

### ●数値型、通貨型の主な書式指定文字

| 書式指定文字 | 説明 |
|---|---|
| 0 | 数値の桁を表す。対応する位置に値がない場合、ゼロ（0）が表示される |
| # | 数値の桁を表す。対応する位置に値がない場合は何も表示されない |
| ¥ | 円記号(¥)の次の文字をそのまま表示する。「¥¥」とすると、円記号を表示できる |
| "" | ダブルクォーテーション("")で囲まれた文字をそのまま表示する |

### ●短いテキスト、長いテキストの主な書式指定文字

| 書式指定文字 | 説明 |
|---|---|
| @ | 文字を表す。文字列より「@」の数が多い場合、先頭に空白を付けて表示される |
| & | 文字を表す。文字列より「&」の数が多い場合、文字列だけが左揃えで表示される |
| < | アルファベットを小文字にする |
| > | アルファベットを大文字にする |

テーブルの［生年月日］フィールドのデータから、誕生日を［月/日］の形式で取り出す

デザインビューでクエリを作成しておく

テーブルを追加し、フィールドを追加しておく

❶「誕生日:Format([生年月日],"mm/dd")」と入力

❷ クエリを実行

誕生日が［月/日］の形式で取り出された

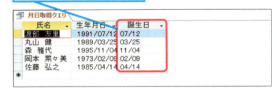

# 数値計算と集計のワザ

単純な四則演算は「+」や「*」などの算術演算子で実行できますが、複雑な計算には関数が必要です。条件を指定した集計も関数で行えます。

## 597 小数の端数を切り捨てたい

お役立ち度 ★★★
2016 / 2013

数値の小数部分を切り捨てる関数は、Int関数とFix関数の2つがあります。数値が正（0より大きい）の場合、2つの関数の結果は同じです。数値が負（0未満）の場合は、2つの関数の結果に差が出ます。Int関数で負数の切り捨てを行うと、数値自体の大きさが小さくなるように処理されます。一方、Fix関数で負の数の切り捨てを行うと、絶対値が小さくなるように処理されます。負のデータを扱うときは、2つの関数の違いをよく認識して使い分けましょう。

**Int( 数値 )**
[数値]を超えない最大の整数を返す

**Fix( 数値 )**
[数値]から小数点以下を削除した整数を返す

[数値]フィールドのデータをInt関数とFix関数で整数化する

デザインビューでクエリを作成しておく

テーブルを追加し、フィールドを追加しておく

❶「Int: Int([数値])」と入力

❷「Fix: Fix([数値])」と入力

❸クエリを実行

[数値]フィールドの小数部分を切り捨てた結果が表示された

[数値]フィールドの値が負の場合、2つの関数の結果に差が出る

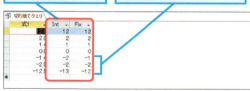

関連 ≫598 消費税の切り捨てには Int 関数と Fix 関数のどちらを使えばいいの？ ……… P.323

関連 ≫599 数値を四捨五入したい ……………………… P.324

## 598 消費税の切り捨てにはInt関数とFix関数のどちらを使えばいいの？

お役立ち度 ★★★
2016 / 2013

ワザ597で解説したように、Int関数とFix関数の結果は数値が0以上のときは同じですが、負の数のときは違いがあります。したがって消費税が正の数値であれば、Int関数とFix関数のどちらを使っても結果は同じです。しかし、納品と返品のデータが混在する場合など、正と負の両方の消費税が発生する可能性があるなら、会社や取引先の取り決めによってInt関数とFix関数のどちらの関数を使うかを決めましょう。例えば「-12.8円」を「-13円」としたい場合はInt関数、「-12円」としたい場合はFix関数を使用します。端数の切り捨てについては、ワザ597を参考にしてください。

関連 ≫597 小数の端数を切り捨てたい ……………… P.323

## 599 数値を四捨五入したい

お役立ち度 ★★★
2016 / 2013

端数の1～4を切り捨て、5～9を切り上げる一般的な四捨五入を行いたい場合は、数値に0.5を加えてから端数を切り捨てます。例えば数値が「1.6」の場合、0.5を加えた「2.1」の端数を切り捨てれば「2」という結果になります。

これを式で表すと、「Int([数値]+0.5)」となります。この場合、数値が「-0.5」のときは「0」、「-1.5」のときは「-1」という結果になります。

数値が「-0.5」のときに「-1」、「-1.5」のときに「-2」のようにしたい場合は、「Fix([数値]+0.5*Sgn([数値]))」のように、数値が正の場合は0.5を加え、負の場合は0.5を引いてから小数点以下の数値を削除します。ここで紹介した2つの式は、0以上の場合は同じ結果になるので、負数をどう処理したいかによって使い分けてください。

**Sgn( 数値 )**
[数値] が正の場合は 1、0 の場合は 0、負の場合は -1 を返す

[数値] フィールドのデータをInt関数とFix関数で四捨五入する

デザインビューでクエリを作成しておく　テーブルを追加し、フィールドを追加しておく

❶ 「Int: Int([数値]+0.5)」と入力　❷ 「Fix: Fix([数値]+0.5*Sgn([数値]))」と入力

❸ クエリを実行

[数値] フィールドの値を四捨五入した結果が表示された　[数値] フィールドの小数部分が「-0.5」の場合、2つの関数の結果が異なる

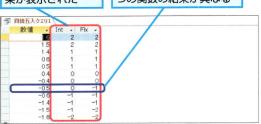

## 600 数値をJIS丸めしたい

お役立ち度 ★★☆
2016 / 2013

一般的な四捨五入では、切り捨ての対象は1～4の4つ、切り上げの対象は5～9の5つがあるので、四捨五入を繰り返すと、値が大きい方に偏ってしまいます。そこでJISで定められた「JIS丸め」では、対象が「5」の場合、1つ上のけたが偶数になるように処理します。例えば「1.5」と「2.5」のJIS丸めは「2」に、「3.5」と「4.5」のJIS丸めは「4」という結果になります。真ん中の「5」を切り捨てたり切り上げたりすることにより、誤差を抑える効果があります。このような端数処理は「銀行型の丸め」とも呼ばれ、Round関数を使用して実行します。なお、ExcelのワークシートにあるROUND関数は、Accessと違い、一般的な四捨五入を行います。

**Round( 数値 , 桁 )**
[数値] の小数部分のけた数が [桁] になるように端数の丸め処理を行う。[桁] を省略した場合は整数を返す

[数値] フィールドの値をJIS丸めする　デザインビューでクエリを作成しておく

テーブルを追加し、フィールドを追加しておく

❶ 「Round: Round([数値])」と入力

❷ クエリを実行

[数値] フィールドの値を四捨五入した結果が表示された　[数値] フィールドの小数部分が「0.5」の場合、偶数になるように丸められる

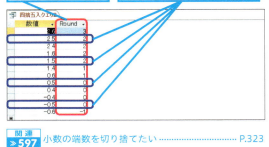

関連 ≫597 小数の端数を切り捨てたい ……………………… P.323

# 601

## 条件に合うレコードだけを集計したい

お役立ち度 ★★★
2016 / 2013

Accessには、引数にフィールド名、テーブル名、条件式を指定して、条件に合うレコードの集計を行う「定義域集計関数」があります。引数［条件式］は、基本的に「フィールド名」「演算子」「値」の3つを組み合わせて指定します。例えば［単価］フィールドが1000に等しいレコードを集計したいときは、"単価=1000"という条件式を使います。その際、引数［条件式］の中の「1000」などの数値はそのまま記述しますが、［条件式］の中の日付は「#」、文字列は「'」で囲みます。さらに、［条件式］全体を「"」で囲んでください。［条件式］の中の数値や日付、文字列の部分には、他のフィールドの値やテキストボックスの値を指定することも可能で、その場合はフィールド名やテキストボックス名を半角の「[ ]」で囲み、&演算子で連結します。

ここでは例として、テキストボックスに入力された日付に受注した受注金額の合計をDSum関数で求めます。条件式は「"受注日=#" & ［条件日］ & "#"」のようになります。なお、［条件日］が未入力のときに表示される「#エラー」を非表示にする方法はワザ617を参照してください。　　　　　　　　　　➡引数……P.417

**DSum( フィールド名 , テーブル名またはクエリ名 , 条件式 )**
［テーブル名またはクエリ名］の［フィールド名］で［条件式］を満たすフィールドの数値の合計を返す

### ●引数［条件式］の記述例

| 入力例 | 意味 |
| --- | --- |
| "単価>=1000" | ［単価］フィールドの値が1000以上 |
| "分類='飲料'" | ［分類］フィールドの値が「飲料」 |
| "分類='" & ［テキストボックス］ & "'" | ［分類］フィールドの値が［テキストボックス］の値 |
| "受注日=#2017/2/5#" | ［受注日］フィールドの値が2017/2/5 |
| "受注日=#" & ［テキストボックス］ & "#" | ［受注日］フィールドの値が［テキストボックス］の値 |

> 関連 ≫335　計算結果を集計したい………………… P.177
> 関連 ≫342　抽出結果を集計したい………………… P.180

受注データのテーブルから、指定した日の受注金額の合計を計算する

フォームをデザインビューで表示しておく

テキストボックスを追加して「条件日」「受注額計」と名前を付けておく

プロパティシートで［受注額計］を選択しておく

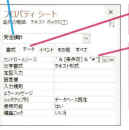

❶［データ］タブをクリック

❷［コントロールソース］プロパティに「=DSum("金額","受注クエリ","受注日=#" & ［条件日］ & "#")」と入力

フォームビューで表示しておく

❸［条件日］に日付を入力　　❹ Enter キーを押す

［条件日］に入力した日付の受注金額の合計［受注額計］が表示された

数値計算と集計のワザ　できる　**325**

## 602

お役立ち度 ★★★

2016
2013

# DSum関数とSum関数は何が違うの?

Accessには、DCount関数、DSum関数、DAvg関数などの定義域集計関数とCount関数、Sum関数、Avg関数などのSQL集計関数の2種類の集計関数が用意されています。DSum関数などの定義域集計関数は、引数で集計対象のテーブル、フィールド、条件を指定できるため、あらゆるオブジェクトで集計結果を得るために使用できます。

それに対してSum関数などのSQL集計関数は、引数にフィールド名しか指定しません。集計対象のレコードは、その関数を実行するクエリ、フォーム、レポートのレコードに限られます。そのため、定義域集計関数の方が幅広く使用できますが、クエリやフォームでそのレコードを対象に集計を行うならSQL集計関数を利用する方が簡単です。

なお、DSum関数などの関数の引数 [フィールド名] は「"」で囲んで指定しますが、Sum関数などの関数の引数 [フィールド名] は半角の「[ ]」で囲んで指定するので、注意してください。

➡定義域集計関数……P.416
➡引数……P.417

**Sum( フィールド名 )**
[フィールド名] のデータの合計値を返す

SQL集計関数はレポートソースのレコードを対象に集計を行う

商品別受注額レポート

商品別受注額一覧

=Sum[受注額]

| 関連 ≫351 | 集計結果の空欄に「0」を表示したい………… P.185 |
| 関連 ≫495 | テキストボックスに金額の合計を表示したい……………………… P.262 |
| 関連 ≫558 | グループごとの金額の合計を印刷したい…………………………… P.296 |

---

## 603

お役立ち度 ★★★

2016
2013

# 定義域集計関数にはどんな種類がある?

ワザ601、ワザ602で解説した定義域集計関数には、平均を求めるDAvg関数、データ数を求めるDCount関数など、次の表のような種類があります。引数や使い方は、ワザ601で紹介したDSum関数と同じです。

➡定義域集計関数……P.416

### ●定義域集計関数の種類

| 関数 | 機能 |
| --- | --- |
| DSum | 合計を求める |
| DAvg | 平均を求める |
| DCount | レコード数を求める |
| DMax | 最大値を求める |
| DMin | 最小値を求める |

| 関連 ≫601 | 条件に合うレコードだけを集計したい ………… P.325 |
| 関連 ≫602 | DSum 関数と Sum 関数は何が違うの? ……… P.326 |

---

## 604

お役立ち度 ★★☆

2016
2013

# 全レコード数を求めたい

DCount関数の引数 [フィールド名] に「*」を指定すると、そのフィールドのデータの有無にかかわらず、指定したテーブルやクエリの全レコード数を求められます。引数 [フィールド名] に特定のフィールド名を指定するとNull値が除外され、レコードのカウントに漏れが生じてしまうことがあるので注意しましょう。

➡Null値……P.410

**DCount( フィールド名 , テーブル名またはクエリ名 , 条件式 )**
[テーブル名またはクエリ名] の [フィールド名] で [条件式] を満たして、かつ Null 値でないレコードの数を返す

| 関連 ≫602 | DSum 関数と Sum 関数は何が違うの? ……… P.326 |

# 日付と時刻の操作ワザ

日付/時刻関数を使うと、受注日を基準に月末日を算出したり、一定期間ごとに集計したりできます。ここでは日付データの処理に関するワザを紹介します。

## 605 今月が誕生月の顧客データを取り出したい

お役立ち度 ★★★
2016 / 2013

［生年月日］フィールドから今月が誕生月のデータを抽出するには、あらかじめMonth関数を使用して、誕生月を取り出す演算フィールドを作成しておきます。Date関数とMonth関数を組み合わせて「今月」を求め、誕生月の抽出条件とすれば、常にクエリの実行時点でのデータを抽出できます。

➡演算フィールド……P.412

**Date()**
現在の日付を返す

**Month( 日付 )**
［日付］から月の数値を返す

［生年月日］フィールドのデータから月を取り出し、現在の月と比べて、今月が誕生日の顧客データを抽出する

デザインビューでクエリを作成しておく ／ テーブルを追加し、フィールドを追加しておく

❶「誕生月: Month([生年月日])」と入力

❷［誕生月］フィールドの［抽出条件］行に「Month(Date())」と入力

❸クエリを実行 ／ 今月が誕生月の顧客データを抽出できた

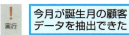

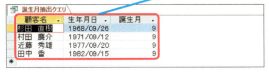

関連 »612 生年月日から年齢を求めたい …… P.330

## 606 受注日を基準に月末日を求めたい

お役立ち度 ★★☆
2016 / 2013

DateSerial関数は、年、月、日の数値を日付に変換する関数です。3つの数値をそのまま日付に変換できないときは、自動的に日付の繰り上げ、繰り下げが行われます。例えば引数［月］に「13」を指定すると翌年1月、引数［日］に「0」を指定すると前月末の日付になります。これを利用すると、「今年」「来月」「0」の3つの数値から今月の月末日を求められます。

**DateSerial( 年 , 月 , 日 )**
［年］［月］［日］の値から日付を返す

**Year( 日付 )**
［日付］から年の数値を返す

デザインビューでクエリを作成しておく

テーブルを追加し、フィールドを追加しておく

❶「月末日: DateSerial(Year([受注日]),Month([受注日])+1,0)」と入力

❷クエリを実行

［受注日］フィールドの日付を基にした月末日が表示された

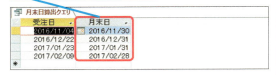

## 607 20日締め翌月10日の支払日を求めたい

お役立ち度 ★★★　2016 / 2013

条件に応じて異なる値を表示したいときは、IIf関数を使用します。例えば、入出金処理などで「20日締め翌月10日払い」の場合、購入日の「日」が20以下の場合は翌月10日、20より大きい場合は翌々月10日が支払日になります。

**Day( 日付 )**
[日付]から日の数値を返す

**IIf( 条件式 , 真の場合の値 , 偽の場合の値 )**
[条件式]が成り立つときは[真の場合の値]、成り立たないときは[偽の場合の値]を返す

**Month( 日付 )**
[日付]から月の数値を返す

**Year( 日付 )**
[日付]から年の数値を返す

[購入日]フィールドの日付を基に支払日を計算する

デザインビューでクエリを作成しておく

テーブルを追加し、フィールドを追加しておく

❶「支払日: IIf(Day([購入日])<=20,DateSerial(Year([購入日]),Month([購入日])+1,10),DateSerial(Year([購入日]),Month([購入日])+2,10))」と入力

❷クエリを実行

20日締め翌月10日の支払日を表示できた

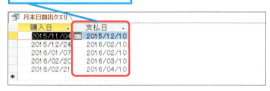

関連 ≫615 フィールドの値に応じて表示する値を切り替えたい …… P.332

## 608 日付から曜日を求めたい

お役立ち度 ★★★　2016 / 2013

Weekday関数を使うと、日曜日なら「1」、月曜日なら「2」、土曜日なら「7」というように、日付から曜日の番号を求められます。求めた曜日の番号をWeekdayName関数の引数に指定すると、日付に対応する曜日名が分かります。

**Weekday( 日付 )**
[日付]から曜日番号を求める

**WeekdayName( 曜日番号 , モード )**
[曜日番号]から曜日名を返す。[モード]にTrueを指定すると「月」「火」の形式、Falseを指定するか省略すると「月曜日」「火曜日」の形式になる

[受注日]フィールドを基に曜日を求める

デザインビューでクエリを作成しておく

テーブルを追加し、フィールドを追加しておく

❶「曜日: WeekdayName(Weekday([受注日]))」と入力

❷クエリを実行

[受注日]フィールドの日付を基に曜日が表示された

関連 ≫609 8けたの数字から日付データを作成したい …… P.329

## 609 8けたの数字から日付データを作成したい

お役立ち度 ★★★　2016 / 2013

日付が「20160224」など8けたの数字で表されている場合、8けたを年4けたの「2016」、月2けたの「02」、日2けたの「24」に分解します。それをDateSerial関数の引数に指定すると、日付データに変換できます。

**DateSerial( 年 , 月 , 日 )**
［年］［月］［日］の値から日付を返す

**Left( 文字列 , 文字数 )**
［文字列］の左端から［文字数］分の文字列を抜き出す

**Mid( 文字列 , 開始位置 , 文字数 )**
［文字列］の［開始位置］で指定した位置から［文字数］分の文字列を返す

**Right( 文字列 , 文字数 )**
［文字列］の右端から［文字数］分の文字列を抜き出す

> デザインビューでクエリを作成しておく

> テーブルを追加し、フィールドを追加しておく

❶「年月日: DateSerial(Left([日付],4),Mid([日付],5,2),Right([日付],2))」と入力

❷クエリを実行

［日付］フィールドの8けたの数字を基に、日付データを表示できた

| 関連 | 受注日を基準に月末日を求めたい | P.327 |
| --- | --- | --- |
| ≫606 | | |

## 610 週ごとや四半期ごとに集計したい

お役立ち度 ★★★　2016 / 2013

週ごとや四半期ごとに集計したいときは、DatePart関数が役立ちます。日付から週や四半期の数値を取り出し、それをグループ化して集計を行います。ここでは週ごとの集計を例に説明します。

**DatePart( 単位 , 日時 )**
［日時］から［単位］で指定した部分の値を返す

● ［単位］の設定値

| 設定値 | 設定内容 |
| --- | --- |
| yyyy | 年 |
| q | 四半期 |
| m | 月 |
| y | 1月1日から数えた日数 |
| d | 日 |
| w | 曜日を表す数値 |
| ww | 週 |
| h | 時 |
| n | 分 |
| s | 秒 |

DatePart、DateAdd、DateDiff の各関数で［単位］の設定値は共通です

> デザインビューでクエリを作成し、テーブルを追加しておく

❶「週: DatePart("ww",[受注日])」と入力　❷「受注金額の合計: 受注金額」と入力

❸［受注金額］フィールドの［集計］行で［合計］を選択

❹クエリを実行

1週間ごとの受注金額が表示された

| 関連 | 日付のフィールドを月ごとにグループ化して集計したい | P.178 |
| --- | --- | --- |
| ≫338 | | |

日付と時刻の操作ワザ　329

## 611 見積日から2週間後を見積有効期限としたい

お役立ち度 ★★☆
2016 / 2013

特定の日付を基準に「3日前」や「2週間後」の日付を求めるには、DateAdd関数を使用します。例えば「3日前」を求めたいときは引数［単位］に「"d"」、引数［時間］に「-3」を指定します。また、「3日後」を求めたいときは引数［単位］に「"d"」を、［時間］に「3」を指定します。ここでは見積日に「2週間」を加えて見積有効期限を求めます。　➡引数……P.417

**DateAdd(** 単位 **,** 時間 **,** 日時 **)**
［日時］に指定した［単位］*の［時間］を加えた結果を返す

※［単位］の設定値はワザ610を参照

デザインビューでクエリを作成しておく

テーブルを追加し、フィールドを追加しておく

❶「見積有効期限: DateAdd("ww",2,[見積日])」と入力

❷クエリを実行

［見積日］フィールドの2週間後の日付が［見積有効期限］として表示された

関連 ≫607 20日締め翌月10日の支払日を求めたい……P.328

## 612 生年月日から年齢を求めたい

お役立ち度 ★★★
2016 / 2013

DateDiff関数で年数を求めると、2つの日付の間に1年の日数が何回含まれるかではなく、「1月1日」が何回あるかがカウントされます。したがって、DateDiff関数の引数に生年月日と本日の日付を指定しただけでは、年齢を求められません。正確な年齢を求めるには、生年月日と本日の月日を比較し、本日が生年月日より前なら、DateDiff関数で求めた年数から1を引きます。

**DateDiff(** 単位 **,** 日時1 **,** 日時2 **)**
［日時1］と［日時2］から指定した［単位］*の時間間隔を返す

※［単位］の設定値はワザ610を参照

●年齢を求めるときの考え方

2012　2013　2014　2015　2016　2017　2018
　　　1/1　1/1　1/1　1/1　1/1

生年月日　2012/7/1　　本日の日付　2017/6/1

DateDiff関数は、指定した2つの［日時］の間の「1/1」を数える

本日の月日で条件分けをして計算する

デザインビューでクエリを作成しておく

テーブルを追加し、フィールドを追加しておく

❶「年齢: IIf(Format([生年月日],"mmdd")>Format(Date(),"mmdd"),DateDiff("yyyy",[生年月日],Date())-1,DateDiff("yyyy",[生年月日],Date()))」と入力

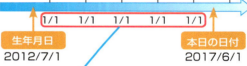

❷［生年月日］フィールドの［並べ替え］行で［昇順］を選択　❸クエリを実行

［生年月日］フィールドのデータを基に年齢が表示された

# データの変換ワザ

計算の過程でデータ型を変換したいことや、未入力のフィールドを別の値に変更したいことがあります。ここではそのようなときに役立つ関数を紹介します。

## 613 Null値を別の値に変換したい

お役立ち度 ★★★
2016 / 2013

データが入力されていない状態を「Null」(ヌル)といい、Nullそのものを「Null値」(ヌルチ)といいます。Null値を別の値に変換したいときは、Nz関数を使用します。未入力の[電話番号]フィールドに「登録なし」と表示したり、未入力の[数量]フィールドに「0」を表示したりできます。

➡ Null値……P.410

**Nz( 値 , 変換値 )**
[値] が Null の場合は [変換値] を返し、Null でない場合は [値] を返す。[変換値] を省略した場合は、長さ 0 の文字列を返す

[数量] フィールドのデータが Nullだった場合「0」と表示する

デザインビューでクエリを作成しておく / テーブルを追加し、フィールドを追加しておく

❶「数量2: Nz([数量],0)」と入力

❷クエリを実行

未入力の場合に「0」が表示されるよう設定できた

結果は文字列として表示されるので左ぞろえになる

**関連 ≫ 614** 数字を数値に変換したい ……P.331

## 614 数字を数値に変換したい

お役立ち度 ★★★
2016 / 2013

Val関数を使用すると、数字の文字列を数値に変換できます。文字列として得られた計算結果を数値として表示したいときに役に立ちます。ここでは、ワザ613のクエリを修正して、Nz関数の結果の数字が数値として右ぞろえで表示されるようにします。

**Val( 文字列 )**
[文字列] に含まれる数値を適切なデータ型の数値に変換する。数値に変換できない場合は、「0」を返す

デザインビューでクエリを表示しておく

❶「数量2: Val(Nz([数量],0))」と入力

❷クエリを実行

未入力のデータを「0」として数値で表示できた

**関連 ≫ 613** Null 値を別の値に変換したい ……P.331

## 615 フィールドの値に応じて表示する値を切り替えたい

お役立ち度 ★★☆
2016 / 2013

フィールドの値に応じて表示する値を切り替えるには、IIf関数を使用します。ここでは[金額]フィールドが10000未満の場合に[送料]を500、10000以上の場合に[送料]を0と表示します。このような場合、「IIf([金額]<10000,500,0)」と「IIf([金額]>=10000,0,500)」の2通りが考えられますが、金額が未入力の場合、前者の式では「0」、後者の式では「500」が表示されます。未入力の金額に対して送料が科せられるのはおかしいので、ここでは前者の式を使います。

デザインビューでクエリを作成しておく

テーブルを追加し、フィールドを追加しておく

❶「送料: IIf([金額]<10000,500,0)」と入力

❷クエリを実行

[金額]フィールドの値に応じた送料が表示された

未入力のデータがある場合は「0」と表示される

### STEP UP! CLng関数で日付のシリアル値が分かる

Accessには、ワザ616で紹介したCCur関数の他にも、データを長整数型に変換するCLng関数、文字列型に変換するCStr関数など、データ型変換関数が多数用意されています。Accessでは日付が「シリアル値」と呼ばれる数値で扱われており、CLng関数を使うと日付に対応するシリアル値を調べられます。例えば「CLng(#2017/08/14#)」の結果は、「2017/8/14」のシリアル値である「42961」になります。

## 616 数値を通貨型に変換したい

お役立ち度 ★★★
2016 / 2013

CCur関数を使用すると、数字の文字列や数値型の数値を通貨型のデータに変換できます。ここでは、ワザ615のクエリの[送料]フィールドの値を、CCur関数で通貨型に変換します。[送料]フィールドの数値を通貨のスタイルで表示するには[書式]プロパティで[通貨]を設定する方法もありますが、その場合[送料]フィールドのデータ型自体は数値型のままです。一方、CCur関数を使用するとデータ自体を通貨型に変換できます。通貨型を使った演算は誤差が少ないので、[送料]フィールドを使用した計算も正確性を期待できます。

➡データ型……P.416

**CCur(値)**
[値]を通貨型に変換する

デザインビューでクエリを作成しておく

テーブルを追加し、フィールドを追加しておく

❶「送料: CCur(IIf([金額]<10000,500,0))」と入力

数字と記号、関数はすべて半角で入力する

❷クエリを実行

数値を通貨型に変換できた

関連 ≫615 フィールドの値に応じて表示する値を切り替えたい……P.332

## 617 テキストボックスが未入力かどうかで表示する値を切り替えたい

お役立ち度 ★★★
2016 / 2013

フィールドやテキストボックスが未入力かどうかを判定したいときは、IsNull関数を使用します。データの未入力が原因で発生するエラーなどの問題を回避したいときに役立ちます。ここでは例として、[条件日]テキストボックスに入力された日付に受注した受注金額の合計をDSum関数で求めます。その際[条件日]が未入力のときにDSum関数の結果が「#エラー」になります。そこでIsNull関数とIIf関数を使い、[条件日]が未入力の場合は[受注額計]に何も表示せず、未入力でない場合は[条件日]に対応する受注金額をDSum関数で求めて表示します。DSum関数についてはワザ601で詳しく解説しているのでそちらを参照してください。

**IsNull(値)**
[値]に指定したデータに Null 値が含まれている場合に True、含まれていない場合に False を返す

データを集計するフィールドに「#エラー」と表示されないようにする

デザインビューでフォームを作成しておく

テキストボックスを追加して「条件日」「受注額計」という名前を付けておく

❶受注額計を表示させたいテキストボックスを選択

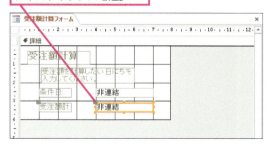

❷[データ]タブをクリック

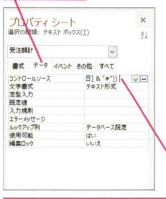

❸[コントロールソース]プロパティに「=IIf(IsNull([条件日]),Null,DSum("金額","受注クエリ","受注日=#" & [条件日] & "#"))」と入力

フォームビューで表示しておく

[条件日]が未入力でも[受注額計]にエラーが表示されなくなった

| 関連 ≫348 | クロス集計クエリの列見出しの順序を変えたい | P.184 |
| 関連 ≫601 | 条件に合うレコードだけを集計したい | P.325 |

# 第8章 作業を高速化・自動化するマクロのワザ

## マクロの基本

マクロとは、処理を自動化するためのオブジェクトです。ここでは、マクロを作成するのに必要な基礎知識とマクロの作成方法を確認しましょう。

### 618 マクロで何ができるの？

お役立ち度 ★★★
2016 / 2013

マクロでは、「フォームを開く」とか「クエリを実行する」などのAccessで行う操作を「アクション」と呼ばれる命令として用意されており、それを利用して処理を自動化できます。「アクション」を組み合わせて複数の処理を連続実行したり、条件によって実行する処理を変更したりと、さまざまな作業を自動化できます。プログラミングの知識がなくても処理を自動化できることが、マクロのメリットです。

→アクション……P.411
→マクロ……P.418

●連続して複数の処理を実行できる

ボタンをクリックしたらマクロを実行する

マクロ
① 追加クエリを実行
② 削除クエリを実行
③ テーブルを表示
マクロの実行結果が表示される

●条件によって実行する処理を変えられる

条件（顧客ID）を入力させ、ボタンをクリックしたらマクロを実行する

マクロ
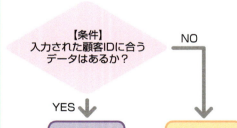
【条件】入力された顧客IDに合うデータはあるか？　NO

YES  フォームを表示
 メッセージを表示

入力された顧客IDのデータがフォームに表示される

該当する顧客はいないというメッセージが表示される

## 619 マクロでできないことは？

お役立ち度 ★★☆
2016 / 2013

マクロでは、あらかじめ用意されている「アクション」にない処理は実行できません。また、複雑な条件分岐処理や繰り返し処理はできません。マクロでは対応できない複雑な処理を自動化したい場合は、VBA（Visual Basic for Applications）と呼ばれるプログラミング言語を使ってプログラミングする必要があります。

➡ VBA……P.411
➡ マクロ……P.418

## 620 Excelのマクロのようにマクロを自動記録したい

お役立ち度 ★★☆
2016 / 2013

Accessのマクロは、Excelのように実行した操作を記録してマクロを自動で作成する機能はありません。そのため、実行したい処理を事前に確認してから、対応する「アクション」を組み合わせて、マクロを作成します。

➡ アクション……P.411
➡ マクロ……P.418

関連 ≫618　マクロで何ができるの？……P.334

## 621 マクロにはどんな種類があるの？

お役立ち度 ★★★
2016 / 2013

マクロには、独立マクロと埋め込みマクロがあります。独立マクロは、[作成] タブの [マクロ] ボタンをクリックして作成するマクロで、ナビゲーションウィンドウにマクロオブジェクトとして表示されます。
一方で、埋め込みマクロは、フォームやレポートに配置したボタンなどのコントロールのイベントに直接割りあてたマクロです。フォームやレポートと一緒に保存され、ナビゲーションウィンドウには表示されません。独立マクロは、いろいろやフォームやレポートに割り当てて埋め込みマクロのように使うこともできるため、汎用性の高いマクロは独立マクロとして作ると便利です。

➡ 埋め込みマクロ……P.412
➡ 独立マクロ……P.416

◆独立マクロ
マクロオブジェクトとしてナビゲーションウィンドウに表示される

◆埋め込みマクロ
フォームやレポート上にあるコントロールのプロパティシートで[イベント]タブに割り当てられる

関連 ≫622　マクロを新規で作成するには……P.336
関連 ≫635　イベントからマクロを新規に作成するには……P.343

# 622

## マクロを新規で作成するには

お役立ち度 ★★★
2016
2013

マクロは、マクロビルダーを利用して作成します。マクロビルダーに表示される［新しいアクションの追加］ボックスからアクションを選択し、アクションの実行に必要な項目を設定していきます。この項目のことを引数（ひきすう）と呼びます。

処理を連続して実行したい場合は、続けてアクションを選択し、それぞれの引数を設定します。複数のアクションを追加した場合は、マクロ実行時に上から順番にアクションが実行されます。

アクションが設定できたら、マクロを保存し、動作確認をします。ここでは、「商品情報フォーム」を新規レコード入力用画面として開く処理を行うマクロの作成を例に、手順を確認しましょう。

→アクション……P.411
→引数……P.417
→マクロビルダー……P.419

### 1 マクロを新規作成する

商品情報フォームを開くマクロを作る

❶［作成］タブをクリック　❷［マクロ］をクリック

マクロビルダーが起動した

❸［新しいアクションの追加］のここをクリックして［フォームを開く］を選択

［フォームを開く］アクションが追加された　引数の入力欄が表示された

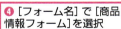

❹［フォーム名］で［商品情報フォーム］を選択　❺［データモード］で［追加］を選択

❻［ウィンドウモード］で［標準］を選択

### 2 マクロを保存する

❶［上書き保存］をクリック

❷マクロの名前を入力　❸［OK］をクリック

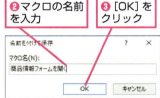

### 3 マクロをテストする

［実行］をクリック

［商品情報フォーム］が開いた

マクロの動作を確認できた

# 623

## マクロを編集するには

お役立ち度 ★★★
2016 / 2013

作成したマクロ（独立マクロ）は、ナビゲーションウィンドウに表示されます。マクロを編集したいときは、右クリックして［デザインビュー］をクリックすると、マクロビルダーで表示され、編集できるようになります。なお、ナビゲーションウィンドウでマクロをダブルクリックするとマクロが実行されてしまうので注意してください。 ➡ ナビゲーションウィンドウ……P.417
➡ マクロビルダー……P.419

❶マクロオブジェクトを右クリック　❷［デザインビュー］をクリック

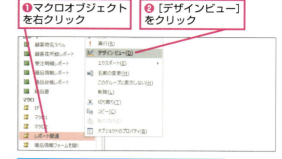

マクロビルダーが起動してマクロが開いた

| 関連 ≫622 | マクロを新規で作成するには …………………… P.336 |
| 関連 ≫627 | マクロを実行するには ……………………………… P.339 |

# 624

## マクロビルダーの画面構成を知りたい

お役立ち度 ★★★
2016 / 2013

マクロは、マクロビルダーを使用して作成、編集します。ここでは、マクロビルダーの画面構成を確認しましょう。　➡ マクロビルダー……P.419

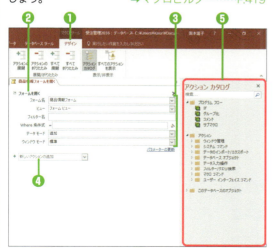

| | 名称 | 機能 |
|---|---|---|
| ❶ | ［マクロツール］の［デザイン］タブ | マクロの作成、編集、実行に使用するボタンが表示される |
| ❷ | アクション | 選択したアクションが表示される。右端にある［×］をクリックするとアクションを削除できる |
| ❸ | 引数 | 選択されたアクションの実行に必要な設定項目が表示される |
| ❹ | ［新しいアクションの追加］ボックス | アクションを選択して追加する |
| ❺ | アクションカタログ | アクションの一覧などが種類別に表示される |

## 625

お役立ち度 ★★★

2016
2013

# アクションって何?

アクションとは、マクロの処理単位で、[フォームを開く]や[フィルターの実行]など、約80種類用意されています。
アクションは[新しいアクションの追加]ボックスで選択するか[アクションカタログ]から追加できます。また[マクロツール]の[デザイン]タブの[すべてのアクションを表示]ボタンをクリックすると、[セキュリティの警告]バーでコンテンツを有効にしたときにだけ実行できるアクションが追加表示されます。

➡アクション……P.411

### ●主なアクション

| アクション名 | 内容 |
|---|---|
| ウィンドウを閉じる | 指定したウィンドウを閉じる。省略時はアクティブウィンドウを閉じる |
| フィルターの実行 | 表示しているテーブル、フォーム、レポートに対して、既存のクエリやWhere条件式を使用してレコードを抽出する |
| フォームを開く | フォーム名、ビュー、フィルター名、モードなどを指定してフォームを開く |
| メッセージボックス | メッセージタイトル、メッセージ文、アイコンなどを指定してメッセージを表示する |
| レコードの移動 | 指定したテーブル、クエリ、フォーム内で指定したレコードに移動する |
| レコードの検索 | 検索条件に一致する最初のレコードを検索結果として返す。続けて検索するには[次を検索]アクションを使用する |
| レポートを開く | レポート名、ビュー、フィルター名などを指定してレポートを開く |

関連 ≫619 マクロでできないことは? ……………………… P.335

## 626

お役立ち度 ★★★

2016
2013

# イベントって何?

イベントとは、マクロを実行するきっかけとして設定できる動作です。例えば[クリック時]や[開く時]などAccess上で行った操作をイベントとして、マクロを実行するように設定できます。イベントに対してマクロを設定するには、フォームやレポート、ボタンなどのコントロールのプロパティシートの[イベント]タブを表示し、その一覧にあるイベントに実行するマクロを割り当てます。

➡イベント……P.411

### ●主なイベント

| イベント名 | 内容 |
|---|---|
| 印刷時 | レポートでセクションが印刷される直前 |
| 空データ時 | レポートで印刷するデータがないとき |
| クリック時 | コントロールがクリックされたとき |
| 更新後処理 | フィールドやレコードを更新した後 |
| 更新前処理 | フィールドやレコードを更新する前 |
| 挿入後処理 | 新しいレコードが入力された後 |
| 挿入前処理 | 新しいレコードに最初の文字が入力されたとき |
| ダブルクリック時 | コントロールがダブルクリックされたとき |
| 閉じる時 | フォームやレポートを閉じる操作を行ったとき |
| 開く時 | フォームやレポートを開く操作を行ったとき |
| フォーカス取得時 | コントロールにカーソルが移動したり、選択されたりしたとき |
| フォーカス喪失時 | コントロールからカーソルが他のコントロールに移動したとき |

関連 ≫625 アクションって何? ………………………………… P.338

関連 ≫627 マクロを実行するには ……………………………… P.339

関連 ≫640 メッセージボックスで[はい]がクリックされたときにアクションを実行するには……… P.348

**338** できる ● マクロの基本

# 627 マクロを実行するには

マクロは、次の3つのいずれかの方法で実行します。1つ目は、マクロビルダーで実行したいマクロが表示されているときに［マクロツール］の［デザイン］タブの［実行］ボタンをクリックする方法です。マクロの作成、修正時に動作確認するときに使用します。2つ目は、ナビゲーションウィンドウに表示されているマクロをダブルクリックする方法です。保存した独立マクロは、ナビゲーションウィンドウに表示され、ここに表示されているマクロはダブルクリックすると実行されます。なお、マクロビルダーを表示して編集するには、マクロを右クリックしてデザインビューで開いてください。3つ目は、ボタンのクリック時などのイベントに割り当てる方法です。これは、フォームやレポート、配置したコントロールのイベントに、作成しておいたマクロを割り当てることで実行させます。

→イベント……P.411
→ナビゲーションウィンドウ……P.417
→プロパティシート……P.418
→マクロビルダー……P.419

●マクロビルダー（デザインビュー）から実行する方法

●ナビゲーションウィンドウから実行する方法

●イベントに割り当てる方法

関連 ≫625 アクションって何？……P.338
関連 ≫626 イベントって何？……P.338

## 628 キーワードを使ってアクションをすばやく選択したい

お役立ち度 ★★★
2016 / 2013

マクロビルダーで追加したいアクション名がわかっている場合は、[新しいアクションの追加]ボックスをクリックしてカーソルを表示し、アクション名を直接入力することもできます。
このとき、アクション名の一部を入力すると自動的にアクション名が補完されます。例えば、「フォーム」と入力して文字を確定すると、アクションの一覧の中で入力された文字列に一致するアクションが自動選択され、「フォームを開く」アクションが選択されます。なお、一覧に同じ文字列で始まるアクションが複数ある場合は、上にあるアクションが自動的に選択されます。

| マクロビルダーを起動しておく | ❶[新しいアクションの追加]に「フォーム」と入力 |

| 入力を確定すると[フォームを開く]が選択された | ❷ Enter キーを押す |

| [フォームを開く]アクションが挿入された | 引数が表示された |

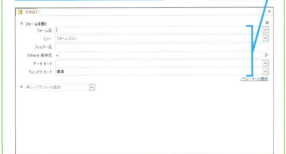

>> 631 関連 選択したいアクションが一覧にない ……… P.341

## 629 アクションカタログからアクションを選択したい

お役立ち度 ★★☆
2016 / 2013

アクションカタログでは、アクションなどが分類別に表示されます。分類名をクリックして展開し、表示されたアクションをマクロビルダーにドラッグします。ピンクのラインが表示された位置にアクションが挿入されます。
➡アクション……P.411

| マクロビルダーを起動しておく |

| ❶[マクロツール]の[デザイン]タブをクリック | ❷[アクションカタログ]をクリック | アクションカタログが表示された |

| ❸[アクション]でアクションの分類のここをクリック | アクションの一覧が表示された |

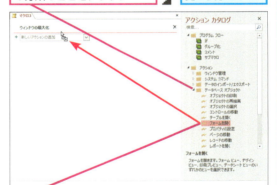

| ❹利用するアクションをマクロビルダーにドラッグ | すでにあるアクションの上または下にドラッグするとピンクの線が表示される |

| アクションがマクロビルダーに挿入された |

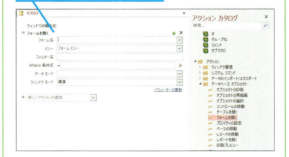

## 630 実行できないアクションがある

お役立ち度 ★★☆
2016 / 2013

データベースを開いて［セキュリティの警告］メッセージバーに［コンテンツの有効化］が表示された状態では、マクロが無効モードになっており、一部のマクロが実行できません。［コンテンツの有効化］をクリックして無効モードを解除すると、すべてのアクションが実行できるようになります。

［セキュリティの警告］が表示された状態ではマクロが無効モードになっており、一部のマクロが実行できない

| 関連 | データベースを開いたら |
| --- | --- |
| ≫046 | ［セキュリティの警告］が表示された ……………… P.52 |

## 631 選択したいアクションが一覧にない

お役立ち度 ★★★
2016 / 2013

［新しいアクションの追加］ボックスやアクションカタログで挿入したいアクションが一覧に表示されていない場合は、［マクロツール］の［デザイン］タブで［すべてのアクションを表示］ボタンをクリックしてオンにします。すると［新しいアクションの追加］ボックスでは、すべてのアクションが選択できるようになります。また、アクションカタログでは、⚠️の付いたアクションが表示されます。このアクションは、無効モードでは実行できないアクションを意味しています。

❶［マクロツール］の［デザイン］タブをクリック　❷［すべてのアクションを表示］をクリック

［新しいアクションの追加］の一覧にも通常では表示されないアクションが表示された

⚠️の付いた、通常では表示されないアクションがアクションカタログに表示された

| 関連 | アクションカタログから |
| --- | --- |
| ≫629 | アクションを選択したい ……………………………… P.340 |
| 関連 ≫633 | アクションを削除したい ……………………………… P.343 |
| 関連 ≫634 | 実行するアクションの順番を入れ替えたい ……… P.343 |

# 632 ボタンにマクロを割り当てて実行するには

お役立ち度 ★★★
2016
2013

既存の独立マクロをフォーム上に配置したボタンに割り当て、クリックしたときに実行されるようにするには、ボタンの［クリック時］イベントにマクロを割り当てます。ここでは、フォーム上にボタンを配置し、マクロを割り当てるまでの一連の操作を確認しましょう。なお、ボタンを配置するときは、コントロールウィザードは使用しません。あらかじめオフにしてからボタンをフォームに配置します。

→イベント……P.411
→コントロール……P.413

## 1 コントロールウィザードをオフにする

デザインビューでフォームを表示しておく

❶［フォームデザインツール］の［デザイン］タブをクリック

❷［その他］をクリック

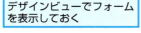
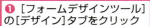

❸［コントロールウィザードの使用］がオン（背景色あり）の場合はクリック

コントロールウィザードがオフ（背景色なし）になる

すでにコントロールウィザードがオフの場合は、この操作は必要ない

## 2 ボタンのクリックにマクロを割り当てる

❶［ボタン］をクリック

❷フォーム上をクリックしてボタンを配置

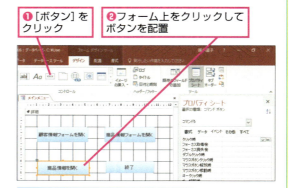

サイズを整え、名前を入力しておく

ボタンをクリックして選択しておく

❸プロパティシートの［イベント］タブをクリック

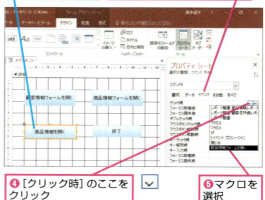

❹［クリック時］のここをクリック

❺マクロを選択

ボタンをクリックするとマクロが実行されるようになる

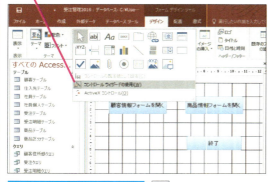

関連 ≫621 マクロにはどんな種類があるの？ …………… P.335
関連 ≫626 イベントって何？ ……………………………… P.338

## 633 アクションを削除したい

お役立ち度 ★★★
2016 / 2013

アクションを間違えて選択した場合、選択し直すことはできません。いったんアクションを削除してから、再度アクションを選択し直します。アクションを削除するには、削除したいアクションにマウスポインターを合わせ、右端に表示される✕をクリックします。

✕をクリックするとアクションを削除できる

**関連 ≫634** 実行するアクションの順番を入れ替えたい……P.343

## 634 実行するアクションの順番を入れ替えたい

お役立ち度 ★★★
2016 / 2013

マクロに複数のアクションを追加した場合、アクションは上から順番に実行されます。順番を間違えた場合は、アクションを入れ替えましょう。移動するアクションにポインターを合わせ、表示される上下矢印をクリックします。クリックした矢印の方向に移動し、アクションが並べ変わります。

アクションにマウスポインターを合わせると上下の矢印が表示される

矢印をクリックすると前後のアクションと並べ替えられる

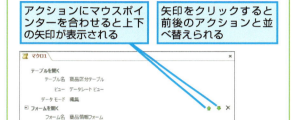

## 635 イベントからマクロを新規に作成するには

お役立ち度 ★★★
2016 / 2013

イベントからマクロを作成することもできます。フォームやレポートをデザインビューで表示し、マクロを実行するボタンなどのコントロールを選択して、プロパティシートの［イベント］タブでイベントからマクロビルダーを起動し、マクロを作成します。ここで作成されるマクロは埋め込みマクロといい、フォームやレポートの一部として保存され、ナビゲーションウィンドウには表示されません。

➡埋め込みマクロ……P.412

デザインビューでフォームを表示し、ボタンをクリックして選択しておく

❶プロパティシートの［イベント］タブをクリック

❷マクロを割り当てるイベントをクリックしてここをクリック

❸［マクロビルダー］をクリック

❹［OK］をクリック

マクロビルダーが起動した

埋め込みマクロを新規作成できる

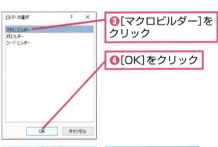

マクロの基本 **343**

# 636
## コントロールを追加するときにマクロを自動作成するには

ボタンなどのコントロールをフォーム上に追加するときに、コントロールウィザードをオンにしておくと、コントロールを配置するときにウィザードが起動します。すると、画面の指示にしたがって実行したい処理を選択するだけで、マクロを自動で作成できます。このとき作成されるのは埋め込みマクロで、フォームやレポートの中に保存されます。ここでは［顧客情報フォーム］を開くボタンを作成する操作を例に確認しましょう。

➡埋め込みマクロ……P.412
➡コントロール……P.413

### 1 コントロールウィザードをオンにする

フォームをデザインビューで表示しておく

❶［フォームデザインツール］の［デザイン］タブをクリック

❷［その他］をクリック

❸［コントロールウィザードの使用］がオフ（背景色なし）の場合はクリック

コントロールウィザードがオンになる

すでにコントロールウィザードがオン（背景色あり）の場合は、この操作は必要ない

### 2 ボタンの作成を開始する

❶［ボタン］をクリック

❷フォーム上をクリック

### 3 ボタンの動作を設定する

［コマンドボタンウィザード］ダイアログボックスが表示された

［顧客情報フォーム］を開くボタンにする

❶［種類］の［フォームの操作］をクリック

❷［ボタンの操作］の［フォームを開く］をクリック

❸［次へ］をクリック

❹［顧客情報フォーム］をクリック

❺［次へ］をクリック

お役立ち度 ★★★
2016
2013

## 4 ボタンの動作の設定を完了する

❶[すべてのレコードを表示する]をクリック
❷[次へ]をクリック

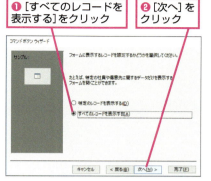

## 5 ボタンに表示する文字列を設定する

❶[文字列]をクリック
❷[顧客情報フォームを開く]と入力

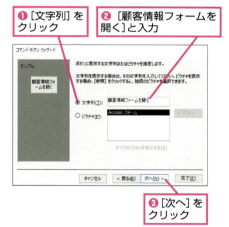

❸[次へ]をクリック

ボタンの名前を変更できる
❹[完了]をクリック

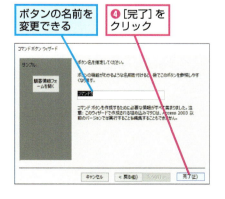

## 6 ボタンの作成が完了した

ボタンが作成された
サイズや位置を整えておく

## 7 マクロを確認する

❶プロパティシートの[イベント]タブをクリック
❷[クリック時]のここをクリック

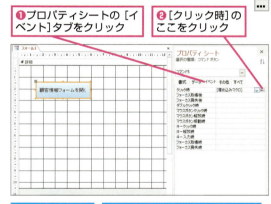

マクロビルダーが起動した
[フォームを開く]アクションが表示され、マクロを確認できた

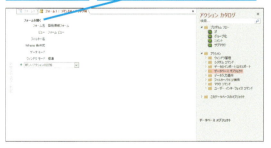

マクロの基本 ● できる 345

# 637

## 条件を満たすときだけ処理を実行するには

お役立ち度 ★★★
2016
2013

条件を満たすときだけマクロを実行するように設定するには、マクロビルダーにIfブロックを追加して、条件式と、条件を満たしたときに実行するアクションを設定します。条件式はTrueまたはFalseが戻り値となる式を設定します。Ifブロックは［新しいアクションの追加］ボックスまたはアクションカタログの［プログラムフロー］から追加できます。

→条件式……P.414

デザインビューでフォームを表示しておく

コントロールウィザードをオフにしておく

［チェック1］という名前のチェックボックスを配置しておく

ボタンを配置しておく

❶ボタンをクリックして選択
❷プロパティシートの［イベント］タブをクリック
❸［クリック時］のここをクリック

### ●条件分岐による処理の例

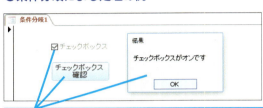

ボタンをクリックしたときに、チェックボックスにチェックマークが付いていたらメッセージを表示する

チェックマークが付いていない場合はボタンをクリックしても何も表示しない

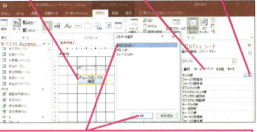

❹［マクロビルダー］をクリックして［OK］をクリック

マクロビルダーが起動した

❺［新しいアクションの追加］で［If］を選択

❻［条件式］に「［チェック1］＝True」と入力

❼［If］の下に［メッセージボックス］アクションを追加

❽［メッセージ］に「チェックボックスがオンです」と入力
❾［メッセージタイトル］に「結果」と入力

マクロを保存し、マクロビルダーを終了しておく

### ●条件分岐の流れ

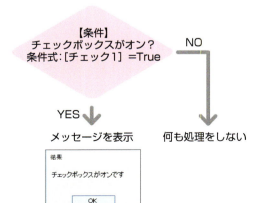

346 できる ● マクロの基本

# 638

お役立ち度 ★★★
2016 / 2013

## 条件を満たすときと満たさないときで異なる処理を実行したい

条件を満たすときと満たさないときで異なる処理を実行したい場合は、[Elseの追加] をクリックして、Ifブロックの下にElseブロックを追加し、条件を満たさないときに実行するアクションを設定します。

➡条件式……P.414
➡条件分岐……P.414

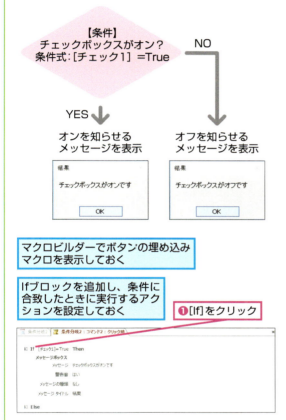

●条件分岐の流れ

❷[Elseの追加]をクリック

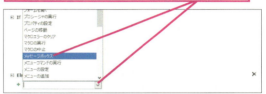

❸Elseの下の[新しいアクションの追加]のここをクリックして[メッセージボックス]を選択

❹[メッセージ]に「チェックボックスがオフです」と入力

❺[メッセージタイトル]に「結果」と入力

マクロを保存し、マクロビルダーを終了しておく

# 639

お役立ち度 ★★☆
2016 / 2013

## 条件を満たさなかったときに別の条件を設定するには

Ifブロックで条件式を満たさなかったときに、別の条件を設定したい場合は、Ifブロックの右下に表示される[Else Ifの追加]をクリックしてElse Ifブロックを追加します。Else IfブロックはIfブロックの下に追加され、Ifブロックと同様に条件式と条件を満たす場合に実行するアクションを選択して処理を設定します。Else Ifブロックは、条件を設定したい数だけ追加できます。

➡条件分岐……P.414

## 640

# メッセージボックスで［はい］がクリックされたときにアクションを実行するには

MsgBox関数は、メッセージボックスを表示し、クリックされたボタンによって異なる戻り値を返す関数です。例えば［はい］ボタンをクリックすると、戻り値6が返ります。これを利用して、Ifブロックの条件式でMsgBox関数を使用すると、アクションの実行前にメッセージボックスを表示し、どのボタンが押された

かで実行するアクションが変わる仕組みを作ることができます。
ここでは、フォーム上の［終了］ボタンがクリックされたときにメッセージボックスを表示し、［はい］ボタンがクリックされたときだけAccessが終了するマクロを作成します。　　➡条件式……P.414

フォームの［終了］ボタンをクリックすると確認のメッセージが表示される

［はい］をクリックするとAccessが終了する

**MsgBox(** メッセージ , ボタンやアイコン , タイトル **)**
タイトルバーに［タイトル］、内容に［メッセージ］と［ボタンやアイコン］を表示したダイアログボックスを表示し、クリックされたボタンに対応した［戻り値］を返す。ボタンやアイコンと戻り値の詳細は右の表を参照

**ボタンやアイコンの指定**
［ボタンの種類］＋［アイコンの種類］＋［標準のボタンの指定］

ボタンやアイコンの指定は「4+48+0」のように式として指定します。また、「52」のように合計の数値で指定することもできます。

### ●ボタンの種類

| 数値 | 種類 |
|---|---|
| 0 | ［OK］ |
| 1 | ［OK］［キャンセル］ |
| 2 | ［中止］［再試行］［無視］ |
| 3 | ［はい］［いいえ］［キャンセル］ |
| 4 | ［はい］［いいえ］ |
| 5 | ［再試行］［キャンセル］ |

### ●アイコンの種類

| 数値 | 種類 |
|---|---|
| 16 | ❌ 警告 |
| 32 | ❓ 問い合わせ |
| 48 | ⚠️ 注意 |
| 64 | ℹ️ 情報 |

### ●標準のボタンの指定

| 数値 | 種類 |
|---|---|
| 0 | 第1ボタン |
| 256 | 第2ボタン |
| 512 | 第3ボタン |

標準のボタンとは、メッセージボックスを表示したときに最初に選択された状態になっているボタンのことです。Enter キーを押すことで、そのボタンをクリックしたときと同じ操作となります。

### ●戻り値

| 数値 | 種類 |
|---|---|
| 1 | ［OK］ |
| 2 | ［キャンセル］ |
| 3 | ［中止］ |
| 4 | ［再試行］ |
| 5 | ［無視］ |
| 6 | ［はい］ |
| 7 | ［いいえ］ |

●メッセージボックスの例

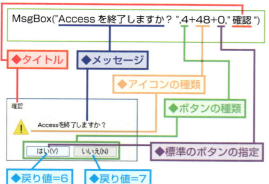

❻ [条件式] の下にある [新しいアクションの追加] のここをクリックして [Accessの終了] を選択

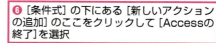

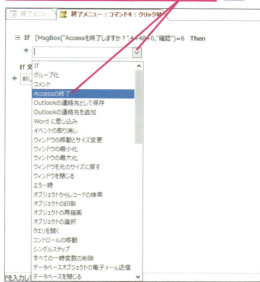

マクロを保存し、マクロビルダーを終了しておく

ボタンを作成したフォームをデザインビューで表示しておく

❶ ボタンをクリックして選択

❷ プロパティシートの [イベント] タブで [クリック時] のここをクリック

❸ [ビルダーの選択] が表示されたら [マクロビルダー] を選択して [OK] をクリック

❹ [If] を選択

❺ [条件式] に「MsgBox("Accessを終了しますか？ ",4+48+0,"確認")=6」と入力

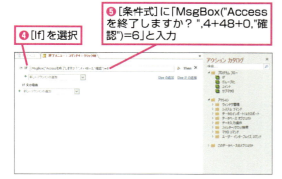

| 関連 ≫637 | 条件を満たすときだけ処理を実行するには …… P.346 |
| 関連 ≫638 | 条件を満たすときと満たさないときで異なる処理を実行したい …………………… P.347 |
| 関連 ≫639 | 条件を満たさなかったときに別の条件を設定するには ………………………… P.347 |

マクロの基本　●　できる　**349**

# フォーム関連のマクロ

スムーズな画面遷移は、データベースシステムの使い勝手を上げるポイントです。フォームを開く操作をはじめとして、フォーム関連のマクロを紹介します。

## 641

お役立ち度 ★★★
2016 / 2013

### ボタンのクリックでフォームを開くには

フォームを開くボタンは、メニュー画面に欠かせない機能です。フォームを開く処理には、[フォームを開く]アクションを使用します。引数[フォーム名]に開くフォームを指定するだけで、指定したフォームを開けます。その他の引数は省略可能です。引数[ビュー]の既定値は[フォームビュー]です。

[受注一覧表示]をクリックすると[受注一覧フォーム]が表示される

メニューからのボタン操作でフォームが簡単に開き、データ入力を補助できる

デザインビューでフォームを表示しておく

[受注一覧表示]をクリックして選択しておく

❶ プロパティシートの[イベント]タブをクリック

❷ [クリック時]のここをクリック

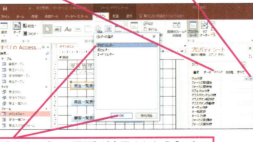

❸ [ビルダーの選択]が表示されたら[マクロビルダー]を選択して[OK]をクリック

マクロビルダーが表示され、埋め込みマクロの作成が開始された

❹ [新しいアクションの追加]のここをクリックして[フォームを開く]アクションを選択

[フォームを開く]アクションが追加された

❺ [フォーム名]で[受注一覧フォーム]を選択

❻ [上書き保存]をクリック

❼ [閉じる]をクリック

マクロがフォームに保存され、マクロビルダーが終了する

関連 ≫632 ボタンにマクロを割り当てて実行するには ……P.342

関連 ≫636 コントロールを追加するときにマクロを自動作成するには ……P.344

# 642

## フォームを読み取り専用で開くには

[フォームを開く] アクションの引数 [データモード] を使用すると、フォームを開くときのデータ入力の状態を [追加] [編集] [読み取り専用] から指定できます。ユーザーにデータを変更されたくない場合は、[読み取り専用] を指定しましょう。ちなみに [追加] と [編集] はいずれも新規レコードを追加できますが、既存のレコードを編集できるのは [編集] のみです。

[データモード] のここをクリックして [読み取り専用] を選択すると、フォームが読み取り専用で開く

# 643

## 新規レコードの入力画面を開くには

フォームに新規レコードだけを表示したい場合は、ワザ642を参考に [フォームを開く] アクションの引数 [データモード] に [追加] を指定します。新規レコードを表示したうえで、ほかのレコードにも移動できるようにしたい場合は、以下のように [フォームを開く] アクションの引数 [フォーム名] で開くフォームを指定し、[レコードの移動] アクションの引数 [レコード] では [新しいレコード] を指定しましょう。[レコードの移動] アクションの引数 [オブジェクトの種類] と [オブジェクト名] を空欄のままにしておくと、現在前面に表示されているオブジェクト、つまりここでは直前に開いたフォームのレコードが新規レコードに切り替わります。

マクロビルダーで [フォームを開く] アクションのマクロを作成しておく

❶ [フォームを開く] アクションの下の [新しいアクションを追加] のここをクリックして [レコードの移動] を選択

[レコードの移動] アクションが追加された

❷ [レコード] で [新しいレコード] を選択

マクロを保存し、マクロビルダーを終了しておく

ボタンをクリックするとフォームの新規作成レコード入力画面が開いた

## 644

# フォームを開いて複数の条件に合うレコードを表示するには

［フォームを開く］アクションの引数［フィルター名］に、フォームのレコードの抽出条件となるクエリを指定すると、フォームを開いて、条件に合うレコードを表示できます。ここでは、フィルター用のクエリに指定する抽出条件を、検索用フォームで指定できる仕組みを作成します。条件を入力するテキストボックスと演算子を組み合わせて、抽出条件を正しく指定することがポイントです。

➡フィルター……P.418
➡レコードソース……P.420

◆検索フォーム
［表示］ボタンがクリックされたら［受注一覧フォーム］を開き、［受注情報フィルター］を実行する

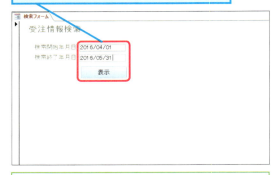

［受注情報フィルター］
Between Forms![ 検索フォーム ]![ 条件 1] And Forms![ 検索フォーム ]![ 条件 2]

◆受注一覧フォーム
［受注情報フィルター］が実行されると、［受注日］フィールドが［検索開始年月日］（条件1）〜［検索終了年月日］（条件2)の間のデータを抽出する

**1** フィルター用のクエリを作成する準備をする

デザインビューで検索フォームを表示しておく

検索条件を入力するテキストボックスの名前（［条件1］と［条件2］）をプロパティシートで確認しておく

◆条件1　　◆条件2

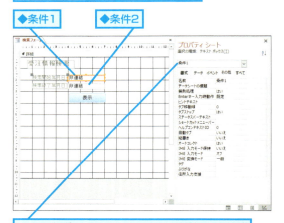

テキストボックスをクリックして選択した状態で、ここに表示される名前を確認する

## 2 フィルター用のクエリを作成する

デザインビューで新規クエリを作成し、[受注一覧フォーム] のレコードソースとなる [受注一覧クエリ] を追加しておく

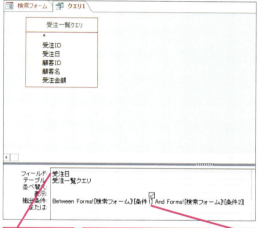

❶ [フィールド] で [受注日] を選択

❷ [抽出条件] に「Between Forms![検索フォーム]![条件1] And Forms![検索フォーム]![条件2]」と入力

❸ [上書き保存] をクリック

[名前を付けて保存] ダイアログボックスが表示された

❹ [受注情報フィルター] と入力

❺ [OK] をクリック

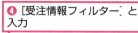

クエリが保存された

[受注情報フィルター] クエリを閉じておく

## 3 フォームを開くマクロを作成する

デザインビューで [検索フォーム] を表示しておく

❶ ボタンをクリックして選択

❷ プロパティシートの [イベント] タブで [クリック時] のここをクリック

❸ [ビルダーの選択] が表示されたら [マクロビルダー] を選択して [OK] をクリック

❹ [フォームを開く] アクションを選択

❺ [フォーム名] で [受注一覧フォーム] を選択

❻ [フィルター名] に「受注情報フィルター」と入力

マクロを保存し、マクロビルダーを終了しておく

フォーム関連のマクロ　353

# 645

## 現在のレコードの詳細画面を開くには

表形式のフォームに主なフィールドだけを表示し、ボタンのクリックで詳細な情報を表示するフォームを開けるようにすると便利です。そのようなときは、表形式のフォームの［詳細］セクションにボタンを配置し、埋め込みマクロを作成します。［フォームを開く］アクションの引数［Where条件式］に開くフォームに表示するレコードの条件式を

**[フィールド名]=Forms![フォーム名]![コントロール名]**

の形式で指定します。フォーム名やコントロール名は入力時に自動表示されるリストから選択できます。

→Where条件……P.411

探す対象の値が入るコントロールの名前（[受注ID]）を確認しておく

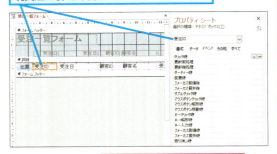

［受注一覧フォーム］で各［受注ID］の［伝票］ボタンをクリックすると、［受注入力フォーム］の対応した受注IDの［受注伝票］が表示される

詳細な情報をすぐに確認できる

［受注入力フォーム］を開いたときにWhere条件式が適用され、該当のデータが表示される

```
Where 条件式
[受注 ID]=Forms![受注一覧フォーム]![受注 ID]
```

◆フィールド名
[受注ID]フィールドで対応したデータを探す

◆フォーム名、コントロール名
指定されたフォームのコントロールから探す対象のデータを取得する

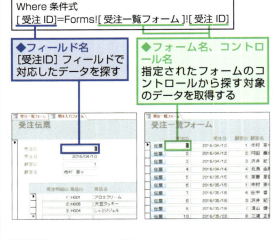

❶［伝票］ボタンをクリック

❷プロパティシートの［イベント］タブで［クリック時］のここをクリック

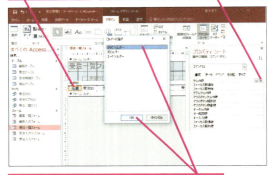

❸［ビルダーの選択］が表示されたら［マクロビルダー］を選択して［OK］をクリック

❹［フォームを開く］アクションを選択

❺［フォーム名］で［受注入力フォーム］を選択

❻［Where条件式］に「[受注ID]=Forms![受注一覧フォーム]![受注ID]」と入力

マクロを保存し、マクロビルダーを終了しておく

関連 ≫646 レコードの変更が開いたフォームに反映されない……P.355

## 646 レコードの変更が開いたフォームに反映されない

お役立ち度 ★★☆
2016 / 2013

ワザ645では、[フォームを開く] アクションの引数 [Where条件式] を利用して、呼び出し元のフォームと同じ値を持つレコードを表示する方法を紹介しました。呼び出し元のレコードソースが集計クエリのような編集不可のフォームなら、ワザ645のマクロで問題ありません。しかし、呼び出し元のフォームが編集可能な場合、編集中の内容は呼び出される側のフォームに自動では反映されないため、編集前のデータが表示されてしまいます。

そのようなフォームでは、マクロで [フォームを開く] アクションを実行する前に、[レコードの保存] アクションを実行しておきましょう。そうすれば、編集中の内容を保存してからフォームを呼び出せるので、呼び出し元と呼び出される側でレコードを一致させられます。なお、仮にデータを編集していない状態でも、[レコードの保存] アクションを実行して問題ありません。

[フォームを開く] アクションの前に [レコードの保存] アクションを実行すると、編集中の内容を保存してからフォームが開かれる

| 関連 ≫629 | アクションカタログからアクションを選択したい……P.340 |
| 関連 ≫634 | 実行するアクションの順番を入れ替えたい……P.343 |
| 関連 ≫645 | 現在のレコードの詳細画面を開くには……P.354 |

## 647 ボタンのクリックでフォームを閉じるには

お役立ち度 ★★☆
2016 / 2013

[ウィンドウを閉じる] アクションを、引数を初期状態のまま実行すると、前面に表示されているオブジェクトが閉じます。引数 [オブジェクトの保存] では、強制保存するか、保存しないで閉じるか、閉じる前に保存確認のメッセージを表示するかを選べます。

→ 引数……P.417

[閉じる] をクリックするとフォームを閉じてフォームの入力を終了する

ボタンを作成したフォームをデザインビューで表示しておく

❶ボタンをクリックして選択
❷プロパティシートの [イベント] タブで [クリック時] のここをクリック

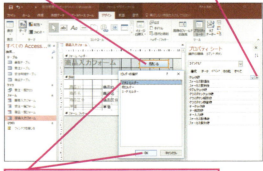

❸ [ビルダーの選択] が表示されたら [マクロビルダー] を選択して [OK] をクリック

❹ [ウィンドウを閉じる] アクションを選択

マクロを保存し、マクロビルダーを終了しておく

## 648 フォームを閉じるボタンを効率よく作成するには

お役立ち度 ★★★　2016 / 2013

データベース内の複数のフォームに［閉じる］ボタンを作成する場合、フォームごとにワザ647の操作を繰り返すのは面倒です。そのようなときは、［ウィンドウを閉じる］アクションを含む独立マクロを作成し、作成した独立マクロを各フォームのボタンの［クリック時］イベントで指定しましょう。［ウィンドウを閉じる］アクションの引数［オブジェクトの種類］と［オブジェクト名］を空欄のままにしておけば前面に表示されているフォームが閉じるので、どのフォームにも使い回せます。

➡イベント……P.411
➡独立マクロ……P.416

独立マクロとして［ウィンドウを閉じる］マクロを作っておく

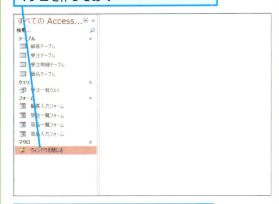

ボタンの［クリック時］のここをクリックして［ウィンドウを閉じる］マクロを選択すれば、簡単にマクロを指定できる

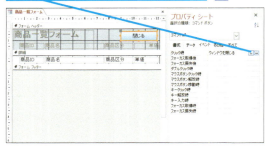

関連 ≫621　マクロにはどんな種類があるの？……P.335

## 649 フォームを開いたあとで自分自身のフォームを閉じるには

お役立ち度 ★★☆　2016 / 2013

伝票のフォームからメインメニューのフォームを開いたときに自分自身（伝票のフォーム）を閉じたい場合には、ボタンの埋め込みマクロで、［フォームを開く］アクションに続けて［ウィンドウを閉じる］アクションを追加し、閉じる対象として自分自身のフォーム名を指定します。閉じる対象を初期状態の空欄のままにしておくと、直前に［フォームを開く］アクションで開いたフォームが閉じてしまうので注意します。

［フォームを開く］アクションで他のフォームを開き、次に［ウィンドウを閉じる］アクションで自分自身のフォームを閉じる

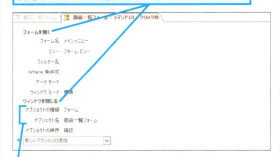

［ウィンドウを閉じる］アクションの［オブジェクトの種類］で［フォーム］、［オブジェクト名］で自身のフォーム名を設定する

## 650 フォームを閉じたときにメインメニューが開くようにしたい

お役立ち度 ★★☆　2016 / 2013

一覧表のフォームや入力用のフォームを閉じたときに、自動的にメインメニューのフォームが開くようにするには、閉じるフォームの［閉じる時］イベントを利用します。このイベントにメインメニューのフォームを開くマクロを設定しておくと、フォームの✕をクリックして閉じる場合と、フォームに作成した［閉じる］ボタン（コントロールのボタン）から閉じる場合のどちらでも、閉じると同時にメインメニューが開きます。

関連 ≫626　イベントって何？……P.338

# 651

## テキストボックスに条件を入力して抽出したい

[フィルターの実行]アクションを使用すると、指定した条件でフォームのレコードを抽出できます。抽出条件は、引数[Where条件式]で指定します。テキストボックスに入力した値を条件とする場合の構文はワザ645で紹介したとおりですが、ここではよりあいまいな条件で抽出が行えるように、

**[フィールド名] Like "*" & Forms![フォーム名]![コントロール名] & "*"**

という式に従って条件を指定します。このようにすると、テキストボックスに入力した文字列を含むデータを抽出できます。

[顧客名]フィールドに[顧客抽出]に入力した文字列を含む受注データだけを表示する

顧客によるデータの絞り込みができる

フォームをデザインビューで表示しておく

抽出条件を入力するコントロールの名前を確認しておく

◆顧客抽出

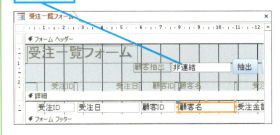

❶ボタンをクリックして選択

❷プロパティシートの[イベント]タブで[クリック時]のここをクリック

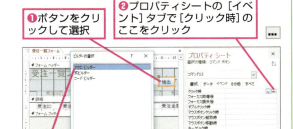

❸[ビルダーの選択]が表示されたら[マクロビルダー]を選択して[OK]をクリック

❹[フィルターの実行]を選択

❺[Where条件式]に「[顧客名] Like "*" Forms![受注一覧フォーム]![顧客抽出] & "*"」と入力

マクロを保存し、マクロビルダーを終了しておく

# 652

## 抽出解除用のボタンを作成したい

ワザ651のようなレコード抽出用のボタンを作成したときは、隣に抽出解除用のボタンを配置しておくとフォームの使い勝手が上がります。[解除]ボタンの[クリック時]イベントで埋め込みマクロを作成しましょう。マクロビルダーで[新しいアクションの追加]の一覧から[フィルター／並べ替えの解除]アクションを選択して追加すると、ボタンのクリックで抽出を解除できるようになります。

# 653

## 2つのコンボボックスを連動させるには

上位のコンボボックスで選択した内容に応じて、下位のコンボボックスの選択肢を変えたいことがあります。ここでは［所属部］の選択に応じて、［所属課］の選択肢が変化するように設定します。初期状態では［所属課］の選択肢にはすべての課が表示されますが、コンボボックスの［値集合ソース］からクエリビルダーを起動して抽出条件を設定すると、表示される選択肢を［所属部］に応じて絞り込めます。

ただし、この状態でうまくいくのは空欄の状態から［所属部］を選択したときのみです。既存のレコードの［所属部］の値を変更したときに［所属課］の選択肢を更新するには、［所属部］の［更新後処理］イベントで埋め込みマクロを作成し、［再クエリ］アクションを実行して［所属課］を更新します。［再クエリ］は、指定したコントロールを更新するアクションです。

→コンボボックス……P.413

［所属課］にすべての課が表示されるのを、選択した［所属部］に対応した課だけが［所属課］に表示されるよう変更する

［所属部］［所属課］の基になるテーブルを確認しておく

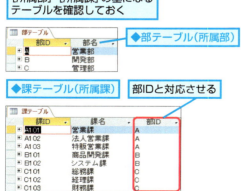

◆部テーブル（所属部）

◆課テーブル（所属課）　部IDと対応させる

### 1 ［所属課］の選択肢を変えるクエリを作る

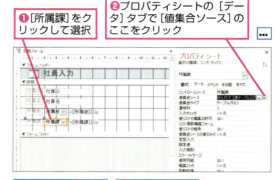

❶［所属課］をクリックして選択

❷プロパティシートの［データ］タブで［値集合ソース］のここをクリック

クエリビルダーが表示された　　新しいクエリを追加する

❸［フィールド］で［部ID］を選択

❹抽出条件に「Forms![社員フォーム]![所属部]」と入力

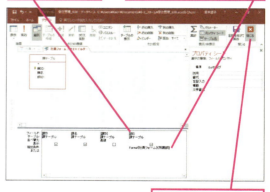

❺［閉じる］をクリック

❻［SQLステートメントの変更を保存し、プロパティの設定を更新しますか？］が表示されたら［はい］をクリック

［所属部］の部IDに対応した［所属課］の内容が抽出されるようになった

お役立ち度 ★★★

2016
2013

### 2 ［所属部］の変更に対応して［所属課］の選択肢を更新するマクロを作る

❶［所属部］をクリックして選択

❷プロパティシートの［イベント］タブで［更新後処理］のここをクリック

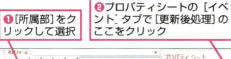

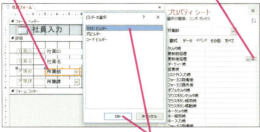

❸［ビルダーの選択］が表示されたら［マクロビルダー］を選択して［OK］をクリック

❹［再クエリ］アクションを選択　❺［コントロール名］に「所属課」と入力

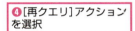

❻［すべてのアクションを表示］をクリック

❼［再クエリ］の下に［値の代入］アクションを追加

❽［アイテム］に「所属課」と入力　❾［式］に「Null」と入力

マクロを保存し、マクロビルダーを終了しておく

| 関連 | 選択肢がないコンボボックスを |
| --- | --- |
| ≫654 | 無効化するには ………………………… P.359 |

---

## 654 選択肢がないコンボボックスを無効化するには

お役立ち度 ★★☆

2016
2013

ワザ653のフォームで、［所属部］より先に［所属課］が選択されてしまうことを防ぐには、条件付き書式を利用します。［所属部］が空欄であることを条件に［所属課］を無効にします。［所属部］が入力されると、［所属課］が使用できる状態になります。

フォームをデザインビューで表示しておく

❶［所属課］をクリックして選択　❷［フォームデザインツール］の［書式］タブをクリック　❸［条件付き書式］をクリック

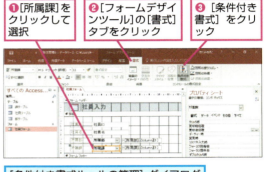

［条件付き書式ルールの管理］ダイアログボックスが表示された

❹［新しいルール］をクリック

❺ここをクリックして［式］を選択　❻ここに「IsNull([所属部])」と入力

❼［有効化］をクリック

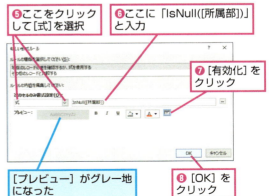

［プレビュー］がグレー地になった　❽［OK］をクリック

フォーム関連のマクロ 359

## 655

### 並べ替え用のボタンを作成したい

★★★ 2016 2013

[並べ替えの設定]アクションを使用すると、引数[並べ替え]に指定したフィールドを基準に並べ替えを行えます。引数[並べ替え]に「コキャクメイ」と指定すると[コキャクメイ]フィールドの昇順、「コキャクメイ DESC」と指定すると[コキャクメイ]フィールドの降順に並べ替えられます。

なお、並べ替えを実行した状態でフォームを閉じると、フォームの初期設定では次回開くときに並べ替えられた状態で開きます。次回、並べ替えを解除した状態で開きたい場合は、フォームのデザインビューでフォームを選択してプロパティシートを表示し、[データ]タブの[読み込み時に並べ替えを適用]プロパティで既定値の[はい]から[いいえ]に変更してください。

デザインビューでフォームを表示しておく

❶ボタンをクリックして選択
❷プロパティシートの[イベント]タブで[クリック時]のここをクリック

❸[ビルダーの選択]が表示されたら[マクロビルダー]を選択して[OK]をクリック

❹[並べ替えの設定]アクションを選択
❺[並べ替え]に「コキャクメイ」と入力

[コキャクメイ順]をクリックすると、[コキャクメイ]フィールドの順に並べ替えられる

データの並べ替えによる整理が簡単にできる

マクロを保存し、マクロビルダーを終了しておく

## 656

### 並べ替えの解除ボタンを作成したい

★★☆ 2016 2013

ワザ655のような並べ替え用のボタンを作成したときは、隣に並べ替え解除用のボタンを配置しておくと便利です。[解除]ボタンの[クリック時]イベントで埋め込みマクロを作成し、マクロビルダーの[新しいアクションの追加]の一覧から[フィルター/並べ替えの解除]アクションを選択すると、ボタンのクリックで並べ替えを解除できます。

クリック時に[フィルター/並べ替えの解除]アクションを設定したボタンで、並べ替えを解除する

関連
≫655 並べ替え用のボタンを作成したい ………… P.360

# レポート関連のマクロ

レポートに関するマクロの知識を身に付けると、レポートの印刷を自動化できます。ここではレポートの印刷に関するマクロを紹介します。

## 657 ボタンのクリックでレポートを開くには

お役立ち度 ★★★
2016 / 2013

レポートを開いたり、実際に印刷したりするには、[レポートを開く]アクションを使用し、引数[レポート名]で、作成しておいたレポートを選択します。引数[ビュー]で[印刷プレビュー]を指定すると、マクロの実行時にレポートの印刷プレビューが表示されます。その場合、実際に印刷するかどうかはユーザーに任されます。引数[ビュー]で[印刷]を指定すると、マクロの実行時にレポートのウィンドウを開かずに、直接印刷できます。

→ 引数……P.417
→ レポート……P.420

[顧客一覧印刷]レポートを作成しておく

❶ ボタンをクリックして選択
❷ プロパティシートの[イベント]タブで[クリック時]のここをクリック

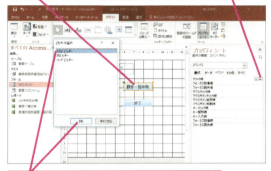

❸ [ビルダーの選択]が表示されたら[マクロビルダー]を選択して[OK]をクリック

❹ [レポートを開く]アクションを選択
❺ [レポート名]のここをクリックして[顧客一覧印刷]を選択

❻ [ビュー]のここをクリックして[印刷プレビュー]を選択

マクロを保存し、マクロビルダーを終了しておく

[顧客一覧印刷]をクリックすると[顧客一覧印刷]レポートの印刷プレビューが開く

↓

簡単に最新のレポートを印刷できる

| 関連 ≫499 | レポートのビューにはどんなビューがあるの？ …… P.265 |
| 関連 ≫658 | フォームに表示中のレコードだけを印刷するには …… P.362 |

レポート関連のマクロ ● できる **361**

## 658 フォームに表示中のレコードだけを印刷するには

［レポートを開く］アクションの引数［Where条件式］を使用すると、開くレポートに表示するレコードの抽出条件を指定できます。条件式は、

　　［フィールド名]=Forms![フォーム名]![コントロール名］

の形式で指定します。条件式中の[フィールド名]には、レポート側のフィールド名を指定します。レポートのレコードソースに含まれていれば、レポート上に配置されていなくてもかまいません。例えば、レポートのレコードソースが［顧客テーブル］である場合、［顧客テーブル］に含まれているフィールドを条件式に使用できます。　　→レコードソース……P.420

表示中の顧客IDに対応した住所などの情報を取り出し、はがきの宛名としてレイアウトしたレポートを開く

顧客データを利用して、簡単にはがきを出せるようになる

デザインビューでフォームを表示しておく

［はがき宛名印刷］レポートを作成しておく

抽出の条件になるコントロールの名前を確認しておく

◆顧客ID

❶ボタンをクリックして選択

❷プロパティシートの［イベント］タブで［クリック時］のここをクリック

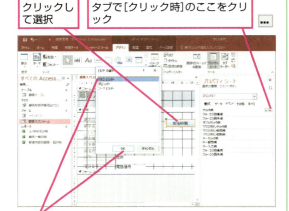

❸［ビルダーの選択］が表示されたら［マクロビルダー］を選択して［OK］をクリック

❹［レポートを開く］アクションを選択

❺［レポート名］で［はがき宛名印刷］を選択

❻［ビュー］で［印刷プレビュー］を選択

❼［Where条件式］に「[顧客ID]=Forms![顧客入力フォーム]![顧客ID]」と入力

マクロを保存し、マクロビルダーを終了しておく

関連 ≫576　データベースを基にはがきの宛名を印刷したい …… P.308
関連 ≫657　ボタンのクリックでレポートを開くには …… P.361

## 659 複数の条件に合うレコードを印刷するには

お役立ち度 ★★★
2016 / 2013

[レポートを開く] アクションには、レコードの抽出条件を指定するための引数が2つあります。1つはワザ658で紹介した [Where条件式] で、もう1つは [フィルター名] です。後者の [フィルター名] には、レポートに表示するレコードの抽出条件を設定したクエリを指定します。操作手順はフォームの場合と同じです。ワザ644を参考にしてください。

➡ Where条件……P.411

## 660 印刷するデータがない場合に印刷を中止するには

お役立ち度 ★★★
2016 / 2013

クエリを基に作成したレポートで、抽出条件に合うレコードがない場合、レポートヘッダーやページヘッダーだけが印刷されて無駄になります。これを防ぐには、レポートの [空データ時] イベントで埋め込みマクロを作成し、[イベントの取り消し] アクションを使用して印刷をキャンセルします。[空データ時] イベントは、印刷対象のレコードが存在しない場合の処理を割り当てるイベントです。その際、[メッセージボックス] アクションを利用して印刷するデータがないことを表示すると、わかりやすくなります。

デザインビューでレポートを表示しておく

❶ プロパティシートで [レポート] を選択

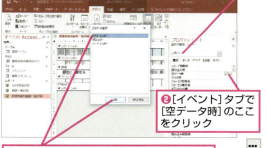

❷ [イベント] タブで [空データ時] のここをクリック

❸ [ビルダーの選択] が表示されたら [マクロビルダー] を選択して [OK] をクリック

抽出する条件にあてはまるデータがある場合は印刷を行う

抽出する条件にあてはまるデータがない場合はメッセージを表示する

データのないレポートを印刷してしまうことを防ぐ

❹ [メッセージボックス] アクションを選択

❺ [メッセージ] に「印刷対象のデータがありません。」と入力

❻ [メッセージの種類] で [警告] を選択

❼ [イベントの取り消し] アクションを選択

マクロを保存し、マクロビルダーを終了しておく

| 関連 ≫658 | フォームに表示中のレコードだけを印刷するには…… P.362 |

# データ処理、エラー処理のマクロ

Accessと外部データのやり取りや、データベース内でのレコードの削除や移動など、データ処理は重要です。ここでは、データ処理とエラー処理に便利なマクロのワザを紹介します。

## 661 Accessのデータを外部ファイルに自動で出力したい

お役立ち度 ★★★
2016 / 2013

Accessのデータを外部ファイルに自動で出力するには、ワザ673で解説するエクスポート操作を自動化します。エクスポートウィザードの最後の画面でエクスポート操作を保存しておくと、[保存済みのインポート/エクスポート操作の実行]アクションで外部ファイルへの出力を自動化できます。なお、[保存済みのインポート/エクスポート]アクションは[すべてのアクションを表示]にしてから選択します。また、このアクションは、実行するたびに同じファイル名で上書きされるので、必要に応じてバックアップを取っておきましょう。

### ❶ データのエクスポート操作を保存する

[エクスポート]ダイアログボックスでテーブルをエクスポートしておく

❶[エクスポート操作の保存]にチェックマークを付ける

❷エクスポート操作の名前を確認

エクスポート操作の名前を変更できる

❸[エクスポートの保存]をクリック

エクスポートが保存された

### ❷ マクロを作成する

新しい独立マクロを作成し、マクロビルダーを表示しておく

❶[すべてのアクションを表示]をクリック

❷[保存済みのインポート/エクスポート操作の実行]アクションを選択

❸[保存済みのインポート/エクスポート操作の名前]のここをクリックしてエクスポート操作を選択

マクロを保存し、マクロビルダーを終了しておく

❹作成したマクロを実行

ファイルがエクスポートされた

マクロを実行するたび同じファイル名で上書きされるので注意する

**関連** ≫673 他のAccessデータベースにデータを出力したい ……… P.373

# 662

## 外部データをAccessのテーブルに自動で取り込みたい

お役立ち度 ★★★
2016 / 2013

外部データをAccessに自動で取り込むには、ワザ672で解説するインポート操作を自動化します。インポートウィザードの最後の画面でインポート操作を保存しておけば、［保存済みのインポート/エクスポート操作の実行］アクションで保存したインポート操作を指定するだけで作成できます。なお、［保存済みのインポート/エクスポート操作の実行］アクションは、［すべてのアクションを表示］ボタンをクリックしてすべてのアクションが表示される状態にしてから選択します。

このアクションを繰り返し実行すると、インポートされたオブジェクト名が「2015顧客テーブル1」のように自動的に末尾に連番が振られて次々と作成されます。必要に応じて不要なオブジェクトを削除するか、名前を変更するかします。

→インポート……P.411
→自動化……P.414

### 1 データのインポート操作を保存する

［外部データの取り込み］ダイアログボックスでデータベースオブジェクトをインポートしておく

❶［インポート操作の保存］にチェックマークを付ける
❷インポート操作の名前を確認
❸［インポートの保存］をクリック

インポート操作の名前を変更できる

インポート操作が保存された

### 2 マクロを作成する

新しい独立マクロを作成し、マクロビルダーを表示しておく

❶［すべてのアクションを表示］をクリック
❷［保存済みのインポート/エクスポート操作の実行］アクションを選択

❸［保存済みのインポート/エクスポート操作の実行］のここをクリックしてインポート操作を選択

マクロを保存し、マクロビルダーを終了しておく

❹作成したマクロを実行

データベースオブジェクトがインポートされた

マクロを実行するたび連番の振られた新しいオブジェクトとしてインポートされる

関連 ≫672 他のAccessデータベースのデータを取り込みたい …………… P.372

## 663 インポートする前に古いテーブルを削除したい

お役立ち度 ★★☆
2016 / 2013

ワザ662のマクロで同じインポートを複数回実行すると、既存のテーブルはそのまま残り、「2015顧客テーブル1」のように連番が付いたテーブルが次々と追加されます。インポートするたびに新しいテーブルに置き換えるには、古いテーブルを削除してからインポート処理をします。ここでは、ワザ662のマクロに、[オブジェクトの削除]アクションを追加して、古いテーブルを削除するようにします。

インポートを実行し[2015年顧客テーブル]が作成された

もう一度インポートを実行すると[2015年顧客テーブル1]が作成されてしまう

インポートのマクロをマクロビルダーで表示しておく

テーブルを削除するアクションを追加する

❶[すべてのアクションを表示]をクリック

❷[オブジェクトの削除]アクションを追加

❸[オブジェクトの種類]で[テーブル]を選択

❹[オブジェクト名]で[2015年顧客テーブル]を選択

❺ ⬆ をクリック

[オブジェクトの削除]アクションの次に[保存済みのインポート/エクスポート操作の実行]が実行されるようになった

マクロを保存し、マクロビルダーを終了しておく

## 664 想定されるマクロのエラーをスキップしたい

お役立ち度 ★★☆
2016 / 2013

[エラー時]アクションを使うと、想定されるエラーに対する処理を設定できます。ここでは[オブジェクトの削除]アクションで削除するオブジェクトがない場合に対処するため[エラー時]アクションを設定し、次の処理に進むようにします。また、後でエラー処理の設定を解除し、元の状態に戻しています。

テーブルを削除してからインポートするマクロをマクロビルダーで表示しておく

❶[アクションカタログ]の[マクロコマンド]のここをクリック

❷[エラー時]を[オブジェクトの削除]アクションの前(上)にドラッグ

[オブジェクトの削除]の前に[エラー時]アクションが挿入された

❸[移動先]で[次]を選択

マクロの実行中にエラーが発生しても次のアクションが実行されるようになった

❹操作2と同様にアクションカタログの[エラー時]を[オブジェクトの削除]の下にドラッグ

❺[移動先]で[失敗]を選択

エラー処理が解除され、以下は通常の処理に戻るようになる

マクロを保存し、マクロビルダーを終了しておく

# 665 ボタンのクリックでレコードを削除するには

お役立ち度 ★★★
2016 / 2013

フォームに表示されているレコードを削除したいとき、フォームに削除用のボタンを用意しておけば、すばやく実行できます。レコードを削除するには［レコードの削除］アクションを使います。

ここでは、フォーム上に配置したボタンの［クリック時］イベントに［レコードの削除］アクションを実行するマクロを割り当てます。
➡フォーム……P.418
➡レコード……P.420

［レコード削除］をクリックすると削除の確認メッセージが表示される

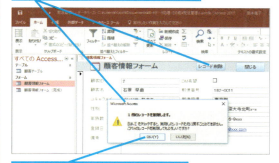

［はい］をクリックするとレコードの削除が実行される

マクロビルダーが表示された

❹［新しいアクションの追加］のここをクリックして［レコードの削除］を選択

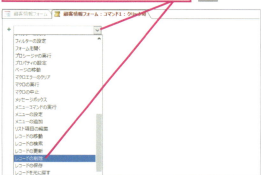

［メニューコマンドの実行］アクションが追加され、自動的に［コマンド］に［レコードの削除］が選択された

マクロを保存し、マクロビルダーを終了しておく

フォームをデザインビューで表示しておく

❶ボタンをクリックして選択

❷プロパティシートの［イベント］タブで［クリック時］のここをクリック

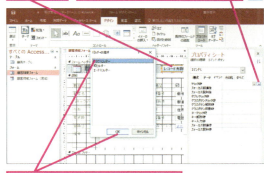

❸［ビルダーの選択］が表示されたら［マクロビルダー］を選択して［OK］をクリック

関連 »622 マクロを新規で作成するには ……… P.336

データ処理、エラー処理のマクロ ● できる 367

# 666 条件に一致するレコードを別のテーブルに移動したい

条件に一致するレコードを別のテーブルに移動させるには、アクションクエリの追加クエリと削除クエリを連続して実行するマクロを作成します。ここでは、[社員テーブル] から、退社した社員のレコードを [退社社員テーブル] に移動させます。マクロを作成する前に、[社員テーブル] に社員年月日のデータが書き込まれた社員を [退社社員テーブル] に追加する追加クエリと、[社員テーブル] から退社年月日のデータが書き込まれた社員のレコードを削除する削除クエリをあらかじめ用意しておきます。マクロを新規作成し、1つ目に [クエリを開く] アクションを選択し、クエリ名に追加クエリを指定します。2つ目にも [クエリを開く] アクションを選択し、クエリ名に削除クエリ名を指定します。そして3つ目に [メッセージボックス] アクションを選択し、処理が終了したことをメッセージで表示させています。

→アクションクエリ……P.411

[退社社員データ移動マクロ] を実行すると [退社社員追加クエリ] と [退社社員削除クエリ] が連続して実行され、退社した社員のデータが [社員テーブル] から [退社社員テーブル] に移動する

◆退社社員削除クエリ
[社員テーブル]に退社年月日のデータが書き込まれた社員を削除する

◆退社社員追加クエリ
[社員テーブル]に退社年月日のデータが書き込まれた社員を [退社社員テーブル]に追加する

[退社社員追加クエリ] [退社社員削除クエリ] を作成しておく

独立マクロを新規作成しておく

❶[クエリを開く] アクションを選択

❷[クエリ名] で [退社社員追加クエリ] を選択

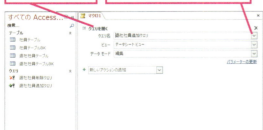

[退社社員追加クエリ] を実行するアクションが作成できた

❸ もう1つ [クエリを開く] アクションを選択

❹ [クエリ名] で [退社社員削除クエリ] を選択

[退社社員削除クエリ] を実行するアクションが作成できた

❺ 2つのアクションの下に [メッセージボックス] アクションを選択

❻ [メッセージ] に「退社社員データを移動しました」と入力

❼ [メッセージタイトル] に「社員管理」と入力

マクロの実行完了を知らせるメッセージの表示を設定できた

マクロを保存し、マクロビルダーを終了しておく

| 関連 | | |
|---|---|---|
| ≫ 361 | 追加クエリを作成したい | P.189 |
| ≫ 371 | 削除クエリを作成したい | P.194 |

# 667

## Accessからの確認メッセージを非表示にするには

お役立ち度 ★★☆
2016
2013

アクションクエリの実行時やレコードの削除時などにAccessから確認メッセージが表示され、マクロが途中で止まってしまうことがあります。メッセージを非表示にして中断することなく連続してマクロを実行するには、[メッセージの設定]アクションでメッセージの表示を[いいえ]に設定します。このアクションは、マクロが終了すると自動的に元の状態に戻り、Accessからの確認メッセージが表示されるようになりますが、確認メッセージを非表示にしたいアクションの後に[メッセージの設定]アクションを追加し、メッセージの表示を[はい]にして明示的に元に戻しておくといいでしょう。

アクションクエリを実行するクエリをマクロビルダーで表示しておく

❶ [すべてのアクションを表示]をクリック

❷ [アクションカタログ]の[システムコマンド]のここをクリック

[メッセージの設定]アクションが挿入された

❹ [メッセージの表示]で[いいえ]を選択

クエリ実行中のメッセージが表示されなくなる

❸ [メッセージの設定]を最初の[クエリを開く]アクションの前(上)にドラッグ

マクロを保存し、マクロビルダーを終了しておく

---

# 668

## データベースを開くときにマクロを自動実行したい

お役立ち度 ★★★
2016
2013

マクロに[AutoExec]と名前を付けておくと、データベースを開いたときに、[AutoExec]マクロが自動で実行されます。メインメニューのフォームを開くなど、初期設定をしたい場合に利用できます。なお、[AutoExec]マクロを自動実行させたくない場合は、Shiftキーを押しながらデータベースを開きます。

関連
≫040 データベースを開くには ……………… P.49

[AutoExec]という名前のマクロは、データベースを開いたときに自動で実行される

データ処理、エラー処理のマクロ 369

# 第9章 活用の幅を広げる データ連携・共有のワザ

## 連携の基本

Accessでは、他のソフトウェアで作成されたファイルや他のデータベースとの連携が行えます。ここでは、データ連携のワザを取り上げます。

### 669 他のファイルからデータを取り込みたい

お役立ち度 ★★★
2016 / 2013

他のデータベースファイルや、他のソフトウェアで作成したファイルからデータを取り込むには、インポートの機能を使用します。Access同士の場合は、テーブルやクエリなど、データベースオブジェクト単位で取り込めます。また、テキストファイル、Excelファイルなど、他のファイル形式のデータを取り込む場合は、ウィザードを利用して、Accessの形式に合わせて設定して取り込みます。インポートの機能は、データをコピーして取り込むため、元のファイルとは別個のデータとして編集が可能です。

→ウィザード……P.412

●インポートできる主なファイルの種類

| ファイルの種類 | 拡張子 |
|---|---|
| Access | .accdb、.mdb、.adp、.mda、.accda、.mde、.accde、.ade |
| Excel | .xls、.xlsx、.xlsm、.xlsb |
| テキストファイル | .txt、.csv、.tab、.asc |
| ODBCデータベース（SQLサーバーなど） | SQLサーバーなどのODBCデータベースのデータ |
| HTMLドキュメント | .html、.htm |
| XMLファイル | .xml、.xsd |

**他のファイル**

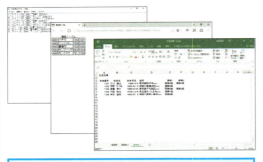

テキストファイルやExcelのファイルなど、他のファイルをAccessのデータベースに取り込める

◆Accessのデータベースファイル

◆インポート
他のファイルのデータをAccessのデータベースに取り込む

関連 ≫672 他のAccessデータベースのデータを取り込みたい ……P.372

関連 ≫680 テキストファイルをAccessのデータベースに取り込みたい ……P.378

関連 ≫686 Excelの表をテーブルとして取り込みたい ……P.382

## 670 他のファイルにデータを出力したい

お役立ち度 ★★★
2016 / 2013

エクスポートの機能を使用すると、現在開いているAccessのデータベースオブジェクトを他のファイルに出力できます。他のファイルに出力すると別のソフトウェアでもデータの利用が可能となり、データの活用の幅が広がります。

エクスポートの機能は、データのコピーを出力するため、元のAccessのデータベースファイルとは別のデータとして利用できるようになります。

◆Accessのデータベースオブジェクト

◆エクスポート
データベースオブジェクトを他のAccessデータベースファイルに出力したり、他のファイル形式で出力したりできる

●エクスポートできる主なファイルの種類

| ファイルの種類 | 拡張子 |
|---|---|
| Access | .accdb、.mdb、.adp、.mda、.accda、.mde、.accde、.ade |
| Excel | .xls、.xlsx、.xlsb |
| テキストファイル | .txt、.csv、.tab、.asc |
| RTFファイル | .rft |
| HTMLドキュメント | .html、.htm |
| XMLファイル | .xml |
| PDF/XPSファイル | .pcf、.xps |
| ODBCデータベース（SQLサーバーなど） | SQLサーバーなどのODBCデータベース |

関連 ≫672 他のAccessデータベースのデータを取り込みたい ……………… P.372

## 671 他のファイルに接続してデータを利用したい

お役立ち度 ★★★
2016 / 2013

リンクの機能を使用すると、他のファイルに接続してAccessのテーブルとしてデータを活用できます。このようなテーブルを「リンクテーブル」といいます。Accessから直接他のファイルに接続しているため、リンクテーブルではリンク元ファイルの最新データを利用できます。リンクテーブルを基にすれば、クエリを使ったデータの抽出や集計、レポートの作成などにデータを活用できます。なお、リンクできるファイルは、インポートできるファイルからXMLファイルを除いたものと同じです。

➡リンク……P.420

◆Accessのデータベースファイル

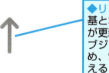

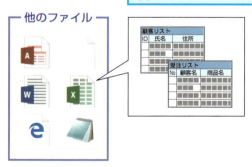

◆リンク
基となるファイルのデータが更新されると作成したオブジェクトも更新されるため、常に最新のデータを扱える

関連 ≫680 テキストファイルをAccessのデータベースに取り込みたい ……………… P.378
関連 ≫686 Excelの表をテーブルとして取り込みたい ……………… P.382

連携の基本 371

# Accessデータベース間の連携

Accessデータベース同士であればオブジェクト単位でデータを連携できます。ここでは、Accessデータベース間の連携に関するテクニックを紹介します。

## 672

お役立ち度 ★★★
2016
2013

### 他のAccessデータベースのデータを取り込みたい

他のAccessのデータベースファイルのオブジェクトを、現在開いているAccessのデータベースファイルに取り込むには、インポートの機能を使います。インポートするオブジェクトは、操作5の［オブジェクトのインポート］ダイアログボックスで選択します。オブジェクトごとにタブで分類されているので、別のオブジェクトを取り込みたい場合は、タブを切り替えてオブジェクトを選択します。［オプション］ボタンをクリックすると、インポートの方法が表示され、インポートの内容を指定することもできます。操作8の画面で［インポート操作の保存］にチェックマークを付けると、インポート設定を保存し、次回から同じインポート操作を簡単に実行できるようになります。

→オブジェクト……P.412

❶ ［外部データ］タブをクリック
❷ ［インポート］グループの［Access］をクリック

［外部データの取り込み］ダイアログボックスが表示された

❸ ［参照］をクリックしてデータベースファイルを選択

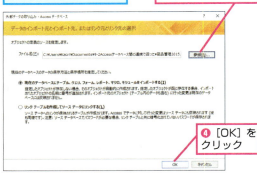

❹ ［OK］をクリック

［オブジェクトのインポート］ダイアログボックスが表示された

❺ 取り込むオブジェクトの種類に対応するタブをクリック

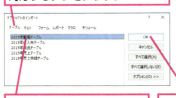

❻ 取り込みたいオブジェクトを選択
❼ ［OK］をクリック

インポートが実行された

インポートの操作を保存するか確認する画面が表示された

ここでは保存しない

❽ ［閉じる］をクリック

取り込んだオブジェクトを開いて確認できる

| 関連 ≫669 | 他のファイルからデータを取り込みたい……………… P.370 |
| 関連 ≫675 | インポートやエクスポートで毎回ウィザードを起動するのが面倒……… P.374 |

# 673 他のAccessデータベースにデータを出力したい

エクスポートの機能を使えば、現在開いているAccessのデータベースファイルから他のAccessのデータベースファイルにオブジェクトを出力できます。ナビゲーションウィンドウで、あらかじめ出力したいオブジェクトを選択してからエクスポートを実行します。テーブルをエクスポートする場合は、［エクスポート］ダイアログボックスで［テーブル構造とデータ］と、［テーブル構造のみ］のどちらかを選択してエクスポートできます。

→ナビゲーションウィンドウ……P.417

❶ 出力したいオブジェクトを選択
❷ ［外部データ］タブをクリック

❸ ［エクスポート］グループの［Access］をクリック

［エクスポート］ダイアログボックスが表示された
❹ ［参照］をクリック

［名前を付けて保存］ダイアログボックスが表示された
❺ 出力したいデータベースファイルの保存先を選択

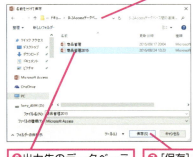

❻ 出力先のデータベースファイルを選択
❼ ［保存］をクリック
❽ ［エクスポート］ダイアログボックスに戻ったら［OK］をクリック

［エクスポート］ダイアログボックスが表示された
❾ 出力するテーブルの名前を入力

［テーブル構造のみ］を選択するとデータは出力されない

❿ ［テーブル構造とデータ］をクリック
⓫ ［OK］をクリック

エクスポートが実行された

エクスポート操作を保存するか確認する画面が表示された
ここでは保存しない

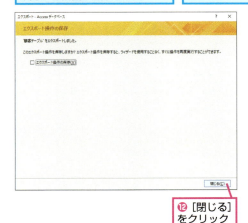

⓬ ［閉じる］をクリック

出力先のデータベースファイルを開き、出力したオブジェクトを開いて確認できる

## 674 他のデータベースに接続してデータを利用したい

お役立ち度 ★★★　2016 2013

現在開いているAccessデータベースファイルと他のAccessのデータベースを接続してデータを利用するには、テーブルをリンクします。[リンク]の機能を使用すれば、他のAccessデータベースファイルの既存のテーブルに接続してデータの追加、変更、削除などの処理ができます。　→リンク……P.420

[外部データの取り込み]ダイアログボックスを表示しておく

❶[参照]をクリックしてデータを利用したいデータベースファイルを選択

❷[リンクテーブルを作成してソースデータにリンクする]をクリック

❸[OK]をクリック

[テーブルのリンク]ダイアログボックスが表示された

❹利用したいテーブルを選択

❺[OK]をクリック

他のデータベースのテーブルに接続した

リンクしたテーブルは矢印が付いたアイコンで表示される

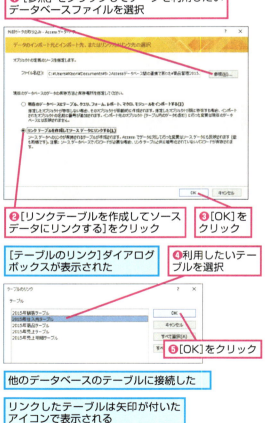

## 675 インポートやエクスポートで毎回ウィザードを起動するのが面倒

お役立ち度 ★★★　2016 2013

同じオブジェクトに対して繰り返しインポートやエクスポートを実行する場合、その都度ウィザードを起動するのは面倒です。ウィザードの最後の画面で[インポート操作の保存]または[エクスポート操作の保存]にチェックマークを付けると、同じオブジェクトに対するインポートやエクスポートの操作を保存できます。同じオブジェクトに対してウィザードを起動することなく、同じ設定で簡単にインポート、エクスポートが実行できて便利です。　→ウィザード……P.412

インポート/エクスポートの操作を保存するか確認する画面を表示しておく

❶[インポート操作の保存]にチェックマークを付ける

❷ここにインポートの操作の名前を入力

❸[インポートの保存]をクリック

インポート/エクスポートの操作が保存される

関連 ≫672 他のAccessデータベースのデータを取り込みたい……P.372

関連 ≫676 保存したインポートやエクスポートの操作はどうやって使用するの？……P.375

## 676 保存したインポートやエクスポートの操作はどうやって使用するの？

お役立ち度 ★★★
2016 / 2013

保存したインポートやエクスポートの操作を使って処理を実行するには、［データタスクの管理］ダイアログボックスを利用します。保存されたインポートやエクスポートの操作が表示されるので、実行したい操作を選択し、［実行］をクリックします。

インポートの操作を保存しておく

❶［外部データ］タブをクリック

❷［保存済みのインポート操作］をクリック

エクスポートの操作を使用する場合は［保存済みのエクスポート操作］をクリックする

［データタスクの管理］ダイアログボックスが表示された

❸実行したいインポートの操作を選択

❹［実行］をクリック

インポートの操作が完了したことを確認するダイアログボックスが表示された

❺［OK］をクリック

オブジェクトを表示して正しく取り込まれているか確認しておく

関連 >>675 インポートやエクスポートで毎回ウィザードを起動するのが面倒 …… P.374

## 677 リンクテーブルを通常のテーブルに変更したい

お役立ち度 ★★★
2016 / 2013

リンクテーブルを使用すれば、他のデータベースファイルのデータをリンク先として利用できるため、常に最新の情報を得られます。しかし、月末や年度末など、ある時点のデータを利用し続けたい場合もあるでしょう。そのようなときは、リンクテーブルをローカルテーブルに変換します。ローカルテーブルに変換すると、テーブルがコピーされリンクが切れて、現在開いているデータベースの通常のテーブルとして使用できるようになります。

→リンク……P.420

リンクを設定したテーブルを通常のテーブルに変更する

❶リンクテーブルを右クリック　❷［ローカルテーブルに変換］をクリック

ローカルテーブルに変換された

リンクテーブルを表す矢印付きのアイコンでなく、通常のテーブルのアイコンになった

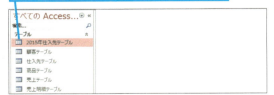

関連 >>072 テーブルにはどんな種類がある？ …… P.64
関連 >>674 他のデータベースに接続してデータを利用したい …… P.374

Accessデータベース間の連携　375

# 678

## リンクテーブルに接続できない

お役立ち度 ★★★
2016 / 2013

リンク先のデータベースファイルの名前が変更になっていたり、場所が移動していたりする場合、リンクテーブルを開こうとしても、リンク先のデータベースファイルに接続できず、エラーになってしまうことがあります。そのようなときは、[リンクテーブルマネージャー] ダイアログボックスを使って、リンク先のデータベースファイルの再設定をします。

→ リンク……P.420

リンクテーブルを開こうとしたら以下のようなダイアログボックスが表示された

❶ [OK] をクリック

❷ リンクテーブルを右クリック

❸ [リンクテーブルマネージャー] をクリック

[リンクテーブルマネージャー] ダイアログボックスが表示された

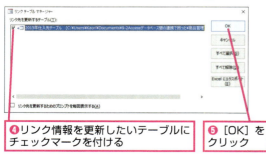

❹ リンク情報を更新したいテーブルにチェックマークを付ける

❺ [OK] をクリック

[(テーブル名)の新しい場所を選択] ダイアログボックスが表示された

❻ 再設定したいリンク先のデータベースファイルの保存先を選択

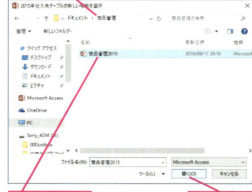

❼ データベースファイルを選択

❽ [開く] をクリック

テーブルのリンク先が更新されたことを確認する

❾ [OK] をクリック

[リンクテーブルマネージャー] ダイアログボックスに戻った

❿ [閉じる] をクリック

リンクが再設定され、リンクテーブルを表示できるようになった

| 関連 ≫671 | 他のファイルに接続してデータを利用したい……P.371 |
| --- | --- |
| 関連 ≫674 | 他のデータベースに接続してデータを利用したい……P.374 |
| 関連 ≫677 | リンクテーブルを通常のテーブルに変更したい……P.375 |

# テキストファイルとの連携

テキストファイルは、多くのソフトウェアで利用できる汎用性の高いファイルです。ここでは、テキストファイルとの連携に関するワザを身に付けましょう。

## 679

お役立ち度 ★★★
2016 / 2013

### Accessのデータをテキストファイルに出力したい

Accessのテーブルやクエリのデータをテキストファイルに書き出したい場合は、[テキストエクスポートウィザード]を使用します。ウィザードを使用すると、エクスポートの形式やフィールドの区切り記号の指定など、テキストファイルの形式を設定しながら簡単に出力できます。　→ウィザード……P.412

❶テキストファイルに出力したいオブジェクトを選択
❷[外部データ]タブをクリック

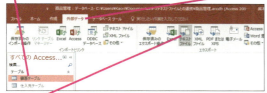

❸[エクスポート]グループの[テキストファイルにエクスポート]をクリック

[エクスポート]ダイアログボックスが表示される

❹出力するファイルの保存先を選択
❺[OK]をクリック

[テキストエクスポート]ウィザードが表示された
❻[区切り記号付き]をクリック

オブジェクトに含まれるフィールドを区切り記号で分けられる
❼[次へ]をクリック

テキストの区切り記号を指定する画面が表示された

❽[カンマ]をクリック
❾[テキスト区切り記号]で["]を選択

テキストのプレビューが表示された
❿[次へ]をクリック

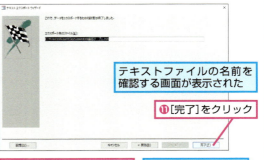

テキストファイルの名前を確認する画面が表示された
⓫[完了]をクリック

⓬[エクスポート]ダイアログボックスが表示されるので、[閉じる]をクリック

指定したオブジェクトがテキストファイルで出力される

関連 ≫670　他のファイルにデータを出力したい …………… P.371

テキストファイルとの連携 ● できる 377

# 680

## テキストファイルをAccessのデータベースに取り込みたい

テキストファイルのデータをAccessのテーブルとして取り込む場合は、[テキストインポートウィザード]を使用します。ウィザードを使うと、テキストファイルの内容を確認しながら、区切り記号の選択やデータ型、主キーなどテーブルに必要な設定を行って取り込めます。インポート後にデザインビューを表示し、各フィールドのデータ型やフィールドサイズを確認しておきましょう。また、インポートの定義を保存すれば、同じ形式の異なるファイルに対しても同じ設定でインポートできるようになります。

### 1 テキストファイルのインポートを開始する

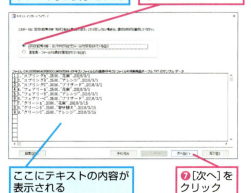

### 2 テキストの区切り記号、フィールド名、データ型を設定する

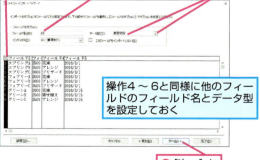

378 できる ● テキストファイルとの連携

お役立ち度 ★★★
2016
2013

### 3 主キーを設定し、インポートを完了する

主キーを設定する画面が表示された

❶[次のフィールドに主キーを設定する]をクリック

❷ここをクリックして[ID]を選択

❸[次へ]をクリック

インポート後のテーブル名を入力する画面が表示された

❹テーブル名を入力

❺[完了]をクリック

❻インポート操作を保存するか確認するダイアログボックスが表示されるので、[閉じる]をクリック

テーブルを表示しておく

指定したテキストファイルを取り込めた

| ID | 商品名 | 価格 | 分類 | 販売日 | クリックして追加 |
|---|---|---|---|---|---|
| 1 | スプリングA | 2500 | 花束 | 2016/03/01 | |
| 2 | スプリングB | 2500 | アレンジ | 2016/03/01 | |
| 3 | スプリングC | 3800 | ブリザード | 2016/03/01 | |
| 4 | フェアリーA | 2500 | 花束 | 2016/03/01 | |
| 5 | フェアリーB | 3800 | アレンジ | 2016/03/01 | |
| 6 | フェアリーC | 3500 | ブリザード | 2016/03/01 | |
| 7 | グリーンA | 2000 | 花束 | 2016/03/15 | |
| 8 | グリーンB | 2500 | 寄せ植え | 2016/03/15 | |
| 9 | グリーンC | 2500 | アレンジ | 2016/03/15 | |

関連 ≫682 テキストファイルの形式にはどんなものがあるの？ ………… P.380

---

## 681 異なるテキストファイルを常に同じ設定で取り込みたい

お役立ち度 ★★★
2016
2013

ワザ680の手順で異なるテキストファイルを同じ設定でインポートしたい場合、区切り記号、フィールド名、データ型の設定を定義ファイルとして保存できます。インポート後のテーブル名を入力する画面で[設定]をクリックし、名前を付けて保存します。保存した定義ファイルの使い方はワザ682を参照してください。

[テキストインポートウィザード]のインポート後のテーブル名を入力する画面で[設定]をクリックしておく

[(ファイル名) インポート定義]ダイアログボックスが表示された

❶[テキストインポートウィザード]で設定した内容が表示されていることを確認

❷[保存]をクリック

[インポート/エクスポート定義の保存]ダイアログボックスが表示された

❸[定義名]を入力

❹[OK]をクリック

[(ファイル名) インポート定義]ダイアログボックスに戻った

❺[OK]をクリック

[テキストインポートウィザード]に戻り、インポートを続ける

## 682

### 保存したインポートの定義を利用するにはどうするの？

テキストファイルのインポート方法を保存した定義ファイルを利用するには、以下の手順のように[テキストインポートウィザード]内で呼び出します。保存されている定義が[インポート/エクスポートの定義]ダイアログボックスに表示されるので、目的の定義を選択して利用しましょう。

[テキストインポートウィザード]を表示しておく

❶[設定]をクリック

[(ファイル名)インポート定義]ダイアログボックスが表示された

❷[定義]をクリック

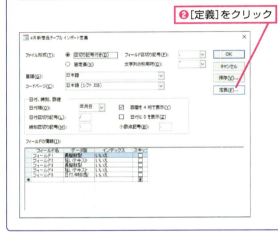

[インポート/エクスポートの定義]ダイアログボックスが表示された

❸[定義名]を選択

❹[開く]をクリック

[(定義名)インポート定義]ダイアログボックスが表示された

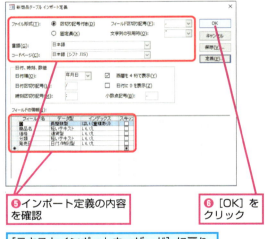

❺インポート定義の内容を確認

❻[OK]をクリック

[テキストインポートウィザード]に戻り、インポートを続ける

## 683

### テキストファイルの形式にはどんなものがあるの？

テキストファイルは、文字データのみのファイルで、各フィールドがカンマやタブなどの区切り記号で区切られて状態で保存されている「区切り記号付きテキストファイル」と各フィールドの開始位置が同じ位置になるように保存されている「固定長テキストファイル」があります。テキストファイルの拡張子は通常「.txt」ですが、ソフトウェアによっては、「.csv」や「.prn」のような拡張子で保存されているファイルもあります。

➡拡張子……P.412

関連 ≫680 テキストファイルをAccessのデータベースに取り込みたい……P.378

# Excelとの連携

Excelの表をAccessで活用したり、AccessのデータからExcelの表を作ったりしたいこともあるでしょう。ここでは、Excelとの連携で役立つワザを紹介します。

## 684

### Excelの表をAccessに取り込みやすくするには

お役立ち度 ★★★
2016 / 2013

ExcelのでをAccessのテーブルとして取り込むには、いくつかの注意点があります。シート単位で表を取り込むには、次の注意点を参考に表を整えておきましょう。

- 1行目は項目名、2行目以降にデータがある
- 1行で1件分のデータ
- シートには1つの表だけがある

なお、取り込みたい表の範囲に名前を付けておけば、名前を単位として取り込めます。例えば、シートの3行目から表が作成されているとか、隣に別の表があるというような場合は、表に名前を付けて取り込むといいでしょう。ただしその場合はワザ686の操作6の画面で［ワークシート］ではなく［名前の付いた範囲］を選択する必要があります。

●取り込めないExcelの表

1行目に項目名がない／データが複数行に別れて入力されている

●シート単位で取り込めるExcelの表

1行目に項目名を入力しておく／1行で1件分のデータになるように項目を設定しておく

●名前の付いた範囲として取り込める表

表に名前を付けておけば、1行目から表が作成されていなくてもインポートできる／インポート時に［名前の付いた範囲］を選択する必要がある

## 685

### Excelの計算式は取り込めないの？

お役立ち度 ★★★
2016 / 2013

Excelの表にある計算式は、計算結果の値のみが取り込まれます。Accessでも計算式を設定したいときは、ExcelからAccessに表をインポートするときに、計算で求められるフィールドはインポートしないでおきます。そして、インポート後にテーブルに［集計］フィールドを追加して、計算式を設定してください。ただし、［集計］フィールドでは、同じテーブル内のフィールドの値を使った計算式しか設定できず、他のテーブルやクエリのフィールドは使用できません。［集計］フィールドを追加する以外に、クエリで演算フィールドを追加して計算式を設定し、計算結果を表示させる方法もあります。

➡演算フィールド……P.412

## 686

# Excelの表をテーブルとして取り込みたい

Excelの表を現在開いているAccessデータベースのテーブルとして取り込むには、[ワークシートインポートウィザード]を使用します。ウィザードの指示に従うだけで、フィールド名やデータ型、主キーなど、テーブルとして取り込むために必要な設定ができます。インポート後にデザインビューを表示し、各フィールドのデータ型やフィールドサイズを確認しておきましょう。　　　　　　　　　　→ウィザード……P.412

### 1 Excel の表のインポートを開始する

❶[外部データ]タブをクリック

❷[インポートとリンク]グループの[Excel]をクリック

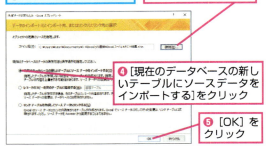

[外部データの取り込み]ダイアログボックスが表示された

❸[参照]をクリックして取り込みたいExcelファイルを選択

❹[現在のデータベースの新しいテーブルにソースデータをインポートする]をクリック

❺[OK]をクリック

[ワークシートインポートウィザード]が表示された

❻[ワークシート]をクリック

❼取り込みたい表を含むシートを選択

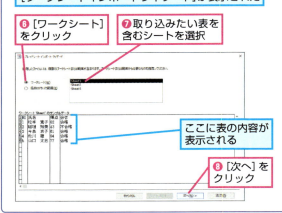

ここに表の内容が表示される

❽[次へ]をクリック

### 2 フィールド名、データ型を設定する

Excelのワークシートの先頭行に入力されているデータをフィールドとして利用するか確認する画面が表示された

❶[先頭行をフィールド名として使う]にチェックマークを付ける

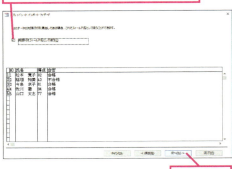

❷[次へ]をクリック

フィールドにオプションを設定する画面が表示された

❸ここをクリック

表見出しに設定されている文字が[フィールド名]に表示される

❹[データ型]でフィールドのデータ型を選択

操作11〜12と同様に他のフィールドのフィールド名とデータ型を設定しておく

❺[次へ]をクリック

| 関連 ≫684 | Excel の表を Access に取り込みやすくするには …………… P.381 |
| 関連 ≫685 | Excel の計算式は取り込めないの？ …………… P.381 |

382　できる　● Excelとの連携

## 3 主キーを設定し、インポートを完了する

主キーを設定する画面が表示された

❶ [次のフィールドに主キーを設定する]をクリック

❷ 主キーを設定するフィールドを選択

❸ [次へ]をクリック

インポート先のテーブル名を入力する画面が表示された

❹ テーブル名を入力

❺ [完了]をクリック

❻ インポート操作を保存するか確認するダイアログボックスが表示されるので[閉じる]をクリック

テーブルを表示しておく

指定したExcelの表を取り込めた

---

# 687

## Excelの表をAccessにコピーしたい

お役立ち度 ★★★
2016 / 2013

Excelで表をコピーして、Accessに貼り付けるだけでもテーブルとして取り込めます。この場合、シート名がテーブル名となります。取り込み後は、デザインビューで主キーやデータ型、フィールドサイズなど設定を確認し、必要な修正を行いましょう。

➡ 主キー……P.414

Accessにコピーするブックのシートを Excelで開いておく

表の1行目に項目名（列ヘッダー）を入力しておく

❶ コピーする範囲を選択

❷ [ホーム]タブをクリック

❸ [コピー]をクリック

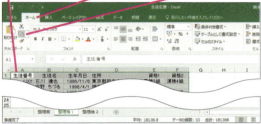

Accessでデータベースファイルを開いておく

❹ [ホーム]タブをクリック

❺ [貼り付け]をクリック

[データの最初の行には、列ヘッダーが含まれていますか？]ダイアログボックスが表示された

❻ [はい]をクリック

❼ [すべてのオブジェクトがインポートされました]ダイアログボックスが表示されたら[OK]をクリック

貼り付けが完了し、Excelのシート名と同じテーブルが作成された

テーブルを開くとデータが表示された

Excelとの連携 ● できる 383

## 688 テーブルやクエリの表をExcelファイルに出力したい

お役立ち度 ★★★
2016 / 2013

テーブルやクエリの表をExcelファイルに書き出して利用したい場合は、対象のオブジェクトをエクスポートします。Excelファイルにエクスポートすると、テーブルやクエリと同じ名前のシートが新規作成されます。

→オブジェクト……P.412

[エクスポート]ダイアログボックスが表示された

❹[参照]をクリックして保存先とファイル名を設定

❶Excelファイルに出力したいオブジェクトを選択

❷[外部データ]タブをクリック

❸[エクスポート]グループの[Excel]をクリック

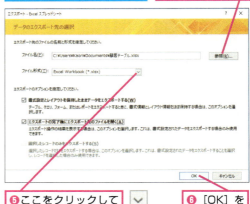

❺ここをクリックしてファイル形式を選択

❻[OK]をクリック

❼エクスポート操作を保存するかどうか確認する画面が表示されるので[閉じる]をクリック

Excelファイルにエクスポートされた

関連 ≫670 他のファイルにデータを出力したい …… P.371
関連 ≫689 テーブルやクエリの表を既存のExcelファイルにコピーしたい …… P.384

---

## 689 テーブルやクエリの表を既存のExcelファイルにコピーしたい

お役立ち度 ★★★
2016 / 2013

Excelファイルにテーブルやクエリの表をコピーするには、コピー先のExcelファイルを開いておき、Accessのナビゲーションウィンドウでコピーしたいテーブルかクエリを選択し、Excelのワークシート上にドラッグします。

→ナビゲーションウィンドウ……P.417

ExcelファイルとAccessデータベースを表示しておく

Accessの画面を横に移動させておく

❶Excelにコピーしたいオブジェクトにマウスポインターを合わせる

マウスポインターの形が変わった

テーブルまたはクエリの内容がExcelファイルのワークシートにコピーされる

❷ここまでドラッグ

関連 ≫688 テーブルやクエリの表をExcelファイルに出力したい …… P.384

# Wordやその他のファイルとの連携

Accessは、いろいろなファイルの取り込みや出力に対応しています。ここでは、Word文書やHTML、PDF形式などと連携する場合の便利なテクニックを取り上げます。

## 690 　Accessのデータ をWordファイルに出力したい

お役立ち度 ★★★
2016 / 2013

AccessのデータをWordファイルに書き出したい場合は、RTFファイルにエクスポートします。RTF（Rich Text Format）ファイルとは、書式を保持するテキストファイルで、Wordと互換性があり、Wordで開いて編集できるファイル形式です。拡張子が「.rtf」となるため、Wordで開いて編集した後は、Word文書形式で保存し直してください。　→拡張子……P.412

❶Wordファイルに出力したいオブジェクトを選択
❷[外部データ]をクリック

❸[その他]をクリック
❹[Word]をクリック

[エクスポート]ダイアログボックスが表示された
❺[参照]をクリックして保存先とファイル名を設定
❻[OK]をクリック

RTFファイルにエクスポートされた

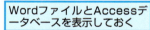

## 691 　テーブルやクエリの表を既存のWordファイルにコピーしたい

お役立ち度 ★★★
2016 / 2013

Accessのテーブルやクエリの表を既存のWordファイルにコピーするには、コピー先となるWord文書を開いておき、ナビゲーションウィンドウからテーブルまたはクエリをWord文書の任意の位置にドラッグします。簡単な操作ですばやくテーブルやクエリのデータをWordの表として利用できます。

WordファイルとAccessデータベースを表示しておく
Accessの画面を横に移動させておく

❶オブジェクトにマウスポインターを合わせる
マウスポインターの形が変わった

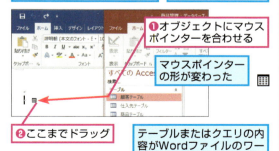

❷ここまでドラッグ
テーブルまたはクエリの内容がWordファイルのワークシートにコピーされる

# 692

## Accessのデータを使ってWordで差し込み印刷をするには

Accessで管理している顧客の名前や連絡先などのデータを、Wordの差し込み印刷ウィザードで取り込むことができます。あらかじめWordでデータを差し込むための文書を作成しておきましょう。ここでは、Wordで作成した案内書にAccessの顧客テーブルの氏名フィールドの値を差し込む手順を例に解説します。
→差し込み印刷……P.413

### 1 [Word差し込みウィザード]を開始する

差し込み印刷に使うテーブルを表示しておく

❶[外部データ]タブをクリック
❷[エクスポート]グループの[Word差し込み]をクリック

[Word差し込みウィザード]ダイアログボックスが表示された

❸[既存のWord文書に差し込む]をクリック
❹[OK]をクリック

### 2 Word文書を選択する

[Microsoft Word文書を選択してください。]ダイアログボックスが表示された

❶差し込み印刷に使用するWord文書ファイルをクリック
❷[開く]をクリック

### 3 Wordで差し込み印刷の設定を開始する

Word文書が開き[差し込み印刷]作業ウィンドウが表示された

[既存のリストを使用]でデータベースファイルとテーブルの名前が表示された

❶文書の[様]の前をクリックしてカーソルを移動
❷[次へ:レターの作成]をクリック

## 4 差し込み印刷するフィールドを挿入する

❶ [差し込みフィールドの挿入] をクリック

❷ [氏名] をクリック

❸ [挿入] をクリック

[様] の前に [«氏名»] が表示された

❹ [閉じる] をクリック

## 5 プレビューを確認し、設定を完了する

❶ [次へ：レターのプレビュー表示] をクリック

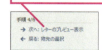

差し込み印刷のプレビューが表示された

[様] の前にテーブルのデータから氏名が表示される

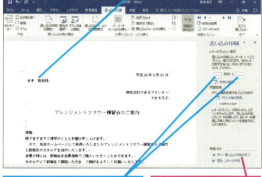

<< >> をクリックすると前後のデータの氏名が表示される

❷ [次へ：差し込み印刷の完了] をクリック

差し込み印刷の設定が完了した

[印刷] をクリックすると印刷を開始できる

| 関連 690 | Access のデータを Word ファイルに出力したい | P.385 |
| --- | --- | --- |
| 関連 691 | テーブルやクエリの表を既存の Word ファイルにコピーしたい | P.385 |

Wordやその他のファイルとの連携　387

# 693

## HTML形式のデータをデータベースに取り込みたい

お役立ち度 ★★☆
2016
2013

HTML形式のファイルの表（tableタグの内容）をAccessのテーブルとして取り込むには、[HTMLインポートウィザード]を使用します。ウィザードの指示に従って操作するだけでHTML形式のファイルをテーブルとして取り込むのに必要な設定が行えます。インポート後にデザインビューを表示し、各フィールドのデータ型やフィールドサイズを確認しておきましょう。

➡HTML……P.410

❶[外部データ]タブをクリック
❷[インポートとリンク]グループの[その他]をクリック
❸[HTMLドキュメント]をクリック

[外部データの取り込み]ダイアログボックスが表示された
❹[参照]をクリックしてHTMLファイルを選択
❺[現在のデータベースの新しいテーブルにソースデータをインポートする]をクリック
❻[OK]をクリック

先頭行をフィールド名として使うか確認する画面が表示された
❼[次へ]をクリック

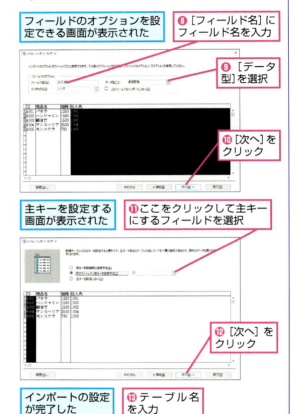

フィールドのオプションを設定できる画面が表示された
❽[フィールド名]にフィールド名を入力
❾[データ型]を選択
❿[次へ]をクリック

主キーを設定する画面が表示された
⓫ここをクリックして主キーにするフィールドを選択
⓬[次へ]をクリック

インポートの設定が完了した
⓭テーブル名を入力
⓮[完了]をクリック

HTMLファイルの表がテーブルとして取り込まれる

388 できる ● Wordやその他のファイルとの連携

# 694

## XML形式のデータをデータベースに取り込みたい

お役立ち度 ★★★
2016 / 2013

XML形式のデータをAccessのテーブルにインポートできます。インポートの際、テーブルのデータを記述しているXMLファイルと、テーブルの定義情報が記述されているXSDファイルが必要です。XMLファイルの中にテーブルの自定義情報が記述されていれば、XMLファイルだけでもインポートできます。

→XML……P.410

> XMLファイルとXSDファイルを用意しておく

❶[外部データ]タブをクリック
❷[インポートとリンク]グループの[XMLファイル]をクリック

❸[参照]をクリックしてXMLファイルを選択

❹[OK]をクリック

❺ここをクリック
❻フィールド名を確認

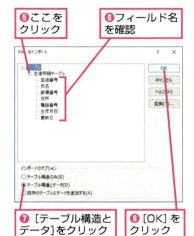

❼[テーブル構造とデータ]をクリック
❽[OK]をクリック

❾[外部データの取り込み]ダイアログボックスが表示されたら[閉じる]をクリック

> XMLファイルがテーブルとして取り込まれた
> テーブルを開くとデータが表示された

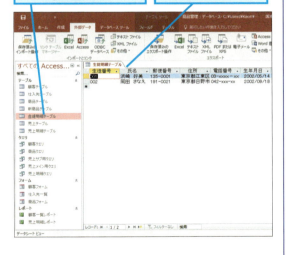

| 関連 | HTML形式のデータを |
| --- | --- |
| ≫693 | データベースに取り込みたい …… P.388 |

# 695 Outlookのアドレス帳をデータベースに取り込みたい

お役立ち度 ★★★
2016
2013

OutlookのアドレスをAccessのテーブルとして取り込めます。Outlookの連絡先には、多くのフィールドがあります。余分なフィールドのデータは読み込まないように、データが空欄のフィールドは「Exchange/Outlookウィザード」のインポートのオプションを設定する画面でインポートしない指定を行いましょう。

**同じパソコンでOutlookの設定を行っておく**

❶ [外部データ] タブをクリック
❷ [その他] をクリック

❸ [Outlookフォルダー] をクリック

❹ [現在のデータベースの新しいテーブルにソースデータをインポートする]をクリック

❺ [OK]をクリック

**[Exchange/Outlookインポートウィザード] ダイアログボックスが表示された**

**Outlookで使用している連絡先を取り込む**

❻ アカウント名のここをクリック
❼ [連絡先] をクリック

❽ [次へ]をクリック

**インポートのオプションを指定する画面が表示された**

❾ フィールドをクリック

フィールド名やデータ型を指定できる

インポートしないフィールドは [このフィールドをインポートしない]にチェックマークを付ける

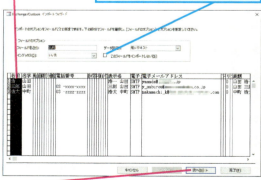

❿ [次へ]をクリック

主キーの設定などを行い、インポートを実行する

# 696 AccessのデータをHTML形式で出力したい

お役立ち度 ★★★
2016 / 2013

AccessのデータをHTML形式で出力すると、テーブルやクエリの内容をtableタグの表にしてWebページに表示できます。HTML形式での出力は、出力先やファイル名を指定するだけです。　→HTML……P.410

❶ HTML形式で出力したいオブジェクトを選択
❷ [外部データ]タブをクリック

❸ [エクスポート]グループの[その他]をクリック
❹ [HTMLドキュメント]をクリック

[エクスポート]ダイアログボックスが表示された

❺ [参照]をクリックして保存先とファイル名を設定

❻ [OK]をクリック

エクスポートの操作を保存するか確認する画面が表示された

ここでは保存しない
❼ [閉じる]をクリック

❽ 出力したHTMLファイルをブラウザーで表示
指定したオブジェクトがHTML形式で出力された

| 関連 ≫670 | 他のファイルにデータを出力したい …………… P.371 |
| 関連 ≫693 | HTML形式のデータをデータベースに取り込みたい …………… P.388 |
| 関連 ≫697 | AccessのデータをXML形式で出力したい …………… P.392 |

Wordやその他のファイルとの連携　できる　391

# 697

## AccessのデータをXML形式で出力したい

Accessでは、エクスポートする情報を指定してXML形式で出力できます。これにより、XML形式のファイルに対応しているソフトウェア間でデータの共有が可能になります。エクスポートする情報は、XMLファイル、XSDファイル、XSLファイルの中から選択できます。それぞれの内容は以下の表の通りです。

→XML……P.411

### ●エクスポートできる情報の種類

| ファイル形式 | 内容 |
| --- | --- |
| XMLファイル | レコードが保存されている |
| XSDファイル | 主キー、インデックス、データ型などデータ構造が保存されている |
| XSLファイル | データの表示方法が保存されている |

❶[XML形式で出力したいオブジェクトを選択

❷[外部データ]タブをクリック

❸[エクスポート]グループの[XMLファイル]をクリック

[エクスポート]ダイアログボックスが表示された

❹[参照]をクリックして保存先とファイル名を設定

❺[OK]をクリック

[XMLのエクスポート]ダイアログボックスが表示された

❻エクスポートしたい情報にチェックマークを付ける

❼[OK]をクリック

❽エクスポート操作を保存するか確認する画面が表示されるので[閉じる]をクリック

出力したXMLファイルを表示しておく

指定したオブジェクトがXML形式で出力された

関連 ≫696 Accessのデータを HTML形式で出力したい …… P.391

392 できる ● Wordやその他のファイルとの連携

# 698 AccessのデータをPDF形式で出力したい

お役立ち度 ★★★
2016 / 2013

オブジェクトをPDF形式、XPS形式のファイルとして出力できます。PDF形式で保存すれば、Accessを利用できなくても、パソコンやスマートフォンなどさまざまな環境でデータを見られるようになります。

→PDF……P.410

❶ PDF形式で出力したいオブジェクトを選択
❷ ［外部データ］をクリック

❸ ［エクスポート］グループの［PDFまたはXPS］をクリック

［PDFまたはXPS形式で保存］ダイアログボックスが表示された

❹ ファイルの保存先を選択
❺ ファイル名を入力

❻ ［ファイルの種類］で［PDF］を選択
❼ ［発行］をクリック

テーブルをPDF形式で出力できた

## STEP UP! Access以外のソフトウェアのデータを有効活用しよう

Accessでデータを管理していても、Accessがないとデータが使えないということはありません。Accessは、テキストファイルやExcelファイル、Word文書、HTMLなど、さまざまなファイル形式のデータと連携が可能です。Accessに搭載されている連携の機能を利用すれば、いろいろなファイルからデータを取り込んだり、出力したりして、データ活用の幅が大いに広がります。この章を参考にいろいろな連携を行い、データベースを活用してください。

Wordやその他のファイルとの連携 ● できる 393

# 第10章 その他のワザとセキュリティのワザ

## バージョン間の互換性

業務で使用しているAccessのバージョンがバラバラだと、ファイルの互換性で問題が起こりがちです。ここではそのような問題を解決しましょう。

---

### 699 バージョンとファイル形式にはどんな関係があるの？

お役立ち度 ★★★　2016 2013

2016年12月現在、MicrosoftがサポートしているAccessのバージョンは、新しいものから順にAccess 2016、2013、2010、2007の4バージョンです。これらのバージョンのファイル形式は、共通の「Access 2007-2016ファイル形式」（拡張子「.accdb」）です。ファイル形式が共通なので、これら4バージョンの間では、新機能の使用の有無に注意を払う必要はあるものの、同じデータベースをそのまま利用できます。なお、Access 2016で作成した「Access 2007-2016ファイル形式」のデータベースをAccess 2013で開くと「Access 2007～2013ファイル形式」と表示されますが、ファイル形式は同じです。

Access 2007より前のバージョンでは、バージョンによってデータベースファイルのファイル形式が頻繁に変わっていました。Access 2003/2002で作成したデータベースは「Access 2002-2003ファイル形式」（拡張子「.mdb」）、Access 2000で作成したデータベースは「Access 2000ファイル形式」（拡張子「.mdb」）となります。これらのファイル形式のデータベースは2007以降のAccessでも使用できますが、これよりも前のファイル形式のデータベースは利用できません。

**関連 ≫700** ファイル形式によって利用できる機能は変わるの？ ..................... P.394

---

### 700 ファイル形式によって利用できる機能は変わるの？

お役立ち度 ★★☆　2016 2013

Access 2003からAccess 2007へのバージョンアップを境に、それぞれのファイル形式で利用できる機能が大きく変化しました。また、それに伴い拡張子も変わりました。Access 2002-2003ファイル形式やAccess 2000ファイル形式の拡張子は「.mdb」（MDBファイル）、Access 2007-2016ファイル形式の拡張子は「.accdb」（ACCDBファイル）です。

ACCDBファイルには以下の新機能が追加されていますが、これらの機能はMDBファイルでは使用できません。反対に、MDBファイル特有の機能は、ACCDBファイルでは使用できません。業務で古くから使用しているMDBファイルをACCDBファイルに変換する場合は注意してください。

#### ●ACCDBファイルのみの機能の例
・添付ファイル型
・複数値を持つフィールド
・メモ型のフィールドの履歴管理
・ACCDBファイルへのリンク

#### ●MDBファイルのみの機能の例
・メニュー用フォームビルダー

➡ACCDBファイル······P.410
➡MDBファイル······P.410
➡拡張子······P.412

**関連 ≫699** バージョンとファイル形式にはどんな関係があるの？ ..................... P.394

---

394　できる ● バージョン間の互換性

## 701 データベースのファイル形式が分からない

お役立ち度 ★★☆
2016 / 2013

Accessのタイトルバーで、現在開いているデータベースファイルのファイル形式を確認できます。また、ファイルの拡張子やアイコンで、ACCDBファイルとMDBファイルを区別できます。

　　➡ACCDBファイル……P.410
　　➡MDBファイル……P.410
　　➡拡張子……P.412

●タイトルバーでファイル形式を確認する

| タイトルバーでファイル形式を確認できる | ◆ACCDBファイル |

●拡張子でファイル形式を確認する

◆ACCDBファイル（左：拡張子なし／右：拡張子あり）

◆MDBファイル（左：拡張子なし／右：拡張子あり）

関連 ≫699　バージョンとファイル形式にはどんな関係があるの？……P.394
関連 ≫700　ファイル形式によって利用できる機能は変わるの？……P.394

## 702 以前のファイル形式のデータベースで新バージョンの機能は使えるの？

お役立ち度 ★★☆
2016 / 2013

Access 2016/2013でMDBファイルを開いた場合、添付ファイル型や複数値のフィールドなど、ACCDBファイルの機能は使えません。新機能を利用するには、ワザ705を参考にファイル形式を変換しましょう。ただし、ACCDBファイルに変換するとMDBファイル特有の機能が利用できなくなるので注意してください。なお、Access 2016/2013でMDBファイルを開いた状態で、データシートの集計機能などの編集に関する新機能は利用できます。

　　➡ACCDBファイル……P.410
　　➡MDBファイル……P.410

関連 ≫700　ファイル形式によって利用できる機能は変わるの？……P.394

### STEP UP! ファイルの拡張子を表示するには

Windowsの初期設定ではファイルの拡張子が表示されないので、ファイル形式の判断に迷うことがあります。ファイル形式をきちんと区別できるようにしたい場合は、以下のように操作して、拡張子を表示させましょう。

任意のフォルダーを開いておく

❶ [表示]タブをクリック
❷ [ファイル名拡張子]にチェックマークを付ける

ファイル名の後ろに拡張子が表示される

拡張子を非表示にするには、[ファイル名拡張子]のチェックマークをはずす

## 703 現在のバージョンとは異なるファイル形式のデータベースを開きたい

お役立ち度 ★★☆　2016　2013

Accessでは、現在のバージョンで開くことが可能なファイル形式であれば、どのファイル形式のデータベースも開き方は同じです。［ファイルを開く］ダイアログボックスには、ACCDBファイルとMDBファイルの両方が表示されるので、ACCDBファイルを開くときと同じ要領で、Access 2002-2003ファイル形式やAccess 2000ファイル形式のMDBファイルを開けます。

→ACCDBファイル……P.410
→MDBファイル……P.410

**関連 ≫040** データベースを開くには ……P.49

## 704 ACCDBファイルをMDBファイルに変換したい

お役立ち度 ★★★　2016　2013

ACCDBファイルをMDBファイルに変換するには、ワザ705の手順を参考に［名前を付けて保存］ダイアログボックスを表示し、［データベースに名前を付けて保存］の一覧からMDBファイルのファイル形式を選択して保存します。変換後のMDBファイルを開くと、ナビゲーションウィンドウにテーブルしか表示されませんが、ワザ056を参考に表示方法を［すべてのAccessオブジェクト］に変更すれば、クエリやフォームなど、テーブル以外のオブジェクトを表示できます。なお、ACCDBファイル特有の機能を使用している場合は、MDBファイルに変換できないので注意してください。

→ACCDBファイル……P.410
→MDBファイル……P.410
→ナビゲーションウィンドウ……P.417

**関連 ≫705** MDBファイルをACCDBファイルに変換したい ……P.396

## 705 MDBファイルをACCDBファイルに変換したい

お役立ち度 ★★★　2016　2013

MDBファイルを開いて［名前を付けて保存］の機能を使用すると、ACCDBファイルとして保存できます。このとき、元のMDBファイルをそのまま残しながら、別途新しいACCDBファイルが作成されます。作成されたファイルには従来のウィンドウ形式が適用されるので、ワザ065を参考に［タブ付きドキュメント］形式に変更するとよいでしょう。
なお、ACCDBファイルに変換すると、MDBファイル特有の機能は使用できなくなるので注意してください。

MDB形式のファイルを開いておく　オブジェクトは開かないでおく

❶［ファイル］タブをクリック

❷［名前を付けて保存］をクリック　❸［データベースに名前を付けて保存］をクリック

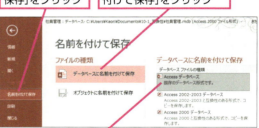

❹［Accessデータベース］をクリック
❺［名前を付けて保存］をクリック

ファイル名を入力して保存する

**関連 ≫065** オブジェクトが開くときのウィンドウ形式を指定したい ……P.60

## 706 Access 97以前のファイル形式は扱えるの？

お役立ち度 ★★☆  2016 / 2013

Access 2016/2013で に、Access 97ファイル形式やAccess 95ファイル形式のデータベースを使用できません。Access 2003がサポートされていたときには、Access 2003を利用してファイル形式をAccess 2002-2003形式に変換し、それを新しいバージョンのAccessで開くことが可能でした。Access 2003のサポートが終了して使用できない今となっては、その方法も利用できません。Access 2002-2003ファイル形式やAccess 2000ファイル形式もサポートが永遠に保証されているわけではないので、古くから使用しているデータベースは、徐々に新しいファイル形式に変換していくことを検討するといいでしょう。

［前のバージョンのアプリケーションで作成されたデータベースを開くことはできません］というダイアログボックスが表示された

## 707 Access 2016/2013で作成したファイルをAccess 2010/2007で使用できる？

お役立ち度 ★★★  2016 / 2013

Access 2016/2013/2010/2007のファイル形式は共通なので、Access 2016/2013で作成したファイルは、Access 2010/2007で開いて使用できます。ただし、Access 2016/2013/2010では、ACCDBファイルに下記のような新機能の追加と機能強化があり、そのような機能を含むファイルは、Access 2007で開けない場合や、開けても読み取り専用になる場合があるので注意してください。

●Access 2010以降のファイル形式の主な変更点
・集計フィールド（新機能）
・データマクロ（新機能）
・空白セルコントロール（新機能）
・暗号化（機能強化）

## 708 リボンに表示されるボタンがいつもと違う

お役立ち度 ★★★  2016 / 2013

リボンに表示されるボタンがいつもと違う場合は、2つの可能性が考えられます。1つは、ワザ038で説明したとおり、画面の解像度やAccessのウィンドウのサイズがいつもと異なる場合です。その場合、画面の解像度やウィンドウのサイズを調整してください。
もう1つの可能性は、開いているデータベースファイルのファイル形式が異なる場合です。
リボンのボタン構成は、開いているデータベースのファイル形式によって変わります。Access 2002-2003ファイル形式やAccess 2000ファイル形式などのMDBファイルを開いたときは、MDBファイル特有の機能を実行するためのボタンが表示されます。

➡MDBファイル……P.410

◆Access 2003ファイル形式を開いた場合

MDBファイル特有の機能を実行するボタンが表示される

◆Access 2016ファイル形式を開いた場合

MDBファイル特有の機能を実行するボタンは表示されない

| 関連 ≫027 | リボンの構成を知りたい …………………………… P.42 |
| 関連 ≫701 | データベースのファイル形式が分からない …………………………… P.395 |
| 関連 ≫705 | MDBファイルをACCDBファイルに変換したい …………………………… P.396 |

バージョン間の互換性 ● できる 397

# データベースの仕上げ

ここでは、データベースを開いたときにメニューを表示したり、フォームやレポートの作成・編集を制限したりなど、Accessに不慣れな人でも安心して使えるようにするテクニックを紹介します。

## 709 起動時にメニューフォームを表示するには

お役立ち度 ★★★
2016 / 2013

メニュー用のフォームを含むデータベースでは、Accessを起動したときに自動でそのフォームが表示されるように設定しておくと、すぐに作業を開始できて便利です。また、Accessに不慣れな人にとっても、使いやすいシステムに仕上がります。

[Accessのオプション] ダイアログボックスを表示しておく

❶[現在のデータベース]をクリック

❷[フォームの表示]のここをクリックしてフォームを選択

❸[OK]をクリック

## 710 起動時にナビゲーションウィンドウを非表示にするには

お役立ち度 ★★☆
2016 / 2013

ナビゲーションウィンドウ代わりのメニューフォームを用意した場合、起動時にナビゲーションウィンドウを非表示にすると、ドキュメントウィンドウを広く使えます。F11キーを押せば、非表示のナビゲーションウィンドウを表示できます。

[Accessのオプション] ダイアログボックスを表示しておく

❶[現在のデータベース]をクリック

❷[ナビゲーションウィンドウを表示する]のチェックマークをはずす

❸[OK]をクリック

## 711 リボンに最小限のタブしか表示されないようにするには

お役立ち度 ★★☆
2016 / 2013

[Accessのオプション] ダイアログボックスの [現在のデータベース] 画面で、[リボンとツールバーのオプション] 欄にある[すべてのメニューを表示する]のチェックマークをはずすと、[ファイル]と[ホーム]以外のタブを非表示にできます。また、[ファイル] タブのファイル関連の項目も非表示になります。ユーザーによる誤操作を防ぎたいときに設定するといいでしょう。

# 712

## 起動時の設定を無視してデータベースを開くには

お役立ち度 ★★★
2016 / 2013

ワザ709～ワザ711で紹介した起動時の設定を無視してデータベースファイルを開くには、[Shift]キーを押しながらファイルアイコンをダブルクリックします。[ファイルを開く]ダイアログボックスから開く場合は、ファイルを選択して、[Shift]キーを押しながら[開く]ボタンをクリックします。パスワードが設定されているデータベースの場合は、パスワードを入力し、[Shift]キーを押しながら[OK]ボタンをクリックしてください。

# 713

## データベースのデザインを変更できないようにしたい

お役立ち度 ★★★
2016 / 2013

データベースをACCDEファイルとして保存すると、フォーム/レポートの新規作成、既存のフォーム/レポートのデザインの表示、モジュールの作成などの操作が行えなくなります。客先に納入するデータベースのデザインを見られたくない場合や、不慣れなユーザーによる誤操作を防ぎたい場合に便利です。フォームなどの修正が必要なときは、元のデータベースファイルを修正し、テーブルをACCDBファイルのデータで置き換えてから、再度ACCDEファイルとして保存します。

➡ACCDBファイル……P.410

[ファイル]タブの[名前を付けて保存]をクリックして[名前を付けて保存]画面を表示しておく

❶[データベースに名前を付けて保存]をクリック
❷[ACCDEの作成]をクリック
❸[名前を付けて保存]をクリック

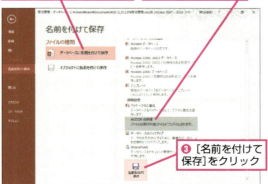

ACCDBファイルと同じフォルダーにACCDEファイルを保存する

エクスプローラーを開いておく
❹ACCDEファイルをダブルクリック

[Microsoft Accessのセキュリティに関する通知]ダイアログボックスが表示された場合は[OK]をクリックする

ACCDEファイルが開いた

オブジェクトの作成に関係するほとんどの機能が無効になった

フォームやレポートを右クリックしたときの[デザインビュー]が無効になった

# データベースの管理

Accessには、データベースファイルやデータベースオブジェクトを管理するためのさまざまな機能が用意されています。ここでは、そのような機能を紹介します。

## 714 データベースのファイルサイズがどんどん大きくなってしまう

お役立ち度 ★★★ 2016 / 2013

デザインの変更やデータの更新をしただけでも、データベースのファイルサイズが大きくなることがあります。ユーザーが行うさまざまな作業の裏側で一時的な隠しオブジェクトが作成され、そのオブジェクトがファイル内に残ってしまうことが原因です。また、オブジェクトやデータを削除したとしても、利用していた領域はファイル内に残るため、ファイルサイズは小さくなりません。

このような状態を解決するには、[データベースの最適化/修復]を実行します。データベースファイルの不要な領域が削除され、ファイルサイズが小さくなります。なお、[データベースの最適化/修復]を実行する前に、他に同じデータベースを使用しているユーザーがいないことを確認しましょう。また、万が一のトラブルに備え、あらかじめデータベースをバックアップしておきます。

➡オブジェクト……P.412
➡最適化……P.413

**ファイルサイズを小さくしたいデータベースを表示しておく**

❶[データベースツール]タブをクリック

❷[データベースの最適化/修復]をクリック

関連 ≫717 データベースをバックアップしたい……P.401

## 715 データベースが破損してしまった

お役立ち度 ★★★ 2016 / 2013

破損したデータベースファイルは、[データベースの最適化/修復]機能で修復できる可能性があります。データベースファイルがAccessで開けない状態の場合は、いったん正常なデータベースファイルを開き、[ファイル]タブから[閉じる]をクリックします。すると、Accessがファイルを開いていない状態になります。この状態で[データベースツール]タブにある[データベースの最適化/修復]を実行すると、修復対象のファイルの選択画面が表示されるので、ファイルを指定しましょう。このとき、修復中に破損したテーブルから一部のデータが切り捨てられる場合がありますが、切り捨てられたデータはバックアップからインポートして復元できることもあるので、あらかじめ破損したデータベースファイルをバックアップしておいてください。

[データベースの最適化/修復]を実行しても破損が解消されないときは、新しいデータベースファイルを作成し、破損したデータベースからオブジェクトを1つずつインポートします。それもできない場合は、専門の業者に修復を依頼するなどの方法を検討しましょう。

➡最適化……P.413

## 716 ファイルを閉じるときに自動で最適化したい

お役立ち度 ★★★ 2016 / 2013

[Accessのオプション]ダイアログボックスの[現在のデータベース]画面で、[アプリケーションオプション]欄にある[閉じるときに最適化する]にチェックマークを付けると、データベースファイルを閉じるときに自動的に最適化を行えます。

## 717 データベースをバックアップしたい

お役立ち度 ★★★　2016 / 2013

ディスクやデータベースファイルの破損、誤操作によるデータの消失に備えて、こまめにデータベースをバックアップしましょう。データベースファイルをコピーすれば、バックアップできます。[データベースのバックアップ]という機能を利用してバックアップすることも可能です。ドライブの破損の可能性も考慮し、元のデータベースファイルとは異なるドライブにバックアップするのが理想的です。

❶[ファイル]タブをクリック
❷[名前を付けて保存]をクリック
❸[データベースに名前を付けて保存]をクリック

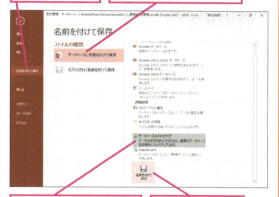

❹[データベースのバックアップ]をクリック
❺[名前を付けて保存]をクリック

[名前を付けて保存]ダイアログボックスが表示された
ファイル名に日付が付け加えられた

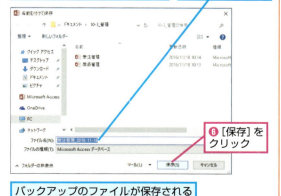

❻[保存]をクリック

バックアップのファイルが保存される

## 718 オブジェクト同士の関係を調べたい

お役立ち度 ★★★　2016 / 2013

[オブジェクトの依存関係]の機能を使用すると、指定したオブジェクトに依存するオブジェクトを調べられます。例えばテーブルに依存するオブジェクトを調べると、リレーションシップで結合しているオブジェクトや、そのテーブルを基に作成したオブジェクトが一覧表示されます。ただし、ユニオンクエリなど一部のオブジェクトの依存関係は調べられません。そのようなオブジェクトは[無視されたオブジェクト]に一覧表示されるので、別途デザインビューを開くなどして手動で調べましょう。

→ リレーションシップ……P.420

❶依存関係を調べたいオブジェクトを選択
❷[データベースツール]タブをクリック

❸[オブジェクトの依存関係]をクリック

[オブジェクトの依存関係]作業ウィンドウが表示された
選択したオブジェクトに直接依存するオブジェクトが表示された

❹ここをクリック

指定したオブジェクトに依存するオブジェクトが表示された

データベースの管理　401

## 719 オブジェクトの依存関係を調べられない

お役立ち度 ★★★
2016 / 2013

ワザ718で解説した［オブジェクトの依存関係］は、名前の自動修正に関する機能が有効でないと実行できません。以下の手順で［名前の自動修正情報をトラックする］にチェックマークを付けると、オブジェクトの依存関係を解析できるようになります。なお、［名前の自動修正を行う］にもチェックマークを付けると、オブジェクト名を変更したときに、その変更を他のオブジェクトに反映できます。初期設定では、どちらもチェックマークが付いています。

➡ オブジェクト……P.412

［Accessのオプション］ダイアログボックスを表示しておく

❶［現在のデータベース］をクリック

❷［名前の自動修正情報をトラックする］と［名前の自動修正を行う］にチェックマークが付いていることを確認

❸［OK］をクリック

オブジェクトの依存関係を解析できることが確認できた

関連
≫ 718 オブジェクト同士の関係を調べたい …… P.401

## 720 オブジェクトの処理効率を上げたい

お役立ち度 ★★★
2016 / 2013

［パフォーマンスの最適化ツール］を使用すると、データベースの構造が解析され、処理効率を上げるための設定が提案されます。提案項目は重要度の高い順に［推奨事項］［提案事項］［アイデア］に分類され、前者の2種類の提案は［最適化］で自動実行できます。

パフォーマンスを解析したいデータベースを開いておく

❶［データベースツール］タブをクリック

❷［パフォーマンスの最適化］をクリック

［パフォーマンス最適化ツール］ダイアログボックスが表示された

❸［すべてのオブジェクト］タブをクリック

ここではすべてのオブジェクトのパフォーマンスを解析する

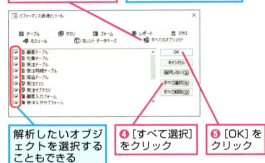

解析したいオブジェクトを選択することもできる

❹［すべて選択］をクリック

❺［OK］をクリック

データベースが解析され、解析結果が表示された

❻ 最適化する項目を選択

❼［最適化］をクリック

最適化が終了すると［修正済み］マークが表示される

❽［閉じる］をクリック

# 721 オブジェクトの設定情報を調べたい

お役立ち度 ★★★
2016 / 2013

[データベース構造の解析]を使用すると、指定したオブジェクトの設定内容をレポートに出力できます。フィールドプロパティや、リレーションシップ、コントロールのプロパティなどを一覧表に印刷して確認できるので便利です。なお、表示されたレポートはレポートとして保存できません。保存したい場合は、[印刷プレビュー]タブの[データ]グループにあるボタンを使用して、PDFやテキストファイルなどに保存してください。

データベース構造を解析したいデータベースを開いておく

❶ [データベースツール]タブをクリック
❷ [データベース構造の解析]をクリック

[データベース構造の解析]ダイアログボックスが表示された

❸ [テーブル]タブをクリック

ここではテーブルの設定情報を調べる

❹ 設定情報を調べたいオブジェクトにチェックマークを付ける
❺ [オプション]をクリック

[テーブル定義の印刷]ダイアログボックスが表示された

❻ レポートに表示したい項目にチェックマークを付ける

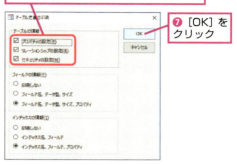

❼ [OK]をクリック

[データベース構造の解析]ダイアログボックスが表示された

❽ [OK]をクリック

選択したオブジェクトの解析結果のレポートが印刷プレビューで表示された

必要な場合は印刷する

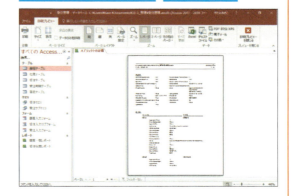

関連 ≫570 印刷イメージを別ファイルとして保存できないの？ ……… P.302

# データベースの共有

Accessのデータベースファイルは、共有フォルダーに保存して、複数の人で利用できます。ここでは共有に関するワザを取り上げます。

## 722 自分だけがデータベースを使用したい

Accessのデータベースファイルがサーバーなどネットワーク上の共有スペースにあるときは、複数のユーザーが同じデータベースを同時に開いて編集できます。そのような状態を「共有モード」と呼びます。共有モードはデータを有効活用できるため便利ですが、他のユーザーがデータベースファイルを開いていると、データベースファイルの最適化やパスワードの設定・解除などのメンテナンスを実行できず、困ります。排他モードでデータベースファイルを開いておくと、後からそのデータベースファイルを開こうとしたユーザーにワザ052のような「データベースが使用中で開けない」という内容のメッセージが表示され、データベースファイルが排他モードで開かれていることが伝えられます。排他モードで開いたデータベースファイルを閉じるまで、他のユーザーはそのデータベースファイルを開けなくなります。

関連 ≫052 [このファイルは使用されています]というメッセージが表示された……P.54

## 723 誰がデータベースを開いているか知りたい

Accessのデータベースファイルを開くと、最初のユーザーが開いた時点でデータベースファイルが保存されたフォルダ内に、データベースファイルと同じ名前のロック情報ファイル（拡張子「.laccdb」）が自動的に作成されます。不正終了などが発生した場合を除いて、最後のユーザーがデータベースファイルを閉じると、ロック情報ファイルは自動的に削除されます。したがって、フォルダ内にロック情報ファイルがあれば、そのデータベースファイルを誰かが開いているという目安になります。また、ロック情報ファイルをコピーしてWordで開くと、最初のユーザーがデータベースファイルを開いてから現在までにそのデータベースを開いたユーザーの［コンピュータ名］を確認できます。なお、排他モードで開いている場合は、ロック情報ファイルは作成されません。

➡ロック……P.420

# 724 複数のユーザーが同じレコードを同時に編集したら困る

お役立ち度 ★★★
2016 / 2013

複数のユーザーでデータベースを共有しながら、同じレコードが同時に編集されないようにするには、レコードをロックします。以下のように操作すると、編集中のレコードをロックできます。また、操作2のメニューから［すべてのレコード］をクリックすると、編集中のレコードを含むテーブル内のレコードをロックできます。 ➡ロック……P.420

[Accessのオプション] ダイアログボックスを表示しておく

❶［詳細設定］をクリック
❷［編集済みレコード］をクリック
❸［レコードレベルでロックして開く］にチェックマークが付いていることを確認
❹［OK］をクリック

編集中のレコードがロックされる

# 725 特定のクエリやフォームのレコードをロックしたい

お役立ち度 ★★☆
2016 / 2013

クエリやフォームでは、［Accessのオプション］での設定とは別に、個別にレコードをロックする設定を行えます。以下ではクエリでの操作を紹介していますが、フォームでもプロパティシートで同様に設定できます。 ➡ロック……P.420

デザインビューでクエリを表示し、プロパティシートを表示しておく

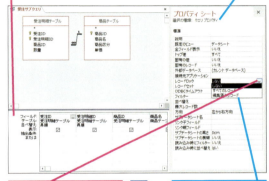

❶デザイングリッドの枠外をクリック
［選択の種類］に［クエリプロパティ］と表示された
❷［レコードロック］のここをクリック
レコードロックの種類を選択できる

# 726 他のユーザーと同じレコードを同時に編集するとどうなるの？

お役立ち度 ★★☆
2016 / 2013

レコードをロックしていない場合、複数のユーザーが同時に同じデータを編集する可能性があります。その場合、レコードの保存時に［データの競合］ダイアログボックスが表示され、どちらの変更を反映するのかを選択して、競合を解決できます。

違うパソコンで同時に同じレコードを編集したため［データの競合］ダイアログボックスが表示された

# 727 データベースを分割して共有したい

お役立ち度 ★★☆
2016 / 2013

データベースを共有するとき、テーブルだけをファイルサーバーに置いて共有すると、全オブジェクトを共有するより処理速度が向上します。各自のパソコンには、テーブルへのリンクとその他のオブジェクトを置いて使用します。テーブルだけのデータベースを「バックエンドデータベース」、各自のパソコンに置くデータベースを「フロントエンドデータベース」と呼びます。

[データベース分割ツール]を利用すると、データベース内のテーブルを新しいデータベースに分割できます。元のデータベースには、テーブルへのリンクが作成されます。新しいデータベースをバックエンド、元のデータベースをフロントエンドとして使用します。フロントエンドデータベースは各自で使いやすいようにカスタマイズできることもメリットです。

**テーブルだけをファイルサーバーで共有する**

◆バックエンドデータベース
◆フロントエンドデータベース

**分割したいデータベースを開いておく**

❶[データベースツール]タブをクリック
❷[Accessデータベース]をクリック

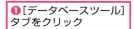

[データベース分割ツール]ダイアログボックスが表示された

❸[データベースの分割]をクリック

[バックエンドデータベースの作成]ダイアログボックスが表示された

❹ファイルの保存場所を選択

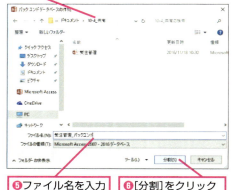

❺ファイル名を入力
❻[分割]をクリック

❼[OK]をクリック

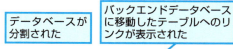

データベースが分割された

バックエンドデータベースに移動したテーブルへのリンクが表示された

406 できる ● データベースの共有

# データベースのセキュリティ

大切なデータを外部に漏らさないためには、セキュリティに対する意識が重要です。セキュリティに関する機能を利用してデータを守りましょう。

## 728 データベースの安全性が心配

お役立ち度 ★★★
2016 / 2013

データベースファイルにはアクションクエリやマクロを自由に保存できますが、第三者がこれを悪用して、データを消去するようなクエリやパソコンに害を及ぼすマクロを作成しないとも限りません。データベースファイルの起動と同時にそのようなクエリやマクロが実行されてしまうと危険です。データやパソコンを守るために、[マクロの設定]を確認しましょう。[セキュリティセンター]ダイアログボックスで[すべてのマクロを有効にする]が設定されている場合、危険なクエリやマクロが実行されてしまう可能性があるので、[警告を表示してすべてのマクロを無効にする]に設定を変更します。この設定により、データベースファイルを開くときに、リボンの下に[セキュリティの警告]のメッセージバーが表示され、アクションクエリなどが実行できない無効モードになります。データベースファイルが安全だと判断できる場合は、自分で無効モードを解除できます。これ以外の2つの選択肢はより安全な設定ですが、[警告を表示してすべてのマクロを無効にする]はデータベースを開く時点で無効モードを解除できるので実用的です。

➡ マクロ……P.418

[セキュリティセンター]ダイアログボックスが表示された

❸ [マクロの設定]をクリック

❹ [すべてのマクロを有効にする]が設定されている場合は、[警告を表示してすべてのマクロを無効にする]をクリック

[Accessのオプション]ダイアログボックスを表示しておく

❶ [セキュリティセンター]をクリック

❷ [セキュリティセンターの設定]をクリック

[すべてのマクロを有効にする]以外が設定されている場合は、そのままにしておく

❺ [OK]をクリック

[Accessのオプション]ダイアログボックスに戻るので、[OK]をクリックして閉じておく

データベースファイルを開くときに常にマクロの安全性を確認するよう設定できた

関連 ≫040 データベースを開くには ……………… P.49
関連 ≫046 データベースを開いたら[セキュリティの警告]が表示された ……… P.52
関連 ≫729 起動時に[セキュリティの警告]を解除するのが面倒 ……………… P.408

## 729 起動時に［セキュリティの警告］を解除するのが面倒

お役立ち度 ★★☆
2016 / 2013

Accessの初期設定では、データベースファイルを開くとリボンの下に［セキュリティの警告］のメッセージバーが表示され、無効モードになります。そのため、データベースファイルに悪意のあるプログラムが含まれている場合でも、そのプログラムの実行を阻止できるので安全です。

とはいえ、セキュリティ対策をしている場所に保存した安全なデータベースに［セキュリティの警告］が表示されるのは煩わしいものです。ワザ728を参考に［セキュリティセンター］ダイアログボックスを表示して以下のように操作すると、第三者が侵入できない安全なフォルダーを［信頼できる場所］として登録できます。登録したフォルダーにデータベースファイルを保存しておけば、データベースファイルを開いたときに無効モードにならないので、解除の手間が省けます。

［Microsoft Officeの信頼できる場所］ダイアログボックスが表示された

❸［信頼できる場所を設定］　❹［説明］を入力

❺［OK］をクリック

［セキュリティセンター］ダイアログボックスを表示しておく

❶［信頼できる場所］をクリック

❷［新しい場所の追加］をクリック

［この場所のサブフォルダーも信頼する］にチェックマークを付けると、［信頼できる場所］に作成したフォルダーも安全なフォルダーとして設定される

［セキュリティセンター］ダイアログボックスが表示された

選択したフォルダーが登録された　❻［OK］をクリック

関連 ≫730 ［信頼できる場所］を解除するには ··················· P.408

## 730 ［信頼できる場所］を解除するには

お役立ち度 ★★☆
2016 / 2013

［信頼できる場所］として設定したフォルダーをデータベースの保存場所として使用しなくなった場合は、［信頼できる場所］を解除しましょう。ワザ729を参考に［セキュリティセンター］ダイアログボックスの［信頼できる場所］の画面を開きます。一覧から解除するフォルダーを選択して、［削除］ボタンをクリックすると［信頼できる場所］を解除できます。

関連 ≫729 起動時に［セキュリティの警告］を解除するのが面倒 ··················· P.408

## 731 データベースにパスワードを設定したい

お役立ち度 ★★★  2016 / 2013

[パスワードを使用して暗号化]を実行すると、パスワードを知らない部外者はデータベースファイルを開けなくなります。また、同時にファイルが暗号化して保存されるため、不正なプログラムでデータを盗み見られる行為からも守られます。
パスワードを設定するには、ワザ722を参考にデータベースを排他モードで開き、以下のように操作します。なお、パスワードを忘れるとデータベースファイルを二度と開けなくなるので注意してください。

パスワードを設定したいデータベースファイルを排他モードで表示しておく

❶ [ファイル]タブをクリック　❷ [パスワードを使用して暗号化]をクリック

[データベースパスワードの設定]ダイアログボックスが表示された

❸ パスワードを入力

❹ [OK]をクリック　❺ 確認のメッセージが表示されたら[OK]をクリック

パスワードが設定される

**注意** パスワードを設定すると、そのパスワードでしかデータベースを開けなくなります。忘れないように注意してください。

関連 ≫051 データベースを開くときパスワードを求められた ............... P.54

## 732 データベースのパスワードを解除するには

お役立ち度 ★★★  2016 / 2013

データベースファイルに設定したパスワードを解除するには、ワザ722を参考にデータベースを排他モードで開き、以下のように操作します。

❶ [ファイル]タブをクリック　❷ [データベースの解読]をクリック

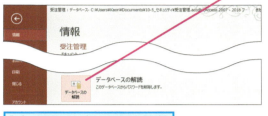

[データベースパスワードの解除]ダイアログボックスが表示された

❸ パスワードを入力　❹ [OK]をクリック

パスワードが解除される

---

**STEP UP!** セキュリティに対する意識を高く持とう

Accessのデータベースファイルは、初期設定で複数のユーザーがそのまま開いてデータを閲覧したり、編集したりできるようになっています。蓄積したデータを大勢で分かち合うための大変有意義な設定ですが、この設定は部外者にデータを読まれてしまうかもしれないという危険と隣り合わせです。個人情報や社内の機密データを不用意に外部にさらさないためには、データベースファイルを安全な場所に保存する、部外者が侵入したときに備えてデータベースファイルにパスワードや暗号化を設定するなどの配慮が必要です。また、パソコンにセキュリティ対策ソフトを導入するなど、パソコンやサーバーなどのセキュリティにも気を配りましょう。

# 用語集

本書を読むうえで、知っておくと役に立つキーワードをまとめました。なお、この用語集の中に関連する他の用語があるものには➡のマークが付いています。併せて読むことで、初めて目にした専門用語でも理解が深まります。ぜひご活用ください。

## 数字・アルファベット

**ACCDBファイル（エーシーシーディービーファイル）**
拡張子が「.accdb」であるAccess 2016-2007ファイル形式のデータベースファイルのこと。　　　➡拡張子

**AND条件（アンドジョウケン）**
複数の抽出条件を指定する方法の1つ。AND条件を設定した抽出では、指定したすべての条件を満たすレコードが取り出される。　　　➡抽出

**Between And演算子（ビトウィーンアンドエンザンシ）**
抽出条件の設定時に、指定した値の範囲内にあるかどうかを判断する演算子。例えば「Between 10 And 20」は10以上20以下を表す。　　　➡抽出

**False（フォールス）**
「正しくない」や「偽」を意味する値。「正しい」や「真」を意味する「True」の対義語で、「No」や「Off」と同義。　　　➡True

**HTML（エイチティーエムエル）**
Webページを記述するための言語で、「HyperText Markup Language」の略。ファイル形式の名称でもある。

**IME（アイエムイー）**
日本語を入力するためのプログラムで「Input Method Editor」の略。Windowsには初めから「Microsoft IME」がインストールされている。Accessには、IMEの入力モードを自動で切り替える機能が用意されている。

**In演算子（インエンザンシ）**
抽出条件の設定時に、指定した値のいずれかであるかどうかを判断する演算子。例えば「In("東京","大阪")」は「東京」または「大阪」を表す。　　　➡抽出

**Like演算子（ライクエンザンシ）**
抽出条件の設定時に、文字列のパターンを比較する演算子。例えば「Like "山*"」は「山」で始まる文字列を表す。　　　➡抽出

**MDBファイル（エムディービーファイル）**
Access 2000ファイル形式、Access 2002-2003ファイル形式など、拡張子が「.mdb」のデータベースファイルのこと。　　　➡拡張子

**Not演算子（ノットエンザンシ）**
条件式を否定する演算子。例えば「Not 条件式」としたとき、条件式の結果がTrueであれば、「Not 条件式」の結果はFalseとなり、条件式の結果がFalseであれば、「Not 条件式」の結果はTrueとなる。　　　➡False、True

**Null値（ヌルチ）**
データが存在しない状態をNull（ヌル）という。未入力のフィールドの値はNull値と表現する。　　　➡フィールド

**OLE機能（オーエルイーキノウ）**
「Object Linking and Enbedding」の略。Windows上で動くソフトウェア間でデータの共有や転送をするための仕組みのこと。例えば、[連結オブジェクトフレーム]コントロールに埋め込んだビットマップ形式の画像をダブルクリックすると、Accessの中で編集用に「ペイント」が起動する。
➡コントロール

**OR条件（オアジョウケン）**
複数の抽出条件を指定する方法の1つ。OR条件を設定した抽出では、指定した条件のうち少なくとも1つを満たすレコードが取り出される。　　　➡抽出

**PDF（ピーディーエフ）**
アドビシステムズが開発した電子文書のファイル形式。OSやアプリに依存せずに、さまざまな環境で文書を表示できる。

## SQL（エスキューエル）

リレーショナルデータベースを操作するためのプログラミング言語で、「Structured Query Language」の略。Accessでは、SQLを知らなくても簡単に操作できるように、デザインビューで行ったクエリの定義が自動的にSQLに変換されて実行される。SQLで記述された命令文はSQLステートメントと呼ばれる。　　　　　　　　➡クエリ

## SQLクエリ（エスキューエルクエリ）

Accessでは、ほとんどのクエリをデザインビューで作成できるが、SQLを直接記述しないと作成できないクエリを総称して、SQLクエリという。代表的なSQLクエリにユニオンクエリがある。
➡クエリ、デザインビュー、ユニオンクエリ

## True（トゥルー）

「正しい」や「真」を意味する値。「正しくない」や「偽」を意味する「False」の対義語で、「Yes」や「On」と同義。
➡False

## VBA（ブイビーエー）

「Visual Basic for Applications」の略。Office製品共通で使用できるプログラミング言語のこと。Accessでは、モジュールを作成するときなどにVBAでコードを記述して処理を自動化する。　　　　　　➡自動化、モジュール

## Webアプリ（ウェブアプリ）

Webアプリとは、一般にWebブラウザー上で動作するアプリケーションのこと。また、Access Webアプリとは、Webブラウザー上で開いて使用できるデータベースのことで、Accessがインストールされていなくてもデータベースを利用したり共有したりできる。

## Where条件（ホウェアジョウケン）

クエリで集計を行うときに、集計対象のフィールドに設定する条件のこと。　　　　　　　　　　　➡集計

## XML（エックスエムエル）

「eXtensible Markup Language」の略。さまざまなソフトウェア間のデータ交換を目的として定められたデータを記述するための言語。

# あ

## アクション

Accessのマクロで実行できる命令のこと。マクロには［フォームを開く］［フィルターの実行］［並べ替えの設定］といったさまざまなアクションが用意されており、アクションの実行順を指定したマクロを作成することで、Accessの操作を自動実行できる。　　　　　➡マクロ、引数

## アクションクエリ

テーブルのデータを一括で変更する機能を持つクエリの総称。削除クエリ、更新クエリ、追加クエリ、およびテーブル作成クエリの4つの種類がある。　➡クエリ、テーブル

## イベント

VBAやマクロを実行するきっかけとなる動作を指す。「クリック時」や「読み込み時」のような動作がある。
➡VBA、マクロ

## インデックス

テーブル内のフィールドに設定する目印のようなもので、索引の機能を持つ。検索や並べ替えの基準にしたいフィールドにインデックスを設定しておくと、検索や並べ替えの速度が上がる。テーブルの主キーには自動的にインデックスが設定される。　　➡主キー、テーブル、フィールド

## インポート

一般に、他のアプリケーションで作成されたデータを現在のファイルに取り込むことをインポートと言う。Accessでは、他のAccessファイル内にあるデータベースオブジェクトをインポートできる。また、Excelやテキストファイルなどのデータをテーブルの形式に変換してインポートできる。　　　　　　　➡データベースオブジェクト、テーブル

## ウィザード

難しい設定や複雑な処理を自動的に行うように用意された機能。画面に表示される選択項目を選ぶだけで、フィールドプロパティを設定したり、複雑なフォームやレポートを作成したりできる。

➡フィールドプロパティ、フォーム、レポート

◆ウィザード

## 埋め込みマクロ

フォーム、レポート、またはコントロールのイベントのプロパティに埋め込まれたマクロのこと。埋め込みマクロは、埋め込まれたオブジェクトやコントロールの一部になる。マクロの種類には、これ以外に「独立マクロ」がある。

➡イベント、コントロール、独立マクロ、
フォーム、マクロ、レポート

## エクスポート

現在のファイル内のデータやデータベースオブジェクトを、他のファイルに保存すること。Accessでは、他のAccessファイルにデータベースオブジェクトをエクスポートできる。また、テーブルやクエリのデータをExcelやテキストファイルの形式に変換してエクスポートすることも可能。　　　　　　　　　　➡データベースオブジェクト

## エラーインジケーター

フォーム、レポート、コントロールなどに不具合の可能性があるときに表示される緑色の三角形のマーク（▼）。例えば、2ページ目に白紙が印刷される設計のレポートでは、レポートセレクターにエラーインジケーターが表示される。　　　　　　　➡コントロール、フォーム、レポート

◆エラーインジケーター

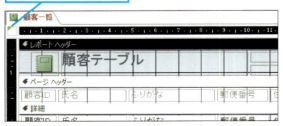

## 演算子

式の中で数値の計算や値の比較のために使用する記号のこと。数値計算のための算術演算子や値を比較するときに使う比較演算子、文字列を連結するための文字列連結演算子（&）などがある。　　　　　　　➡比較演算子

## 演算フィールド

クエリで演算結果を表示するフィールドのこと。テーブルや他のクエリのフィールドの値の他、算術計算や文字列結合、関数式などの演算結果も表示できる。

➡クエリ、テーブル、フィールド

## オートナンバー型

データ型の種類の1つ。オートナンバー型のフィールドには、他のレコードと重複しない値が自動入力される。標準では整数の連番が入力される。主キーフィールドに設定することが多い。　　　　➡データ型、フィールド、レコード

## オブジェクト

Accessのテーブル、クエリ、フォーム、レポート、マクロ、モジュールなどの構成要素の総称。データベースオブジェクトとも言う。

➡クエリ、データベースオブジェクト、テーブル、
フォーム、マクロ、モジュール、レポート

## オプションボタン

フォームに配置するコントロールの1つ。丸いボタンをクリックすることで複数の選択肢の中から1つの項目を選択できる。　　　　　　　　　　　　➡コントロール、フォーム

◆オプションボタン

# か

## 拡張子

ファイル名の「.」（ピリオド）の右側にあるファイルの種類を示す文字列のこと。一般的には3〜5文字で表される。例えば、「readme.txt」の場合、「.txt」が拡張子になり、ファイルの種類はテキストファイルになる。

## 関数

与えられたデータを基に複雑な計算や処理を簡単に行う仕組みのこと。関数を使うことで、データ型を変換したり、データをいろいろな形に加工したりできる。　➡データ型

### クイックアクセスツールバー
タイトルバーの左側にあるボタンが並んでいるバー。使用頻度の高いボタンが割り当てられている。自分でボタンを追加することもできる。

### クエリ
テーブルのレコードを操作するためのオブジェクト。クエリを使うと、テーブルのレコードを抽出、並べ替え、集計できる。また、複数のテーブルのレコードを組み合わせたり、演算フィールドを作成したりすることも可能。テーブルのレコードを一括操作する機能もある。
➡テーブル、レコード

### グループ集計
特定のフィールドをグループ化して、別のフィールドを集計すること。例えば［商品名］フィールドをグループ化して［売上高］フィールドを合計すれば、商品別の売り上げの合計を集計できる。　➡フィールド

### クロス集計
項目の1つを縦軸に、もう1つを横軸に配置して集計を行うこと。集計結果を二次元の表に見やすくまとめることができる。

◆クロス集計表

### クロス集計クエリ
クロス集計を実現するためのクエリ。
➡クエリ、クロス集計

### 結合線
リレーションシップウィンドウやクエリのデザインビューで複数のテーブルを結合するときに、結合フィールド間に表示される線のこと。
➡クエリ、結合フィールド、テーブル

### 結合フィールド
テーブル間にリレーションシップを設定するときに、互いのテーブルを結合するために使用するフィールドのこと。通常、共通のデータが入力されているフィールドを結合フィールドとして使用する。
➡テーブル、フィールド、リレーションシップ

### コントロール
フォームやレポート上に配置するラベルやテキストボックスなどの総称。オプションボタン、ボタン、コンボボックス、チェックボックスなどもコントロールの1つ。
➡オプションボタン、コンボボックス、チェックボックス、テキストボックス、ボタン、ラベル

### コントロールソース
テキストボックスやラベルなどのコントロールに表示するデータの基となるもの。［コントロールソース］プロパティでフィールド名や計算式を設定する。
➡コントロール、テキストボックス、ラベル

### コントロールレイアウト
フォームやレポートのコントロールをグループ化して整列する機能。左列にラベル、右列にテキストボックスを配置する「集合形式レイアウト」と、表の形式でラベルとテキストボックスを配置する「表形式レイアウト」がある。
➡コントロール、テキストボックス、フォーム、ラベル、レポート

### コンボボックス
フォームに配置するコントロールの1つ。一覧から値を選択したり、値を直接入力したりできる。　➡コントロール

## さ

### 最適化
データベースでさまざまな作業を行ううちに、ファイル内に不要な保存領域が生じる。そのような保存領域を削除して、ファイルサイズを小さくする機能を「最適化」と言う。

### 差し込み印刷
文面が共通の文書に、宛先など1件ずつ異なるデータを挿入して印刷すること。Accessには、Wordの文書にテーブルのデータを差し込んで印刷する［Word差し込み］という機能がある。　➡テーブル

## サブデータシート
各レコードに関連付けられたレコードを表示するための表形式の表示領域。リレーションシップを設定したうちの一方のテーブルのデータシートに自動的に表示される。通常は折り畳まれており、各レコードの左端に表示される田をクリックすると展開できる。
➡データシート、テーブル、リレーションシップ、レコード

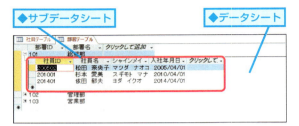

## サブフォーム
メイン／サブフォームにおいて、メインのフォームの中に埋め込まれるフォームをサブフォームと呼ぶ。
➡メイン／サブフォーム、メインフォーム

## 参照整合性
テーブル間のリレーションシップを維持するための規則のこと。リレーションシップに参照整合性を設定しておくと、データの整合性が崩れるようなデータの削除や変更などの操作がエラーになり、リレーションシップを正しく維持できる。　➡テーブル、リレーションシップ

## 自動化
Accessの操作を自動実行すること。Accessでは、マクロまたはモジュールを使用することで、データをインポートしたり、特定のレコードを他のテーブルに移動したりといった定型的な処理を自動化できる。
➡インポート、テーブル、マクロ、モジュール、レコード

## 集計
同じフィールドのデータを集めて計算し、合計値や平均値、データ数などを求めること。Accessには、同じ商品ごとに売上数をグループ集計したり、月別支店別に売上高をクロス集計したりする機能が用意されている。
➡グループ集計、クロス集計

## 主キー
テーブルの各レコードを識別するためのフィールドのこと。主キーに設定されたフィールドには、重複した値を入力できない。テーブルのデザインビューのフィールドセレクタに、鍵のマーク（ ）が表示されているフィールドが主キー。　➡テーブル、フィールド

## 条件式
比較演算子や関数などを用いて記述する条件を指定するための式。条件が成立する場合に「True」、成立しない場合に「False」の答えが返る。「True」または「False」によって、マクロなどで実行する処理を振り分けたいときに使用する。　➡False、True、関数、比較演算子、マクロ

## 条件分岐
条件が成立する場合としない場合とで、異なる処理を実行すること。マクロで「If」という構文を使用すると、条件分岐の処理を行える。　➡マクロ

## 書式
テーブルやクエリのフィールド、フォームやレポートのコントロールに設定できるプロパティの1つ。このプロパティを使用すると、データの表示形式を指定できる。広い意味では、フォントやフォントサイズ、色、罫線などの見た目のことを「書式」と言うこともある
➡クエリ、コントロール、テーブル、フォーム、レポート

## 書式指定文字
数値や日付などのデータの表示形式を指定するために使用する記号。通常、複数の書式指定文字を組み合わせて表示形式を指定する。

## スナップショット
クエリとフォームに用意された［レコードセット］プロパティの設定値の1つ。クエリやフォームに表示されるレコードを編集不可にする。　➡クエリ、フォーム、レコード

## スマートタグ

テーブルのデザインビューでフィールドプロパティを変更したときなど、特定の操作をしたときに、操作個所の付近に自動的に表示される小さなボタン（ や など）のこと。クリックして表示されるメニューから次に行う処理を選択できる。
→テーブル、デザインビュー、フィールドプロパティ

◆スマートタグ

## セクション

フォームやレポートを構成する領域。領域ごとに機能が異なる。例えば、[ページヘッダー]は各ページの最初に表示・印刷され、[詳細]はレコードを繰り返し表示・印刷される。
→フォーム、レポート

## 選択クエリ

クエリの種類の1つ。テーブルや他のクエリからデータを取り出す機能を持つ。　→クエリ

# た

## ダイアログボックス

WindowsやAccessなどのアプリで各種設定を行うために、ウィンドウの前面に表示される設定画面。

## ダイナセット

クエリとフォームに用意された[レコードセット]プロパティの設定値の1つ。既定で設定されている。クエリやフォームに表示されるレコードを編集可能。
→クエリ、スナップショット、フォーム、レコード

## タブオーダー

フォームビューで[Tab]キーを押したときに、コントロール間をカーソルが移動する順番。→コントロール、フォーム

## タブストップ

フォーム上で[Tab]キーを押したときに、コントロール間をカーソルが移動するかを指定するプロパティの設定項目。[はい]のときはカーソルが移動し、[いいえ]のときは移動しない。　→コントロール、フォーム

## 単票

フォームやレポートでレコードを配置する形式の1つ。左にラベル、右にテキストボックスという組み合わせが縦方向に並ぶ。単票形式のフォームでは、1画面に1レコードずつ表示される。　→テキストボックス、フォーム、ラベル、レコード、レポート

◆単票形式のフォーム

## チェックボックス

Yes/No型のデータを格納するためのコントロール。チェックマークが付いている場合は「Yes」、付いていない場合は「No」の意味になる。　→コントロール

◆チェックボックス

## 抽出

条件に合致するレコードを抜き出すこと。クエリで抽出条件を指定すると抽出を実行できる。例えば、「男」という条件を指定することで顧客情報のテーブルから男性のレコードを抜き出せる。　→クエリ、レコード

## 帳票

フォームやレポートでレコードを配置する形式の1つ。上にラベル、下にテキストボックスという組み合わせが数行にわたって並ぶ。
→テキストボックス、フォーム、ラベル、レコード、レポート

◆帳票形式のフォーム

### 重複クエリ
テーブルまたはクエリ内の重複したフィールドの値を抽出するクエリ。選択クエリの集計機能を使用したり、抽出条件にSQLステートメントを指定したりすることによって作成できる。　　➡SQL、クエリ、選択クエリ、フィールド

### データ型
フィールドに格納するデータの種類を定義するための設定項目。短いテキスト、長いテキスト、数値型、日付/時刻型、通貨型、オートナンバー型、Yes/No型、OLEオブジェクト型、ハイパーリンク型、添付ファイル型、集計型がある。
➡オートナンバー型、フィールド

### データシート
レコードを表形式で表示・入力する画面のこと。テーブル、クエリ、フォームのビューの1つでもある。
➡クエリ、テーブル、ビュー、フォーム、レコード

◆データシート

### データベースオブジェクト
Accessのテーブル、クエリ、フォーム、レポート、マクロ、モジュールなどの構成要素の総称。単にオブジェクトとも言う。　➡オブジェクト、クエリ、テーブル、フォーム、マクロ、モジュール、レポート

### テーブル
Accessに用意されているオブジェクトの1つで、データを格納する入れ物。テーブルに格納したデータはデータシートに表形式で表示され、1行分のデータをレコード、1列分のデータをフィールドと呼ぶ。
➡オブジェクト、データシート、フィールド、レコード

### 定義域集計関数
引数にテーブルやクエリなどのレコードの集合を指定して、そこに含まれるフィールドの集計を行う関数。DSum関数、DAvg関数、DCount関数などがある。
➡関数、クエリ、テーブル、フィールド、レコード

### テキストボックス
フォームやレポートに配置するコントロールの1つ。フォームでは文字の入力、表示用、レポートでは文字の表示用として使用する。　　➡コントロール、フォーム、レポート

◆テキストボックス

### デザインビュー
テーブル、クエリ、フォーム、レポートに用意されたビューの1つで、オブジェクトの設計画面。
➡オブジェクト、クエリ、フォーム、レポート

### 添付ファイル型
データ型の種類の1つ。添付ファイル型には複数のファイルを保存できる。　　　　　　　　　　➡データ型

### ドキュメントウィンドウ
Accessのウィンドウの中で、テーブルやフォームなどの各オブジェクトのビューを表示する領域のこと。
➡テーブル、ビュー、フォーム

### 独立マクロ
マクロオブジェクトのこと。独立マクロはナビゲーションウィンドウに表示される。マクロの種類には、これ以外に「埋め込みマクロ」がある。
➡埋め込みマクロ、ナビゲーションウィンドウ、マクロ

### トップ値
選択クエリで設定できるプロパティの1つ。このプロパティを使用すると、指定された数のレコード、または指定された割合のレコードだけを表示できる。
➡選択クエリ、レコード

## な

### 長さ0の文字列
文字を含まない文字列のこと。フィールドに長さ0の文字列を入力するには、ダブルクォーテーションを2つ続けて「""」のように入力する。　　　　　　➡フィールド

## ナビゲーションウィンドウ
データベースファイルを開いたときに画面の左側に表示される領域。データベースファイルに含まれるテーブル、クエリ、フォーム、レポートなどのオブジェクトが分類ごとに表示される。　　　➡オブジェクト、クエリ、テーブル、フォーム、レポート

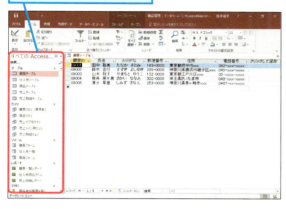

## は

### 排他モード
データベースを開くときに、他のユーザーがデータベースを開くことができない状態にすること。排他モードで開かれているデータベースを他のユーザーが開こうとすると、「データベースが使用中で開けない」という内容のメッセージが表示される。

### ハイパーリンク型
データ型の1つ。ハイパーリンク型のフィールドには、WebサイトのURL、メールアドレス、ファイルのパスといった以下の表にあるデータを格納できる。クリックすることでWebサイトやファイルを開いたり、メールを作成できたりする。
➡データ型、フィールド

| 種類 | 入力例 |
|---|---|
| URL | www.impress.co.jp |
| メールアドレス | ○○@example.co.jp |
| ファイルのパス | C:¥DATA¥Readme.txt、¥¥コンピューター名¥共有フォルダー名¥ファイル名など |

### パラメータークエリ
クエリの実行時に抽出条件を指定できるクエリ。クエリを実行するたびに異なる条件で抽出を行いたいときに利用する。　　　➡クエリ

## ハンドル
テキストボックスなどのコントロールの選択時に境界線上に表示される四角い記号。移動やサイズを変更するときに使用する。　　　➡コントロール、テキストボックス

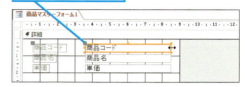

### 比較演算子
値を比較して、真なら「True」、偽なら「False」を返す演算子。=演算子、<演算子、>演算子、<=演算子、>=演算子、<>演算子がある。例えば「10>8」の結果は「True」となる。　　　➡False、True、演算子

### 引数
関数の計算やマクロのアクションの実行に必要なデータのこと。「ひきすう」と読む。関数やアクションの種類によって、引数の種類や数が決まっている。
➡アクション、関数、マクロ

### ビュー
オブジェクトが持つ表示画面のこと。各オブジェクトには特定の役割を担う複数のビューがある。例えば、テーブルの場合はデータを表示・入力するためのデータシートビュー、テーブルの設計を行うためのデザインビューがある。　　　➡データシート、テーブル、デザインビュー

### フィールド
テーブルの列項目のこと。同じ種類のデータを蓄積する入れ物。例えば、社員情報を管理するテーブルでは、社員番号、社員名、所属などがフィールドに当たる。
➡テーブル、レコード

## フィールドサイズ
短いテキスト、数値型、オートナンバー型のフィールドに設定できるフィールドプロパティの1つ。このプロパティを使用すると、フィールドに入力できる文字列の文字数や数値の種類を指定できる。
➡フィールド、フィールドプロパティ

## フィールドプロパティ
フィールドに設定できるプロパティの総称。フィールドのデータ型によって、設定できるプロパティは変わる。
➡データ型、フィールド

## フィールドリスト
クエリやフォーム、レポートのデザインビューでフィールドを指定するために使用するリストのこと。クエリやフォーム、レポートの基になるテーブルやクエリのフィールドが一覧表示される。
➡クエリ、デザインビュー、フィールド、フォーム、レポート

◆フィールドリスト

## 不一致クエリ
2つのテーブルまたはクエリを比較して、一方にあっても う一方にないレコードを抽出するクエリ。選択クエリで外部結合を使用することで作成できる。
➡選択クエリ、レコード

## フィルター
テーブルやクエリのデータシートビュー、フォームのフォームビューやデータシートビューなど、データの表示画面で実行できる抽出機能。　➡クエリ、テーブル、フォーム

## フォーム
テーブルやクエリのデータを見やすく表示するオブジェクト。フォームからテーブルにデータを入力することもできる。　➡オブジェクト、クエリ、テーブル

## フッター
フォームやレポートの下部に表示・印刷する領域。フォームフッター、レポートフッター、ページフッター、グループフッターがある。　➡フォーム、レポート

## プロパティシート
フォームやレポートの中に配置されているコントロールのデータや表示形式などの設定を行うための画面。
➡コントロール、フォーム、レポート

◆プロパティシート

## ヘッダー
フォームやレポートの上部に表示・印刷する領域。フォームヘッダー、レポートヘッダー、ページヘッダー、グループヘッダーがある。　➡フォーム、レポート

## ボタン
フォームに配置してマクロやVBAを割り当て、処理を自動実行させるために使用するコントロール。
➡VBA、イベント、コントロール、フォーム、マクロ、レポート

◆ボタン

# ま

## マクロ
処理を自動化するためのオブジェクト。「フォームを開く」や「閉じる」など、あらかじめ用意されている処理の中から実行する操作を選択できる。
➡オブジェクト、フォーム

### マクロビルダー
マクロを作成する画面。マクロで実行するアクションや、アクションの実行条件となる引数は、ドロップダウンリストから選択できる。　　　　　　➡アクション、マクロ

### 無効モード
データベースを開くときに、アクションクエリやマクロなどを実行できない状態にすること。無効モードで開くことにより、悪意のあるクエリやプログラムの実行を防げる。データベースが安全と分かっている場合は、無効モードを解除してアクションクエリやマクロを実行できる。
　　　　　　➡アクションクエリ、マクロ

### メイン／サブフォーム
単票形式のフォームに明細となる表形式あるいはデータシート形式のフォームを埋め込んだもの。一側テーブルのレコードとそれに対応する多側テーブルのレコードを1つの画面で表示するために作成する。
　　　　　　➡単票、テーブル、フォーム、レコード

### メイン／サブレポート
単票形式のレポートに表形式のレポートを埋め込んだもの。一側テーブルのレコードとそれに対応する多側テーブルのレコードをまとめて印刷できる。
　　　　　　➡テーブル、レコード、レポート

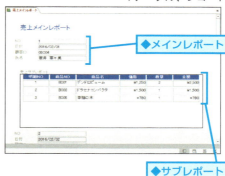

### メインフォーム
メイン／サブフォームにおいて、サブフォームを埋め込む本体となるフォームのこと。
　　　　　　➡サブフォーム、メイン／サブフォーム

### モジュール
処理を自動化するためのオブジェクト。VBAというプログラミング言語を使ってプログラムを作成し、処理を自動化する。　　　　　　➡VBA、オブジェクト

### 戻り値
関数から返される値のこと。関数の戻り値は、クエリの演算フィールドやフォームのコントロールに表示できる。また、関数の戻り値を別の関数の引数としても使用できる。
　　　　　　➡演算フィールド、関数、コントロール、引数

## や

### ユニオンクエリ
複数のテーブルのレコードを縦につなげた表を作成するクエリ。SQLを使用して作成するSQLクエリの1つ。
　　　　　　➡SQL、SQLクエリ、クエリ、テーブル、レコード

## ら

### ラベル
フォームやレポートの任意の場所に文字を表示するためのコントロール。　　➡コントロール、フォーム、レポート

## リストボックス
フォーム上に配置するコントロールの1つ。一覧から値を選択できる。　　　　　　　　　　➡コントロール、フォーム

## リボン
Accessのさまざまな機能を実行するためのボタンが並んでいる、画面上部に表示される帯状の領域のこと。ボタンは機能別に「タブ」に分類されており、タブはさらに「グループ」別に分類されている。タブの構成は、選択状況や作業状況に応じて変わる。

## リレーショナルデータベース
テーマごとに作成した複数のテーブルを互いに関連付けて運用するデータベース。Accessで扱うデータベースはリレーショナルデータベースに当たる。

## リレーションシップ
テーブル間の関連付けのこと。互いのテーブルに共通するフィールドを結合フィールドといい、このフィールドを介することにより、テーブルを関連付けできる。
　　　　　　　➡結合フィールド、テーブル、フィールド

## リンク
他のファイルのデータに接続すること。リンクすることで、他のファイルのデータ参照や編集が可能になる。

## リンクテーブル
外部のデータベースのテーブルに接続して、現在のデータベースファイルのテーブルとして利用できるテーブルのこと。　　　　　　　　　　　　　➡テーブル、リンク

## ルーラー
フォームやレポートのデザインビューの上端と左端に表示される目盛り。標準ではセンチメートル単位。コントロールの配置の目安にできる。また、ルーラーをクリックすると、その延長線上にあるコントロールを一括選択できる。

## 累計
何らかの基準でレコードを並べ、特定のフィールドの値を上から順に足していった数値のこと。例えば、1～12月の月ごとの累計を求める場合、1月の累計は1月分の数値、2月の累計は1月～2月の合計、3月の累計は1月～3月の合計となっていき、12月の累計は1月～12月の合計となる。

## ルックアップ
入力したい値を参照しながら選択できる機能のこと。ルックアップフィールドでは、フィールドに入力する値を一覧から選択できる。また、オートルックアップクエリでは、特定のフィールドのデータを入力すると、そのデータに関連付けられた別のフィールドの値が自動的に表示される。
　　　　　　　　　　　　　　　　　　　➡フィールド

## レコード
1件分のデータのことで、テーブルの行項目。例えば社員情報を管理するテーブルでは、1人分の社員データがレコードに当たる。　　　　　➡テーブル、フィールド

## レコードセレクター
データシートビューやフォームビューのレコードの左端に表示される長方形の領域で、レコードの状態を示す。レコードセレクターをクリックするとレコードを選択できる。
　　　　　　　　　　　　　　　　　　　➡レコード

## レコードソース
フォームやレポートに表示するデータの基となるもの。テーブルやクエリなどを設定する。
　　　　　　➡クエリ、テーブル、フォーム、レポート

## レポート
テーブルやクエリのデータを見やすく印刷するオブジェクト。　　　　　　　　➡オブジェクト、クエリ、テーブル

## ロック
複数のユーザーが同時に同じデータを変更してデータが競合してしまうことを防ぐために、最初のユーザーがデータを編集するときに、他のユーザーが同じデータを変更しないように一時的に編集不可の状態にする機能。テーブル単位、またはレコード単位でロックできる。
　　　　　　　　　　　　　　　　➡テーブル、レコード

# 付録1 Office 2016の種類と入手方法

Officeの最新版であるOffice 2016は、入手方法が従来とは大きく変わりました。主な提供形態は、次に紹介する3種類です。それぞれの特徴を理解し、自分に合った方法で入手しましょう。

## 1 プリインストールされているパソコンで利用できる
## Office Premium

パソコンにプリインストールされたOfficeです。下の表のように3つのプランが提供されていますが、Accessを利用するにはOffice Professionalが必要です。

**同じパソコンならいつまでも使える**
プリインストールされているパソコンで永続して利用できます。その代わり、故障などで使えなくなったときに、他のパソコンで利用することはできません。

**常に最新版のOfficeを利用可能**
プリインストールされているパソコンを利用中に、新しいバージョンのOfficeが公開になったときには、最新版へのアップグレードを無料で行えます。

**スマホやタブレットでも使える**
iPhoneやiPad、またはAndroidのスマートフォンやタブレットにOfficeアプリをインストールして、ファイルの表示や編集が可能です。最大2台で利用できます。

**1TBのOneDriveが1年間使える**
「Office 365サービス」として、容量1TBのオンラインストレージ「OneDrive」などが1年間無料で提供されます。詳しくは下のコラムを参照してください。

●Office Premiumのプランと同梱ソフトの一覧

|  | Office Professional | Office Home & Business | Office Personal |
| --- | --- | --- | --- |
| Word | ● | ● | ● |
| Excel | ● | ● | ● |
| Outlook | ● | ● | ● |
| PowerPoint | ● | ● | − |
| OneNote | ● | ● | − |
| Publisher | ● | − | − |
| Access | ● | − | − |

### 大容量のOneDriveなどが使える「Office 365サービス」とは

Office Premiumには、1年間の「Office 365サービス」が付属します。Office 365サービスには「2台のiPhone、iPad、Android端末でのフル機能（ファイルの編集など）の利用」「1TBのOneDriveの利用」「毎月60分のSkype世界通話プラン」「Officeテクニカルサポート」の4つが含まれていて、Officeの活用に役立ちます。Office Premiumユーザーが2年目以降もサービスを継続するには、年額6,264円（消費税8%込み）の更新が必要です。次のページで紹介するOffice 365 Soloでは、契約期間中ずっと同等のサービスを利用できます。

## 2 個人向け。常に最新版が利用できる定額制サービス
# Office 365 Solo

ダウンロード購入または量販店などでPOSAカードを購入し、契約して利用します。利用できるソフトはOffice PremiumのProfessionalと同じです。

### 月額／年額の契約が選べる
契約期間を1カ月（1,274円）または1年（12,744円）から選べます。長期間使うなら1年契約が割安ですが、仕事で必要な期間だけ契約することも可能です（料金はいずれも消費税8%込み）。

### パソコン2台＋スマホ、タブレット2台で使える
2台のWindowsパソコン（Windowsタブレットを含む）またはMacと、2台のスマートフォンやタブレットの最大4台で利用できます。パソコンを買い換えても、台数の範囲ならば継続して利用可能です。

### 常に最新版のOfficeを利用可能
Office 365 Soloの契約期間中は常に最新のアプリを利用できます。新しいバージョンが公開されたときには、すぐに無料でアップグレード可能です。

### 1TBのOneDriveが使える
容量1TBのオンラインストレージ「OneDrive」、Skypeの1カ月あたり60分の無料通話など、Office 365サービスが契約期間中ずっと提供されます。

## 3 企業向け。常に最新版が利用できる定額制サービス
# Office 365 ProPlus/Enterprise E3/Enterprise E5

マイクロソフトのWebサイトや企業向けの販売店で購入できるOffice 365です。企業向けのOffice 365には企業規模に応じた複数のプランがありますが、Accessが利用できるのはOffice 365 ProPlus/Enterprise E3/Enterprise E5の3つです。

▼Office 365
https://products.office.com/ja-jp/business/office

### 1,310円から利用できる
年間契約で、料金は1ユーザーにつき月額1,310円（ProPlusの場合）から。Enterprise E3は2,180円、Enterprise E5は3,810円です（料金はいずれも消費税別）。

### 最大5台のパソコンで利用可能
1ユーザーにつき、同時に最大5台のWindowsパソコンまたはMacで利用可能。加えて、最大5台のスマートフォンやタブレットにもインストールできます。

### 1TBのOneDriveなどツール、サービスが充実
容量1TBの「OneDrive」のほか、Excel用のBI（情報分析・視覚化）ツール、Enterprise E3/E5では50GBのメールボックスなどが利用できます。

# 付録2　関数インデックス

本書で解説しているAccessの関数を一覧で紹介します。クエリ、フォーム、レポートで活用し、データの加工や抽出・集計を効率よく行いましょう。関数の使い方は第7章、各関数の機能や書式の詳細はそれぞれの「解説ページ」も参照してください。

### ●文字列の操作

| 関数 | 記述例 | 機能 | 解説ページ |
|---|---|---|---|
| Format | Format(データ,書式) | データを指定した書式に変換する | 178 |
| InStr | InStr(文字列,検索文字列) | 文字列の中で検索文字列が何文字目にあるかを検索する | 319 |
| Left | Left(文字列,文字数) | 文字列の左端から指定した文字数分だけ抜き出す | 318, 329 |
| Len | Len(文字列) | 文字列の文字数を求める | 316 |
| LTrim | LTrim(文字列) | 文字列の先頭から空白を取り除く | 317 |
| Mid | Mid(文字列,開始位置,文字数) | 文字列を開始位置から指定の文字数分だけ抜き出す | 319, 329 |
| PlainText | Plaintext(リッチテキスト) | リッチテキストの書式を取り除く | 319 |
| Replace | Replace(文字列,検索文字列,置換文字列) | 文字列を置換する | 151, 317, 318 |
| Right | Right(文字列,文字数) | 文字列の右端から指定した文字数分だけ抜き出す | 318, 329 |
| RTrim | RTrim(文字列) | 文字列の末尾 から空白を取り除く | 317 |
| StrConv | StrConv(文字列,変換方式) | 文字列を指定した形式に変換する | 321 |
| Trim | Trim(文字列) | 文字列の先頭と末尾の両方から空白を取り除く | 317 |

### ●日付・日時

| 関数 | 記述例 | 機能 | 解説ページ |
|---|---|---|---|
| Date | Date() | その日の日付を返す | 96, 327 |
| DateAdd | DateAdd(単位,時間,日時) | 日時に指定した時間を加えた結果を返す | 330 |
| DateDiff | DateDiff(単位,日時1,日時2) | 2つの日時の間隔を返す | 330 |
| DatePart | DatePart(単位,日時) | 日時から指定の部分の値(年月日、時分秒、曜日番号など)を返す | 329 |
| DateSerial | DateSerial(年,月,日) | 年、月、日の数値から日付を返す | 327, 329 |
| Day | Day(日付) | 日付から日の数値を返す | 328 |
| Month | Month(日付) | 日付から月の数値を返す | 327 |
| Weekday | Weekday(日付) | 日付から曜日番号を返す | 328 |
| WeekdayName | WeekdayName(曜日番号,モード) | 曜日番号から曜日を文字列で返す | 328 |
| Year | Year(日付) | 日付から年の数値を返す | 327 |

### ●データ変換

| 関数 | 記述例 | 機能 | 解説ページ |
|---|---|---|---|
| CCur | CCur(値) | 値を通貨型に変換する | 155 |
| CInt | CInt(値) | 値を整数型に変換する。小数部は丸められる | 185 |
| Val | Val(文字列) | 文字列を数値に変換する | 150 |

●定義域集計

| 関数 | 記述例 | 機能 | 解説ページ |
|---|---|---|---|
| DAvg | DAvg(フィールド名,テーブル名,条件式) | 指定したテーブル（またはクエリ）に含まれる指定したフィールドの中で条件を満たすデータの平均を求める | 162 |
| DCount | DCount(フィールド名,テーブル名,条件式) | 指定したテーブル（またはクエリ）に含まれる指定したフィールドの中で条件を満たすデータの数をカウントする | 153 |
| DMax | DMax(フィールド名,テーブル名,条件式) | 指定したテーブル（またはクエリ）に含まれる指定したフィールドの中で条件を満たすデータの最大値を求める | 326 |
| DMin | DMin(フィールド名,テーブル名,条件式) | 指定したテーブル（またはクエリ）に含まれる指定したフィールドの中で条件を満たすデータの最小値を求める | 326 |
| DSum | DSum(フィールド名,テーブル名,条件式) | 指定したテーブル（またはクエリ）に含まれる指定したフィールドの中で条件を満たすデータの数を合計する | 155 |

●計算

| 関数 | 記述例 | 機能 | 解説ページ |
|---|---|---|---|
| Count | Count(フィールド名) | 指定したフィールドのデータ数を返す。Null値はカウントしない | 326 |
| Fix | Fix(数値) | 数値から小数点以下を削除した整数を返す | 323 |
| Int | Int(数値) | 数値を超えない最大の整数を返す | 323 |
| Round | Round(数値,桁) | 数値を指定の桁でJIS丸めする | 324 |
| Sgn | Sgn(数値) | 数値が正なら1、0なら0、負なら-1を返す | 324 |
| Sum | Sum(フィールド名) | 指定したフィールドの数値の合計を求める | 185 |

●条件分岐

| 関数 | 記述例 | 機能 | 解説ページ |
|---|---|---|---|
| IIf | IIf(条件式,真の場合の値,偽の場合の値) | 条件式が真の場合と偽の場合でそれぞれ指定の値を返す | 328 |
| Switch | Switch(条件1,値1,条件2,値2,…) | 複数の条件を設定し、条件ごとの戻り値を返す | 151, 320 |

●その他

| 関数 | 記述例 | 機能 | 解説ページ |
|---|---|---|---|
| IsNull | IsNull(値) | データにNull値が含まれていたらTrue、含まれていなければFalseを返す | 333 |
| Nz | Nz(値,変換値) | 値がNullかどうか判別し、Nullの場合は変換値を返す | 153, 320, 331 |
| Partition | Partition(数値,最小値,最大値,間隔) | 数値を集計するときの区切り方を指定する | 179 |

# 索引

### アルファベット

**ACCDBファイル** ——————394, 410
   MDBファイルに変換 ························ 396
   互換性 ·································· 394
**ACCDEファイル** ——————399
**Access**
   アップデート ···························· 41
   画面構成 ································ 42
   起動 ····································· 39
   終了 ····································· 41
   データベースの容量 ····················· 35
   入手方法 ································ 33
**AND条件** ——————111, 157, 410
**Between And演算子** ——————158, 410
**False** ——————346, 410
**HTML** ——————388, 391, 410
**If** ——————346
**IME** ——————100, 410
**In演算子** ——————320, 410
**Is Null** ——————159, 163, 169
**Like演算子** ——————160, 357, 410
**MDBファイル** ——————394, 410
   ACCDBファイルに変換 ··················· 396
   特有の機能 ···························· 397
**Not演算子** ——————159, 410
**Null値** ——————153, 410
   0を表示 ······························ 185
   Null値の判定 ························· 333
   抽出 ··································· 159
   別の値に変換 ·························· 331
**ODBCデータベース** ——————370
**OLE機能** ——————85, 410
   画像の追加 ························ 85, 210
**OR条件** ——————111, 410
**Outlook** ——————390
**PDF** ——————302, 410
   エクスポート ·························· 393
   レポートの保存 ······················· 302
**SQL** ——————196, 411
**SQLクエリ** ——————134, 96, 411
   SQLクエリの作成 ······················ 197
   できること ···························· 196
   ユニオンクエリ ························ 197
**SQLステートメント** ——————197
**True** ——————346, 411
**VBA** ——————37, 411
**Webアプリ** ——————38, 47, 411

**Where条件** ——————180, 354, 411
**XML** ——————389, 411
   インポート ···························· 389
   エクスポート ·························· 392
**XPS** ——————393

### ア

**アクション** ——————338, 411
   アクションカタログ ···················· 340
   入れ替え ······························ 343
   削除 ··································· 343
   種類 ··································· 338
   すべてのアクション ···················· 341
   追加 ······························ 336, 340
**アクションクエリ** ——————186, 411
   更新クエリ ···························· 191
   削除クエリ ···························· 194
   実行確認 ······························ 137
   対象のデータの確認 ··················· 195
   追加クエリ ···························· 189
   テーブル作成クエリ ···················· 187
**アンカー** ——————243
**一対一リレーションシップ** ——————125
**一対多リレーションシップ** ——————124
**移動ハンドル** ——————234
**イベント** ——————338, 411
**印刷**
   2列で印刷 ···························· 300
   PDF保存 ······························ 302
   宛名の敬称 ···························· 311
   宛名ラベル ···························· 312
   印刷プレビュー ························ 291
   オブジェクトの印刷 ···················· 63
   透かし文字 ···························· 302
   伝票 ··································· 307
   バーコード印刷 ························ 310
   はがき ································· 308
   日付や時刻 ···························· 301
   プリンターの変更 ······················ 293
   ページ番号 ···························· 301
   用紙サイズ ···························· 292
   用紙の向き ···························· 292
   余白の設定 ···························· 292
**インデックス** ——————98, 411
   作成 ··································· 98
   設定の変更 ···························· 99

索引 ● できる **425**

| | | | | |
|---|---|---|---|---|
| インポート | 411 | オブジェクト | 35, 412 |
| 　Accessデータベース | 372 | 　依存関係 | 401 |
| 　Excelファイル | 382 | 　印刷 | 63 |
| 　HTML | 388 | 　隠しオブジェクト | 400 |
| 　Outlook | 390 | 　コピー | 62 |
| 　XML | 389 | 　最大化 | 61 |
| 　インポートできるファイルの種類 | 370 | 　削除 | 61 |
| 　テキストファイル | 378 | 　閉じる | 58 |
| 　テキストファイルのインポート定義 | 379 | 　名前の変更 | 61 |
| 　保存したインポート操作 | 375 | 　ビューの切り替え | 59 |
| 　リンクテーブル | 374 | 　開く | 58 |
| ウィザード | 412 | オプションボタン | 256, 412 |
| 　Exchange/Outlookウィザード | 390 | オンラインヘルプ | 38 |
| 　HTMLインポートウィザード | 388 | | |
| 　Word差し込みウィザード | 386 | **カ** | |
| 　宛名ラベルウィザード | 312 | 外部結合 | 173 |
| 　オプショングループウィザード | 256 | 拡張子 | 395, 412 |
| 　クロス集計クエリウィザード | 180 | カレントレコード | 68 |
| 　コマンドボタンウィザード | 258, 344 | 関数 | 314, 412 |
| 　コントロールウィザード | 344 | 　構文 | 314 |
| 　コンボボックスウィザード | 250 | 　式ビルダー | 315 |
| 　住所入力支援ウィザード | 102, 310 | 　引数 | 314 |
| 　重複クエリウィザード | 166 | 　戻り値 | 314 |
| 　定型入力ウィザード | 94 | キー列 | 89 |
| 　テキストインポートウィザード | 378 | 起動時の設定 | 398, 399 |
| 　テキストエクスポートウィザード | 377 | クイックアクセスツールバー | 42, 413 |
| 　伝票ウィザード | 307 | クエリ | 134, 413 |
| 　はがきウィザード | 308 | 　SQLクエリ | 196 |
| 　不一致クエリウィザード | 174 | 　アクションクエリ | 186 |
| 　フォームウィザード | 220 | 　エラー | 148 |
| 　ふりがなウィザード | 101 | 　オートルックアップクエリ | 170 |
| 　ルックアップウィザード | 88, 168 | 　画面構成 | 135 |
| 　レポートウィザード | 270 | 　グループ集計 | 176 |
| 　ワークシートインポートウィザード | 382 | 　クロス集計クエリ | 180 |
| 埋め込みマクロ | 343, 412 | 　計算結果の誤差 | 148 |
| エクスポート | 412 | 　更新クエリ | 191 |
| 　Accessデータベース | 373 | 　削除クエリ | 194 |
| 　Excelファイル | 384 | 　実行 | 139 |
| 　HTML | 391 | 　循環参照 | 148 |
| 　PDF形式 | 393 | 　選択クエリ | 138 |
| 　Wordファイル | 385 | 　抽出 | 156 |
| 　XML | 392 | 　重複クエリ | 166 |
| 　エクスポートできるファイルの種類 | 371 | 　追加クエリ | 189 |
| 　テキストファイル | 377 | 　データ定義クエリ | 134 |
| 　保存したエクスポート操作 | 375 | 　テーブル作成クエリ | 187 |
| エラーインジケーター | 244, 283, 412 | 　デザイングリッド | 135 |
| 演算子 | 145, ,261, 412 | 　長い式の入力 | 159 |
| 演算フィールド | 145, 412 | 　並べ替え | 149 |
| オートナンバー型 | 82, 412 | 　パススルークエリ | 134 |
| 　欠番を詰める | 121 | 　ビュー | 135 |
| 　主キー | 78 | 　フィールドの追加 | 138, 141 |
| 　フィールドサイズ | 81 | 　フィールドリスト | 135 |

| | |
|---|---|
| フィールドリストの追加 | 140 |
| 不一致クエリ | 175 |
| ユニオンクエリ | 197 |
| 列セレクター | 135 |
| グループ集計 | 176, 413 |
| クロス集計 | 180, 413 |
| クロス集計クエリ | 180, 182, 413 |
| 結合線 | 127, 413 |
| 結合フィールド | 124, 169, 413 |
| 互換性 | 394 |
| ファイル形式 | 395 |
| ファイルの変換 | 396 |
| コマンドボタン | 201, 258 |
| コントロール | 201, 413 |
| コントロールソース | 205, 215, 413 |
| コントロールレイアウト | 234, 413 |
| 解除 | 240 |
| 適用 | 240 |
| フォーム | 234 |
| レポート | 279 |
| コンボボックス | 250, 413 |

**サ**

| | |
|---|---|
| サイズ変更ハンドル | 235, 278 |
| 最適化 | 400, 413 |
| サインイン | 41 |
| 差し込み印刷 | 386, 413 |
| サブデータシート | 66, 414 |
| サブフォーム | 222, 414 |
| 参照整合性 | 130, 131, 414 |
| 自動化 | 334, 414 |
| 集計 | 87, 176, 414 |
| 主キー | 78, 414 |
| 解除 | 79 |
| 設定 | 79 |
| 必要性 | 79 |
| 複数のフィールド | 80 |
| 条件式 | 325, 414 |
| 条件付き書式 | 249, 286 |
| 条件分岐 | 346, 347, 414 |
| 書式 | 82, 414 |
| 書式指定文字 | 322, 414 |
| 数値 | 92 |
| 長いテキスト | 322 |
| 日付と時刻 | 93 |
| 短いテキスト | 322 |
| シリアル値 | 332 |
| スナップショット | 143, 414 |
| スマートタグ | 225, 283, 415 |
| セキュリティ | 407 |
| 信頼できる場所 | 408 |
| セキュリティの警告 | 452, 408 |

| | |
|---|---|
| パスワード | 409 |
| セクション | 95, 200, 265, 415 |
| 選択クエリ | 138, 415 |
| 操作アシスト | 38 |

**タ**

| | |
|---|---|
| ダイアログボックス | 45, 415 |
| ダイナセット | 143, 415 |
| タブオーダー | 207, 415 |
| タブコントロール | 253 |
| タブストップ | 208, 415 |
| 単票 | 198, 415 |
| チェックボックス | 83, 415 |
| 置換 | 106, 216 |
| 抽出 | 34, 415 |
| クエリによる抽出 | 156 |
| 抽出条件 | 156 |
| テーブルでの抽出 | 109 |
| 帳票 | 198, 415 |
| 重複クエリ | 166, 416 |
| データ型 | 78, 416 |
| OLEオブジェクト型 | 85 |
| Yes/No型 | 83 |
| オートナンバー型 | 82 |
| 数値型 | 82 |
| 長いテキスト | 82 |
| ハイパーリンク型 | 84 |
| 日付/時刻型 | 83 |
| フィールドサイズ | 81 |
| 短いテキスト | 82 |
| データシート | 43, 416 |
| データベースオブジェクト | 35, 416 |
| データベース | |
| Webアプリ | 38, 47 |
| 共有 | 404 |
| 最近使用したデータベース | 51 |
| 最適化 | 400 |
| 作成 | 46 |
| セキュリティの警告 | 52 |
| テンプレート | 47 |
| 同時に開く | 50 |
| 閉じる | 54 |
| 排他モード | 54 |
| パスワード | 54, 409 |
| バックアップ | 401 |
| 開く | 49 |
| ファイル形式 | 48, 394 |
| 分割して共有 | 406 |
| 保存する場所 | 48 |
| リンク | 371 |

索引 ● できる **427**

| | |
|---|---|
| テーブル | 64, 416 |
| 　値要求 | 98 |
| 　画面構成 | 67, 74 |
| 　キー列 | 89 |
| 　検索 | 104 |
| 　作成 | 75, 76 |
| 　集計 | 106 |
| 　主キー | 78 |
| 　種類 | 64 |
| 　置換 | 106 |
| 　抽出 | 109 |
| 　データ型 | 78 |
| 　並べ替え | 107 |
| 　入力 | 69 |
| 　入力規則 | 97 |
| 　ビュー | 64 |
| 　フィールド | 36, 77 |
| 　フィールドサイズ | 81 |
| 　フィールドプロパティ | 78 |
| 　保存 | 65 |
| 　リレーションシップ | 124 |
| 　リンクテーブル | 64, 371 |
| 　ルックアップフィールド | 88 |
| 　レコード | 36 |
| 　レコードセレクター | 67 |
| 定義域集計関数 | 325, 326, 416 |
| 定型入力 | 94 |
| テキストボックス | 201, 416 |
| デザインビュー | 43, 416 |
| 添付ファイル型 | 86, 416 |
| ドキュメントウィンドウ | 42, 416 |
| 独立マクロ | 335, 416 |
| トップ値 | 154, 416 |

**ナ**

| | |
|---|---|
| 内部結合 | 173 |
| 長さ0の文字列 | 151, 159, 416 |
| ナビゲーションウィンドウ | 55, 417 |

**ハ**

| | |
|---|---|
| 排他モード | 54, 417 |
| ハイパーリンク型 | 84, 417 |
| パスワード | 409 |
| パラメータークエリ | 162, 417 |
| ハンドル | 234, 417 |
| 比較演算子 | 158, 417 |
| 引数 | 314, 417 |
| ビュー | 43, 417 |
| フィールド | 36, 417 |
| フィールドサイズ | 81, 418 |
| フィールドプロパティ | 78, 418 |
| フィールドリスト | 135, 223, 270, 418 |

| | |
|---|---|
| 不一致クエリ | 175, 418 |
| フィルター | 109, 418 |
| フォーム | 418 |
| 　キーボードによる操作 | 259 |
| 　構成 | 200 |
| 　コマンドボタン | 201, 258 |
| 　コントロール | 201 |
| 　コントロールのプロパティ | 244 |
| 　コントロールレイアウト | 234 |
| 　コントロールを選択 | 237 |
| 　コンボボックス | 201, 250 |
| 　グリッド | 200 |
| 　検索 | 216 |
| 　作成 | 220 |
| 　セクション | 200 |
| 　セクションセレクター | 200 |
| 　セクションバー | 200 |
| 　タブコントロール | 253 |
| 　置換 | 216 |
| 　データシートビュー | 203 |
| 　できること | 198 |
| 　並べ替え | 218 |
| 　ビュー | 199 |
| 　フィールドの移動 | 205 |
| 　フィールドリスト | 223 |
| 　フォームヘッダー／フッター | 200 |
| 　プロパティ | 202 |
| 　プロパティシート | 202 |
| 　ページヘッダー／フッター | 200 |
| 　メイン／サブフォーム | 225 |
| 　メニュー | 258 |
| 　ラベル | 201 |
| 　ルーラー | 200 |
| 　レコードセレクター | 200 |
| 　レコードの移動 | 204 |
| フッター | 200, 265, 418 |
| プロパティシート | 418 |
| 　クエリで表示 | 143 |
| 　テーブルで表示 | 97 |
| 　フォームで表示 | 202 |
| 　レポートで表示 | 266 |
| ヘッダー | 200, 265, 418 |
| ボタン | 229, 418 |

**マ**

| | |
|---|---|
| マクロ | 334, 418 |
| 　アクション | 338 |
| 　アクションカタログ | 340 |
| 　アクションの入れ替え | 343 |
| 　アクションの削除 | 343 |
| 　イベント | 338 |
| 　インポートの自動化 | 365 |

| | |
|---|---|
| 埋め込みマクロ | 335, 343 |
| エクスポートの自動化 | 364 |
| 作成 | 336, 343 |
| 実行 | 336, 339 |
| 自動作成 | 344 |
| 自動実行 | 369 |
| 条件分岐 | 346 |
| できること | 334 |
| 独立マクロ | 335 |
| フォームを閉じる | 355 |
| フォームを開く | 350 |
| 保存 | 336 |
| ボタンに割り当て | 342 |
| マクロビルダー | 337 |
| レポートの印刷 | 362 |
| レポートを開く | 361 |
| マクロビルダー | 337, 419 |
| 無効モード | 52, 419 |
| メイン／サブフォーム | 225, 419 |
| メイン／サブレポート | 274, 419 |
| メインフォーム | 225, 419 |
| モジュール | 37, 419 |
| 戻り値 | 314, 419 |

**ヤ**

| | |
|---|---|
| ユニオンクエリ | 197, 419 |

**ラ**

| | |
|---|---|
| ラベル | 201, 419 |
| リストボックス | 255, 420 |
| リボン | 42, 420 |
| 構成 | 42 |
| 表示 | 44 |
| リレーショナルデータベース | 33, 420 |
| リレーションシップ | 124, 420 |
| 一対一リレーションシップ | 125 |
| 一対多リレーションシップ | 124 |
| 結合線 | 127 |
| 結合フィールド | 124 |
| 作成 | 127 |
| 参照整合性 | 130, 131 |
| 多対多リレーションシップ | 125 |
| テーブルの設計 | 126 |
| 連鎖更新 | 132 |
| 連鎖削除 | 133 |
| リンク | 371, 420 |
| リンクテーブル | 64, 420 |
| ルーラー | 200, 265, 420 |
| 累計 | 155, 296, 420 |
| ルックアップ | 88, 420 |
| レコード | 36, 420 |
| レコードセレクター | 67, 200, 420 |

| | |
|---|---|
| レコードソース | 215, 223, 420 |
| レポート | 420 |
| 宛名ラベル | 312 |
| 印刷プレビュー | 266 |
| グリッド | 265 |
| グループ化 | 294 |
| 構成 | 265 |
| 作成 | 268 |
| セクション | 265 |
| セクションセレクター | 265 |
| セクションバー | 265 |
| タイトル | 287 |
| できること | 264 |
| 伝票 | 306 |
| はがき | 308 |
| ビュー | 264 |
| フィールドリスト | 270 |
| 表形式 | 267 |
| ページヘッダー／フッター | 265 |
| メイン／サブレポート | 270 |
| ルーラー | 265 |
| 列見出し | 288 |
| レポートセレクター | 265 |
| レポートヘッダー／フッター | 265 |
| ロック | 405, 420 |

**ワ**

| | |
|---|---|
| ワイルドカード | 160 |

# 本書を読み終えた方へ
## できるシリーズのご案内

### できるWord&Excel パーフェクトブック

困った！＆便利ワザ大全 2016/2013対応

井上香緒里・きたみあきこ ＆できるシリーズ編集部
定価：本体1,850円＋税

文書作成アプリ「Word」、表計算アプリ「Excel」の2大ソフトを使いこなすワザが満載。必要なスキルがまとめて身に付きます。

### できるAccess 2016
Windows 10/8.1/7対応

広野忠敏＆できるシリーズ編集部
定価：1,880円＋税

「基本編」「活用編」の2ステップ構成で、データベースを作ったことがない人でも自然にレベルアップしながらレッスンを学べる。

### できるAccessクエリ
データ抽出・分析・加工に役立つ本 2016/2013/2010/2007対応

国本温子・きたみあきこ ＆できるシリーズ編集部
定価：2,200円＋税

Accessはデータの検索や抽出だけじゃない！クエリをマスターすれば、集計や分析、データの一括修正など、活用の幅が大きく広がる！

## 読者アンケートにご協力ください！

ご意見・ご感想をお聞かせください！

https://book.impress.co.jp/books/1116101022

「できるシリーズ」では皆さまのご意見、ご感想を今後の企画に生かしていきたいと考えています。
お手数ですが以下の方法で読者アンケートにご協力ください。
ご協力いただいた方には抽選で毎月プレゼントをお送りします！

※プレゼントの内容については「CLUB Impress」のWebサイト（https://book.impress.co.jp/）をご確認ください。

❶URLを入力してEnterキーを押す
❷[アンケートに答える]をクリック

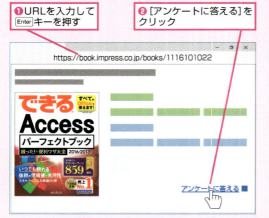

※Webサイトのデザインやレイアウトは変更になる場合があります。

◆会員登録がお済みの方
会員IDと会員パスワードを入力して、[ログインする]をクリックする

◆会員登録をされていない方
[こちら]をクリックして会員規約に同意してからメールアドレスや希望のパスワードを入力し、登録確認メールのURLをクリックする

■著者

きたみあきこ

東京都生まれ、神奈川県在住。テクニカルライター。
お茶の水女子大学理学部化学科卒。大学在学中に、分子構造の解析を通してプログラミングと出会う。プログラマー、パソコンインストラクターを経て、現在はコンピューター関係の雑誌や書籍の執筆を中心に活動中。
近著に『できるAccessクエリ データ抽出・分析・加工に役立つ本 2016/2013/2010/2007対応』『できるWord&Excelパーフェクトブック 困った！＆便利ワザ大全 2016/2013対応』（共著）『できるExcelグラフ 魅せる＆伝わる資料作成に役立つ本 2016/2013/2010対応』『できるポケット Excel困った！＆便利技 200 2016/2013/2010対応』『できるExcelパーフェクトブック 困った！＆便利ワザ大全 2016/2013/2010/2007対応』『Excelお悩み解決Book 2013/2010/2007対応（できるfor Woman）』（以上、インプレス）などがある。

●Office kitami ホームページ
http://www.office-kitami.com

国本温子（くにもと　あつこ）

テクニカルライター。企業内でワープロ、パソコンなどのOA教育担当後、OfficeやVB、VBAなどのインストラクターや実務経験を経て、フリーのITライターとして書籍の執筆を中心に活動中。
主な著書に『できるAccessクエリ データ抽出・分析・加工に役立つ本 2016/2013/2010/2007対応』『できる逆引き Excel VBAを極める勝ちワザ 700 2016/2013/2010/2007対応』『できる大事典 Excel VBA 2007/2003/2002対応』（共著：インプレス）『速効!図解 Access2016 総合版 Windows 10/8.1/7対応』（マイナビ出版）『学研 WOMAN Excelの困った！をさくっと解決するレシピ』（共著：学研プラス）『今すぐ使えるかんたんEx Excelデータベース プロ技BESTセレクション［Excel 2016/2013/2010対応版］』（技術評論社）などがある。

●著者ホームページ
http://www.office-kunimoto.com

## STAFF

| | |
|---|---|
| シリーズロゴデザイン | 山岡デザイン事務所<yamaoka@mail.yama.co.jp> |
| カバーデザイン | ドリームデザイングループ 株式会社ボンド |
| 本文イメージイラスト | 廣島　潤 |
| 本文イラスト | 松原ふみこ |
| DTP制作 | 株式会社トップスタジオ |
| デザイン制作室 | 今津幸弘<imazu@impress.co.jp> |
| | 鈴木　薫<suzu-kao@impress.co.jp> |
| 制作担当デスク | 柏倉真理子<kasiwa-m@impress.co.jp> |
| 編集 | 株式会社トップスタジオ |
| | 山田貞幸<yamada@impress.co.jp> |
| 副編集長 | 小渕隆和<obuchi@impress.co.jp> |
| 編集長 | 藤井貴志<fujii-t@impress.co.jp> |

本書は、Access 2016/2013を使ったパソコンの操作方法について2016年11月時点での情報を掲載しています。紹介しているハードウェアやソフトウェア、サービスの使用法は用途の一例であり、すべての製品やサービスが本書の手順と同様に動作することを保証するものではありません。

本書の内容に関するご質問については、該当するページや質問の内容をインプレスブックスのお問い合わせフォームより入力してください。電話やFAXなどのご質問には対応しておりません。なお、インプレスブックス（https://book.impress.co.jp/）では、本書を含めインプレスの出版物に関するサポート情報などを提供しております。そちらもご覧ください。

本書発行後に仕様が変更されたハードウェア、ソフトウェア、インターネット上のサービスの内容等に関するご質問にはお答えできない場合があります。当該書籍の奥付に記載されている初版発行日から3年が経過した場合、もしくは当該書籍で紹介している製品やサービスについて提供会社によるサポートが終了した場合は、ご質問にお答えしかねる場合があります。また、以下のご質問にはお答えできませんのでご了承ください。
・書籍に掲載している手順以外のご質問
・ハードウェアやソフトウェアの不具合に関するご質問
本書の利用によって生じる直接的または間接的被害について、著者ならびに弊社では一切の責任を負いかねます。あらかじめご了承ください。

■商品に関する問い合わせ先
インプレスブックスのお問い合わせフォーム
https://book.impress.co.jp/info/
上記フォームがご利用いただけない場合のメールでの問い合わせ先
info@impress.co.jp

■落丁・乱丁本などの問い合わせ先
TEL 03-6837-5016　FAX 03-6837-5023
service@impress.co.jp
受付時間　10:00～12:00 ／ 13:00～17:30
　　　　　（土日・祝祭日を除く）
●古書店で購入されたものについてはお取り替えできません。

■書店／販売店の窓口
株式会社インプレス 受注センター
TEL 048-449-8040　FAX 048-449-8041

株式会社インプレス 出版営業部
TEL 03-6837-4635

# できるAccess パーフェクトブック
# 困った！ & 便利ワザ大全 2016/2013対応

2016年12月21日　初版発行
2018年 8月11日　第1版第2刷発行

著　者　きたみあきこ・国本温子 & できるシリーズ編集部

発行人　土田米一

編集人　高橋隆志

発行所　株式会社インプレス
　　　　〒101-0051　東京都千代田区神田神保町一丁目105番地
　　　　ホームページ　https://book.impress.co.jp

本書は著作権法上の保護を受けています。本書の一部あるいは全部について（ソフトウェア及びプログラムを含む）、株式会社インプレスから文書による許諾を得ずに、いかなる方法においても無断で複写、複製することは禁じられています。

Copyright © 2016 Akiko Kitami, Atsuko Kunimoto and Impress Corporation. All rights reserved.

印刷所　株式会社ウイル・コーポレーション

ISBN978-4-295-00045-7 C3055

Printed in Japan